JN436790

광자결정의 기초

이현용 · 황인각 · 김선경 공저
류상완 감수

Fundamentals of Photonic Crystals

머리말

광통신 산업은 21세기 들어 전 세계적으로 더욱 빠른 속도로 발전해 나가고 있다. 그에 발맞춰 진화발전하고 있는 능·수동 광·전자부품 시장에서 주도적인 역할을 하기 위해서는 기반, 원천기술에 대한 새로운 아이디어 창출이 필요하다. 21세기형 새로운 광 소재 및 소자개발이라는 목표 실현에 적합한 재료 중의 하나가 광자결정(photonic crystals)이라는 데 많은 과학자들이 의견을 같이 하고 있으며, 최근 광자결정의 제조, 그의 이론 확립 그리고 차세대 광·전자소자 및 광통신 분야로의 응용에 많은 관심이 모아지고 있다.

광자결정이란 용어를 접한 것은 그리 오래되지 않는다. 1987년 광원 주위에 주기적인 유전체구조(광자결정)를 갖게 함으로 광원으로부터 발생되는 자연방출을 억제할 수 있다는 논문이 발표된 이래, 전 세계적으로 광자결정의 연구가 활발히 진행되어 왔다. 현재, 광·전자공학뿐만 아니라 재료공학, 물리학, 응용화학 분야에 종사하는 많은 과학자들은 광자결정의 학문적, 기술적 중요성에 주목하고 있다. 예를 들어, 현 전자산업의 근간이 된 전자(반도체) 재료가 전자 및 결정학적 관점에서 결정(crystal), 다결정체(poly-crystal), 비정질(amorphous)로 구분되어 연구, 개발되어 온 것처럼, 앞으로의 광(자)산업의 근간으로 자리 매김이 예상되는 광자재료(photonic materials) 역시 광자관점에서 광자결정체, 광자다결정체, 광자비정질로 구분되어 연구, 진화해 나갈 것으로 보인다. 이러한 맥락에서 최근 장거리 주기성을 갖지만 단거리에서는 비주기성을 갖도록 하고 높은 회전대칭성을 부여한 광자준결정(photonic quasicrystals)에 대한 연구가 진행 중에 있다.

전자, 반도체 산업이 반도체결정학 분야의 연구에서 시작한 것처럼, 광자산업 역시 광자결정학을 시발점으로 발전할 것으로 보인다.

이와 같은 광자결정의 중요성과 다양한 연구에 비하여 이를 기초적이고 포괄적으로 다룬 국내 교재는 현재까지는 없는 것으로 보인다. 특히, 광자결정이라는 학문의 특성상 물리학에 대한 충분한 지식 없이 접근하는 것이 용이하지 않다. 이에 광자결정을 연구하고 있는 교육자로서 아쉬움이 많았던 차에 전남대학교 광기술인력교육센터(POEL)의 지원으로 출간의 기회가 주어졌고 비교적 짧은 시간이기는 하지만 정성을 다해 교재를 개발하고자 노력하였다.

옛날에는 생각하지 못했던 기술들이 결국 상품화되고 우리의 일상생활에 당연한 듯이 들어와 있는 것을 종종 볼 수 있다. 아직 광자결정 관련 분야는 연구단계에 있지만 가까운 미래에 우리가 사는 사회에 엄연하면서도 유용한 기술로 자리 잡을 수 있으리라 믿으며, 이 교재를 공부하는 학생들이 조금이라도 이러한 것을 느낄 수 있다면 좋겠다. 또한, 최근 기술들은 다양한 전문지식과 기술이 접목된 융합기술로 발전하고 있다. 본 교재에서 다루는 광자결정의 기초부분이 의료계, NT, BT, IT 등 다양한 분야에 새로운 아이디어를 제공할 수 있다면 더욱 좋겠다.

이 책은 광자결정의 기본 개념부터, 수학적인 이해를 포함하며, 다양한 방법의 실험 기술 및 그의 응용성에 초점을 맞추어 기술하였다. 이 책을 집필한 저자들이 발표한 논문들을 근간으로 하였으며 최근 발표된 논문 및 여러 가지 결과를 재해석하여 학생들이 쉽게 이해할 수 있도록 작성하였다. 특히, 최근에 발간된 일어, 영어 혼용 책자인 Photonic Crystals – Application, Technology and Physics(S. Kwakami 등, CMC 출판사)와 광자결정의 기초서인 Photonic Crystals – Modeling the Flow of Light(J. D. Joannopoulos 등, Princeton 출판사) 등의 내용을 참조하였다.

2009년 1월

저자 일동

차 례

Chapter 06 기타 광자결정 응용 소자

Chapter 07 광자결정 광섬유

Chapter

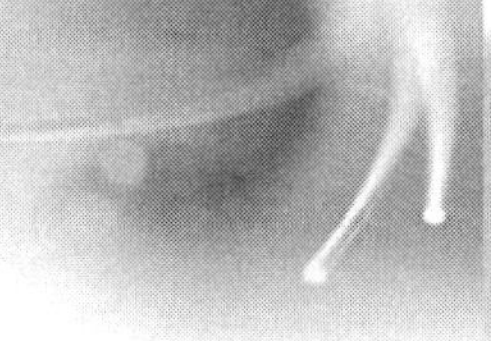

01 광자결정의 기초

이 현 용

1 서 론

21세기 들어 전 세계적으로 더욱 빠른 속도로 발전해 나가고 있는 광통신 산업과 그에 발맞춰 진화발전하고 있는 광부품 시장에서 주도적인 역할을 하기 위해서는 기반, 원천기술에 대한 새로운 아이디어 창출이 필요하다. 21세기형 새로운 광소재 및 소자개발이라는 목표 실현에 적합한 재료 중의 하나가 광자결정(photonic crystals)일 것이다. 최근, 광자결정의 제조와 이론적 분석기법 확립 그리고 차세대 광전자소자 및 광통신분야로의 응용성에 많은 관심이 모아지고 있다.

광자결정이란 통상적으로 전자기 금지대(electromagnetic stop band) 또는 광자밴드갭(PBG: photonic bandgap)으로 특징지어지는 주기적 유전체 배열로, 그 주기성에 따라 [그림 1.1]과 같이 1, 2, 3차원 광자결정으로 구별된다.

[그림 1.1] 광자결정의 기본구조

따라서, 어떤 주파수(또는 파장) 범위의 PBG를 가지는 광자결정을 인위적으로 디자인할 수 있으며, PBG 내에 놓이는 전자기파는 광결정 내에서 전파가 금지되어 외부로부터 입사하는 모든 전자기파를 반사한다.

이러한 현상은 오래전부터 관찰되어 왔으나 광자결정이란 단어를 접한 것은 그리 오래되지 않는다. 1987년 광원 주위에 주기적인 유전체 구조(광자결정)를 배치하여 광원으로부터 발생되는 자연방출(spontaneous emission)을 억제할 수 있다는 논문이 발표된 이래, 전 세계적으로 광자결정의 연구가 활발히 진행되어 왔다. 현재, 전자공학, 재료공학, 물리학, 응용화학 분야를 포함하는 많은 과학자들은 광자결정의 학문적, 기술적 중요성에 대해 인식을 같이하고 있다. 예를 들어, 현 전자산업의 근간이 된 전자(반도체) 재료가 전자, 결정학적 관점에서 결정체, 다결정체, 비정질(amorphous)로 구분되어 연구, 개발되어 온 것처럼, 앞으로의 광(자)산업의 근간으로 자리매김이 예상되는 광자재료(photonic materials) 역시 광자 관점에서 광자결정체, 광자다결정체, 광자비정질로 구분되어 연구, 진화해 나갈 것으로 보인다. 전자, 반도체 산업이 반도체결정학 분야의 연구에서 시작한 것처럼, 광자산업 역시 광자결정학을 시발점으로 발전할 것으로 보인다.

광자결정에 대한 체계적인 연구는 기존의 결정이 갖는 원자적 주기성에 의해 전자(electron)가 특정 에너지 범위에서 에너지 갭을 갖는 것과 마찬가지로, 임의의 파장을 갖는 광자(photon) 역시, 그 파장 스케일의 주기를 갖는 결정 구조에서 PBG를 가질 것이라는 "발상의 전환"으로부터 시작한다. 최근까지 빛의 편광상태 및 입사방향에 상관없는 완전한 광자밴드갭(complete-PBG)은 3차원 구조의 잘 제작된 광자결정에서만 얻어지는 것으로 인식되어 왔다. 그러나 1998년 Fink 등은 Science지에 "잘 디자인된 1차원(1D) 광자결정에서도 옴니-광자밴드갭(omnidirectional PBG)을 얻을 수 있다."는 것을 발표한 이래 3차원, 2차원뿐만 아니라 1차원 광자결정에 대한 연구가 본격적으로 이루어지고 있다.

광자결정 개념의 중요성은 적절하게 디자인된 광자결정을 이용하여 빛의 경로 및 발생을 자유로이 제어할 수 있다는 점에서 광통신 분야 및 광전소자 분야에 포괄적으로 이용될 수 있다는 것이다. 즉, 광자결정이 마이크로 공진기(microcavity), 광도파로(optical waveguide), 발광 소자(light emitting device), 광 스위치 및 검출기(optical switch and detector), 광섬유(optical fiber) 등의 많은 능동·

수동 광전소자 및 광통신 분야에 직접 이용될 수 있다는 점 이외에도 이 광자결정의 개념이 에너지, 의료 및 바이오 등의 타 분야에 새로운 아이디어를 지속적으로 제공할 것이라는 데 그 중요성이 있다.

Yablonovitch, John은 각각 1987년에 3차원 주기구조를 연구하여 complete-PBG라는 개념에 도달하였다. 이것은 주기구조의 형태, 구성 재료를 적절히 선택하면 각 방향의 PBG가 공통으로 포함되는 경우가 생기며, 그 주파수 범위에 대해서는 어느 방향이든 광이 전파되지 못하는 성질이다. 이것의 중요한 의미는 첫째, 이 광자결정 내에 레이저를 만든다면 광이 빠져나가는 방향이 없어지므로 자연발광은 영이 된다. 둘째, 이 광자결정 내에 도파로를 만든다면, 곡률반경이 매우 작은 굴곡에 대해서도 방사 손실이 없다. 셋째, 이 광자결정 내에 공진기(cavity)를 만든다면, 광은 영구적으로 한곳에 가둘 수 있다는 것이다. 이것은 많은 사람들에게 크나큰 흥미를 유발시키기에 충분했다. 1990년대 초반은 주로 이론적 연구가 이루어졌고 후반 이후 실험적 연구가 활발히 진행되었다. 예를 들어, 완전-PBG를 얻을 수 있는 3차원 구조들이 이론적으로 제시되었고, 최근에는 이를 제작하고 실험적으로 증명하는 결과들이 발표되고 있다.

2 광자결정 내 파동현상의 기초

2.1 광자밴드갭의 기초

광자결정은 PBG를 가지며, 세부적으로는 전파대(propagation band), 금지대(forbidden band) 및 결함준위(defect level) 등을 가질 수 있다.

광자결정의 정의는 굴절률의 주기구조이다. 광자결정이 갖는 특징을 단적으로 나타내면, 주기성을 이용하여 매질 내의 광파의 분산관계(dispersion relation)를 변조할 수 있다는 것이다. 일반적으로 굴절률을 가지는 매질에 있어서 각주파수(angular frequency) ω와 파수(wavenumber) k 간의 분산관계는 매질 내의 속도(흔히 위상속도, phase velocity) v 및 빛의 속도 c를 이용하여 다음과 같이 표현된다.

$$v = \omega/k = c/n \ \rightarrow \ \omega = ck/n \quad (1.1)$$

굴절률이 정수인 등방성 매질(광자결정이 아닌 균질한 1차원 유전체)의 경우, k와 ω와의 관계는 직선을 가지며 그 기울기가 위상속도에 대응한다.

[그림 1.2(a)] 실제의 경우 굴절률은 재료 고유의 분산특성(파장 의존성)에 의해 주파수에 의존하기 때문에 직선으로부터 어느 정도 벗어나지만, 가시광, 근적외선 영역에서 광흡수가 크지 않은 경우는 벗어나는 정도가 작기 때문에 분산관계는 [그림 1.2(a)]에 근사된다. [그림 1.2(a)]에서의 점선은 주기 a를 가지는 결정체에서 보이게 되는 Bloch 이론에 기초한 folding 효과를 나타낸다. 광자결정의 경우에서의 분산관계는 통상의 결정에서 전자가 결정의 주기성에 영향을 받아 밴드를 형성하는 것과 같은 메커니즘에 의해 [그림 1.2(b), (c)]에서처럼 PBG를 갖게 된다. 이것은 전자의 파동을 결정하는 Schrődinger 방정식과 광의 파동

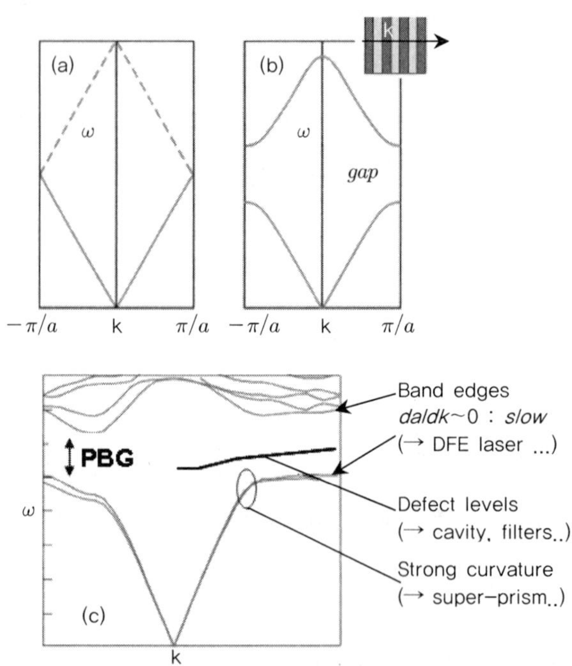

[그림 1.2] (a) 일반 유전체에서의 분산관계(점선은 주기성을 가질 경우의 대칭성에 의함)
(b) 1차원 광자결정에 대한 분산관계 개략도
(c) 3차원 광자결정에 대해 계산된 분산관계

을 결정짓는 Maxwell 방정식이 유사한 형태를 갖는 것으로부터 귀결 지어 생각할 수 있다. [그림 1.2(b)]는 1차원 광자결정(주기 a)의 $\omega - k$ diagram으로 $\pm\pi/a$는 Brillouin zone 경계이며 이 경계점에서 PBG를 갖는다. [그림 1.2(c)]는 3차원 광자결정체에 대한 $\omega - k$ diagram이다.

분산관계가 [그림 1.2(b)] 또는 (c)와 같은 밴드구조를 가지는 것으로부터 어떤 주파수 영역에서는 어떤 파수벡터(wavevector) $\vec{k}$에 대해서도 광파의 상태가 존재하지 않는 PBG가 생기는 것을 알 수 있다. 실제로는 파수가 복소수 값이 되는 비전파 해(감쇠파)는 존재하며, 이것이 소위 Evanescent 파이다. 통상의 매질 [그림 1.2(a)]에서는 광의 분산관계에 이와 같은 불연속점이 존재하지 않는다. 이 밴드갭은 반도체 및 절연체의 전자상태에 대한 에너지밴드갭과 동일하게 생각할 수 있으며, 이와 같은 PBG를 가지는 광자결정체는 광절연체(photonic insulator)라 불리는 특성을 갖고 있다. PBG의 존재가 광자결정이 많은 새로운 특성을 일으키는 근원이 된다. 특히 이와 같은 밴드갭을 이용하여 광을 강하게 구속시킬 수(confinement, 가둘 수 있다)는 점이 중요하다.

밴드갭의 출현이 광자결정에서 분산관계의 변조에 관한 가장 극적인 변화이지만, 밴드갭 밖의 영역(밴드)에서의 분산관계도 크게 변조된다. 밴드 내의 상태에서 광은 진행파 상태가 된다. 밴드갭 내에서는 감쇠파(evanescent wave)가 되고 밴드 내에서는 진행파(propagating wave)가 되지만, 그 경계 상태에 있는 밴드끝(edge)에서는 정재파(standing wave)가 된다. 이와 같은 상태에서는 군속도(group velocity; $v_g = d\omega/dk$)가 영이 되며 매질과 광자 간의 상호작용이 매우 크게 된다. 다른 관점에서 보면 이것은 분포형 공진기로 간주할 수 있으며 매질에 광이득을 도입하면 레이저 발진을 실현할 수 있다. 이상과 같이 광자결정에 있어서 굴절률의 주기성이 분산관계에 밴드갭을 만들고 밴드구조에 세 가지 영역(밴드갭, 밴드, 밴드끝)을 만들며, 각각의 영역에 대한 광의 특성은 서로 크게 다르다.

2.2 광자의 구속

밴드갭 내에서 광파의 전파는 허용되지 않는다. 이 성질이 광을 좁은 영역 내에 구속시킬 수 있는 이유가 된다. 광소자 또는 광회로를 실현시키기 위해서는 광을 어떤 방법으로 가두어 두느냐가 매우 중요하며, 많은 경우 가두는 원리가

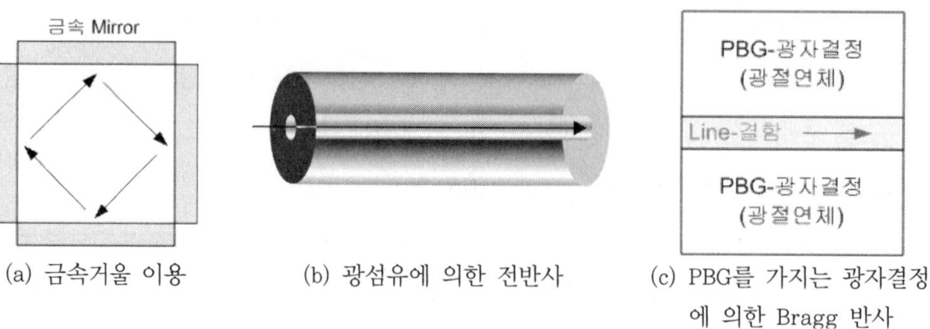

(a) 금속거울 이용 (b) 광섬유에 의한 전반사 (c) PBG를 가지는 광자결정에 의한 Bragg 반사

[그림 1.3] 광자의 구속(confinement)

소자나 회로의 사이즈의 한계를 결정하는 주요 요인이 된다.

광(자)을 구속시키는 대표적인 방법은 [그림 1.3]과 같이 크게 세 가지가 있다. 주위에 금속거울을 [그림 1.3(a)]와 같이 구성시킬 경우, 거시영역에서는 효율적인 방법이지만, 구속시키는 부분의 체적이 작을 경우 반사에 따른 손실을 무시할 수 없게 된다. 즉, 일반적으로 금속은 마이크로웨이브, 밀리파 및 원적외선 영역에서 매우 낮은 광흡수를 가지는 효율이 좋은 반사기로 사용되는 반면, 근적외선 및 가시광 영역에서는 흡수가 크기 때문에 효율적인 반사기로 사용이 어렵다. 일반적인 광소자는 [그림 1.3(b)]와 같은 방법을 이용한다. 광섬유에서는 굴절률이 큰 코어의 주변에 상대적으로 굴절률이 작은 클래드를 갖는 구조로 인해 굴절률 계면에서의 내부전반사(total internal reflection)를 이용하여 전파모드를 실현하고 있다. 이와 같은 전반사에 의한 광의 구속 및 가이드는 손실을 크게 줄일 수 있을 뿐만 아니라 어느 정도의 소형화에 매우 유리하다. 광섬유의 경우를 예를 들면, 10 μm 정도 직경의 코어부에 광을 가둘 수 있다. 그러나, 이렇게 하기 위해서는 광을 전반사시켜야 하므로 전파 파수벡터의 방향이 일정 범위 내에 존재할 경우 특히 직선상에서는 이 조건을 만족하지만, 예를 들어 곡률반경이 작은 경우에는 전반사 조건이 파괴되어 광을 가두는 것이 불가능하게 된다. 전자의 경우는 전압 등의 전위차를 이용하므로 전자를 일정 영역에 가두는 것이 가능하지만 광의 경우는 그와 같은 퍼텐셜을 이용하는 것이 불가능하기 때문에 이 전반사에 의한 광의 구속의 한계로 인해 종래의 소자의 크기를 줄이는 데 한계가 있어 왔다. 그러나 [그림 1.3(c)]와 같이 PBG를 가지는 광자결정(광절연체)을 이용할 경우, 어느 주파수 영역의 광은 광자결정 안으로 침투하지 못하기 때문에 광은 강하게 구속될 수 있다. 전반사와의 큰 차이는 어떠한 파수벡터를 가지는 광이든지 광을 가두는 것이 가능하기 때문에 곡률반경이 매우 작은 도파로 구조(극단적인 경우 수직 경로 변경)뿐만 아니라 극소형의 공진기를 실현시키는 것이 가능하게 된다.

특히, 광집적회로를 꾸미는 데 가장 큰 문제점이 곡률반경을 줄이기가 어렵다는 것과 공진기와 같은 3차원적인 광자 구속의 어려움이다. 따라서 PBG를 가지는 광자결정체를 기판으로 구성할 때, 그 안에 광도파로(배선) 및 광 공진기 등의 소자를 넣을 수 있으므로 고밀도 집적화가 가능하게 된다.

2.3 광자결정 내의 결함

광자결정 내에 선결함(line defect), 점결함(point defect)을 집어넣어 주면, PBG 내에 국재상태(localized state)를 만들어 줄 수 있다. 이것은 반도체에 불순물을 도핑시켜 에너지밴드갭 내에 도너, 억셉터 준위를 만들어 주는 것과 유사하다. 광자결정 내에 선결함, 점결함에 의한 국재준위의 생성은 물리적으로 매우 흥미로운 일로 이것이 광자결정 기판의 기본 모드가 될 수 있기 때문에 중요 연구 테마가 되고 있다.

선결함은 광도파로 역할을 하며, 반사 손실은 존재하지만, 이 도파로는 각도변화가 큰 곡선에 있어서도 이론적으로는 방사 손실이 없다. 점결함의 경우는 광 공진기 역할을 하며, 이 공진기는 파장 정도의 극소 크기에 대해서도 매우 큰 Q값(quality factor)을 얻는 것이 이론적으로 가능하다.

최근, 큰 어려움이 없이 PBG를 갖는 광자결정을 만들 수 있는 방법들이 보고되고 있고, 광자결정 내에 유효 기능을 가지는 결함들을 삽입하여 다기능 광자결정을 실현시키려는 노력들이 진행되고 있다. 그 예로 선결함을 갖는 2차원 SOI(silicon-on-insulation)형 광자결정의 제작공정과 도파 특성을 보였다. [그림 1.4]에서 레지스트 패턴을 Si에 전달하기 위한 공정으로 CAIBE(chemically assisted ion beam etching)를 사용하였으며, 도파로 아래 산화막 제거는 도파로의 vertical confinement를 위한 공정이다.

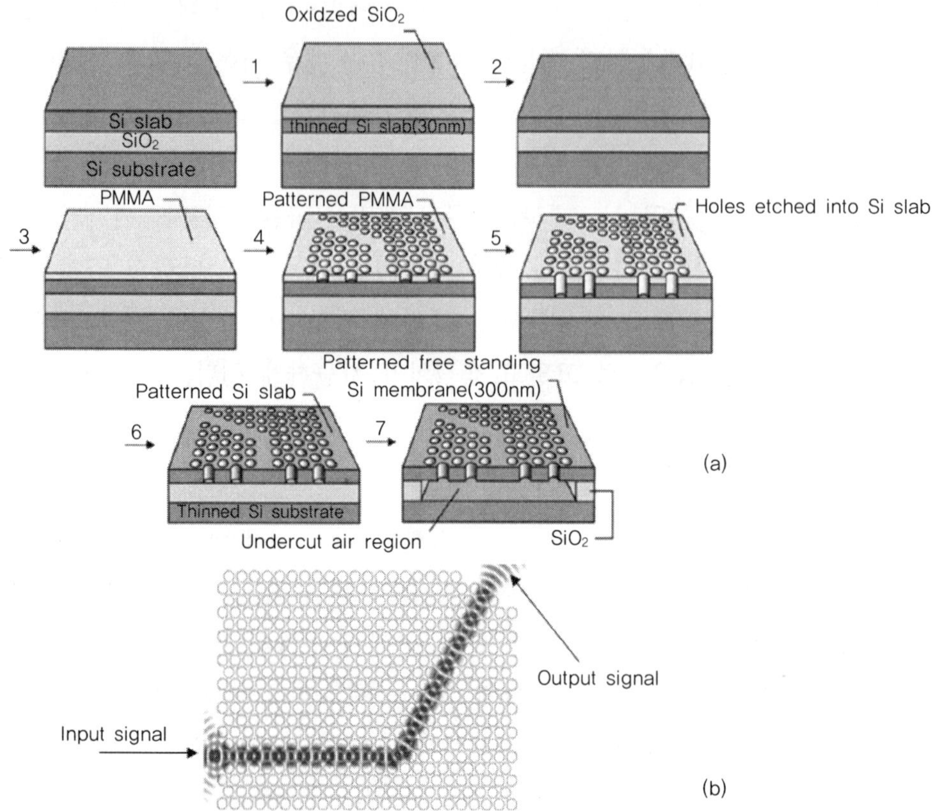

[그림 1.4] (a) SOI 기판 위에 제작된 선결함-광자결정 제작공정에 대한 흐름도
(b) 선결함을 통한 도파 특성
(1) 산화공정
(2) Si-slab의 두께 조절을 위한 HF 에칭
(3) 레지스트(PMMA) 스핀 코팅
(4) 전자빔 리소그라피 공정
(5) CAIBE 공정(pattern transfer into Si)
(6) PMMA 제거 및 기판 박막화
(7) 도파로 아래 산화막 제거를 위한 HF 에칭공정[공정- M. Loncar et.al, APL 77, 1937 (2000)]

이와 같이 선결함 도파로는 종래의 도파로와는 다른 도파원리를 가지므로 종래 도파로에서 실현 불가능한 특성들－예를 들면, 무손실 곡선도파 특성, 분산특성 및 파장 필터링 특성－이 가능하다. 특히, 초소형에 다양한 기능을 갖는 도파로의 실현은 앞으로 광자결정을 platform으로 이용할 수 있기 때문에 광집적회로 연구에 있어서 중요한 기반기술 역할을 할 것으로 기대된다.

광자밴드 안에 포함되는 주파수 범위의 광 전파는 광자결정의 밴드구조에 의해 변조될 수 있다. 반도체 물리에서 반도체 헤테로 접합이나 초격자구조에 의해 밴드구조를 설계하는 일을 밴드엔지니어링이라 하는 것과 마찬가지로 광자결정에 대해서도 원하는 전파특성을 밴드엔지니어링을 통해 구현할 수 있으며 다각적인 접근방법으로 실행되고 있다. 최근 광자결정 섬유, 자기크로닝 등 미세가공기술을 사용한 2차원, 3차원의 광자결정을 제작하는 기술이 개발되었다. 이들의 구조에서는 대부분의 경우 밴드갭 자체를 이용한다기보다는 인공주기구조에 의해 종래의 재료나 종래의 소자에서는 얻기 어려운 분광특성이나 편광특성을 비교적 쉽게 실현할 수 있다는 것에 집중되어 있어 다양한 분야에서 주목 받고 있다. 특히,

① 군속도($v_g = d\omega/dk$)를 위상속도($v = \omega/k$)에 독립하여 크게 변화시키는 것이 가능하다. 특히, 군속도를 매우 작게 하는 것이 가능하기 때문에, 광이득이나 광 비선형성 등을 얻을 수 있으며, 광자결정을 하나의 매질로서 간주할 때의 실제적인 효율이 군속도 감소에 의해 증폭될 수 있다.

② 입사각도, 입사파장에 따라 굴절, 회절 등의 현상이 크게 변조된다.

③ 매질의 이방성이나 편광특성을 광자결정의 주기성에 의해 제어할 수 있어서 복굴절성의 제어와 관련된 응용분야의 연구도 이루어지고 있다.

광자밴드의 밴드끝(edge)에서는 광파가 정현파 상태가 되며, 이 상태에서 매질과 광파 간의 상호작용이 강하여 매질에 이득을 가지게 하면 레이저 발진도 가능하게 된다. 1차원 광자결정을 이용하여 실현시킨 경우가 분포귀환형(DFB: distributed feedback) 레이저이다. DFB 레이저 자체는 광자결정이라는 개념이 만들어지기 전에 알려진 것이지만, 최근에 2, 3차원의 광자결정 레이저 발진이 연구되고 있으며, 광자결정이 갖는 광자밴드구조가 발진특성을 크게 좌우하는 것으로 밝혀졌다.

3 역격자공간과 Brillouin zone의 기초

광자결정은 주기적인 유전체의 배열 즉, 실공간(real space)상의 굴절률(또는 유전율) 분포가 주기적인 형태를 취한다. 이는 단위 셀을 병진벡터(translation vector)를 이용하여 확장함으로써 얻어질 수 있다. 따라서, 결정공학의 기초가 되는 역격자공간(reciprocal space)과 Brillouin zone에 대한 이해가 광자결정을 물리적으로 이해하는 데 도움이 되며 여기에 그에 대한 기초적인 내용을 다루려 한다.

3.1 실공간격자와 역격자

광자결정은 원자 대신에 임의의 굴절률(또는 유전율)을 가진 유전체를 고려하므로 일반 결정체와 유사하게 고려할 수 있다.

원자가 규칙적으로 배열되어 있는 결정체는 원자에 의한 산란 X-선의 간섭결과로 특정방향으로 강하게 산란한다. X-선이 결정에 입사하여 산란될 때, [그림 1.5]에서 보는 바와 같이 1, 2 격자면의 행로 차는 $2d\sin\theta$가 되며, 이 값이 파장의 정수 배인 경우 산란파는 보강간섭에 의해 세기가 커지게 된다. 이 조건을 Bragg 조건이라 하며, 여기서 d는 결정면 사이의 간격이다.

결정은 원자의 집단으로 구성되어 있으며 복잡하게 되어 있지만, 일정한 주기로 3차원적이고, 반복적으로 구성되어 있다. 이 주기적 단위의 크기는 스칼라적

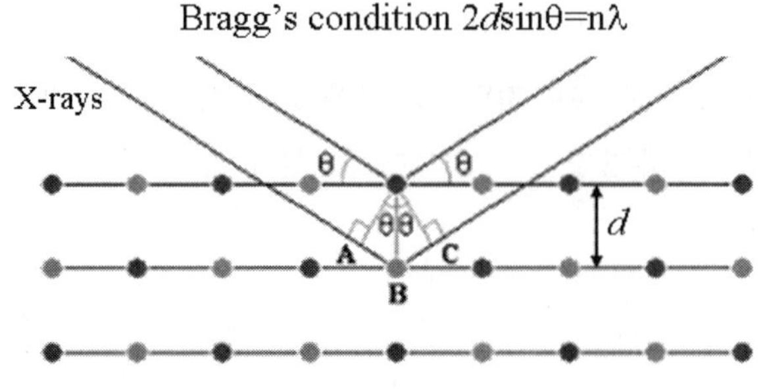

[그림 1.5] X-선 회절과 Bragg 조건

격자정수(lattice constant)로 나타내며, 격자정수를 3개의 기본격자벡터(primitive lattice vectors) $\vec{a_1}$, $\vec{a_2}$, $\vec{a_3}$로 표시하며, 실공간의 모든 격자점들은 병진벡터 또는 격자벡터 $\vec{\mathrm{R}}(=l\vec{a_1}+m\vec{a_2}+n\vec{a_3}$, l, m, n은 정수)에 의해 전체 공간으로 확장될 수 있다. 이 3개의 기본격자벡터로 표시된 실공간격자에 대하여 다음과 같은 기초벡터 $\vec{b_1}$, $\vec{b_2}$, $\vec{b_3}$를 정의한다. 여기서 $\vec{a_1}\cdot\vec{a_2}\times\vec{a_3}$는 단위격자의 부피에 대응한다(참조, 임의의 벡터 $\vec{x}$, $\vec{y}$에 대해 $\vec{x}\cdot(\vec{x}\times\vec{y})=0$).

$$\vec{b_1}=2\pi\frac{\vec{a_2}\times\vec{a_3}}{\vec{a_1}\cdot\vec{a_2}\times\vec{a_3}},\quad \vec{b_2}=2\pi\frac{\vec{a_3}\times\vec{a_1}}{\vec{a_1}\cdot\vec{a_2}\times\vec{a_3}},\quad \vec{b_3}=2\pi\frac{\vec{a_1}\times\vec{a_2}}{\vec{a_1}\times\vec{a_2}\times\vec{a_3}} \tag{1.2}$$

$$\left(\begin{aligned}&\vec{a_1}\cdot\vec{b_1}=\vec{a_2}\cdot\vec{b_2}=\vec{a_3}\cdot\vec{b_3}=2\pi\\&\vec{a_1}\cdot\vec{b_2}=\vec{a_1}\cdot\vec{b_3}=\vec{a_2}\cdot\vec{b_1}=\vec{a_2}\cdot\vec{b_3}=\vec{a_3}\cdot\vec{b_2}=\vec{a_3}\cdot\vec{b_1}=0\end{aligned}\right)$$

이러한 $\vec{b_1}$, $\vec{b_2}$, $\vec{b_3}$를 역격자 기초벡터(primitive reciprocal lattice vectors)라 하며, 이 벡터의 조합으로 표시되는 벡터 $\vec{G}(=l'\vec{b_1}+m'\vec{b_2}+n'\vec{b_3})$를 역격자벡터(reciprocal lattice vector)라 하며, 사실상 역격자들은 $\vec{b_i}$의 조합인 $\vec{G}$로 표현된다. 즉, $\vec{G}$는 Bragg 조건(Laue 조건)을 만족하는 벡터들로 역격자공간의 모든 역격자점을 표시한다.

간격 d인 임의의 격자면에 대하여 이들 면에 수직한 역격자벡터들이 반드시 존재하며, 그 중 길이가 짧은 벡터 $\vec{G_o}$는 $2\pi/d$의 길이를 갖는다. 또한, 실공간격자벡터와 역격자벡터 사이에는 다음과 같은 관계가 성립한다.

$$\begin{aligned}\vec{R}\cdot\vec{G}&=(l\vec{a_1}+m\vec{a_2}+n\vec{a_3})\cdot(l'\vec{b_1}+m'\vec{b_2}+n'\vec{b_3})\\&=(ll'+mm'+nn')2\pi=2\pi(\text{정수})\end{aligned} \tag{1.3}$$

격자 주기(거리)함수를 Fourier 변환하게 되면, 역격자벡터인 파수벡터(wave vectors) $\vec{k}$의 함수를 얻을 수 있다. 임의의 실격자(결정체)에 대해 역격자벡터를 구성하기 위해, 먼저 적절한 기본격자벡터를 취한 후 식 (1.2)를 이용하여 역격자 기초벡터들을 얻어야 한다.

다음은 단순입방체(SC), 면심입방체(FCC) 및 체심입방체(BCC)의 실격자에 대한 역격자쌍을 나타낸 것이다. 각자의 노력으로 이것을 해결하는 것이 역격자와 실격자 간의 상관관계를 이해하는 데 도움이 되리라 생각한다("Introduction to Solid State Physics" by C.Kittel, ch2. 참조).

1 실공간격자와 역격자 쌍

간격 d인 임의의 격자 평면군에 대하여 이들 평면에 수직인 역격자벡터들이 반드시 존재하고, 그 중 길이가 짧은 벡터 $\vec{G}_o$는 $2\pi/d$의 길이를 갖는다. 역으로 임의의 역격자벡터 $\vec{G}$에 대하여 이 벡터에 수직인 격자 평면군이 존재하고 그 간격을 d라 하면 $\vec{G}$에 평행한 벡터 중 가장 짧은 길이는 $2\pi/d$가 되므로 $|\vec{G}|=2\pi/d,\ 4\pi/d,\ 6\pi/d\cdots$이다.

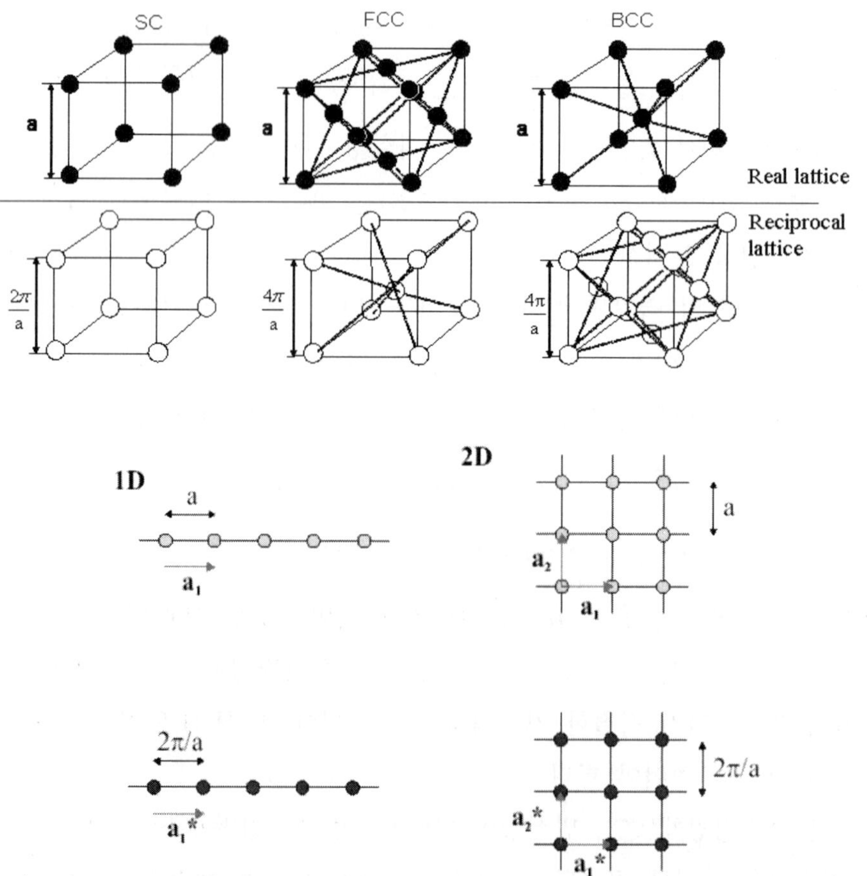

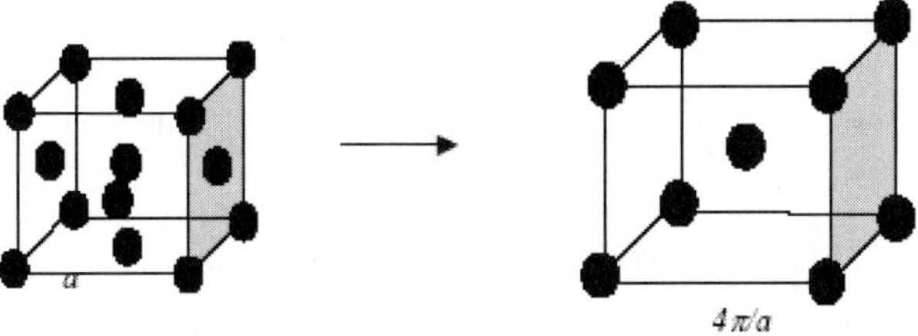

[그림 1.6] 실공간격자와 역격자 비교

$$\vec{a}_1 = \frac{1}{2}a(\hat{x}+\hat{y}), \qquad \vec{a}_2 = \frac{1}{2}a(\hat{y}+\hat{z}), \qquad \vec{a}_3 = \frac{1}{2}a(\hat{z}+\hat{x})$$

$$\vec{a}_2 \times \vec{a}_3 = \frac{a^2}{4}(\hat{x}+\hat{y}-\hat{z})$$

$$\vec{a}_1 \cdot \vec{a}_2 \times \vec{a}_3 = \frac{a^2}{4}(\hat{x}+\hat{y}-\hat{z}) \cdot \frac{1}{2}a(\hat{x}+\hat{y}) = \frac{a^3}{4}$$

$$\vec{b}_1 = \frac{2\pi(\vec{a}_2 \times \vec{a}_3)}{\vec{a}_1 \cdot (\vec{a}_2 \times \vec{a}_3)} = \frac{2\pi}{a}(\hat{x}+\hat{y}-\hat{z}) = \frac{1}{2}\left(\frac{4\pi}{a}\right)(\hat{x}+\hat{y}-\hat{z})$$

$$\vec{b}_2 = \frac{1}{2}\left(\frac{4\pi}{a}\right)(\hat{y}+\hat{z}-\hat{x})$$

$$\vec{b}_2 = \frac{1}{2}\left(\frac{4\pi}{a}\right)(\hat{z}+\hat{x}-\hat{y})$$

2 역격자벡터 G로 표현한 Bragg 반사조건

$$2d\cos\theta = n\lambda, \ \frac{2\pi}{\lambda}\cos\theta = \frac{n\pi}{d}, \ k\cos\theta = \frac{n\pi}{d}, \ 2k\cos\theta = \frac{2\pi}{d}n$$
$$|\vec{k'}-\vec{k}| = n|\vec{G_o}| = |\vec{G}| \rightarrow (\vec{k'}-\vec{k}) \| \vec{G} \tag{1.4}$$

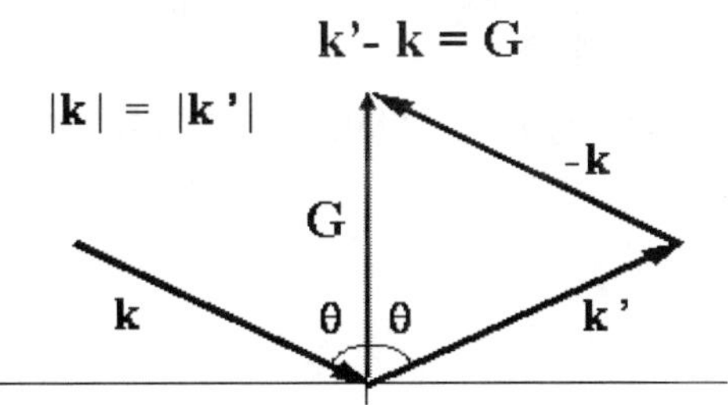

[그림 1.7] Bragg 반사조건에 대한 역격자공간 표현

즉, $\vec{k}'-\vec{k}=G$의 Bragg 조건을 얻을 수 있다. 또한, $|\vec{k}'|=|\vec{k}|$ 조건을 이용하면, $|\vec{k}+\vec{G}|^2=|\vec{k}|^2$이 되고 $\vec{k}\cdot\vec{G}=\frac{1}{2}|\vec{G}|^2$, $\vec{G}$가 역격자벡터에 포함되면 $-\vec{G}$ 역시 역격자벡터에 포함되므로 $\vec{k}\cdot\vec{G}=\frac{1}{2}|\vec{G}|^2$이 된다.

3 Bragg 반사조건의 k-공간해석

$$\vec{k}\cdot\vec{G}=\frac{1}{2}|\vec{G}|^2 \;\rightarrow\; \vec{k}\cdot\frac{\vec{G}}{|\vec{G}|}=\frac{1}{2}|\vec{G}| \tag{1.5}$$

즉, 식 (1.4)로부터 식 (1.5)와 같이 $\vec{k}\cdot\hat{a}_G=0.5|\vec{G}|$가 성립한다. $\vec{a}_G$는 $\vec{G}$의 단위벡터이므로 k-공간에서 Bragg 조건을 만족하는 $\vec{k}$는 다음 정리 2를 만족한다.

Bragg 반사조건을 만족하는 $\vec{k}$는 k-공간의 원점과 역격자점($\vec{G}$)을 이등분하는 점, 선, 평면상에 존재한다.

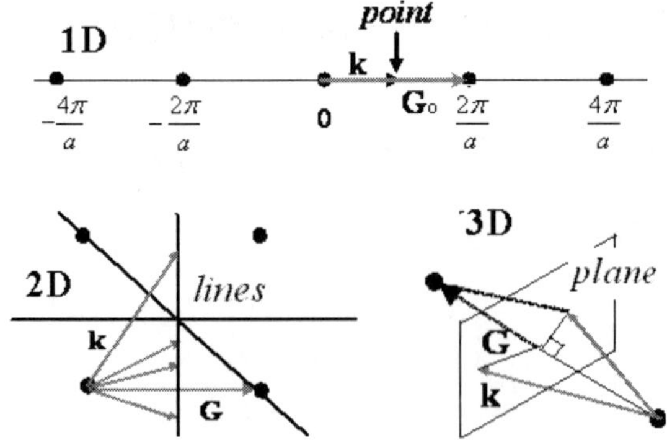

[그림 1.8] Bragg 반사조건을 만족하는 k

3.2 Brillouin zone과 에너지 밴드

[그림 1.9(a)]와 같은 a의 주기를 가지는 1차원 실공간(L-space의 반복) 격자 구조에 대하여 임의의 격자점은 $x = ma$(m=정수)로 표시가 가능하다. 주기 a의 관점에서 허용되는 G는 $n2\pi/a$가 되며 정리 2에서 설명한 바와 같이 Bragg 조건이 만족되는 k의 조건은 [그림 1.9(b)]와 같이 주어진 원점을 중심으로 $\pm\pi/a$, $\pm 2\pi/a$, $\pm 3\pi/a \cdots$가 된다.

이때, Bragg 조건이 만족되는 k 조건을 경계로 나누어진 k-공간상의 영역을 Brillouin zone(BZ)이라 하며 경계를 제외한 BZ 영역 내에서 carrier(반도체의 경우 전자, 광자결정의 경우 광자)의 움직임은 자유롭다. 특히, 최소 k 구간으로 정해진 영역을 1차 BZ라고 한다.

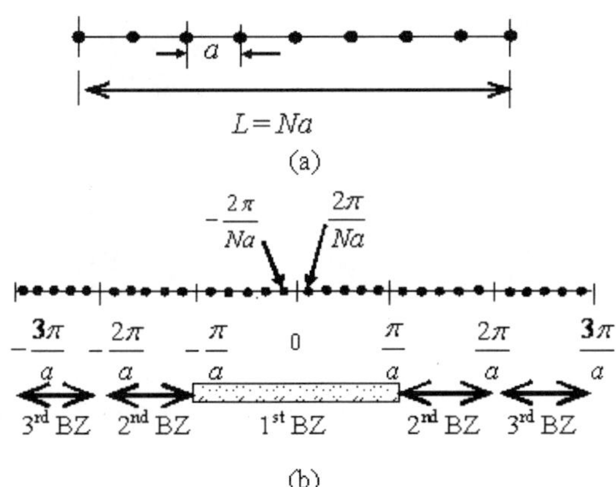

[그림 1.9] 1차원 파수공간에서의 Bragg 조건과 Brillouin zones에 대한 개념도

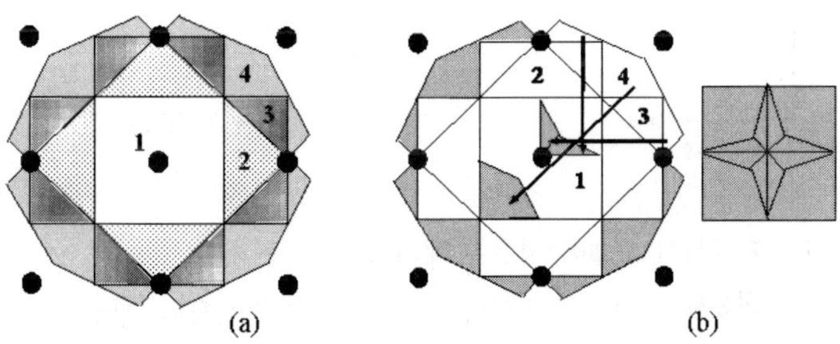

[그림 1.10] 2차원 파수공간에서의 Brillouin zones

[그림 1.10]은 2차원 역격자공간에서의 Brillouin zones의 모습을 나타내고 있다. 주어진 원점으로부터 최인접 역격자점들의 G벡터를 수직이등분하는 선(3차원의 경우 면)들로 둘러싸인 영역인 1차 BZ는 실공간격자의 단위세포(unit cell)인 Wigner-Seitz cell에 비교될 수 있다. [그림 1.10(b)]에서 알 수 있는 바와 같이 BZ의 주요 특성은 n번째 BZ의 크기가 k-공간에서의 기초 셀인 1차 BZ의 크기와 동일하며, n번째 BZ의 부분들은 적절한 역격자벡터 G를 통하여 이동시켜서 1차 BZ와 정확히 일치시킬 수 있다. [그림 1.11]은 3차원 BCC, FCC 실격자에 대한 1st, 2nd BZ이다. 이 역시 1st BZ와 2nd BZ의 체적은 동일하다.

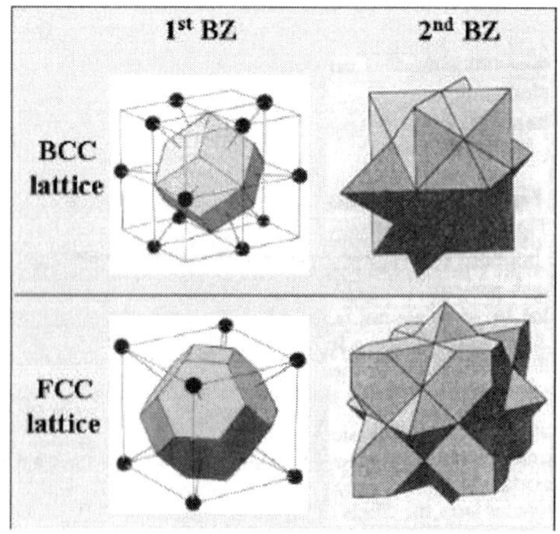

[그림 1.11] BCC, FCC 3차원 격자공간에서의 1st and 2nd Brillouin zones

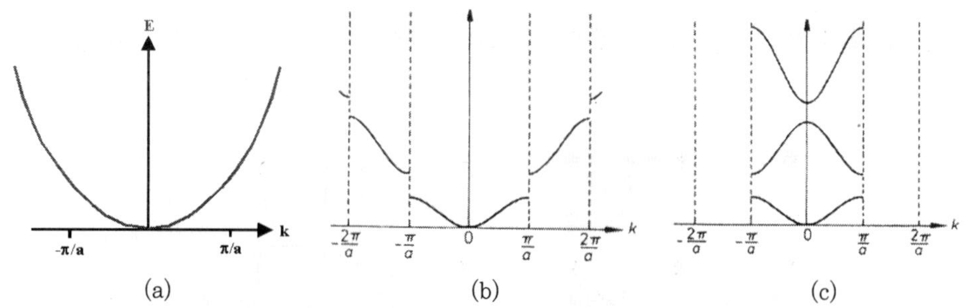

[그림 1.12] (a) 자유전자 모델에 기초한 에너지-파수 관계
(b) 결정체에 대해 확장영역법에 기초하여 도식화된 에너지-파수 관계. 결정체의 주기성에 의해 BZ 경계에서 에너지밴드갭이 보인다.
(c) 축소영역법에 기초한 에너지-파수 관계도. (b)의 G벡터 이동에 의해 구현됨. 광자결정에 대한 광자밴드갭(PBG)은 (c)에 기초하여 그려진다.

결정체 구조에서 에너지 E(또는 주파수 ω)와 파수 k와의 관계를 도식화하는 방법에는 크게 확장영역법(extended zone scheme), 축소영역법(reduced zone scheme) 및 주기(반복)영역법(periodic or repeated zone scheme)이 있으며, 특히, 축소영역법이 일반적인 방법으로 이는 1차 BZ 영역 내에 모든 밴드를 포함시킨다.

3.3 광자결정에서의 역격자와 Brillouin zones

대표적인 2D 광자결정인 사각격자(square lattice) 및 삼각격자(triangle lattice)구조에 대한 역격자벡터와 Brillouin zone, 그리고 special points에 대하여 기술힌다.

격자간격 a를 가지는 사각격자에 대하여, [그림 1.13(a)]에서 보인 바와 같이 기본격자벡터 $\overrightarrow{a_1} = a\hat{x}$, $\overrightarrow{a_2} = a\hat{y}$가 된다($\hat{x}$, $\hat{y}$는 단위벡터). z-방향에 대해 임의의 길이(단위길이)의 $\overrightarrow{a_3}$을 가정(z-방향으로 매질은 균질, homogeneous)하고 식 (1.2)를 이용하므로 역격자 기초벡터 $\overrightarrow{b_1}$, $\overrightarrow{b_2}$를 얻을 수 있다; $\overrightarrow{b_1} = (2\pi/a)\hat{x}$, $\overrightarrow{b_2} = (2\pi/a)\hat{y}$. 즉, 역격자 역시 사각격자가 된다(다만, 간격 a 대신 $2\pi/a$).

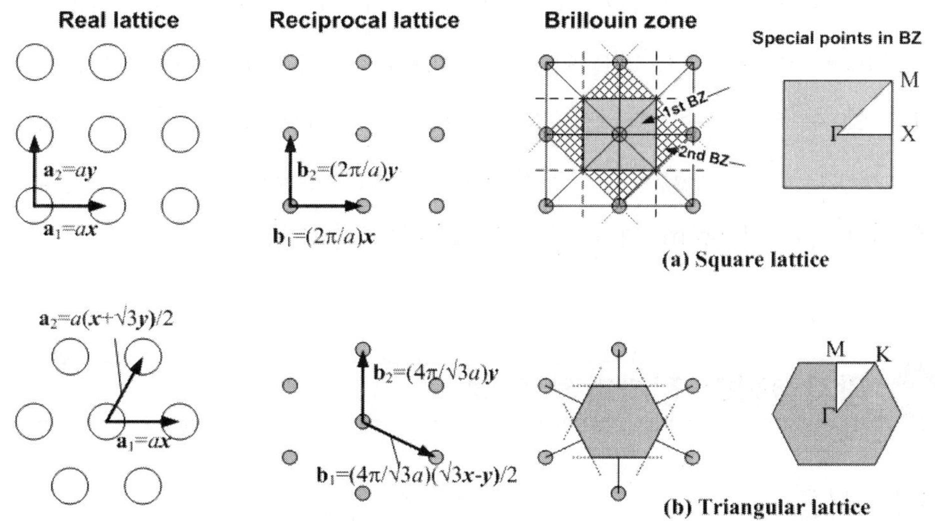

[그림 1.13] 2D Square 격자 및 Triangle 격자

기하학적으로 Brillouin zone은 한 격자점을 중심으로 하여 근접하는 격자벡터들을 수직이등분하여 얻어지는 공통영역으로 정의된다. 사각격자벡터, 그것의 역격자벡터 및 Brillouin zone 및 특수지점(special points)을 [그림 1.13(a)]에 보였다. special points란 사각격자의 BZ에 대하여 대칭성이 매우 높은 점들로 약속된 것이다. 사각격자에 대하여 중심, 모서리 및 면에 대하여 각각 Γ, M, X로 정의하고 있다.

유사한 방법으로 [그림 1.13(b)]와 같이 간격 a의 삼각격자에 대하여, $\overrightarrow{a_1}=a\hat{x}$, $\overrightarrow{a_2}=a(\hat{x}+\sqrt{3}\,\hat{y})/2$를 선택할 경우, 식 (1.2)로부터 얻어지는 역격자 기초벡터는 $\overrightarrow{b_1}=(4\pi/\sqrt{3}\,a)(\sqrt{3}\,\hat{\mathrm{x}}-\hat{\mathrm{y}})/2$, $\overrightarrow{b_2}=(4\pi/\sqrt{3}\,a)\hat{\mathrm{y}}$이다. 삼각격자에 대한 1st BZ는 육각모양을 가지며 그의 대칭성에 따라 결정되는 special points는 중심, 모서리 및 면에 대하여 각각 중심, 모서리 및 면 Γ, K, M이다. 특히, 그림의 맨 오른쪽 1st BZ에서 보이는 삼각모양(흰 바탕)을 irreducible BZ라 한다(http://alphard.ethz.ch/Smajic/PCH000.htm 참조).

3차원 광자결정에 대해 Brillouin zone을 기하학적으로 얻는데 2차원에서 사용했던 격자벡터의 수직이등분선 대신에 면을 이용하여 작도하여 공통면으로 구성된 [그림 1.11]과 같은 3차원 BZ를 얻을 수 있다. 예를 들어 FCC 격자구조를 갖는 3차원 광자결정에 대하여 기본격자벡터는 $\overrightarrow{a_1}=a/2(\hat{x}+\hat{y})$, $\overrightarrow{a_2}=a/2(\hat{y}+\hat{z})$, $\overrightarrow{a_3}=a/2(\hat{x}+\hat{z})$이며, 식 (1.2)를 이용하여 얻어지는 역격자벡터는 BCC 격자 형태를 가짐을 알 수 있다. 즉, 역격자 기초벡터가 $\overrightarrow{b_1}=(2\pi/a)(\hat{x}+\hat{y}-\hat{z})$, $\overrightarrow{b_2}=(2\pi/a)(-\hat{\mathrm{x}}+\hat{\mathrm{y}}+\hat{\mathrm{z}})$, $\overrightarrow{b_3}=(2\pi/a)(\hat{\mathrm{z}}+\hat{\mathrm{x}}-\hat{\mathrm{y}})$가 된다. 이 역시 irreducible BZ가 존재하며 그에 대한 special points인 Γ, X, U, L, W, K가 주어진다.

4 광자결정의 전자기적 이해

4.1 서론

광자결정에서의 빛의 진행을 이해하기 위해서 주기적 구조에서의 Maxwell 방정식을 도입한다. 1차원의 주기적 구조를 갖는 물질에 대한 연구는 1883년 G.

Floquet에 의해 시작되었고, 1928년 Felix Bloch이 이를 3차원으로 확장하여 3차원의 주기적 구조에서 전자기파는 산란(scattering) 없이 진행함을 증명하였다. 이 장에서는 주기적 구조에서의 유전체(dielectric media)의 경우로 한정하여 선형 Hermitian 고유값 문제(eigenvalue problem)로 Maxwell 방정식을 도입하고, 양자역학의 슈뢰딩거 방정식과 유사한 공식으로부터 다양한 특성을 유도한다. 본 절에서는 앞에서 이미 설명한 부분을 좀 더 수학적, 양자역학적 관점에서 설명하고자 한다. 혹시 본 절의 접근방법이 전체 광자결정을 이해하는 데 오히려 걸림돌이 될 수도 있다. 수학적 또는 전자기학적 이해보다는 보다 정성적 이해를 원하는 학생들은 건너뛰고 읽을 것을 권한다.

본 절의 내용은 J.D. Joannopoulos의 Photonic Crystals-Modeling the Flow of Light(1995, Princeton Univ. Press)를 참조하여 정리하였다.

4.2 유전체에서의 Maxwell 방정식

광자결정에서 빛의 진행을 포함한 모든 전자기적 특성은 다음 4개의 Maxwell 기초 방정식을 따른다.

$$\nabla \cdot \vec{B} = 0$$

$$\nabla \times \vec{E} + \frac{1}{c}\frac{\partial \vec{B}}{\partial t} = 0$$

$$\nabla \cdot \vec{D} = 4\pi\rho$$

$$\nabla \times \vec{H} - \frac{1}{c}\frac{\partial \vec{D}}{\partial t} = \frac{4\pi}{c}\vec{J} \qquad (1.6)$$

여기에서 $\vec{E}$와 $\vec{H}$는 전기장과 자기장, $\vec{D}$와 $\vec{B}$는 대체 전기장(electric displacement field)과 유도 자기장 그리고 ρ와 $\vec{J}$는 각각 자유 전하 밀도와 전류를 의미한다.

물질 내부에 자유 전하나 전류가 없는 균일한(homogeneous) 유전체로 한정시킬 경우에 빛이 이러한 물질 내부를 진행할 때 $\rho = \vec{J} = 0$이다.

일반적으로 대부분의 유전체 물질에 대해 다음과 같은 가정을 통해 근사적으로 다룰 수 있다. 첫째, 장의 세기가 충분히 작다고 가정하여 선형 영역만을 고려한다. 둘째, 거시적(macroscopic)이고 등방성(isotropic)인 물질만을 다룬다.

이는 $\vec{E}$와 $\vec{D}$가 스칼라의 값을 갖는 유전상수(dielectric constant)에 의해 관계됨을 의미한다. 셋째, 유전상수의 주파수 의존성을 무시한다. 일반적으로 모든 물질의 굴절률 $n=c\sqrt{\epsilon\mu}$은 ω의 함수이다. 이것을 분산(dispersion)이라고 하는데 특정한 주파수 영역에서의 유전상수를 선택하여 다룬다. 마지막으로 흡수에 의한 손실이 없는 유전체만을 다룬다. 이는 유전상수가 실수임을 의미한다.

이와 같은 가정을 통해 $\vec{D}(\vec{r})=\epsilon(\vec{r})\vec{E}(\vec{r})$이라 할 수 있고, 대부분의 유전체의 경우 자기 투자율(magnetic permeability)이 대략 1이므로 $\vec{B}=\vec{H}$라고 할 수 있다. 결과적으로 Maxwell 방정식 (1.6)은 다음과 같이 나타낼 수 있다.

$$\begin{aligned}
&\nabla\cdot\vec{H}(\vec{r},\ t)=0\\
&\nabla\times\vec{E}(\vec{r},\ t)+\frac{1}{c}\frac{\partial\vec{H}(\vec{r},\ t)}{\partial t}=0\\
&\nabla\cdot\epsilon(\vec{r})\vec{E}(\vec{r},\ t)=0\\
&\nabla\times\vec{H}(\vec{r},\ t)-\frac{\epsilon(\vec{r})}{c}\frac{\partial\vec{E}(\vec{r},\ t)}{\partial t}=0
\end{aligned}\tag{1.7}$$

일반적으로 $\vec{E}$와 $\vec{H}$는 복잡한 시간과 공간의 함수이다. 그러나 Maxwell 방정식이 선형이므로, 전자기장을 조화모드(harmonic mode)의 집합으로 확장함으로써 시간 의존성을 분리할 수 있다.

$$\begin{aligned}
&\vec{H}(\vec{r},\ t)=\vec{H}(\vec{r})e^{i\omega t}\\
&\vec{E}(\vec{r},\ t)=\vec{E}(\vec{r})e^{i\omega t}
\end{aligned}\tag{1.8}$$

주어진 주파수에서의 모드 형태에 대한 방정식을 구하기 위해 위 식 (1.8)을 식 (1.7)에 대입한다. 이때 두 발산 방정식(divergence equation)은 식 (1.9)와 같다.

$$\nabla\cdot\vec{H}(\vec{r})=\nabla\cdot\vec{D}(\vec{r})=0\tag{1.9}$$

이는 유전체 내에 대체 전기장과 자기장의 근원이 없음을 의미한다. 또한 전자기파가 변위와 진행방향이 수직인 횡파(transverse wave) 형태를 갖는다는 것을 의미한다. 예를 들어 평면파(plane wave) $\vec{H}(\vec{r})=\vec{a}e^{i\vec{k}\cdot\vec{r}}$이 식 (1.9)의 조건을 만족하기 위해서는 $\vec{a}\cdot\vec{k}=0$이 성립되어야 한다. 전자기파에 대한 회전 연산 방정식은 다음과 같다.

$$\nabla \times \vec{E}(\vec{r}) + \frac{i\omega}{c}\vec{H}(\vec{r}) = 0$$
$$\nabla \times \vec{H}(\vec{r}) - \frac{i\omega}{c}\epsilon(\vec{r})\vec{E}(\vec{r}) = 0 \tag{1.10}$$

식 (1.10)의 두 번째 방정식을 $\epsilon(\vec{r})$로 나눈 후 회전 연산(curl)을 취한다. 그 다음 첫 번째 방정식을 이용하여 $\vec{E}(\vec{r})$를 소거하면 $\vec{E}(\vec{r})$과 $\vec{H}(\vec{r})$을 분리할 수 있다. $\vec{H}(\vec{r})$에 대한 결과는 다음과 같다.

$$\nabla \times \left(\frac{1}{\epsilon(\vec{r})}\nabla \times \vec{H}(\vec{r})\right) = \left(\frac{\omega}{c}\right)^2 \vec{H}(\vec{r}) \tag{1.11}$$

주어진 광자결정의 $\epsilon(\vec{r})$에 대해 임의의 주파수 영역에서의 $\vec{H}(\vec{r})$의 모드를 구하기 위해 식 (1.11)을 풀고 횡파 조건을 적용한 후 식 (1.10)의 두 번째 식을 이용하여 $\vec{E}(\vec{r})$을 구할 수 있다.

$$\vec{E}(\vec{r}) = \left(\frac{-ic}{\omega\epsilon(r)}\right)\nabla \times \vec{H}(\vec{r}) \tag{1.12}$$

이상에서 논의한 바와 같이 유전체 내에서의 조화모드에 대한 Maxwell 방정식의 핵심은 식 (1.11)과 같은 $\vec{H}(\vec{r})$에 대한 전미분 방정식(complicated differential equation)이다. 이 전미분 방정식은 $\vec{H}(\vec{r})$ 함수에 연산을 수행했을 때 원래의 함수 $\vec{H}(\vec{r})$의 실수 배의 해를 갖는다. 이를 고유값 문제라고 한다.

식 (1.11)의 왼쪽 항에서 $\vec{H}(\vec{r})$에 대한 연산자(operator)를 Θ로 정의하면 식 (1.11)은

$$\Theta\vec{H}(\vec{r}) \equiv \nabla \times \left(\frac{1}{\epsilon(\vec{r})}\nabla \times \vec{H}(\vec{r})\right)$$
$$\Theta\vec{H}(\vec{r}) = \left(\frac{\omega}{c}\right)^2 \vec{H}(\vec{r}) \tag{1.13}$$

으로 나타낼 수 있다. 고유벡터(eigenvector) $\vec{H}(\vec{r})$은 조화모드의 자기장의 패턴을 나타내고 고유값 $(\omega/c)^2$은 이들 모드들의 주파수의 제곱에 비례하는 값이다. 여기서 중요한 것은 연산자 Θ가 선형 연산자라는 것이다. 즉 중첩의 원리(superposition principle)에 의해 어떤 해의 선형 합 또한 해임을 의미한다. 만약 $\vec{H}_1(\vec{r})$과 $\vec{H}_2(\vec{r})$가 모두 같은 주파수 ω에 대한 식 (1.13)의 해라면 $\alpha\vec{H}_1(\vec{r})$

$+\beta\vec{H}_2(\vec{r})$ 또한 해가 된다. 여기서 α와 β는 상수이다. 예를 들어, 주어진 모드에 대해 모든 영역에서의 장의 세기를 두 배로 함으로써($\alpha=2,\ \beta=0$) 같은 주파수를 갖는 다른 적당한 모드 형태를 얻을 수 있다. 이와 같은 연산자 표현법은 헤밀토니안(Hamiltonian) 파동 함수에 작용하는 양자역학의 고유값 문제와 매우 유사하다. 헤밀토니안 고유함수 문제는 다음과 같은 특성을 갖는다. 고유함수는 실수의 고유값을 갖고 서로 직교(orthogonal)하며 변분원리(variational principle)에 의해 얻을 수 있고, 대칭 특성에 따라 분류될 수 있다. 식 (1.13)에서 정의한 연산자는 선형 Hermite 연산자이다. 연산자 Ξ의 Hermite 공액(conjugate)을 $\Xi^\dagger$라 표시하며 $\Xi^\dagger=\Xi$일 때 이 연산자를 Hermite 연산자 또는, Hermitian이라 부른다. Hermite 연산자의 중요한 성질은 다음과 같다. 두 벡터장 $\vec{F}(\vec{r})$, $\vec{G}(\vec{r})$의 내적(inner product)을 다음 식 (1.14)와 같이 정의할 수 있다.

$$(\vec{F}\cdot\vec{G}) \equiv \int dr\,\vec{F}^*\cdot\vec{G} \tag{1.14}$$

임의의 벡터장 $\vec{F}(\vec{r})$, $\vec{G}(\vec{r})$에 대해 $(\vec{F}\cdot\vec{G})=(\vec{G}\cdot\vec{F})^*$이고, $\vec{F}$가 복소수라고 해도 $(\vec{F}\cdot\vec{F})$는 항상 실수이다. 만약 $\vec{F}(\vec{r})$이 조화모드라면 $(\vec{F}\cdot\vec{F})=1$로 규격화(normalization)할 수 있다.

위에서 언급한 바와 같이 임의의 두 벡터 $\vec{F}(\vec{r})$, $\vec{G}(\vec{r})$에 대해 $(\vec{F}\cdot\Xi\vec{G})=(\Xi\vec{F}\cdot\vec{G})$일 경우 연산자 Ξ는 Hermitian이다. 연산자 Θ의 경우,

$$\begin{aligned}(\vec{F}\cdot\Theta\vec{G}) &= \int dr\,\vec{F}^*\cdot\nabla\times\left(\frac{1}{\epsilon}\nabla\times\vec{G}\right)\\ &= \int dr\,(\nabla\times\vec{F})^*\cdot\frac{1}{\epsilon}\nabla\times\vec{G} \qquad (1.15)\\ &= \int dr\,\left(\nabla\times\left(\frac{1}{\epsilon}\nabla\times\vec{F}\right)\right)^*\cdot\vec{G} = (\Theta\vec{F}\cdot\vec{G})\end{aligned}$$

이 되어 Hermitian임을 알 수 있다.

4.3 조화모드와 전자기 패턴

앞 절에서 연산자 Θ가 Hermitian임을 보였다. 이제 Θ가 실수의 고유값을 가짐을 알 수 있다. 고유값 $(\omega/c)^2$을 갖는 Θ의 고유벡터 $\vec{H}(\vec{r})$을 가정하면,

$$\Theta \vec{H}(\vec{r}) = (\omega/c)^2 \vec{H}(\vec{r})$$

$$(\vec{H} \cdot \Theta \vec{H}) = (\omega/c)^2 (\vec{H}, \ \vec{H}) \tag{1.16}$$

$$(\vec{H} \cdot \Theta \vec{H}) = (\omega^2/c^2)^* (\vec{H}, \ \vec{H})$$

Θ가 Hermitian이기 때문에 $(\vec{H} \cdot \Theta \vec{H}) = (\Theta \vec{H} \cdot \vec{H})$이다. 또한 임의의 연산자 ω^2에 대하여 $(\vec{H} \cdot \Xi \vec{H}) = (\Xi \vec{H} \cdot \vec{H})^*$이다. 이 두 성질을 이용하면 식 (1.17)이 되어, ω^2이 실수임을 알 수 있다.

$$\begin{aligned}(\vec{H} \cdot \Theta \vec{H})^* &= (\omega^2/c^2)^* (\vec{H} \cdot \vec{H}) \\ &= (\Theta \vec{H} \cdot \vec{H}) = (\omega^2/c^2)(\vec{H} \cdot \vec{H}) \\ (\omega^2/c^2)^* &= (\omega^2/c^2)\end{aligned} \tag{1.17}$$

또한 각각 다른 주파수 ω_1과 ω_2를 갖는 두 조화모드 $\vec{H}_1(\vec{r})$, $\vec{H}_2(\vec{r})$의 내적은 0이다.

$$\begin{aligned}&\omega_1^2(\vec{H}_2 \cdot \vec{H}_1) = c^2(\vec{H}_2 \cdot \Theta \vec{H}_1) = c^2(\Theta \vec{H}_2 \cdot \vec{H}_1) = \omega_2^2(\vec{H}_2 \cdot \vec{H}_1) \\ &(\omega_1^2 - \omega_2^2)(\vec{H}_2 \cdot \vec{H}_1) = 0\end{aligned} \tag{1.18}$$

$\omega_1 \neq \omega_2$이므로 반드시 $(\vec{H}_1 \cdot \vec{H}_2) = 0$이 된다. 따라서 $\vec{H}_1$과 $\vec{H}_2$는 서로 직교한다. $\omega_1 = \omega_2$인 경우는 두 조화모드는 축퇴(degenerate)되어 있다고 한다.

유전체 내의 조화모드는 복잡하지만 정성적 방법으로 쉽게 이해할 수 있다. 개략적으로 모드의 대체 에너지가 높은 유전상수를 갖는 영역에 모이는 경향이 있다. 이를테면 가장 낮은 주파수를 갖는 모드는 진자기 에너지를 최소화하는 전자기장 패턴을 갖는다.

$$E_f(\vec{H}) = \frac{1}{2} \frac{(\vec{H} \cdot \Theta \vec{H})}{(\vec{H} \cdot \vec{H})} \tag{1.19}$$

이를 증명하기 위해 $\vec{H}(\vec{r})$의 작은 변화가 얼마나 에너지 함수에 영향을 미치는지를 고려한다. 즉, $\vec{H}(\vec{r})$에 미소변위 $\delta \vec{H}(\vec{r})$을 더할 경우 에너지 함수에서의 변화 δE_f의 변화를 살펴본다. $\vec{H} + \delta \vec{H}$와 $\vec{H}$에 대한 에너지 함수와 그 차이는 다음과 같이 정의할 수 있다.

$$E_f(\vec{H}+\delta\vec{H}) = \frac{1}{2}\frac{(\vec{H}+\delta\vec{H},\ \theta\vec{H}+\theta\delta\vec{H})}{(\vec{H}+\delta\vec{H},\ \vec{H}+\delta\vec{H})}$$

$$E_f(\vec{H}) = \frac{1}{2}\frac{(\vec{H}\cdot\Theta\vec{H})}{(\vec{H}\cdot\vec{H})} \tag{1.20}$$

$$\delta E_f(\vec{H}) \equiv E_f(\vec{H}+\delta\vec{H}) - E_f(\vec{H})$$

$\vec{H}$의 실수부 $\vec{H}_r$을 이용하여 $\delta\vec{H}$의 고차 항을 무시하면,

$$\frac{\delta E_f}{\delta\vec{H}_r} = \frac{1}{(\vec{H}_r\cdot\vec{H}_r)}\left(\Theta\vec{H}_r - \left[\frac{(\vec{H}_r\cdot\Theta\vec{H}_r)}{(\vec{H}_r\cdot\vec{H}_r)}\right]\vec{H}_r\right) \tag{1.21}$$

를 얻을 수 있다. 자기장이 연산자 Θ의 고유벡터인 경우 브라켓 내의 값은 0이 된다. 그러므로 $\vec{H}$가 조화모드일 때 E_f는 $\vec{H}$의 변화에 대해 변하지 않는다. 식 (1.17)은

$$(\vec{H}\cdot\vec{H})\left(\frac{\omega}{c}\right)^2 = (\vec{H}\cdot\Theta\vec{H}) = \int dr\ \frac{1}{\epsilon}|\nabla\times\vec{H}|^2 \tag{1.22}$$

이 되고 식 (1.22)를 식 (1.19)에 대입한 후 식 (1.12)를 이용하면,

$$\begin{aligned} E_f(\vec{H}) &= \left(\frac{1}{2(\vec{H}\cdot\vec{H})}\right)\int dr\ \frac{1}{\epsilon}|\nabla\times\vec{H}|^2 \\ &= \left(\frac{1}{2(\vec{H}\cdot\vec{H})}\right)\int dr\ \frac{1}{\epsilon}\left|\frac{\omega}{c}\vec{D}\right|^2 \end{aligned} \tag{1.23}$$

을 얻을 수 있다. 대체전류 $\vec{D}$가 높은 유전상수 영역에 집중되어 있을 때 E_f가 최소가 됨을 알 수 있다.

4.4 광자결정의 전자기적 성질

광자결정은 원자결정과 같이 연속적인 병진대칭(continuous translational symmetry)을 갖지 않고 불연속적인(discrete) 병진대칭 구조를 갖는다는 것을 알았다. 이는 임의의 거리의 병진에 불변하지 않고 정해진 거리의 곱에 의해서만 대칭을 갖는 것을 의미한다. 예를 들어 브래그 반사 격자와 같이 한 방향에 대해 불연속적인 병진대칭을 갖는 구조를 고려할 수 있다. 기본단위 길이를 격자상수(lattice constant) a라 하고 기본 벡터를 원시 격자벡터(primitive lattice vector) $\vec{a}$라고 한다. $\epsilon(\vec{r})=\epsilon(\vec{r}+\vec{a})$와 같은 대칭성에 의해 임의의 벡터 $\vec{R}=l\vec{a}$에 대해 $\epsilon(\vec{r})=\epsilon(\vec{r}+\vec{R})$이 성립한다. 여기서 l은 정수이다.

y축에 대하여 불연속적인 병진대칭 구조를 고려할 때 병진대칭 때문에 연산자 Θ는 y축 상의 격자벡터 $\vec{R}=la\hat{y}$에 대한 병진 연산자뿐만 아니라 x축 상의 모든 병진 연산자와 교환(commute) 관계가 있다. 따라서 x, y축에 대한 병진 연산자에 대해 동시에 만족하는 고유함수로 Θ에 대한 조화모드를 정의할 수 있다.

이 고유함수들이 평면파라고 하면,

$$
\begin{aligned}
T_{d\hat{x}}e^{ik_x x} &= e^{ik_x(x+d)} = (e^{ik_x d})e^{ik_x x} \\
T_{dR}e^{ik_y y} &= e^{ik_y(y+la)} = (e^{ik_y la})e^{ik_y y}
\end{aligned}
\tag{1.24}
$$

여기서, 모드들을 k_x와 k_y로 분류하였다. 그러나 k_y의 모든 값이 다른 고유값을 갖지는 않는다. k_y를 갖는 모드와 $k_y+2\pi/a$의 값을 갖는 두 모드를 식 (1.24)에 대입하면 같은 값의 고유값을 갖는 것을 알 수 있다. 사실 $k_y+m(2\pi/a)$의 파동 벡터를 갖는 모든 모드들은 m이 정수일 경우 동일한 고유값 $e^{i(k_y la)}$을 갖고 축퇴된다. 정수 배의 $b=2\pi/a$에 의해 k_y의 상태는 변하지 않게 되는데 이때의 $\vec{b}=b\hat{y}$를 원시 역격자벡터(primitive reciprocal lattice vector)라고 한다.

축퇴된 고유함수의 선형 결합 역시 같은 고유값을 갖는 고유함수이기 때문에 다음과 같이 조화모드를 나타낼 수 있다.

$$
\begin{aligned}
\vec{H}_{k_x,k_y}(\vec{r}) &= e^{ik_x x}\sum \vec{c}_{k_y,m}(z)e^{i(k_y+mb)y} \\
&= e^{ik_x x}\cdot e^{ik_y y}\sum \vec{c}_{k_y,m}(z)e^{imby} \\
&= e^{ik_x x}\cdot e^{ik_y y}\cdot \vec{u}_{k_y}(y,z)
\end{aligned}
\tag{1.25}
$$

여기서, c는 해에 의해 결정되는 전개 계수(expansion coefficients)이고 $\vec{u}(y,\ z)$는 y축에 대한 주기함수이다. 위 식 (1.25)에서 $\vec{u}(y+la,\ z)=\vec{u}(y,\ z)$임을 증명할 수 있다.

y축에 대한 불연속의 주기성은 y축의 주기함수와 평면파의 곱으로 나타낼 수 있는 $\vec{H}$의 y축 의존성을 갖게 한다. 이는 주기적 격자에 의한 주기함수로 변조된 평면파로 간주할 수 있다.

$$\vec{H}(\ldots, y, \ldots) \propto e^{ik_y y} \cdot \omega_{k_y}(y, \ldots) \tag{1.26}$$

이것이 잘 알려진 Bloch의 이론이며 식 (1.26)을 Bloch 상태(state)라고 한다. 파동 벡터 k_y의 Bloch 상태와 $k_y + mb$의 Bloch 상태는 동일하다. 따라서 모드 주파수 역시 k_y에 주기적이라 할 수 있다.

$$\omega(k_y) = \omega(k_y + mb) \tag{1.27}$$

실제 k_y는 역격자 내에서 $-\pi/a < k_y < \pi/a$의 영역에서만 고려하면 된다. 이 영역을 첫째 브릴루앙 영역(first Brillouin zone)이라 한다.

이를 3차원 공간에 주기적인 유전체에 적용하면, 유전체는 3차원 공간상에서 격자벡터 $\vec{R}$을 통한 병진에 대해 불변하게 된다. 이들 격자벡터는 원시 격자벡터의 결합으로 나타낼 수 있다.

$$\vec{R} = l\vec{a}_1 + m\vec{a}_2 + n\vec{a}_3 \tag{1.28}$$

여기서 l, m, n은 정수이다. 격자벡터($\vec{a}_1$, $\vec{a}_2$, $\vec{a}_3$)로부터 조건 $\vec{a}_i \cdot \vec{b}_i = 2\pi\delta_{ij}$를 통하여 역격자벡터($\vec{b}_1$, $\vec{b}_2$, $\vec{b}_3$)를 얻을 수 있다.

3차원 구조에서의 모드는 $\vec{k} = k_1\vec{b}_1 + k_2\vec{b}_2 + k_3\vec{b}_3$에 분류할 수 있는 Bloch 상태이다. 이때 $\vec{k}$는 브릴루앙 영역에 있게 된다. 예를 들어 결정의 단위 낱칸(unit cell)이 직각의 육면체일 경우 브릴루앙 영역은 $-|\vec{b}_i|/2 < |\vec{k}_i| < |\vec{b}_i|/2$로 주어지고 이 영역 내의 파동 벡터 $\vec{k}$는 연산자 Θ에 대한 주파수 $\omega(k)$를 갖는 고유상태와 식 (1.29)와 같은 형태의 고유벡터 $\vec{H}_k$를 결정한다.

$$\vec{H}_k(\vec{r}) = e^{i(\vec{k} \cdot \vec{r})}\vec{u}_k(\vec{r}) \tag{1.29}$$

여기서 $\vec{u}_k(r)$은 주기함수로 모든 격자벡터 $\vec{u}$에 대해 $\vec{u}_k(\vec{r}) = \vec{u}_k(\vec{r} + \vec{R})$이다.

앞에서 3차원에서 불연속적인 주기성을 갖는 광자결정의 전자기 모드가 식 (1.29)와 같이 Bloch 상태로 표현됨을 보였다. 이러한 모드의 물리적 성질은 파동 벡터 $\vec{k}$와 주기함수 $\vec{u}_k(\vec{r})$로 주어진다. $\vec{u}_k(\vec{r})$에 대한 해를 구하기 위해 식 (1.29)를 식 (1.11)에 대입하면,

$$
\begin{aligned}
&\Theta \vec{H}_{\vec{k}} = (\omega(\vec{k})/c)^2 \vec{H}_{\vec{k}} \\
&\nabla \times \left(\frac{1}{\epsilon(\vec{r})} \nabla \times e^{i(\vec{k}\cdot\vec{r})} \vec{u}_{\vec{k}}(\vec{u}) \right) = (\omega(\vec{k})/c)^2 e^{i(\vec{k}\cdot\vec{r})} \vec{u}_{\vec{k}}(\vec{u}) \\
&(i\vec{k} + \nabla) \times \left(\frac{1}{\epsilon(\vec{r})} (i\vec{k} + \nabla) \times \vec{u}_{\vec{k}}(\vec{u}) \right) = (\omega(\vec{k})/c)^2 \vec{u}_{\vec{k}}(\vec{u}) \\
&\Theta_{\vec{k}} \vec{u}_{\vec{k}}(\vec{u}) = (\omega(\vec{k})/c)^2 \vec{u}_{\vec{k}}(\vec{u})
\end{aligned} \tag{1.30}
$$

여기서 $\vec{k}$에 의존하는 새로운 Hermite 연산자 $\Theta_{\vec{k}}$를 다음과 같이 정의하였다.

$$
\Theta_{\vec{k}} \equiv (i\vec{k} + \nabla) \times \left(\frac{1}{\epsilon(\vec{r})} (i\vec{k} + \nabla) \times \right) \tag{1.31}
$$

모드 함수 $\vec{u}$는 $\vec{u}_{\vec{k}} = \vec{u}_{\vec{k}}(\vec{r} + \vec{R})$ 조건을 만족하며 식 (1.30)의 네 번째 식으로부터 얻을 수 있다. 주기적인 경계조건(boundary condition)으로부터 고유값 문제를 광자결정의 하나의 단위 낱칸에 한정하여 다룰 수 있다. 양자역학의 '상자 안의 전자' 문제와 같이 고유값 문제를 유한한 영역에 한정하여 다룰 경우 불연속적인 고유값 스펙트럼을 얻을 수 있다. 각각의 $\vec{k}$에 대하여 불연속적으로 분포된 주파수를 갖는 무한한 모드들을 얻을 수 있다. 여기서 불연속적인 주파수들은 밴드 수 n으로 표시할 수 있다.

$\vec{k}$가 연산자 $\Theta_{\vec{k}}$에서 단지 변수이기 때문에 주어진 $\vec{k}$에 대해 각각의 밴드의 주파수 $\omega_n(\vec{k})$가 연속적으로 변한다. 따라서 광자결정의 모드를 기술할 수 있다. 함수 $\omega_n(\vec{k})$가 광자결정의 밴드구조이다.

Chapter

02 1차원 광자결정

이 현 용

1 서 론

광자결정 중에서 가장 간단하게 실현할 수 있는 것이 1차원 광자결정이다. 이것은 다른 유전상수 또는 굴절률을 가진 재료를 교번하여 구성시킨 것으로 새로운 개념이라기보다는 오랜 기간 이용해 왔던 다중층 박막(mutilayer films)구조에 기초한다고 할 수 있다. 이 1차원 광자결정은 PBG 내의 주파수대에 대하여 완전-거울 역할을 할 수 있으며, 구조상에 결함을 삽입하므로 필터로 사용되어 왔다. 1차원 광자결정의 대표적인 구조는 [그림 2.1]과 같이 다중층 박막구조와 평면격자구조이다.

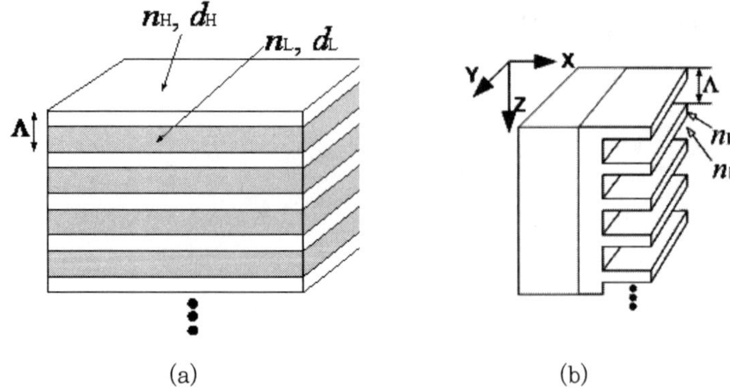

[그림 2.1] 대표적인 1차원 광자결정 구조
(a) thin film multilayer (b) planar corrugated grating

[그림 2.1]에서 n_H, n_L은 구성박막 중 굴절률이 큰 쪽과 작은 쪽을 각각 나타내며, 그에 대응하는 두께를 d_H, d_L로 나타내었다. $\Lambda(=d_H+d_L)$은 주기(period)를 표시한다.

1차원 광자결정을 이해하기 위한 접근방법 중에 가장 일반적인 것이 유전체를 통한 평면파(plane wave)의 전파에 대해 유전율이 서로 다른 각각의 박막 계면에서 Fresnel 방정식으로 표현되는 반사, 투과 계수를 고려하고 Matrix의 형태로 표현되는 계수 값들을 입사매질로부터 최종 기판까지 전달시켜 나가는 Transfer Matrix Method(TMM) 방법이다. 이 방법은 2, 3차원 광자결정에 대해 일반화시키기는 어렵지만, 1차원 광자결정의 설계에 양자역학적인 기초 없이 쉽게 접근할 수 있는 유용한 방법으로 본 장에서 자세히 다룰 것이다. 본 장의 구성 내용으로는 TMM 이론 및 특정 계산-툴(여기서는 MathCAD)을 이용한 1차원 광자결정의 설계, 그의 제작 방법 및 여러 광부품과 광통신소자에의 응용의 순서로 기술한다.

2 1차원 광자결정 이론

먼저, 고체물리 및 양자역학에 기초한 정성적 접근방법에 대하여 설명하고 그 다음 보다 실용적으로 쉽게 설계가 가능한 TMM을 이용한 정량적 방법에 대해 설명하려 한다.

2.1 1차원 광자결정의 정성적 이해

z-방향에 대하여 주기적이고 xy-면에 대하여 균질한 [그림 2.1(a)]와 같은 구조의 광자결정을 고려하자. 여기서 $\overrightarrow{k_{\parallel}}$는 면상의 파수벡터(wave vector), $\overrightarrow{k_Z}$는 z-방향 파수벡터, N은 밴드 수(band number)이다. 파수벡터는 위치변화에 따라 전자기파의 모드(modes)와 위상(phase)이 어떻게 변하는지에 대한 정보를 제공하며, 밴드 수는 주파수에 따라 증가한다. 모드를 Bloch 함수의 형태로 표시하면 식 (2.1)과 같다.

$$\mathrm{H}_{N,\ k_Z,\ k_{\parallel}}(r)=e^{ik_{\parallel}\cdot\rho}e^{ik_Z z}\mathrm{U}_{\mathrm{N},\ \mathrm{k_Z},\ \mathrm{k_{\parallel}}}(\mathrm{z}) \tag{2.1}$$

여기서, U(z)는 z-주기함수로 $U(z)=U(z+m\Lambda)$를 만족한다. m은 정수이다. 이 광자결정은 xy-면에 대하여 연속 병진대칭성(continuous translational symmetry)을 가지므로 $\vec{k_\parallel}$은 임의의 값으로 가정해도 되지만, z-방향에 대하여 불연속적 병진대칭성을 가지므로 $\vec{k_Z}$는 유한한 값인 1st BZ로 제한한다. 제1장에서 설명한 바와 같이 만약 기본격자벡터로 $\Lambda\hat{z}$를 취한다면, 얻어지는 역격자 기초벡터는 $(2\pi/\Lambda)\hat{z}$가 되고 1st BZ는 $-\pi/\Lambda<\vec{k_Z}\le\pi/\Lambda$이 된다. 광이 [그림 2.1(a)]의 광자결정에 수직입사하여 전파하는 것을 고려하면, $\vec{k_\parallel}=0$이 되어 파수벡터 성분 중 $\vec{k_Z}$만이 중요 역할을 하게 된다(따라서, $\vec{k_Z}\rightarrow\vec{k}$로 대치).

[그림 2.2]에서 (a)는 단일 유전체 매질(GaAs, $n=3.6$) 및 굴절률 비($n_{\rm H}/n_{\rm L}$)가 서로 다른 두 종류의 1차원 광자결정 구조에 대한 k-함수로서의 ω_N 즉, $\omega_N(k)$ 관계도로 (b)는 $n_{\rm H}/n_{\rm L}\approx1$인 경우(GaAs/GaAlAs, $n_{\rm H}=3.6$, $n_{\rm L}=3.46$)이고 (c)는 $n_{\rm H}/n_{\rm L}\gg1$(GaAs/air)이다.

동일 매질로 구성된 비주기 유전체 재료(예를 들면 $n=3.6$인 GaAs)에 대하여 매질 내에서 광속도는 굴절률만큼 작아지게 되는 $\omega(k)=(c/n)k$의 분산관계를 가지므로 이때 그려지는 $\omega-k$ 관계는 직선으로, 이를 light-line이라 한다.

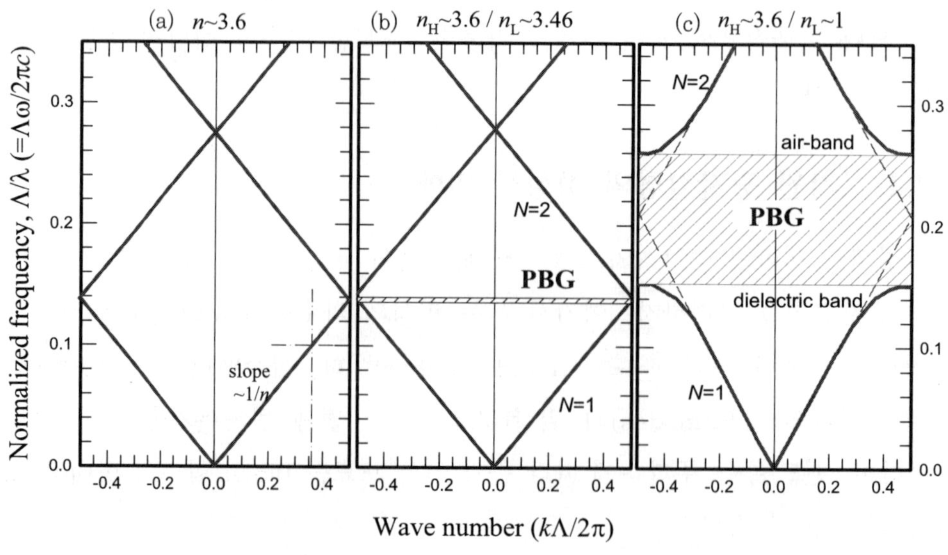

[그림 2.2] on-axis 전파에 대한 (a) 단일 유전체 매질 및 (b) $n_{\rm H}/n_{\rm L}\approx1$, (c) $n_{\rm H}/n_{\rm L}\gg1$인 1차원 광자결정에 대한 $\omega_N(k)$ 관계도(축소영역법으로 그려진 광자밴드구조)

광자결정에서 규격화주파수(normalized frequency)는 파장에 대한 주기값 즉, Λ/λ로 정의된다. $\omega=2\pi c/\lambda$로 $\Lambda/\lambda=(\Lambda/2\pi c)\omega$이므로 여기에 분산관계식을 대입하면 식 (2.2)로 정리된다.

$$\frac{\Lambda}{\lambda}=\frac{\omega\Lambda}{2\pi c}=\frac{1}{n}\frac{k\Lambda}{2\pi} \tag{2.2}$$

따라서, 규격화파수($k\Lambda/2\pi$)에 대한 규격화주파수($\omega\Lambda/2\pi c$) 간의 그래프는 그 기울기가 $1/n$이 됨을 알 수 있다. 즉, [그림 2.2(a)]의 기울기는 n이 균일하므로 1/3.6의 값을 가지게 된다. 이러한 그림이 축소영역법(reduced zone scheme)에 의해 그려진 광자밴드구조로 $k\Lambda/2\pi=\pm 0.5$는 1st BZ의 경계조건으로 이 영역에서 군속도는 0에 근사된다.

굴절률이 거의 동일한 $n_H/n_L\approx 1$인 1차원 광자결정에서도 [그림 2.2(b)]와 같이 위, 아래 branch 사이의 주파수 영역에서 갭이 존재한다. k에 관계없이 이 갭에 포함되는 주파수를 갖는 광자는 광자결정 내에서 어떠한 mode도 가질 수 없다. 이 갭이 앞서서도 설명한 바와 같이 광자밴드갭(PBG)이며 굴절률 비 증가에 따라 커진다. 또한, 기울기가 굴절률의 역수이므로 n_H, n_L이 3.6, 3.46인 (b)의 경우 기울기는 거의 (a)와 동일하지만, n_H, n_L이 3.6, 1.0인 (c)의 경우는 기울기가 상대적으로 증가한 것을 알 수 있다.

광자밴드갭에 관심을 가지는 이유는 무엇일까? 광자결정의 다양한 응용성은 1차적으로 이 PBG의 폭, 주파수대 및 PBG 내의 결함준위 존재여부에 따라 결정되기 때문이다. 예를 들면, 좁은 주파수대의 PBG를 가지는 광자결정은 PBG 내에 포함되는 파장대를 완전반사시키므로(물론, 입사각도에 따라 다르지만) 이를 narrow-band filter로 사용할 수 있다. 임의의 PBG를 가지는 광자결정에 마이크로 결함을 만들 경우, PBG에 포함되는 주파수에 대하여 완전반사 벽을 만들어 주므로 공진기(resonant cavity)로 사용할 수 있다.

그렇다면, 광자결정 내에 왜 PBG가 만들어지는 것일까? PBG의 위($N=2$), 아래($N=1$) 상태(states)에 대한 전계모드분포(electric field mode profiles)를 고려함으로 PBG 존재를 물리적으로 이해할 수 있다. 밴드 $N=1$과 $N=2$ 사이의 갭은 1st BZ 경계인 $k=\pm\pi/\Lambda$에서 생긴다. [그림 2.2(b)]에 대해, $k=\pm\pi/\Lambda$에서의 모드들은 2Λ 파장크기의 정현파(standing wave)이다. [그림 2.3]과 같이 대칭성을 고려하여, 1차원 광자결정 내에 정현파를 구성하는 두 가지의 방식이 가능한데, 정현파의 마디(nodes)를 각각 n_L– 층 중심에 위치시키거나 n_H– 층 중심에 위치시키는 방식이다. 대칭성을 고려해야 하므로 다른 방식은 제외될 수 있다.

1 전자기변동이론(electromagnetic variational theorem)

저주파수 모드들은 그들의 에너지를 고굴절률(또는 유전율) 영역에 집속시키며, 반대로 고주파수 모드들은 에너지를 저굴절률 영역에 집속시키려는 경향을 갖는다.

전자기변동이론에 따라, PBG 바로 아래의 모드는 [그림 2.3(a)]에서 보이는 것과 같이 모드 국재에너지의 대부분을 n_H에 집중시켜 상대적으로 더 낮은 주파

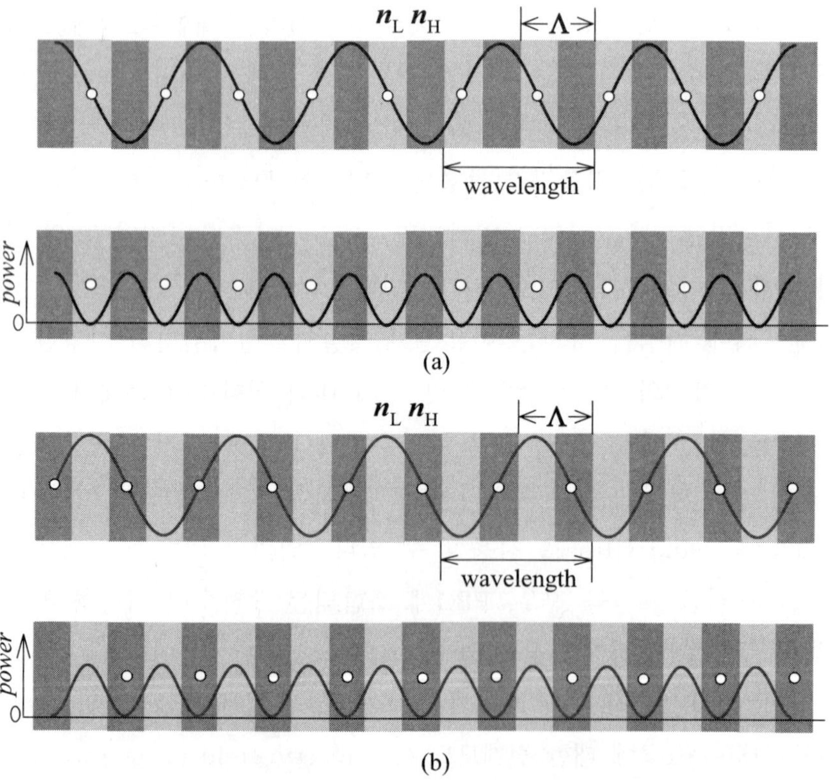

[그림 2.3] [그림 2.2(b)]에 대한 1st BZ의 경계($k=\pm\pi/\Lambda$)에서의 modes의 개략도.
(a) 밴드 $N=1$에서의 전계 및 국재에너지 분포
(b) 밴드 $N=2$에서의 전계 및 국재에너지 분포

수를 취하며, PBG 바로 위의 모드는 [그림 2.3(b)]와 같이 모드 국재에너지를 n_L에 집중시키므로 그 주파수를 약간 올리게 되므로 그 차이만큼에 상당하는 PBG가 생긴다. 다시 말해, PBG 위, 아래 밴드는 그들 모드의 에너지가 높은 굴절률 영역에 놓이는지 낮은 굴절률 영역에 놓이는지에 의해 구별될 수 있다.

[그림 2.2(c)]에서와 같이 n_L이 보통 공기 영역이 되기 때문에 PBG의 위쪽 밴드를 에어밴드(air-band)라고 하며 그 아래 밴드를 유전체 밴드(dielectric-band)라고 한다. 이것은 반도체의 전자밴드구조에서 밴드갭을 사이에 두고 전도대(conduction band)와 가전자대(valence band)로 나뉘는 것과 유사하게 생각할 수 있다.

1차원 광자결정에 대해서도 어떤 갭들이 각 밴드들 사이에서(특히, BZ의 끝이나 중앙에서) 생기는 것을 알았다. 1차원 광자결정 구성박막의 굴절률 차이가 작으면 작을수록 갭은 작아지지만, $n_H \neq n_L$인 조건에 대해 갭은 존재함을 알았다.

2 Evanescent wave란?

사인이나 코사인파(sinusoidal wave)와 같이 공간에 따라 위상(phase)이 변하는 진행파(propagation wave)와 대별시켜, 공간에 따라 위상변화 없이 크기가 거리(깊이)에 따라 지수함수적으로 감소(혹은 증가)하는 파를 evanescent 파 또는 지수감쇠파라 정의한다. evanescent 파는 전자기파에 대한 내부전반사 시 물질 계면에서 생성된다. 이 계면에서 생성된 evanescent 파는 깊이 d_P까지 확장되는데, 이때의 d_P는 evanescent 파의 유효두께(effective thickness) 또는 침투깊이(penetration depth)로 n_2매질 구성원자의 흡수에 의존한다.

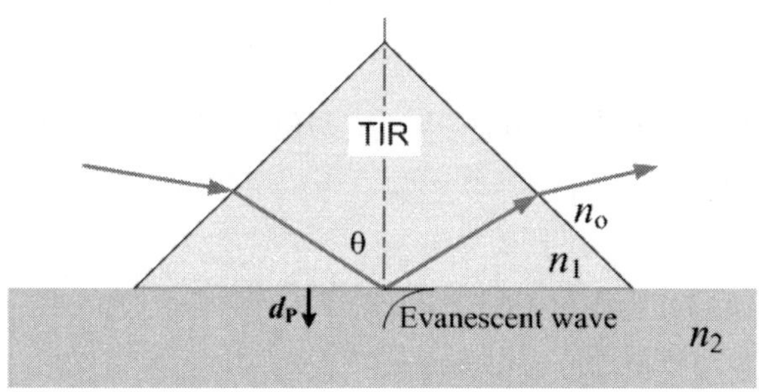

[그림 2.4] 내부전반사(TIR) 조건에서의 evanescent wave의 생성($n_o < n_2 < n_1$)

이 evanescent 모드는 복소 파수벡터(complex wave vector) $k+i\kappa$의 허수부에 의해 표현된다. 예를 들어, 직각좌표계(rectangular coordination)에서 3차원 공간상을 전파하는 구면파(spherical wave)는 식 (2.3)으로 표현된다. $\vec{k}$는 파동의 진행방향 및 파수를 나타내는 파수벡터이므로 다시 3차원 공간방향 성분으로 구성시켜 표현될 수 있다.

$$\vec{H}(\vec{r},\ t) = Ae^{-i(\vec{k}\cdot\vec{r}-\omega t)},\quad \vec{k} = k_x\vec{x} + k_y\vec{y} + k_z\vec{z} \tag{2.3}$$

따라서, 파수벡터의 크기는 $k^2 = k_x^2 + k_y^2 + k_z^2$의 관계를 만족해야 하므로 어떤 k_x, k_y의 값에 대해 k_z^2이 음이 될 수 있고 따라서, 허수의 파수가 존재, 지수함수적으로 감소하는 파동이 있음을 이해할 수 있다.

광자결정의 갭 내에서는 어떠한 전자기 모드도 허용되지 않는다. 그렇다면, PBG에 포함되는 주파수를 가지는 광이 광자표면에 입사될 경우에 무슨 일이 생길까? 이 주파수 영역에서는 순수 실수부 파수벡터 대신에 허수의 파수벡터($\vec{\kappa}$)가 존재한다. PBG 내에 상태(state)가 없다는 의미는 식 (2.1)로 주어지는 확장 상태(extended state) 모드가 존재하지 않는다는 것이다. 대신, 식 (2.4)로 표현되는 evanescent 모드는 존재한다.

$$H(\vec{r}) = e^{i(k+i\kappa)z}U(z) = e^{ikz}U(z)e^{-\kappa z} \tag{2.4}$$

이것은 식 (2.1)의 k 대신에 $k+i\vec{\kappa}$를 대입하여 얻어진 결과로 exp($-k$x)는 진폭이 z방향([그림 2.1]의 깊이방향)에서 κ의 지수함수로 감쇠함을 의미한다.

3 Taylor 급수

일반 멱급수(power series)에서 어떤 상수 p에 대해 미지수 x를 포함하는 $(x-p)$가 매우 작을 경우, 그의 연속하는 거듭제곱은 더욱 작아지게 되는데, 이때 어떤 함수 f(x)에 대한 급수는 식 (2.5)와 같이 표현되며 이를 테일러급수(Taylor's series)라 한다.

$$f(x) = f(p) + f'(p)\frac{(x-p)}{1!} + f''(p)\frac{(x-p)^2}{2!} + f'''(p)\frac{(x-p)^3}{3!}\cdots \tag{2.5}$$

이러한 evanescent 모드가 어떻게 생기는지, κ값은 무엇과 연관되는지에 대해 이해해 보자. [그림 2.2(c)]에서 보이는 PBG 부근의 밴드를 고려하자. PBG 부근의 $N=2$ 밴드를 $k=\pi/\Lambda$에 관한 $\omega_2(k)$ 급수로 식 (2.5)를 이용하여 근사시키면,

$$\omega_2(k)=\omega_2(\frac{\pi}{\Lambda})+\omega_2{}'(\frac{\pi}{\Lambda})\frac{(k-\pi/\Lambda)}{1!}+\omega_2{}''(\frac{\pi}{\Lambda})\frac{(k-\pi/\Lambda)^2}{2!}\cdots \tag{2.6}$$

이 되며, 식 (2.6)을 $k=\pi/\Lambda$ 부근의 작은 주파수 범위($\Delta\omega$)에 대해 정리하고, 시간반전대칭성(time-reversal symmetry)으로 인해 k의 odd-powers는 포함될 수 없음을 고려하여 정리하면 식 (2.7)이 된다(가장 낮은 차수만 고려).

$$\Delta\omega=\omega_2(k)-\omega_2(\frac{\pi}{\Lambda})=\frac{\omega_2{}''(\pi/\Lambda)}{2!}\left(k-\frac{\pi}{\Lambda}\right)^2=\alpha(\Delta k)^2 \tag{2.7}$$

$k=\pi/\Lambda$에서, $N=2$ 밴드의 최하점보다 조금 더 큰 주파수에 대해 $\Delta\omega>0$이기 때문에 식 (2.7)에서 Δk는 실수가 된다. 그러나 $N=2$ 밴드의 최하점보다 아래의 주파수대(즉, PBG 내)에서 $\Delta\omega>0$이므로 Δk는 허수값을 가져야 한다. 즉, $\Delta k=i\kappa$이므로 states는 지수함수로 감소한다. 특히, 중요한 점은 감쇠상수 κ가 갭 중심에 도달될 때까지는 주파수에 따라 증가하고 $N=1$ 밴드에서 사라지게 된다. 즉, 최대 감쇠는 갭 중앙에서 발생한다. PBG 내에 국재적 evanescent 모드를 만들 수 있는데, 경험상에서 볼 때, PBG의 끝부분보다는 중앙부분에 states를 더욱 밀집되게 하여(tightly) 국재화시킬 수 있다.

물론, 1차원 광자결정에서 삽입한 결함층 부근에 국재상태(localized states)를 만들 수 있으며, 결함층은 1차원 광자결정의 z-방향 대칭성을 약화시키는데, 결정 표면이나 결정 내부에 결함층을 가지게 할 수 있다. 이때, 결정표면의 결함층에 의해 생기는 상태를 특히, 표면상태(surface states)라 하고 결정 내부에 의한 것을 결함상태(defect states)라 한다. 즉, 결함상태나 표면상태는 evanescent 모드와 밀접한 관계를 갖는다. Off-axis 모드와 관해서는 제2장 2.2절에서 다루려 한다.

1차원 광자결정에서 결함층에 의해 생기는 국재(결함)상태 모드를 고려하자. 이 시스템은 결함층에 의해 병진대칭성(translational symmetry)이 파괴된 형태로 [그림 2.5]와 같이 결함층이 단일층(굴절률 $n_{\mathrm{H}}=n_{\mathrm{D}}$, 두께 d_{D})으로 형성되어 있다고 가정하자. 이 시스템은 완전 주기격자를 가지지는 않지만, 결함으로부터 충분히 벗어날 경우는 전과 같은 주기구조의 모드처럼 행동해야 한다.

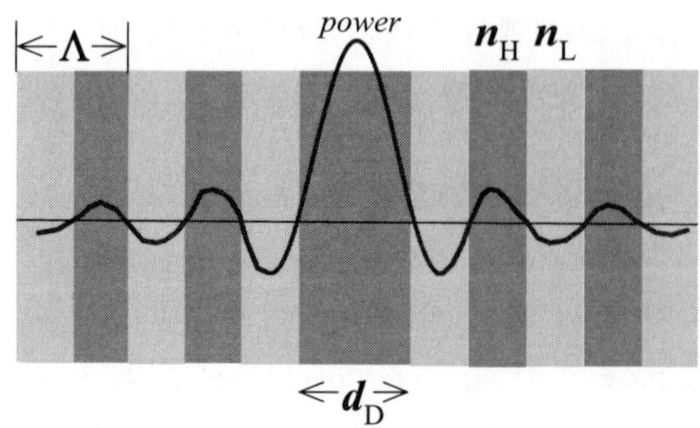

[그림 2.5] 결함층이 단일층(굴절률 $n_H = n_D$, 두께 d_D)으로 형성되어 있는 1차원 광자결정에서의 국재에너지 분포

PBG 내의 임의의 주파수 ω를 갖는 모드를 생각하면 주기격자 내부에는 ω를 갖는 어떠한 확장상태(extended states)도 존재하지 않는다. 주기구조의 파괴로 인해 시스템의 모드를 k로 설명하는 데는 어려움이 있지만, 어떤 주파수대가 결함을 제외한 나머지 결정 내부에서 계속해서 확장상태를 유지하는지를 결정하기 위해 밴드구조에 대한 앞에서 기술한 내용을 이용할 것이다. 이를 위해, 주파수를 확장상태와 evanescent 상태를 갖는 공간으로 나눌 수 있다.

결함들로 인해 국재모드들이 PBG 내부에서 어떤 주파수들을 가지고 존재할 수 있다. 만약 어떤 모드가 PBG 내부 주파수를 가진다면, 그 모드가 결정 내부로 들어갈 경우, 지수함수적인 감쇠가 일어나야만 한다. 결함을 중심으로 한 나머지 양쪽의 구조는 일종의 1차원 광자결정으로 어떤 주파수에 대하여 반사기처럼 역할을 할 것이다. 결함으로 나뉜 양쪽 반사기가 서로에게 평행한 구조라면, 그 사이에서 포획된 z-방향 전파 광은 양쪽 반사기 사이에서 단지 앞뒤로 바운드될 것이다. 또한, 반사기 사이의 거리가 빛의 파장 정도이기 때문에 그 모드들은 양자화(quantization)된다. 이 상황은 어떤 box 내 존재하는 입자의 양자역학적(quantum-mechanical) 문제나 금속공진기(metallic cavity)에서의 마이크로파의 전자기학적 문제와 매우 유사하다.

결함층 두께의 증가에 따라 생기게 되는 국재상태들의 집단을 생각해 보자. 이 집단의 각 상태들과 연관된 구속 모드는 분명 다른 주파수를 가질 것이다. 1차원 광자결정에서 두께 d_H가 증가함에 따라, 주파수는 상대적으로 감소하게 된다. 왜냐하면, 전자계(field)가 n_H 영역에 더욱 집중되기 때문이다. 더욱이, 감쇠율은 PBG 중앙에서 최대가 된다. 따라서, PBG 중앙부근 주파수를 갖는 상태들은 결합층과 가장 강하게 결합할 것이다.

상태밀도(density of states)란, 단위주파수당 허용상태수이다. 만약 어떤 단일 상태가 PBG 내에 도입된다면, 그 결함과 연관된 단일 피크(결함상태)를 제외하고는 PBG 내의 상태밀도는 0이 된다. 이 특성은 유전체 Fabry-Perot 필터로 알려진 band pass 필터의 기본이 된다. 이것은 유전체가 상대적으로 낮은 손실을 보이기 때문에 가시광 주파수 영역에 대하여 매우 유용하다. 이러한 생각은 서로 다른 주기를 가지는 두 개의 광자결정 사이의 계면에 대하여도 성립하는데, 국재상태들은 두 광자결정의 각 PBG가 겹쳐지는(overlap) 한, 항상 존재할 수 있다.

2.2 1차원 광자결정의 정량적 이해

본 절에서는 간단한 행렬 전개를 이용한 TMM을 이용하여 1차원 광자결정이 옴니(omnidirectional)-PBG를 갖기 위한 폭넓은 범위의 제작 파라미터들을 고찰한다. 이 방법은 복소 굴절률(complex refractive index)을 갖는 매질 즉, 매질의 파장에 따른 분산특성(dispersion property)에서 소광계수(extinction coefficient)가 0이 아닌 $n(\lambda)+ik(\lambda)$를 갖는 경우에 대해서도 유용하게 이용될 수 있다. 이미 고려된 바와 같이, 흡수계수(α)를 가지는 매질에서 소광계수와의 관계는 식 (2.8)과 같다.

$$\alpha(\lambda)=\frac{4\pi k(\lambda)}{\lambda}\ [/\mathrm{cm}] \tag{2.8}$$

최근, 몇몇의 잘 디자인된 1차원 광자결정 시스템이 옴니-PBG를 가실 수 있나는 발표가 있었으나, 그들의 대부분은 적외선 파장영역에 국한되어 있다. Fink 등(*Science* 282, 1679, 1998)이 처음으로 1차원 광자결정의 원적외선(deep IR) 영역에서 옴니-반사를 갖는다는 것을 보고하였다. 즉, 그들은 9-쌍(9N-pair)의 폴리스티렌(Polystyrene)/Te의 1차원 광자결정이 파장범위가 약 10-15μm에 대해 완전반사를 얻을 수 있다는 것으로 이는 재료가 갖는 흡수계수가 보다 짧은 파장영역에서는 무시하지 못할 정도의 값을 갖기 때문이다. 또한, Gallas 등(*Appl. Opt. A: Mater. Sci. Process* 68, 25, 1999)은 Si/SiO_2 1차원 광자결정에서의 열처리 효과를 발표하였다. 열처리를 통한 재결정화 과정으로 인해 Si에서의 흡수가 감소,

투과도를 크게 증가시킬 수 있다는 것으로, 특히 이 효과는 근적외선 영역보다는 가시광 영역에서 효과적이다. Chen 등(*Appl. Phys. Lett.* 75, 3805, 1999)은 sol-gel 방법으로 제작된 SiO_2/TiO_2 1차원 광자결정에서 근적외선 영역의 약 70 nm의 범위에 걸쳐 옴니-PBG를 얻었다. 대부분 유전체 재료들은 적외선 영역에서 분산특성을 가지지 않으며 흡수도 무시할 정도로 작기 때문에 위의 보고의 대부분은 $n(\lambda)=0$, $k(\lambda)=0$0의 조건에서 계산이 이루어질 수 있다. 다음은 여러 논문에서 제시한 적외선 영역에서의 굴절률 값이다. $n(\mathrm{Si})=3.5$, $n(\mathrm{SiO_2})=1.45\sim1.47$, $n(\mathrm{TiO_2})=2.36$, $n(\mathrm{Te})=4.6$, $n(\mathrm{PS})=1.6$.

본 저자는 2003년 *J. Appl. Phys.*(93, pp. 819-830)에 다양한 1차원 광자결정에 대해 옴니-PBG를 구현할 수 있는 실질적 디자인-룰을 발표하였다. 이것은 TMM 방식에 기초로 계산된 결과로 실측된 $n(\lambda)+ik(\lambda)$를 이용하였다. 여기에서 그 과정을 자세히 설명하려 한다. 또한, 간단한 1차원 광자결정에 대한 PBG를 얻는 실제 프로그램을 게시함으로써 이를 직접 실행해 보도록 하였다.

제1장에서도 설명한 바와 같이 1차원 광자결정은 n_H, n_L의 굴절률를 갖는 유전체 재료가 교번하며 구성된 유전체 반사기(dielectric mirror)로 2, 3차원 광자결정에 비해 매우 간단하다. 만약 어떤 주파수 범위에서 1차원 광자결정이 입사각도에 상관없이 또한 TE, TM 편광(polarization; TM-transverse magnetic, TE-transverse electric)에 상관없이 광을 반사시킨다면 그때 이 1차원 광자결정이 옴니-PBG를 갖는다고 말한다. 최근까지, 이 1차원 광자결정은 단지 하나의 축 방향에서 산란을 일으키기 때문에 옴니-PBG를 가질 수 없다고 생각하였다. 따라서, 세 축의 공간상에서 주기적 구조를 가지는 3차원 광자결정만이 완전한 PBG를 갖는다는 것은 당연한 것이었다(실제적으로 3차원 광자결정을 잘 만든다는 것은 매우 어려워 비현실적으로까지 보임). 간단히 제작할 수 있는 유한구조의 1차원 광자결정에서도 옴니-PBG를 얻을 수 있다는 사실은 우리에게 빛의 전파(soft x-ray를 포함)를 인위적으로 쉽게 제어할 수 있다는 가능성 이외에도 과학적, 실질적 중요성을 제공한다. [그림 2.1]에서도 설명한 바와 같이 1차원 광자결정은 크게 다중층 박막구조(thin film multilayers)와 평면격자구조(planar corrugated grating structures)로 분류할 수 있으며, [그림 2.6]은 평면격자구조 형태의 단일 도파로 1차원 광자결정 구조이다. [그림 2.6(a), (b)]는

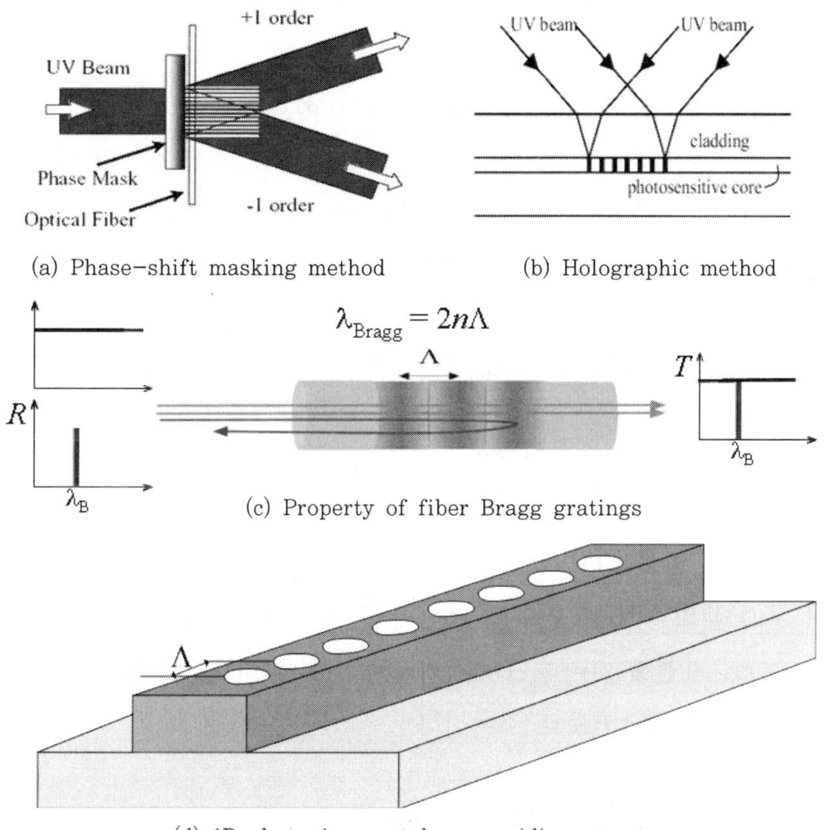

[그림 2.6] 평면격자구조형 1차원 광자결정.
(a) phase-shift masking 방법 및 (b) 홀로그래피 방법에 의해 제작된 fiber Bragg grating(FBG) (c) FBG의 반사-투과 특성 (d) FIB 및 e-beam 리소그래피를 이용하여 제작된 1차원 광자결정 도파구조. λ_{Bragg}는 Bragg 파장을 나타낸다. (a), (b)는 굴절률 변조(index modulation)를 이용한 것이다.

홀로그래피 방법(holographic method)이나 phase-shift 마스크를 이용한 격자 구조이다. 이는 1차원 광자결정 제작방법에서 좀 더 자세히 설명할 것이다.

다중층에 대한 interference optics는 일반적으로 평판재료 경계에서의 반사계수(r) 및 투과계수(t)의 위상(phase)과 진폭(amplitude)을 고려해서 묘사될 수 있다. 이것이 Fresnel 방정식이다. [그림 2.7]은 일반 다중층 유전체 구조에 대한 개략도로 TE 및 TM은 각각 s-편광, p-편광으로 묘사되기도 한다. 여기서 θ_i및 k는 입사파의 각도 및 파수벡터, n_S는 기판의 굴절률, n은 분위기

(ambient) 매질의 굴절률, E와 B는 전계(electric field)와 자계(magnetic field)를 나타낸다.

먼저, 구성 유전체가 비흡수(nonabsorbing), 등방성(isotropic)이며 균질(homogeneous)하다고 가정하자. Fresnel 계면 반사, 투과계수의 입사각 의존성을 식 (2.9)에 표현하였다. 이 식은 Brewster 특성을 포함하며 n−매질로부터 n_{H}−매질로 광이 θ_{i}를 가지고 입사하는 경우($n \to n_{\mathrm{H}}$)이다.

$$r(TE) = \frac{n\cos\theta_i - n_H\cos\theta_H}{n\cos\theta_i + n_H\cos\theta_H},\ \ t(TE) = \frac{2n\cos\theta_i}{n\cos\theta_i + n_H\cos\theta_H} \tag{2.9a}$$

$$r(TM) = \frac{n_H\cos\theta_i - n\cos\theta_H}{n_H\cos\theta_i + n\cos\theta_H},\ \ t(TE) = \frac{n}{n_H}[1 - r(TM)] \tag{2.9b}$$

$n_{\mathrm{H}} \to n_{\mathrm{L}}$, $n_{\mathrm{L}} \to n_{\mathrm{H}}$ 및 n_{L}, (또는 n_{H}) $\to n_{\mathrm{S}}$의 경우, TE, TM−편광에 대한 계수는 역시 굴절률 및 각도의 함수로 얻어질 수 있으며, 각각 r_{H}(or t_{H}), r_{L}(or t_{L}) 및 r_{S}(or t_{S})로 표현될 것이다. Snell의 굴절법칙에 따라, [그림 2.7]에서 보이는 각도들은 각각 식 (2.10)으로 주어진다.

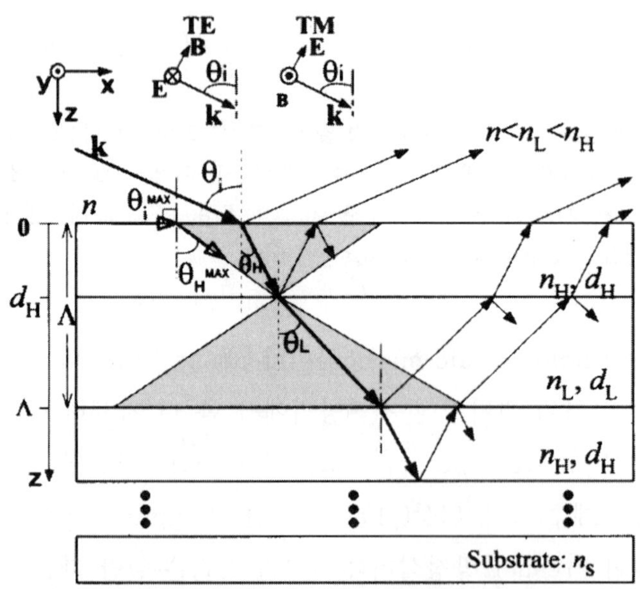

[그림 2.7] 굴절률 n_{H}, n_{L}을 갖는 유전체 1차원 광자결정의 개략도. 입사면은 xz−면이고, 입사, 반사, 굴절의 조건은 $n_{\mathrm{H}} > n_{\mathrm{L}} > n$의 조건에서 이루어진다. θ_{i}는 0°~±90°의 범위에서 이루어질 수 있다. 이때 허용되는 굴절각 범위를 회색 영역으로 표시하였다.

$$\theta_H = \sin^{-1}\left[\frac{n\sin\theta_i}{n_H}\right],\ \theta_L = \sin^{-1}\left[\frac{n_H\sin\theta_H}{n_L}\right] \tag{2.10}$$

이때, θ_i는 $0° \sim \pm 90°$의 범위에 놓이며, 최상층 n_H에서의 굴절각 θ_H는 $0° \sim \pm \theta_H^{MAX}$ 범위에 놓이게 된다. θ_H^{MAX}는 $n_H \to n$에 대한 내부전반사 조건에 의해서 결정되므로 $\theta_H^{MAX} = \sin^{-1}(n/n_H)$이 되며, 같은 형태로 $\theta_L^{MAX} = \sin^{-1}(n/n_L)$이 얻어질 수 있다. $n_H \to n_L$에 대해, Brewster각(θ_B)의 영향 없이 옴니-PBG를 가질 분위기 매질의 조건을 [그림 2.8]에 나타내었다.

여기서, 실선은 $\theta_B = \theta_H^{MAX}$ 조건이다. 여기서 옴니-PBG는 $\theta_B > \theta_H^{MAX}$가 성립될 수 있는 분위기 매질(광자결정으로 입사되는 매질, 일반적으로 공기)에서만 성립할 수 있다.

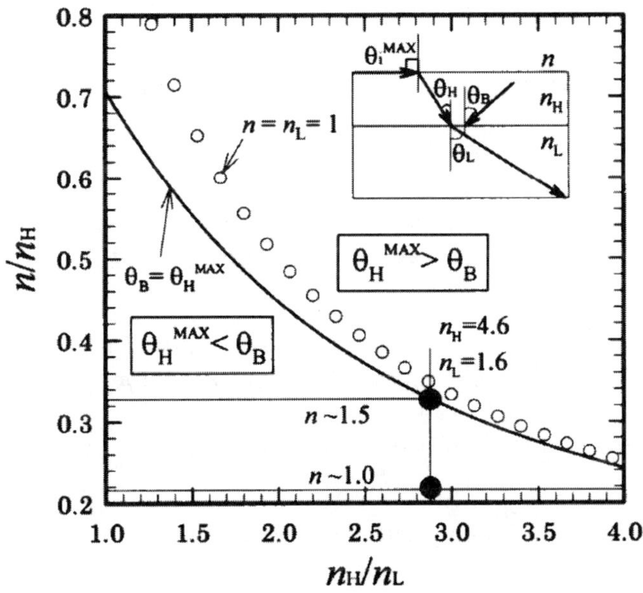

[그림 2.8] Brewster각의 영향 없이 옴니 PBG를 갖기 위한 n-매질의 조건. 실선은 $\theta_B = \theta_H^{MAX}$ 조건으로 옴니-PBG는 $\theta_B > \theta_H^{MAX}$(실선의 아래 영역). 두 점(•)은 $n_H = 4.6$, $n_L = 1.6$의 1차원 광자결정에 대해 허용되는 n의 범위 즉, $1.0 < n < 1.5$ 사이의 분위기 매질에서 옴니-PBG를 얻을 수 있다는 것을 보여준다. 개방 원(o)은 $n = n_L = 1$인 조건의 광자결정으로 공기층을 갖는 평판격자구조에 대응하는 것으로 이 경우, 옴니-PBG는 존재하지 않음을 알 수 있다.

임의의 매질에 대해 전자기파의 경계조건(boundary condition)은 Maxwell 방정식으로부터 얻어질 수 있다. 이 경계조건에 의해 전계 및 자계의 접선성분(tangential component)은 두 경계에서 연속이어야 하므로 임의의 특정 층에서 TE-편광광에 대해 전계분포 및 TM-편광광에 대해 자계분포는 서로 반대방향으로 진행하는 평면파의 합으로 표현되어야 한다. z=0($n-n_{\mathrm{H}}$ 사이의 계면)에서의 연속성으로부터 식 (2.11)이 주어진다.

$$E^{+}+E^{-}=E_{H}^{+}+E_{H}^{-},\ \ n\left(E^{+}+E^{-}\right)=n_{H}\left(E_{H}^{+}+E_{H}^{-}\right) \tag{2.11}$$

여기서, E는 평면파의 진폭이고 +, −는 각각 +z, −z 방향의 진행파를 의미한다. 그러므로 두 평면파의 진폭은 식 (2.12)와 같은 2×2 행렬(S_1)함수로 주어질 수 있다.

$$\begin{bmatrix} E^{+} \\ E^{-} \end{bmatrix} = S_1 \begin{bmatrix} E_H^{+} \\ E_H^{-} \end{bmatrix} = \frac{1}{t}\begin{bmatrix} 1 & r \\ r & 1 \end{bmatrix}\begin{bmatrix} E_H^{+} \\ E_H^{-} \end{bmatrix} \tag{2.12}$$

z = d_{H}와 z = Λ에서의 연속성으로부터 얻어지는 행렬식 S_{H}($n_{\mathrm{H}}\rightarrow n_{\mathrm{L}}$에 대해)과 S_{L}($n_{\mathrm{L}}\rightarrow n_{\mathrm{H}}$에 대해)은 식 (2.12a, b)와 같다.

$$\begin{bmatrix} E_H^{+} \\ E_H^{-} \end{bmatrix} = S_H \begin{bmatrix} E_L^{+} \\ E_L^{-} \end{bmatrix} = \frac{1}{t_H}\begin{bmatrix} \exp(i\delta_H) & r_H\exp(i\delta_H) \\ r_H\exp(i\delta_H) & \exp(i\delta_H) \end{bmatrix}\begin{bmatrix} E_L^{+} \\ E_L^{-} \end{bmatrix} \tag{2.12a}$$

$$\begin{bmatrix} E_L^{+} \\ E_L^{-} \end{bmatrix} = S_L \begin{bmatrix} E_H^{+} \\ E_H^{-} \end{bmatrix} = \frac{1}{t_L}\begin{bmatrix} \exp(i\delta_L) & r_H\exp(i\delta_L) \\ r_L\exp(i\delta_L) & \exp(i\delta_L) \end{bmatrix}\begin{bmatrix} E_H^{+} \\ E_H^{-} \end{bmatrix} \tag{2.12b}$$

여기서, δ는 각 층에서의 위상차로 식 (2.13)으로 표현된다.

$$\delta_j = k_j d_j \cos\theta_j = \frac{2\pi}{\lambda_o} n_j d_j \cos\theta_j \quad (j = H \text{ or } L) \tag{2.13}$$

따라서, [그림 2.7]의 1Λ에 대한 2×2 병진행렬(translation matrix) S_{HL}은 $S_{\mathrm{HL}}=S_{\mathrm{H}}\cdot \mathrm{S_L}$로 주어지며, N-쌍의 1차원 광자결정에 대하여 총병진행렬은 $S_1\cdot(S_{\mathrm{HL}}\cdot S_{\mathrm{HL}}\cdot S_{\mathrm{HL}}\cdots)\cdot S_{\mathrm{S}}$로 주어진다. 여기서 S_{S}는 n_{H}(또는 n_{L})로부터 n_{S}로 입사 시의 병진행렬이며, S_1은 공기로부터 n_{H}로 입사에 대한 것이다. 더욱이 1차 광자결정에 대한 총 반사계수 및 투과계수(r, t), 반사도(R), 투과도(T)는 S의 개개의 원소로부터 얻어질 수 있다. 이 TMM 방법에 대한 간단한 실제

TMM-계산프로그램(MathCAD)을 다음에 보였다. 여기서 고려된 유전체 박막은 $n_H = 3.7$, $n_L = 1.5$인 박막으로 9-쌍(N)으로 구성된 1차원 광자결정이며, 각 박막의 측정 분산값을 집어넣어 주므로 흡수까지 고려된 결과를 얻을 수 있다. 마지막에 보이는 그림(FIGURE OUTPUT)은 입사각도가 0°와 45°의 경우에 TE-편광광에 대한 반사도 그림이다.

1 TMM (TE-편광)에 대한 계산의 예

Codename : BasicTE_H.Y.Lee

MCAD Tool1 for Omnidirectional Mirror
Structures definition --

Refractive index : n1

FILM#1 : High-refractive-index layer, H
Refractive index : nH
Thickness (Aungstrum unit) : dH

FILM#2 : Low-refractive-index layer, L
Refractive index : nL
Thickness (Aungstrum unit) : dL

Substrate : S, Refractive index : ns

INPUT Materials Selection -- n1, nH, nL, ns =?
Air/Si/SiO2............SiO2 /Si/Substrate

caution!
nH=SiO2
nL=ZnS

n1 := 1 nH := 3.7 nL := 1.5 nS := 3.5

Materials Thickness -- dH, dL =?
Formatting for 1.55μm wavelength

$\lambda c := 15500$ $dH := 1177$ $dL := 2899$ $dS := 680 \cdot 10^4$ $dH = 1.177 \times 10^3$

$dL = 2.899 \times 10^3$

------ The period of the structure Λ

$\Lambda := dL + dH$ $\Lambda = 4.076 \times 10^3$ Aungstrum $\frac{dH}{dL} = 0.406$

Wavelength Range Input $\frac{nH}{nL} = 2.467$

$j := 0..700$ $\lambda 0_j := 3500 + j \cdot 40$

--------- From : $\lambda 0_0 = 3.5 \times 10^3$ To : $\lambda 0_{700} = 3.15 \times 10^4$

Incident Angle θ1 Input

$m := 0..17$ $\theta 1_m := \frac{3.14159}{180} \cdot (m \cdot 5)$ $i := \sqrt{-1}$

Angle changes in each yayera according to Snell's Law
θ2 in H, θ3 in L

$\theta 2_m := \mathrm{asin}\left(\frac{n1}{nH} \cdot \sin(\theta 1_m)\right)$ $\theta 3_m := \mathrm{asin}\left(\frac{nH}{nL} \cdot \sin(\theta 2_m)\right)$ $\theta S_m := \mathrm{asin}\left(\frac{nH}{nS} \cdot \sin(\theta 2_m)\right)$

Scalar wave number k (=ko x n) and phase difference δ (= **k** * **d**)

$k1_j := \frac{2 \cdot \pi}{\lambda 0_j} \cdot n1$ $kH_j := \frac{2 \cdot \pi}{\lambda 0_j} \cdot nH$ $kL_j := \frac{2 \cdot \pi}{\lambda 0_j} \cdot nL$ $kS_j := \frac{2 \cdot \pi}{\lambda 0_j} \cdot nS$

$\delta 1_{j,m} := 0$ $\delta H_{j,m} := kH_j \cdot dH \cdot \cos(\theta 2_m)$ $\delta L_{j,m} := kL_j \cdot dL \cdot \cos(\theta 3_m)$ $\delta S_{j,m} := kS_j \cdot dS \cdot \cos(\theta S_m)$

For TE-polarization (s); coefficient r & t

Air --> High

$$r1_m := \frac{n1 \cdot \cos(\theta 1_m) - nH \cdot \cos(\theta 2_m)}{n1 \cdot \cos(\theta 1_m) + nH \cdot \cos(\theta 2_m)} \qquad t1_m := 1 + r1_m$$

High --> Low

$$rH_m := \frac{nH \cdot \cos(\theta 2_m) - nL \cdot \cos(\theta 3_m)}{nH \cdot \cos(\theta 2_m) + nL \cdot \cos(\theta 3_m)} \qquad tH_m := 1 + rH_m$$

Low --> High

$$rL_m := \frac{nL \cdot \cos(\theta 3_m) - nH \cdot \cos(\theta 2_m)}{nL \cdot \cos(\theta 3_m) + nH \cdot \cos(\theta 2_m)} \qquad tL_m := 1 + rL_m$$

High --> Sub

$$rS_m := \frac{nH \cdot \cos(\theta 2_m) - nS \cdot \cos(\theta S_m)}{nH \cdot \cos(\theta 2_m) + nS \cdot \cos(\theta S_m)} \qquad tS_m := 1 + rS_m$$

Translation Matrix S (2 x 2)

$$S1_{j,m} := \frac{1}{t1_m} \cdot \begin{pmatrix} \exp(i \cdot \delta 1_{j,m}) & r1_m \cdot \exp(i \cdot \delta 1_{j,m}) \\ r1_m \cdot \exp(-i \cdot \delta 1_{j,m}) & \exp(-i \cdot \delta 1_{j,m}) \end{pmatrix}$$

$$SH_{j,m} := \frac{1}{tH_m} \cdot \begin{pmatrix} \exp(i \cdot \delta H_{j,m}) & rH_m \cdot \exp(i \cdot \delta H_{j,m}) \\ rH_m \cdot \exp(-i \cdot \delta H_{j,m}) & \exp(-i \cdot \delta H_{j,m}) \end{pmatrix}$$

$$SL_{j,m} := \frac{1}{tL_m} \cdot \begin{pmatrix} \exp(i \cdot \delta L_{j,m}) & rL_m \cdot \exp(i \cdot \delta L_{j,m}) \\ rL_m \cdot \exp(-i \cdot \delta L_{j,m}) & \exp(-i \cdot \delta L_{j,m}) \end{pmatrix}$$

$$SS_{j,m} := \frac{1}{tS_m} \cdot \begin{pmatrix} \exp(i \cdot \delta S_{j,m}) & rS_m \cdot \exp(i \cdot \delta S_{j,m}) \\ rS_m \cdot \exp(-i \cdot \delta S_{j,m}) & \exp(-i \cdot \delta S_{j,m}) \end{pmatrix}$$

Translation matrix SHL for 1 L $SHL_{j,m} := SH_{j,m} \cdot SL_{j,m}$

The Number of Total Pairs =? 9-pairs

$$S_{j,m} := S1_{j,m} \cdot SHL_{j,m} \cdot SHL_{j,m} \cdot SHL_{j,m} \cdot SHL_{j,m} \cdot SHL_{j,m} \cdot SHL_{j,m} \cdot SHL_{j,m} \cdot SHL_{j,m} \cdot SHL_{j,m} \cdot SH_{j,m} \cdot SS_{j,m}$$

Components a,b,c,d for Matrix S

$$\begin{pmatrix} a_{j,m} & b_{j,m} \\ c_{j,m} & d_{j,m} \end{pmatrix} := S_{j,m}$$

$$r_{j,m} := \frac{c_{j,m}}{a_{j,m}} \qquad t_{j,m} := \frac{1}{a_{j,m}} \qquad R_{j,m} := \left(\left|r_{j,m}\right|\right)^2 \qquad T_{j,m} := \left(\left|t_{j,m}\right|\right)^2 \cdot \frac{nS}{n1}$$

Photon energy E0 , Normalized Frequency NF

$$E0_j := \frac{12396.44}{\lambda 0_j} \qquad NF_j := \frac{\Lambda}{\lambda 0_j} \qquad Wavelength_j := \lambda 0_j \cdot 0.1$$

DATA OUTPUT

WRITEPRN("Normalized.prn") := NF_j

WRITEPRN("Wavelength.prn") := $Wavelength_j$

WRITEPRN("E0.prn") := R

FIGURE OUTPUT

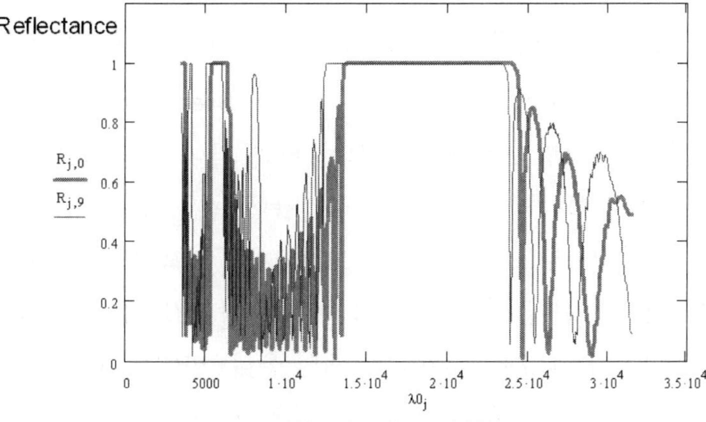

일반적으로 등방성, 비흡수, 균질한 매질에서의 평면파는 이미 앞에서 설명한 바와 같이 $\omega n = c|\vec{k}|$의 분산관계를 갖는다. 입사 파수벡터 $\vec{k}$의 접선성분은 k_x로 [그림 2.7]에서 보는 바와 같이 k_x는 $i(n\omega/c)\sin\theta_i$에 대응하므로 입사각과 k_x와의 관계는 다음과 같다. 즉, $\overrightarrow{k_x}=0$은 $\theta_i=0°$에 대응하며, $k_x = n\omega/c$는 $\theta_i=90°$에 상응한다. 계산-툴을 사용하여 1차원 광자결정의 광자밴드구조를 여러 가지 구조매개변수를 이용하여 얻을 수 있다. 그 상관관계는 다음 절에 설명하겠다. 1차원 광자결정의 구조매개변수는 n, n_H, n_L, η, Λ 등이다. 여기서, η를 충진율(filling factor: FF)이라 하며 1차원 광자결정의 경우, 두 교변층의 두께 비(d_H/d_L)로 정의한다. 광자밴드구조는 또한 n, n_H, n_L의 조합으로 최적화될 수 있는 η에 의존하는데, 최적의 η는 파장두께조건$[(\lambda/n_H)/(\lambda/n_L)=n_L/n_H]$보다 약간 더 큰 값에서 결정된다.

3 1차원 광자결정의 설계 및 제작

3.1 결함모드 없는 옴니-PBG

[그림 2.9]는 $n_L=1.6$, $n_H=4.6$의 유전체 박막, 9-쌍(N)으로 구성된 1차원 광자결정에 대해 TMM에 의해 계산된 반사-스펙트라로 $n=1$, $n_S=1.6$, $\eta=0.5$의 구조매개변수를 취하였다. 이 구조매개변수들은 앞서 Fink 등에 의해 제안된 Te/PS 시스템과 같다. 여기서 반사-스펙트라는 규격화주파수(Λ/λ)와 입사각도(θ_i) 함수로 그려졌다. 이 구조에 대해 $\theta_H{}^{MAX}=12.56°$, $\theta_B=\tan^{-1}(n_H/n_L)=19.18°$이다. 즉, $\theta_H{}^{MAX}<\theta_B$이므로, Brewster 효과는 완전 무시될 수 있다. 그러므로 [그림 2.8]에서 고찰한 바와 같이 옴니-PBG가 공기$(n=1)$ 중에 놓인 경우뿐만 아니라 상대적으로 굴절률이 높은 약 $n=1.5$에 대해서도 존재하게 된다. 광자밴드구조(c)는 전파밴드, 금지대 영역 및 옴니-PBG를 포함하고 있다. 상대적으로 큰 굴절률 비를 가지는 이 광자결정은 그림에서 보는 바와 같이 규격화주파수가 약 0.6 이내에 두 개의 옴니-PBG를 포함하고 있다. [그림 2.9(c)]에서 보이는 점들은 옴니-PBG의 경계단(boudary edges)이다. 즉, TM

(또는 TE)-편광광에 대해 $\theta_i = 0°$에서 위쪽 주파수단(upper frequency edge; ω_H)이 형성되며, TM-편광광에 대해 $\theta_i = 90°$에서 아래쪽 주파수단(lower frequency edge; ω_L)을 갖는다. [그림 2.9]의 광자결정에 대해 근사적으로 $\omega_H = 0.2521$, $\omega_L = 0.1621$, $\Delta\omega(= \omega_H - \omega_L) = 0.09$이다. 규격화된 중심주파수 $\omega_O[= (\omega_H + \omega_L)/2]$는 약 0.2171로 이 결과는 Fink의 결과와 일치한다.

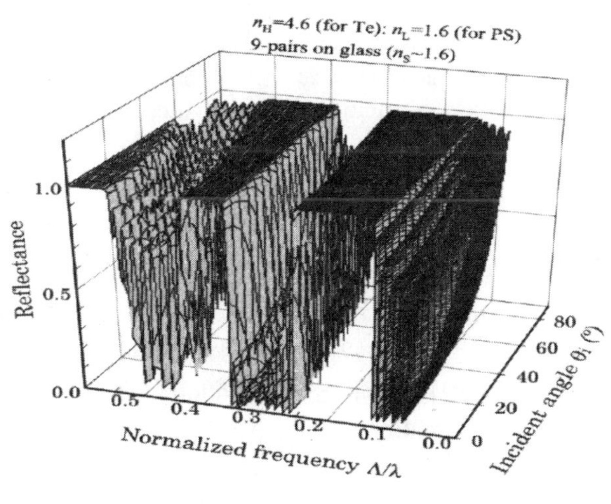

(a) TE

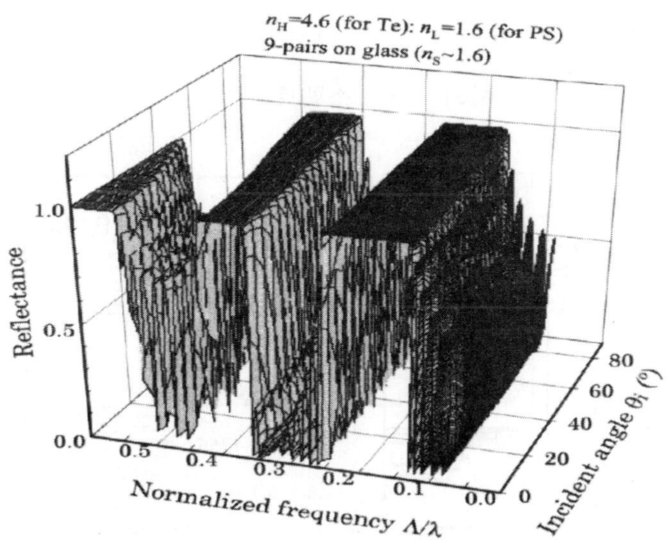

(b) TM

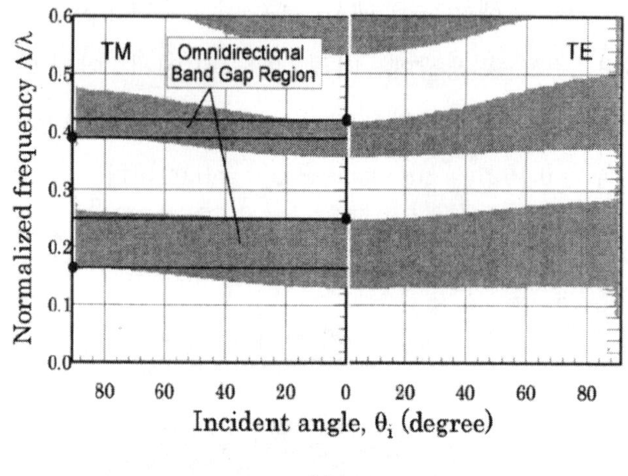

(c)

[그림 2.9] $n_L = 1.6$, $n_H = 4.6$의 유전체 박막, 9-쌍(N)으로 구성된 1차원 광자결정에 대해 TMM에 의해 입사각도와 규격화주파수 함수로 계산된 반사-스펙트라.
(a) TE-편광광 (b) TM-편광광 : (a) (b)를 주파수-입사각 평면에 투영시킨 것이 (c)로 이것이 광자밴드구조이다. (c)에서 흰색 영역이 전파밴드(propagation band)이고 회색 영역이 R≃1인 반사영역 즉, 금지대 영역(forbidden region)이다. 금지대 내부 실선 사이 영역이 옴니-PBG이다.

1차원 광자결정에서 옴니-PBG는 충진률 η뿐만 아니라 굴절률 비 및 주기에 의존성을 보인다. 특히, 주어진 n_L/n에 대하여 n_H/n_L은 어느 정도 커야 한다. 이를 자세히 알아보자. 위에서 설명한 바와 같이 옴니 PBG는 TM-편광광에 대해 입사각 $\theta_i = 0°$와 $90°$에서의 반사-스펙트라로부터 결정될 수 있다.

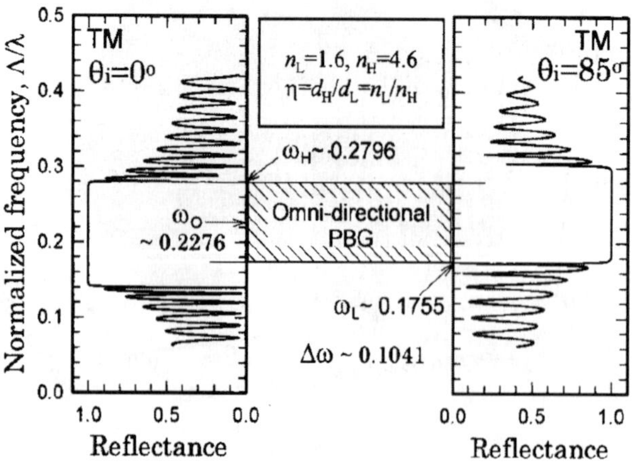

(a)

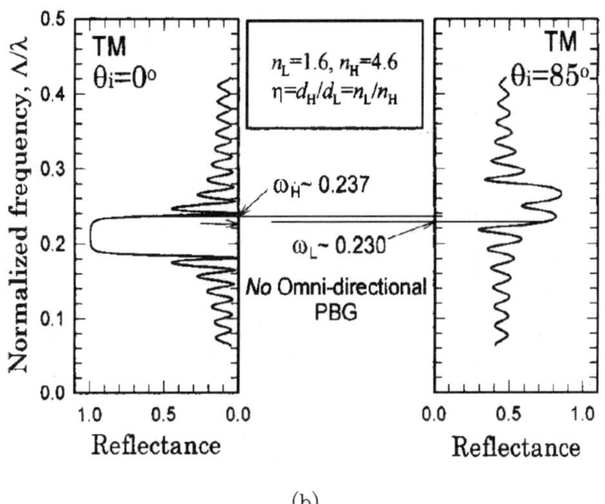

(b)

[그림 2.10] $N=9$의 광자결정에 대한 입사각에 따른 TM-편광광 반사-스펙트라.
(a) $n=1$, $n_{\rm L}=1.6$, $n_{\rm H}=4.6\,(n_{\rm H}/n_{\rm L}=2.875,\ n_{\rm L}/n=1.6)$
(b) $n=1$, $n_{\rm L}=1.6$, $n_{\rm H}=2.2\,(n_{\rm H}/n_{\rm L}=1.375,\ n_{\rm L}/n=1.6)$

[그림 2.10]은 굴절률 차가 극단적인 두 경우에 대한 입사각에 따른 반사-스펙트라로 옴니-PBG가 존재하는지 아닌지를 보여준다.

$N=9$의 광자결정에 대해, [그림 2.10(a)]는 $n=1$, $n_{\rm L}=1.6$, $n_{\rm H}=4.6$ $(n_{\rm H}/n_{\rm L}=2.875,\ n_{\rm L}/n=1.6)$인 경우이고, [그림 2.10(b)]는 $n=1$, $n_{\rm L}=1.6$, $n_{\rm H}=2.2\,(n_{\rm H}/n_{\rm L}=1.375,\ n_{\rm L}/n=1.6)$인 경우에 대한 반사-스펙트라이다. 여기서 η는 파장두께조건을 만족하도록 하였다(즉, $\eta=d_{\rm H}/d_{\rm L}=n_{\rm L}/n_{\rm H}$). [그림 2.10(a)]의 경우, $\omega_{\rm O}$는 0.2276이고 옴니-PBG는 비교적 넓은 범위($\Delta\omega=0.1041$)에서 관찰된다. 반면에 [그림 2.10(b)]에서는 Brewster 효과로 인해 옴니-PBG는 없다. 더욱이, η가 0.348 [그림 2.10(a)]에서 0.5 [그림 2.9(c)]로 증가함에 따라 $\omega_{\rm O}$는 0.2276에서 0.2071로 감소하고 $\Delta\omega$는 0.09에서 0.1041로 증가함을 알 수 있다.

옴니-PBG를 결정하는 규격화주파수($\omega_{\rm O}$, $\omega_{\rm H}$, $\omega_{\rm L}$)의 $n_{\rm H}/n_{\rm L}$($n_{\rm L}/n=1.6$으로 일정)에 따른 변화를 [그림 2.11]에 나타내었다.

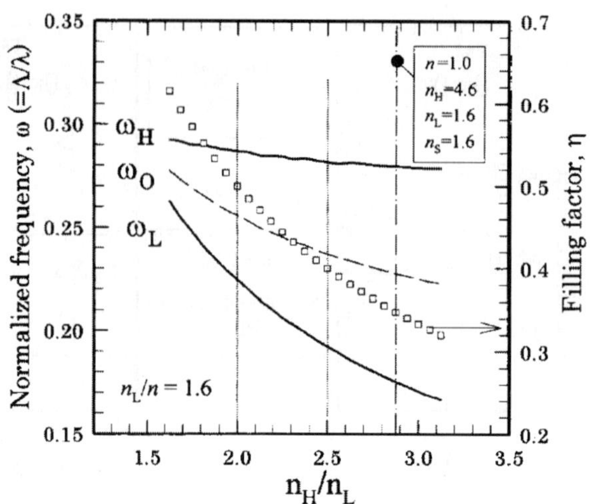

[그림 2.11] 굴절률 비(n_H/n_L)에 따른 규격화주파수의 의존성. □는 파장두께조건을 만족하는 η를 나타냄.

[그림 2.11]에서 보는 바와 같이 굴절률 비가 증가함에 따라 규격화주파수는 감소한다. 즉, 옴니-PBG가 더 큰 파장영역에서 생성된다. 특히, ω_H 보다는 ω_L의 감소 기울기가 크다. 또한 PBG의 크기는 굴절률 비에 따라 증가함을 알 수 있다. 예를 들어, $n_H/n_L = 2.0 \rightarrow 2.5$에 대해 $\Delta\omega = 0.062 \rightarrow 0.088$.

$N = 9$의 1차원 광자결정에서, 굴절률 비(n_H/n_L 및 n_L/n)에 따른 ω_O 변화와 ω_O에 대한 옴니-PBG의 폭($\Delta\omega/\omega_O$) 변화를 [그림 2.12]에 나타내었다. 여기서 $n_L/n \simeq 1.6$, 2.0, 2.5, 2.6은 각각 공기 중에 놓인 PS, ZnO(또는, AsGeSeS), ZnS, SeGe에 대응한다.

[그림 2.12(a)]의 위쪽 dash-선은 옴니-PBG의 존재 여부를 결정하는 경계선이다 즉, 이 선의 오른 영역에서만 옴니-PBG를 기대할 수 있다. 예를 들어, $n_L/n = 1.1$에 대해 옴니-PBG를 얻기 위해서는 $n_H > 3.25 \cdot n_L$을 만족해야 한다.

특히, $n = n_L$의 조건에 대해서는 n_H/n_L의 어떤 값에 대해서도 옴니-PBG를 얻는 것은 불가능하다([그림 2.8] 참조). 별표(*)는 비정질(amorphous) Si과 SiO_2의 조합으로 이루어질 경우를 표시한다.($n_H = 3.7$, $n_L = 1.5 \rightarrow \omega_O = 0.263$, $\Delta\omega/\omega_O \times 100 = 33.2\%$. 여기서, $n_H = 3.7$은 900 nm 파장에서 측정한 값이다. 다음 절에서 자세히 설명한다.)

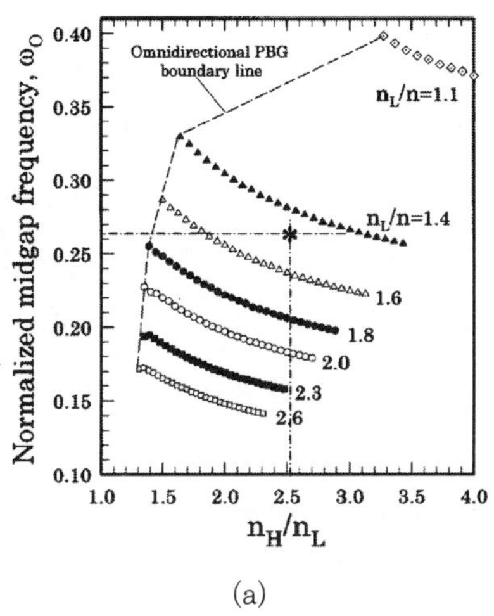

(a)

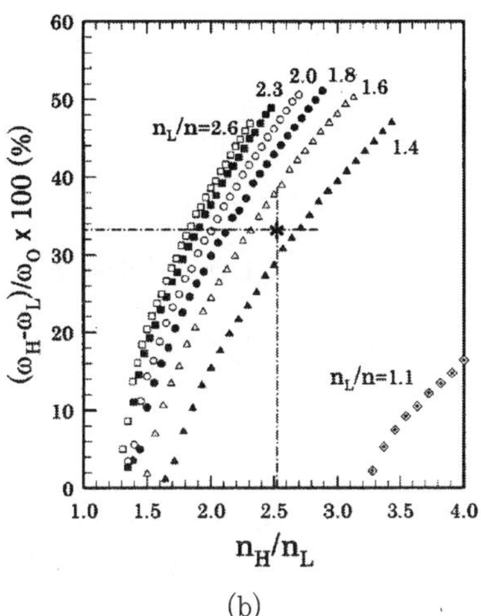

(b)

[그림 2.12] n_H/n_L 및 n_L/n에 따른 ω_O변화와 $\Delta\omega/\omega_O$ 변화. $\Delta\omega/\omega_O=(\omega_H-\omega_L)/0.5(\omega_H+\omega_L)$.

[그림 2.11]과 [그림 2.12]에서 나타낸 ω_O를 결정하는 것은 임의의 구성 유전체 쌍에 대해 옴니-PBG를 디자인하는 데 중요한 역할을 할 것이다. 그러나 이것들은 매질의 흡수 및 분산특성을 고려하지 않았기 때문에 이 결과는 모든 파장 범위에 대해 성립하지는 않는다. 다만, 이 결과는 유전체 매질의 분산 및 흡수특성이 매우 약한 (원)적외선 영역에 대하여는 성립한다고 할 수 있다.

λ_C를 옴니-PBG에서 ω_O에 대응하는 중심파장으로 정의한다. 어떤 1차원 광자결정에 대해 ω_O가 주어지면, ω_O에 대응하는 주기 Λ는 $\omega_O\lambda_C$에 의해 결정된다. 예를 들어, [그림 2.12]의 Si/SiO_2 시스템(별표)에 대해 ω_O는 약 0.263이므로 $\lambda_C=1.55\ \mu m$를 얻기 위해 주기는 약 0.4077 μm가 된다. 더욱이, $\eta(=d_H/d_L)$는 파장두께조건에 대해 약 0.406이므로 d_H, d_L은 각각 0.711Λ(=0.2899 μm)와 0.289Λ(=0.1178 μm)이다.

$\lambda=1.55\ \mu m$에 대한 전형적인 Bragg-반사기는 1/4-파장두께($d_H=\lambda/4n_H$, $d_L=\lambda/4n_L$)로 제작된다. 이 경우 반사-스펙트라는 수직입사 빔에 대해 $\lambda=1.55\ \mu m$에서 중심파장을 가지며 물론 옴니-PBG 역시 존재한다. 그러나, Λ=0.3630 μm (d_H=0.1047 μm, d_L=0.2583 μm)이므로 $\lambda_C(=\Lambda/\omega_O)$는 약 1.1635 μm가 된다. $\Lambda=0.3885\ \mu m$ ($\eta=0.406$, 9N)의 경우, ω_O가 0.263으로 기대되므로 λ_C는 약 1.447 μm가 된다.

3.2 국재결함모드를 갖는 옴니-PBG

PBG는 광자결정 내에 존재하는 것이 금지된 주파수 범위로 정의해 왔다. 2차원, 3차원 광자결정에 대해, 점결함(point defect)은 마이크로 공진기(microcavity)로 작용하며, 선결함(line defect)은 도파로(waveguide)처럼, 면결함(planar defect)은 완전 거울(perfect mirror)처럼 행동한다는 것을 알았다. 즉, 어떤 결함은 PBG 내에 국재화된 광자상태를 만든다. 2, 3차원 광자결정과 마찬가지로 잘 디

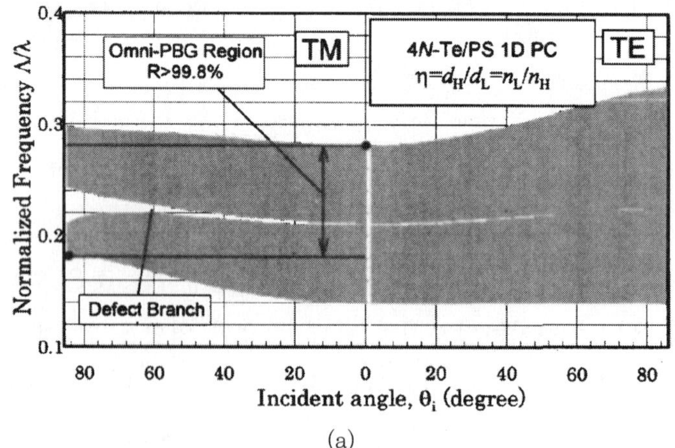

(a)

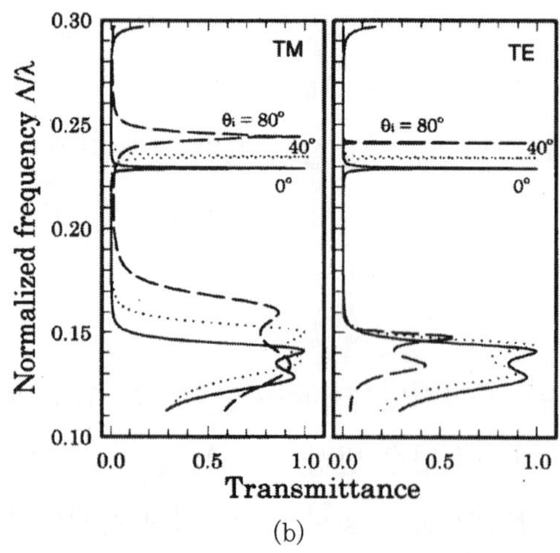

(b)

[그림 2.13] 결함층($d_D = 2d_H$)이 삽입된 $4N$-Te/PS 1차원 (a) 광자결정의 광자밴드구조와 입사각(θ_i =0°, 40°, 80°)에 대한 TE/TM-편광광 투과-스펙트라. 여기서 금지대는, 반사가 99.8% 이상인 경우에 해당한다.

자인된 1차원 광자결정 내에 결함층을 삽입하므로 옴니-PBG 내의 국재모드를 만드는 것이 가능하다. 이 국재화는 1차원 광자결정(완전반사기) 내에 선택적 투과(selective transmission)를 갖도록 한다. 따라서, TE/TM-필터나 분배기(splitter)로 응용 가능하다.

[그림 2.13]은 $4N$-Te/PS 1차원 광자결정 내에 결함층이 삽입된 경우의 광자밴드구조와 특정 입사각에 대한 투과-스펙트라를 보여준다. 여기서 결함층은 $d_D = 2d_H$로 가정되었고 결정의 한가운데에 위치하는 것으로 가정한다. 즉, 이 구조는 공기 → [Te/PS → Te-결함층 → PS → Te/PS → Te] → 유리기판 형태를 취한다.

[그림 2.13(a)]에서 보는 것처럼, 결함-브랜치(결함상태)가 금지대 영역 내에 존재한다. 특히 작은 입사각($\theta_i < 20°$)에 대해 금지대의 중앙부근에 위치함을 알 수 있다. 특히 이 시스템의 경우, 브랜치뿐만 아니라 옴니-PBG(0.181~0.280 범위, $\omega_O = 0.2305$)가 존재한다. 그러나 [그림 2.11]과 비교하여 더 낮은 주파수 범위 내에 존재하는데, 이것은 상대적으로 N이 작기 때문이다. 특히, 옴니-PBG는 같은 N에 대해, 결함층이 삽입되므로 증가하는 경향을 보인다. [그림 2.13(b)]로부터 브랜치의 투과 특성을 알 수 있다.

투과-스펙트라의 반치폭(FWHM)은 매우 작으며, 특히, TM-편광광에서의 입사각 의존성이 TE-편광광에 비하여 상대적으로 큼을 알 수 있다.

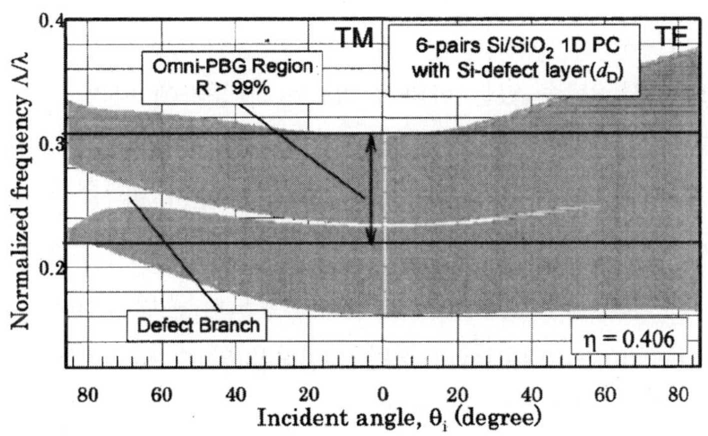

[그림 2.14] $d_D = 2d_H$의 결함층을 갖는 $6N$ Si/SiO_2 1차원 광자결정($\eta = 0.406$)에 대한 광자밴드 구조

[그림 2.14]는 $d_D = 2d_H$의 결함층을 갖는 $6N$ Si/SiO_2 1차원 광자결정($\eta = 0.406$)에 대한 광자밴드구조이다.

[그림 2.14]에서 보는 바와 같이 옴니-PBG가 약 0.22-0.307의 주파수 범위에서 생기며, 결함층이 없는 결정에 비하여 약간 더 넓음을 알 수 있다. 결함 브랜치의 폭(FWHM 또는 1-R 스펙트라)이 TM-편광광의 경우, θ_i의 증가에 따라 증가하는 반면, TE-편광광의 경우에는 반대 경향을 보인다. 특히, $\theta_i > 60°$(TE)의 경우 FWHM이 너무 작아 구별이 되지 않으며, $\theta_i > 40°$(TM)에서 증가율이 매우 큼을 알 수 있다. 이 계산을 통해 다음과 같은 사실을 알 수 있다. 결함층을 갖는 Si/SiO_2 1차원 광자결정에 대해, N을 증가시킴에 따라 브랜치는 더 낮은 주파수 영역으로 이동하며, 그것의 FWHM은 δ-함수에 근사된다.

일반적으로 TM-편광광에 대한 반사계수 r(TM)은 입사각 증가에 따라, 양에서 음의 값에 걸쳐 변화를 보인다. 이 부호의 변화는 반사에 대한 장-벡터 E(또는 B)의 위상변화를 나타낸다. 반면 TE 편광광에 대하여 r(TE)는 같은 부호를 유지한다. 즉, r(TM)이 r(TE)에 비하여 상대적으로 강한 θ_i-의존성을 보이게 된다. r(TE), r(TM) 사이의 θ_i-의존성의 차이가 광자밴드구조에서 TE, TM-편광광이 구별되는 이유이며, [그림 2.13], [그림 2.14]와 같이 TM-편광광에서 결함 브랜치의 폭이 넓어지는 이유이다.

[그림 2.15]는 [그림 2.14]의 광자결정에 대한, 결함층 두께의 변화에 따른 PBG($\theta_i = 0°$) 내의 결함상태의 변화이다. $\theta_i = 0°$에서 PBG는 0.161-0.307의 범위에 존재한다($\omega_O = 0.234$).

[그림 2.15]에서 알 수 있는 바와 같이, d_D의 증가에 따라, 결함상태는 높은 주파수 밴드(higher-frequency propagation-band, 또는 air-band)로부터 낮은 주파수 밴드(lower-frequency propagation-band 또는 dielectric-band)로 변화되며, 어떤 두께 이상에서 두 개의 결함상태로 나누어짐을 알 수 있다. 즉, $2d_H$를 기준으로 결함상태가 마치 반도체의 도너 준위(donor-like level) 및 억셉터 준위(acceptor-like level)처럼 형성됨을 알 수 있다. 특히, 이 시스템의 경우 $d_D > 2.9d_H$에 대해 분리가 발생한다.

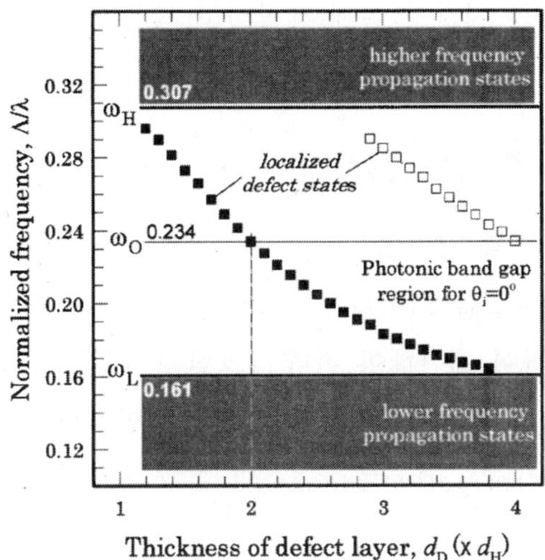

[그림 2.15] d_D의 변화에 따른 결함상태 변화(photonic-band diagram). 결함층 두께는 광경로(optical$= n_H \cdot d_D$)로 규격화될 수 있다. $d_D = 2d_H$ 또는 $4d_H$에 대해 결함상태가 ω_O에 존재하는데, 이때 ω_O가 반도체에서의 진성페르미 준위(intrinsic Fermi level)에 대응한다.

이상과 같이 1차원 광자결정에서의 결함상태들은 결함층에서의 광경로에 민감하게 의존하며 전자밴드구조의 불순물 준위와 유사한 변화를 보인다. 따라서, 투과모드의 주파수는 단지 d_D를 제어함으로써 얻어질 수 있다. 예를 들면, $\Lambda = 330.2$ nm, $\eta = 0.406$을 갖는 이 시스템에서 $d_D = 2.336 d_H$로 제작하므로 1.55 μm에서 투과밴드(작은 입사각 영역에 대해)를 갖는 필터를 제작할 수 있다. 또한, 앞에서도 설명한 바와 같이 FWHM은 N의 증가에 따라 줄어드는데, 이 시스템의 경우 $\theta_i = 0° - 20°$에서 $1-R$ 스펙트라의 FWHM은 약 2.1 nm로 거의 일정한 값을 얻을 수 있다.

3.3 옴니-PBG 1차원 광자결정의 예

여기서 3종류의 1차원 광자결정의 예를 설명하려 한다. 즉, 굴절률 차이가 매우 큰 경우(Te/PS)와 중간 범위(Si/SiO_2), 낮은 범위(ZnS/SiO_2)의 경우이다. 이러한 1차원 구성박막들은 rf 스퍼터링이나 전자-빔(또는 열선) 증착을 이용하여 쉽게 제작될 수 있다. 특히, Te/PS는 이론적인 계산 결과이지만, Si/SiO_2,

ZnS/SiO_2의 경우는 본 저자가 실제 제작하고 측정하여 얻은 결과를 계산결과와 비교하려 하였다.

1 Sputtered 박막의 광학상수

광자결정의 밴드구조를 정확히 예측하기 위해 무엇보다도 실제 주어진 파장범위에서 측정된 복소 굴절률 데이터를 계산-툴에 포함시키는 것이 중요하다. 즉, $n(\lambda)-ik(\lambda)$를 이용하여 계산해야 한다. [그림 2.16]은 스퍼터에 의해 제작된 박막(Si, SiO_2, ZnS)에 대해 190-900 nm(N&K 박막분석기)의 파장범위에 대하여 측정한 박막의 굴절률(refractive index, n) 및 소광계수(extinction coefficient, k)이다.

[그림 2.16(a)]의 Si의 경우, $\lambda > 800$ nm에 대해 거의 일정한 $n=3.7$의 값을 갖는다. 또한 흡수단을 고려하고 다음 3절에서 알 수 있는 바와 같이 Si의 경우 $\lambda > 1200$ nm에 대해 k는 무시할 수 있다.

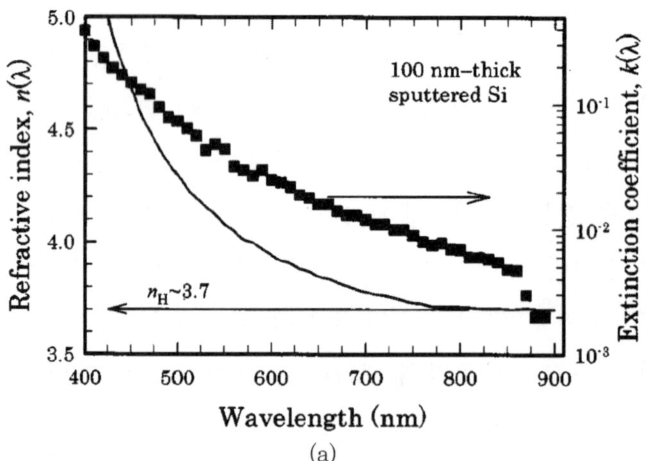

(a)

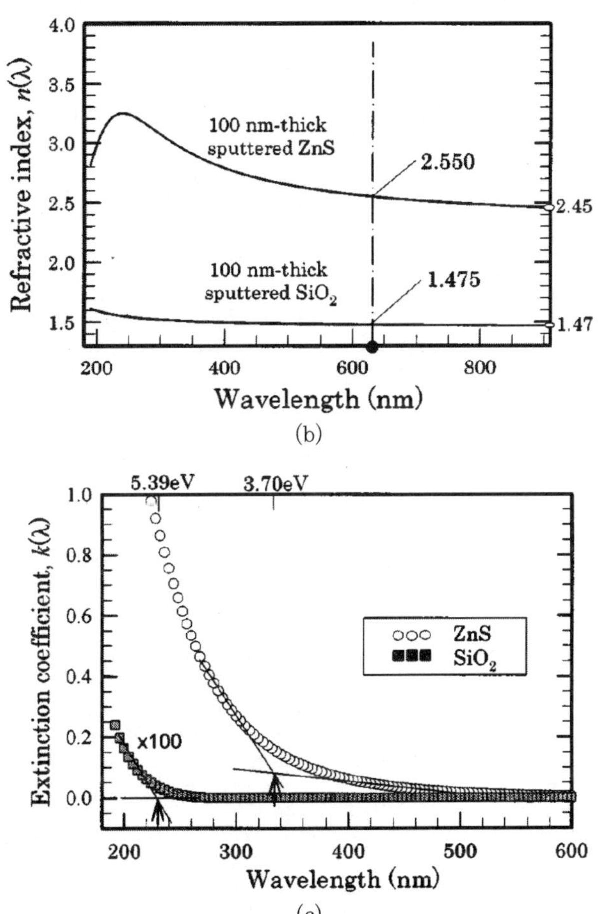

[그림 2.16] rf-스퍼터링에 의해 제작된 박막의 굴절률 $n(\lambda)$과 소광계수 $k(\lambda)$. (b)의 파선은 632.8 nm파장에서의 굴절률 값이며, (c)의 두 화살표는 SiO_2와 ZnS의 흡수단(absorption edges)으로 각각 5.39 eV, 3.70 eV이다. 특히, ZnS의 $k(\lambda)$은 비정질 칼코게나이드(amorphous chalcogenides)에서 나타나는 전형적인 흡수특성을 보인다. 따라서, 광학적 에너지 갭(E_{OP})은 $(4\pi khv/\lambda)^2$과 hv의 그래프로부터 얻어지며 이때 E_{OP}는 약 3.7 eV이다.

[그림 2.16(b), (c)]의 ZnS, SiO_2의 경우는 $\lambda > 600$ nm에 대해 n의 값은 거의 상수이며, k값은 무시할 정도로 작음을 알 수 있다. 이들 광학상수의 값을 아래 〈표 2-1〉에 요약하였다. 비록 IR-영역에 대해 실제 측정한 값을 사용하지는 않았지만, $\lambda = 900$ nm에서 측정된 결과를 $\lambda > 900$ nm에 적용하여 생기는 오차는 크지 않을 것으로 판단된다.

〈표 2-1〉 ZnS, Si, SiO_2 유전체 박막의 광학적 상수. 박막은 rf-스퍼터링에 의해 제작되었으며, E_{OP}는 광학에너지 갭이다.

Films	At λ=632.8 nm		At λ=900.0 nm		α-edges or E_{OP}(eV)
	n	k	n	k	
SiO_2	1.475	0	1.47	0	5.39
ZnS	2.55	2.07×10^{-3}	2.45	0	3.70
Si	3.88	1.2×10^{-2}	3.70	3×10^{-3}	1.20

〈표 2-2〉 여러 종류의 유전체 박막의 488 nm 및 632.8 nm 파장에서의 복소-굴절률 값[from Rochester Inst. Technol.]

Films	@488 nm	@632.8 nm	Films	@488 nm	@632.8 nm
Nb_2O_5	2.249+0i	2.174+0i	TaN	3.538+0.6538i	3.343+0.195i
Al_2O_3	1.677+0i	1.676+0i	Ta_2O_5	2.1668+0i	2.12+0i
MoN	2.91+2.68i	3.27+2.87i	Si_3N_4	1.957+0i	1.926+0i
MoO_x	2.703+2.49i	3.043+2.685i	HfO_2	1.97+0i	1.948+0i
Cr_2O_3	2.312+0.0225i	2.219+0i	HfF_4	1.40+0i	
CrN	2.535+0.2366i	2.3993+0i	GdF	1.504+0i	
NbN	2.293+0i	2.221+0i	LiF	1.378+0i	
ZrN	2.84+0.427i	2.23+0.826i			
TiN	2.335+0.4736i	2.304+0.744i			
TiO	1.543+0.149i	1.4+0.1166i			
AlN	2.009+0.0012i	1.967+0.0008i			

2 Te-PS 1차원 광자결정

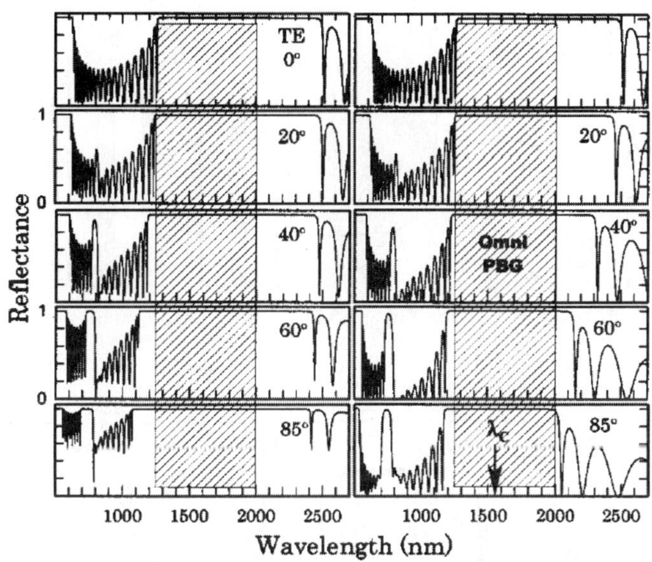

[그림 2.17] $9N$ Te(n_H =4.6)/PS(n_L =1.6) 1차원 광자결정의 계산된 반사-스펙트라. 옴니-PBG는 1260-2000 nm의 파장범위에 존재함. 구조매개변수: d_H =0.258Λ, d_L =0.747Λ, η=0.3478, Λ=352.8 nm

η=0.3478을 갖는 $9N$ Te(n_H =4.6)/PS(n_L =1.6) 1차원 광자결정은 앞에서 언급한 바와 같이 ω_O =0.2276을 갖는다. 따라서, λ_C =1.55 μm 에서 최적화하기 위해 d_H =91 nm=0.258Λ, d_L =261.8 nm=0.747Λ, Λ =352.8 nm가 요구된다. [그림 2.17]은 이러한 구조매개변수에 대해 계산된 반사-스펙트라이다.

[그림 2.17]에서 보는 바와 같이, 옴니-PBG는 매우 넓은 파장범위에서 존재한다. 즉, Λ =1200 nm(= Λ/ω_H)-2000 nm(= Λ/ω_L). 그러나, 이 옴니-PBG 내의 중심파장은 계산상의 λ_C와 약간 차이가 생긴다. 이것은 λ_C가 ω_O에 대응하는 파장이고, 규격화주파수가 파장과 역수의 관계를 갖기 때문이다.

3 Si-SiO2 1차원 광자결정

[그림 2.18]은 $6N$ Si/SiO_2 광자결정(no defect) 구조의 개략도와 측정 및 계산된 반사-스펙트라를 보여준다. 이 광자결정의 매개변수는 Λ=388.5nm, η= d_H/d_L =112.1 nm/276.4 nm=0.406이다.

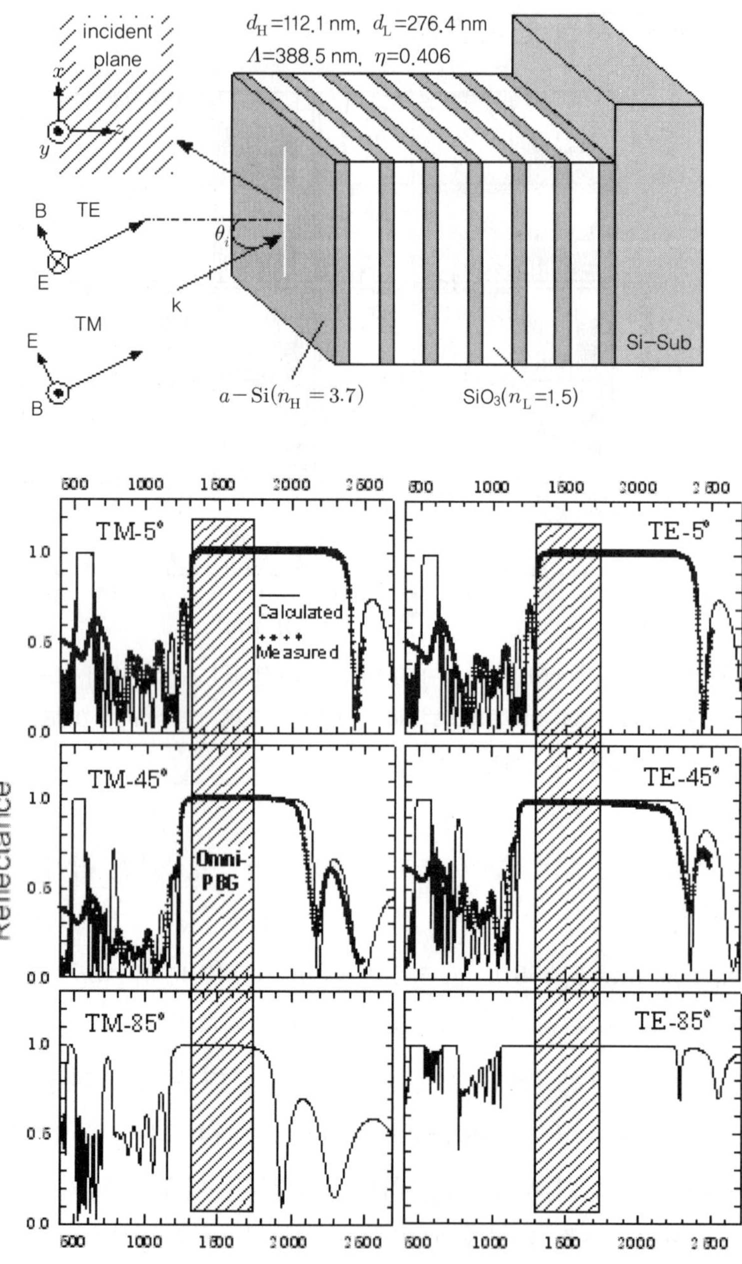

[그림 2.18] $6N$ $\mathrm{Si/SiO_2}$ 광자결정(no defect)의 개략도와 측정(●) 및 계산된(line) 반사-스펙트라: 광자결정의 매개변수는 $\Lambda=388.5$ nm, $\eta=d_H/d_L=112.1$ nm/276.4 nm=0.406. 빗금 영역이 옴니-PBG.

[그림 2.12]의 별표(*)와 같이 $9N$Si/SiO$_2$ 광자결정($\eta=0.406$)의 경우, ω_O와 $\Delta\omega/\omega_O$는 각각 약 0.263과 33.2%였다. 실질적으로 N이 감소할 경우 $\Delta\omega/\omega_O$는 감소하지만 ω_O는 N보다는 차라리 η에 더욱 의존한다.

[그림 2.18]에서 보는 바와 같이, 상대적으로 낮은 파장범위($\Lambda=500-1200$ nm)에서 측정된 반사-스펙트럼(간섭효과)이 계산 결과와 많이 어긋났고 두 번째 금지대가 사라졌다. 이것은 아마도 비정질 실리콘 층이 $\lambda<1200$ nm 영역에 대해 흡수를 보이기 때문일 것이다. 그러나, $\lambda>1200$ nm에서 측정결과는 계산결과와 거의 일치함을 알 수 있다. $\lambda>2400$ nm 주위에서의 약간의 차이는 두께의 불균일성(nonuniformity 또는 roughness) 때문이다.

$\theta_i=5°$(TE, TM에 따른 차이가 작음)에서 보이는 PBG는 약 1310-2350 nm의 파장범위에 존재하며 이것은 계산과 정확히 일치함을 알 수 있다. 이 광자결정에서의 옴니-PBG는 $\lambda=1310$ nm($\omega_H=0.297$)로부터 $\lambda=1743$ nm($\omega_L=0.223$) 사이에서 존재하며, 이때 얻어지는 ω_O와 $\Delta\omega/\omega_O$는 각각 약 0.260과 28.5%였다.(9N 경우와의 차이 확인)

[그림 2.19]는 Si-결함층($\Lambda=330.2$ nm, $\eta=0.406$, $d_D=2d_H=190.6$ nm)을 갖는 6N Si/SiO$_2$ 광자결정에 대하여 TE-편광광 $\theta_i=5°$에서의 측정 및 계산된 반사-스펙트라이다. 여기서 결함상태는 $\lambda_O=1410$ nm에 존재하며 이것은 [그림 2.15]의 ω_O와 일치한다. 측정된 결함 스펙트라가 둥근 형태를 보인 것은 장치의 분해능 한계이다. 특히, 계산된 (1-R)-스펙트라(안쪽 그림)의 FWHM은 약 2.1 nm이다.

$\lambda_O=1410$nm이고 계산된 FWHM은 약 2.1 nm이므로 $\lambda/\Delta\lambda_{FWHM}$으로 정의되는 resonance Q-계수(factor)는 약 670이 된다.

이 1차원 광자결정($\Delta=330.2$ nm, $\eta=0.406$)에 대해, $\lambda_O=1.55\ \mu$m (@ $\theta_i=0°$)에서 결함상태를 갖도록 하기 위한 결함층 두께는 [그림 2.15]에서 보는 바와 같이 $d_D=2.336\cdot d_H$이다. 즉, 결함상태의 규격화주파수= $\Lambda/\lambda_O=330.2$ nm/1550 nm=0.213이다.

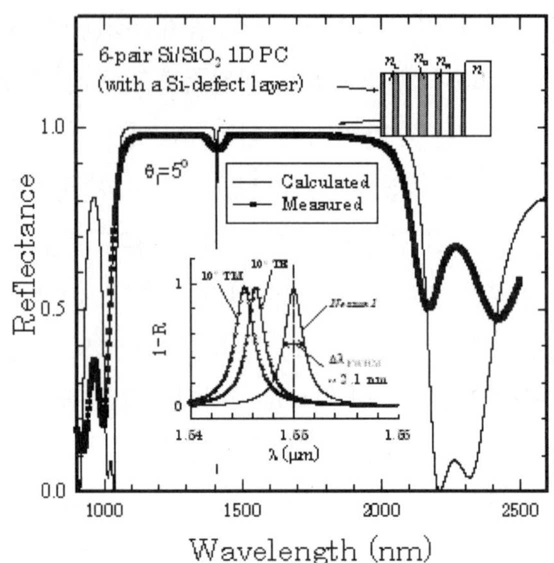

[그림 2.19] Si-결함층(Λ=330.2 nm, η=0.406, $d_D = 2d_H$=190.6 nm)을 갖는 6N Si/SiO$_2$ 광자결정에 대하여 $\theta_i = 5°$(TE)에서의 측정(■) 및 계산(line)된 반사-스펙트라. 안쪽 그림은 1.55 μm 1차원 광자결정 투과필터(Λ=330.2 nm, η=0.406, d_D = 2.336d_H)에 대한 계산된 1-R 스펙트라로 보이는 FWHM은 θ_i < 20°에 대해 약 2.1 nm로 거의 일정하다.

4 ZnSi-SiO2 1차원 광자결정

[그림 2.16]에서와 같이 sputtered SiO_2 박막의 근자외선(near UV) 및 가시광 영역에서 거의 일정한 굴절률(n_L =1.47)을 가지며, 소광계수는 무시할 수 있다. 그러나 sputtered ZnS 박막의 $n(\lambda)+k(\lambda)i$는 λ < 600 nm에 대해 매우 강한 파장 의존성을 보인다.

여기서 강한 파장 의존성을 보이는 1차원 광자결정의 경우를 고려하려 한다. 계산은 10N-ZnS/SiO$_2$ 광자결정에 대해 두 가지 조건으로 수행하였다. 첫째는 단지 측정된 $n(\lambda)$를 사용하고, 두 번째는 측정된 $n(\lambda)+k(\lambda)i$를 사용한다([그림 2.16] 결과). 또한, 제작된 광자결정에 대해 측정은 TE-편광광(θ_i =10°)의 190-900 nm 파장범위에서 측정하여 그 결과를 [그림 2.20(a)]에 나타내었다.

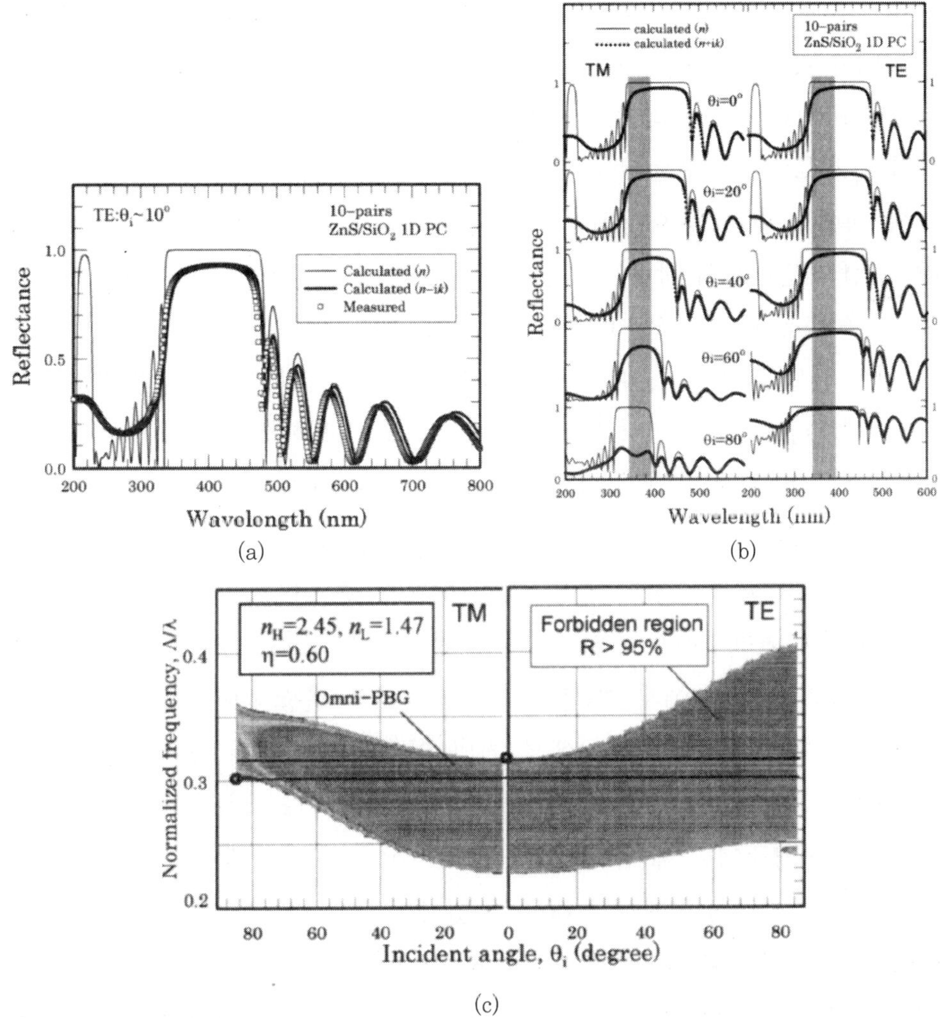

[그림 2.20] (a) $10N$–ZnS/SiO_2 1차원 광자결정(d_H =37.6 nm, d_L =62.7, η=0.6)에 대한 계산 (lines) 및 측정(□)된 R－스펙트라(Te-편광광, 입사각 10°).
(b) 입사각에 대한 계산된 TE-편광광, TM-편광광 R－스펙트라.
(a), (b)에서 계산은 측정된 $n(\lambda)$ 및 $n(\lambda)+k(\lambda)i$를 이용하였으며, (b)의 회색 영역이 옴니-PBG로 $n(\lambda)$ 만을 사용하였을 경우에 대한 것이다. (c) 이 광자결정에 대한 광자 밴드구조로 규격화를 위해 굴절률은 λ=900 nm에서 측정된 값([그림 2.16] n_H = 2.45, n_L =1.47, η=0.6)을 사용하여 계산되었다. ω_H =0.316, ω_L =0.301

이 광자결정의 구조매개변수는 다음과 같다. N=10, d_H =37.6nm, d_L =62.7, η=0.6. 이 구조매개변수는 분자선 에피탁시(MBE: molecular beam epitaxy)로 성장된 ZnO 박막의 광여기발광(PL: photoluminescence)을 광자결정을 이용하

여 선택적 투과 필터링하기 위한 구조로 이에 대해 뒷부분에서 자세히 설명하려 한다. MBE-grown ZnO는 300K에 대해 약 376 nm 파장 부근(3.3 eV)에서 구속-엑시톤(bound-exciton) 라인을 보인다.

[그림 2.20(a)]에서 보는 바와 같이, 측정 스펙트럼은 단지 $n(\lambda)$만을 사용한 것보다는 $n(\lambda)+k(\lambda)i$를 이용하여 계산된 결과와 일치함을 알 수 있다. $\lambda > 500$ nm의 간섭 패턴에서의 작은 차이는 두께 제어 에러로 인한 결과이다. 또한, 밴드(또는 stop-band)는 $R \simeq 0.9$로 이는 ZnS가 갖는 흡수 때문이다. [그림 2.20(b)]는 입사각 0°, 20°, 40°, 60°, 80°에 대한 계산된 TE-편광광, TM-편광광 R-스펙트라로, 회색 영역은 실측된 $n(\lambda)$만을 적용하였을 때의 옴니-PBG이다. 즉, 만약 ZnS의 흡수가 무시될 수 있다면, 340-392 nm의 파장범위에서 옴니-PBG가 존재하게 된다(0.256-0.313의 규격화주파수에 대응, $\omega_O = 0.2845$). 실측된 $n(\lambda)+k(\lambda)i$를 사용할 경우, 옴니-PBG는 존재하지 않으며, 특히 TM의 큰 각도 영역($\theta_i > 60°$)에서 반사도의 급격한 감소는 ZnS의 non-zero 흡수 및 Brewster 효과($\theta_i > 40°$에서) 때문이다. 그러나 TE-편광광에 대한 반사는 비교적 넓은 파장범위(340-440 nm)에서 거의 입사각에 독립적으로 높은 값($R >$ 0.9-0.99)을 보인다. 비록, 이것은 Brewster 효과나 다른 특수효과 때문은 아니지만, TE-편광광에 대해 옴니-PBG가 ZnS/SiO_2의 구조매개변수를 제어하므로 근자외선-가시광 영역에서 존재할 수 있다는 것은 중요한 의미를 갖는다. 예를 들어, 이 광자결정을 II-VI 화합물(ZnO, ZnSe 등) 또는 질화화합물(GaN) 반도체에 기초한 TE-편광모드 VCSEL(vertical-cavity surface emitting laser)의 공진기(resonator)로 사용이 가능하다는 것이다.

특히, [그림 2.16] 및 〈표 2-1〉에서와 같이 $\lambda > 600$ nm의 비교적 장파장에 대해 ZnS 및 SiO_2는 마치 비분산 매질처럼 행동한다. 그러므로 근적외선 영역에 대해서 ZnS/SiO_2 광자결정은 비분산, 비흡수 재료로 평가된다. [그림 2.20(c)]는 $\lambda = 900$ nm에서 측정된 굴절률 값과 파장두께에 해당하는 η를 사용하여 계산된 10 N ZnS/SiO_2 광자결정의 광자밴드구조이다. 여기서의 금지대 영역은 $R > 95\%$로 하였다. $\omega_H = 0.316$, $\omega_L = 0.301$, $\omega_O = 0.3085$이다. 따라서 $\lambda_C = 1.55\ \mu m$에서 최적화하기 위해 478.2 nm 두께의 $\Lambda(d_H = 179.4\text{ nm},\ d_L = 298.8\text{ nm})$가 필요하다.

3.4 고굴절 분위기 매질에서의 광자결정

1차원 광자결정에 대한 몇몇 응용분야를 위해, 공기가 아닌 보다 큰 굴절률의 분위기 매질을 고려할 필요가 있다. 특히, [그림 2.8]에서 보이는 옴니-PBG를 얻을 수 있는 최대 굴절률 이상의 n의 매질을 고려하자.

[그림 2.21]은 ZnO 에피-막 위에 제작되는 $10N$ 1차원 광자결정에 대한 개략도이다. ZnO는 sapphire 기판에 MBE 또는 MOCVD로 제작되며 입사광은 공기로부터가 아닌 ZnO($n=1.9$)로부터 입사된다. 이 형태에서 비록 내부전반사(TIR)가 비교적 넓은 입사각도 범위($52.19° < \theta_i < 90°$)에서 이루어지지만, 옴니-PBG는 Brewster 효과로 존재하지 않는다. 오른쪽 구조는 결함-모드 광자결정 구조로 300K에서 ZnO로부터 발생하는 $\lambda_C = 376$ nm의 PL을 선택적 투과하기 위한 구조이다. 이 경우, ZnO는 옴니-PBG 영역 밖의 파장을 갖는 광에 의해 여기(excitation)되어야 한다. 또한, HeCd 레이저($\lambda = 325$ nm)를 이용하여 기판 뒷면으로부터 여기될 수 있다. 실제 여기된 ZnO로부터 실온에서 broad-band PL 스펙트럼이 발생하지만, 광자결정을 통해 매우 예리한 밴드(sharp-band) 스펙트럼을 선택적으로 필터링하는 것이 가능하다.

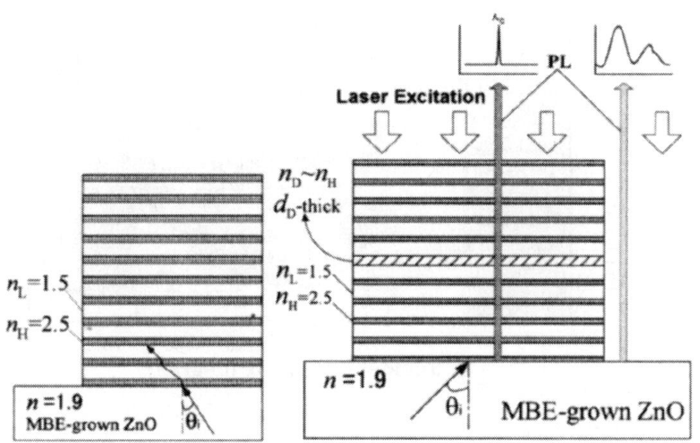

[그림 2.21] MBE-grown ZnO/sapphire 기판 위에 제작되는 10N 1차원 광자결정에 대한 개략도. θ(TIR)=52.19°가 된다. 왜냐하면, $n_H \rightarrow n_L$에 대해서 존재하는 TIR 각은 $\sin^{-1}(n_L/n_H) = 36.87°$이고, 이는 Snell 법칙에 따라 입사각으로 환산 시 52.19°가 되기 때문이다. 오른쪽 그림은 ZnO의 PL을 선택적으로 필터링하기 위한 구조이다.

[그림 2.22]는 [그림 2.21] 구조에 대하여 얻어진 광자밴드구조($n_H = 2.5$, $n_L = 1.5$, $n = 1.9$)를 나타낸다. 여기서 (a)는 결함층이 존재하지 않을 경우이고 (b)는 중앙에 결함층($n_D = n_H$, $d_D = 2d_H$)이 존재하는 경우이다. (b)의 경우, $\theta_i = 0°$에서의 금지대는 0.228-0.307의 비교적 넓은 범위에서 존재함을 알 수 있다. 또한, (c)의 경우, $\theta_i = 0°$에서의 금지대는 규격화주파수 범위 0.220-0.312에 존재하며 이는 321.4-455.9 nm의 파장범위에 해당한다.

두 경우 공히, 옴니-PBG는 존재하지 않지만, TE-편광광에 대해서만은 옴니

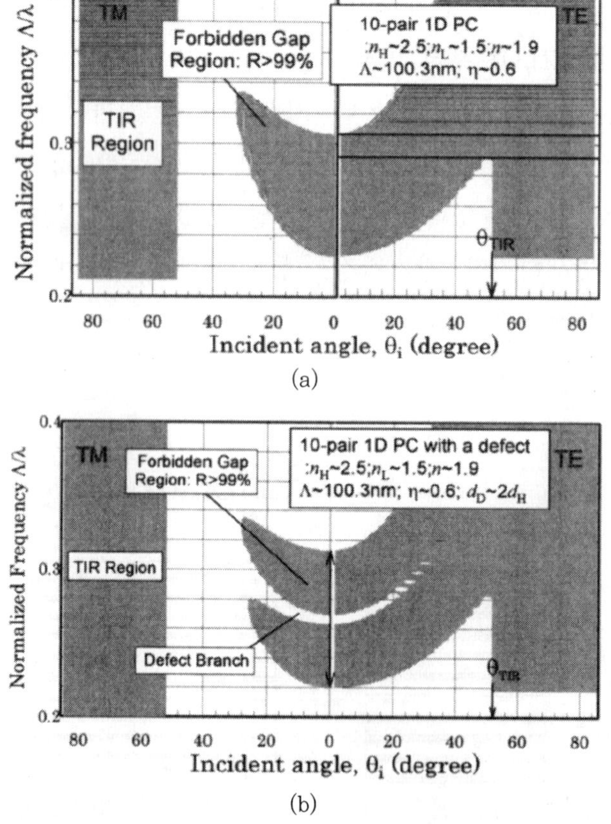

[그림 2.22] [그림 2.21] 구조에 대하여 얻어진 광자밴드구조($n_H = 2.5$, $n_L = 1.5$, $n = 1.9$). (a) 결함층이 존재하지 않을 경우와 (b) 중앙에 결함층($n_D = n_H$, $d_D = 2d_H$)이 존재하는 경우. $\theta_i = 0°$에서의 금지대는 (b)의 경우 0.228-0.307의 주파수 범위 (c)의 경우는 0.220-0.312임. 광자결정 쪽으로부터 여기시킬 경우 이 범위에서 벗어난 광을 이용해야 함.

-PBG가 존재하는 것처럼 보인다. 특히, [그림 2.21] 오른쪽의 결함구조가 수직 공진기 구조에 해당하며, ZnSe(ZnO 또는 GaN)-based VCSELs 구조에 Ta_2O_3/SiO_2 광자결정의 적용이 가능할 것으로 판단된다.

1차원 광자결정의 응용

본 절에서는 1차원 광자결정의 응용분야 중에서 연속 파장가변 수직공진 공진기(vertical cavity resonator), 다중채널 광 투과필터(multi-channel transmission filters), 플랫 대역-투과필터(flat band-pass filters), 초 광대역 거울(ultra-wide band mirrors), 1차원 도파로 필터(1D waveguide filters) 및 기타 광소자 등을 설명한다. 특히 대부분의 경우, 본 저자의 논문을 인용하였으므로 자세한 내용은 참조하기 바란다.(J.Kor.Phys.Soc.49, 1450(2006), J.App.Phys.100, 83501(2006), J.App.Phys.97, 103111(2005), J.Kor.Phys.Soc.44, 387(2004))

4.1 수직공진기(VCR)

1차원 광자결정 개념을 이용하므로 연속적 파장가변(continuous wavelength-tunable) 수직발광 소자(VCR)를 고찰한다. 기본구조는 ZnCdSe 양자우물(QW: quantum wells) 구조, InGaAsP 양자우물 구조, Er-doped ZnO 박막 및 자기조립형 양자점(self-assembly quantum dots)을 공진층(cavity)의 활성층(active layer)으로 사용하고 양쪽의 반사기로 옴니-PBG를 보이는 1차원 광자구조를 갖는다. 여기서의 예는 MBE-grown ZnCdSe 활성층과 TiO_2/SiO_2 1차원 광자결정을 결합시킨 VCR로 실험부터 이론까지를 포함한다.

1 광자결정체 구성박막의 분산특성

광자결정체 구성박막은 rf-스퍼터링으로 제작한다. 기판과 타깃 간의 거리를 최대한 멀리 하고 일정 속도로 기판을 회전하므로 두께제어 및 균일한 박막을 얻는 것이 가능하다. 구성 광자결정체에 대한 정확한 디자인을 위해 각 구성박막의 분산특성, 즉 복소 굴절률을 N&K 박막분석기를 이용하여 190-900 nm 파장범위에서 구하였다([그림 2.23] 참조).

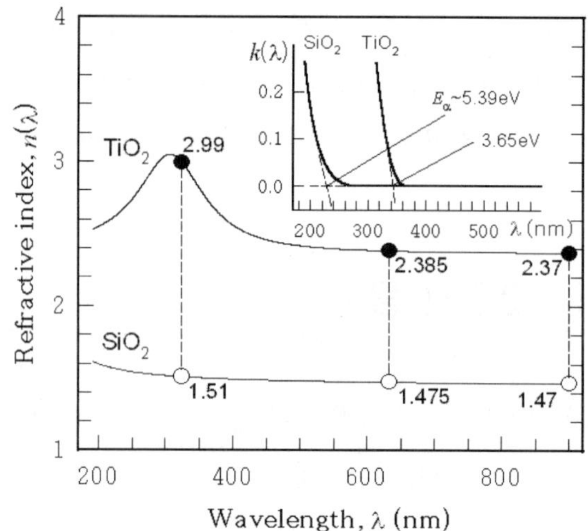

[그림 2.23] 스퍼터링으로 제작된 1차원 광자결정체 구성박막의 복소 굴절률($n+ik$): $E\alpha$-흡수단 (absorption edge), 각 포인트는 325 nm, 632.8 nm, 900 nm의 파장에 대응하는 결과이다. 그림에서 보는 바와 같이 500 nm 이상의 파장에서 TiO_2/SiO_2 결정체의 광흡수는 무시될 수 있다. 이 결과를 앞에서 설명한 계산-툴에 이용하였으며, 900 nm 이상의 파장에 대한 분산특성은 900 nm 파장 값을 사용할 수 있다.

2 기본구조와 광자밴드갭

$10N$ TiO_2/SiO_2 1차원 광자결정체를 각각 38.8 nm/62.7 nm의 두께가 되도록 제작하였다. 이때 광자결정체의 기본구조는 [그림 2.24(a)]와 같으며, 제작된 결정체의 반사-스펙트라에 대한 계산(lines) 및 측정(symbols)결과를 [그림 2.24(b)]에 나타내었다.

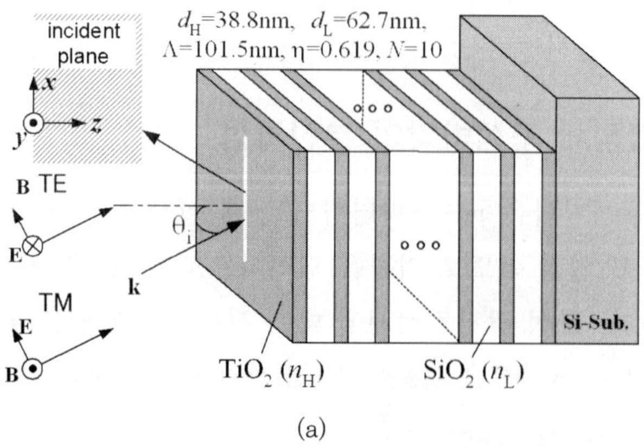

(a)

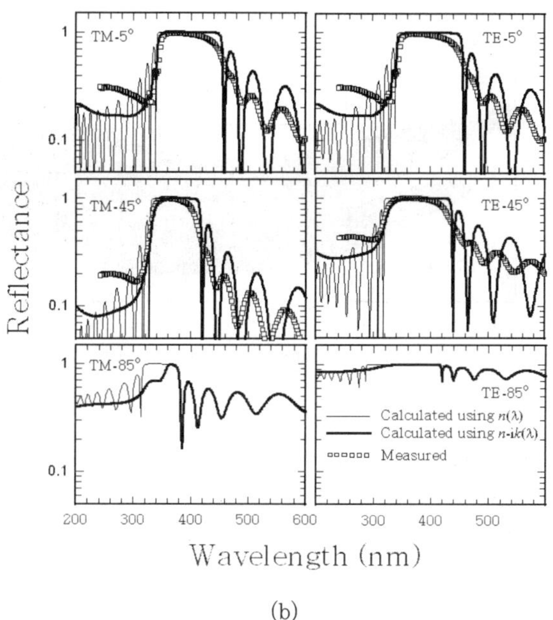

(b)

[그림 2.24] 1차원 광자결정체(결함층이 없는 경우)의 기본구조와 제작된 광자결정체($10N$-TiO_2/SiO_2)에 대한 계산 및 측정 R-스펙트라

[그림 2.25]는 이 광자결정체에 대한 계산된 광자밴드구조로 옴니-PBG를 포함한다. (a)는 결함층이 없는 경우이고 (b)는 중간에 TiO_2의 단일 결함층(d_D)을 갖는 경우이다. 세로축은 규격화된 주파수로서 주어진 주기에 대해 파장함수로 변경되며, 가로축은 입사각도로서 파수함수에 대응한다.

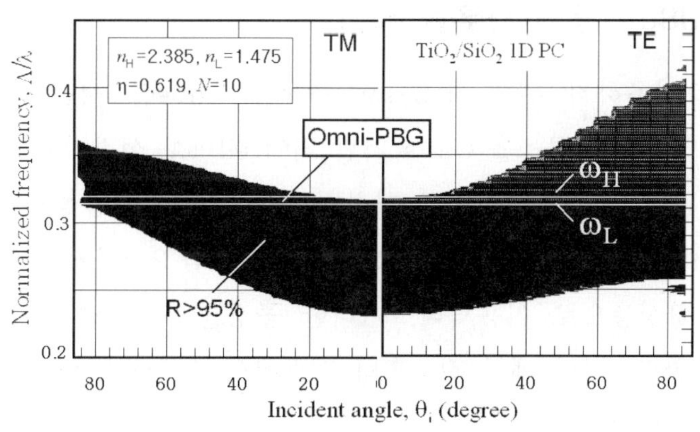

(a)

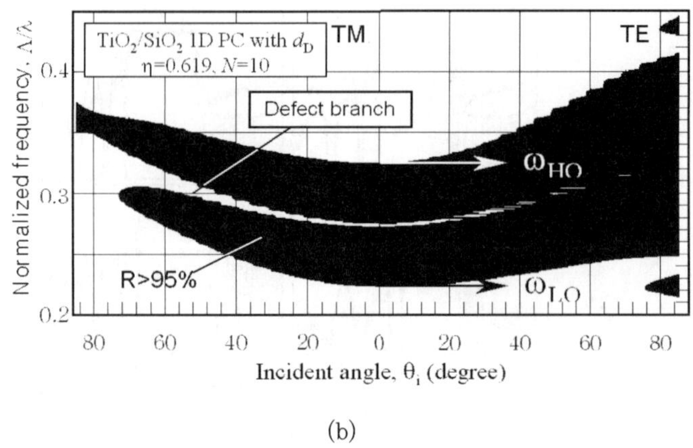

(b)

[그림 2.25] $10N-TiO_2/SiO_2$ 광자결정체에 대한 계산된 광자밴드구조.

(a) 결함층이 없는 경우

(b) TiO_2를 내부 결함층으로 갖는 경우. 첨자 O는 수직입사각도를 의미한다.

[그림 2.25(a)]에서 검정 부분이 반사도가 95% 이상이 되는 광자금지밴드(photonic forbidden band)이며 흰 부분이 광자전파대(photonic propagation band)를 의미하며 금지대 안의 흰 실선 사이의 주파수 영역이 옴니-PBG로 ω_H와 ω_L 사이에 존재함을 알 수 있다. [그림 2.25(b)]의 금지밴드 내부의 흰 영역이 고투과도를 나타내는 결함준위이다. 이러한 결함준위의 폭은 입사각 의존성 및 편광 의존성을 보인다. 또한, 내부 결함층의 두께 변화에 따라 결함준위 역시 변화를 나타낸다.

3 ZnCdSe 3중 양자우물 특성

공진층으로 이용하기 위해, barrier 층으로 ZnSe를 갖는 3.6 nm 두께의 ZnCdSe 3중 양자우물 구조를 GaAs 기판 위에 MBE로 성장하였다. 성장된 시료를 유리기판 위에 wax로 고정하고 화학적 물리적 에칭방법을 이용하여 기판을 제거한 시편에 대한 광여기발광(300K) 특성을 [그림 2.26]에 보였다. 3중 양자우물 구조가 활성층으로 이용되며, 이러한 공정을 이용하여 수직공진-공진기(VCR)를 제작한다. 기판 에칭 전, 후의 발광에서 스트레스 변화에 기인하는 약간의 피크 변동이 관찰된다.

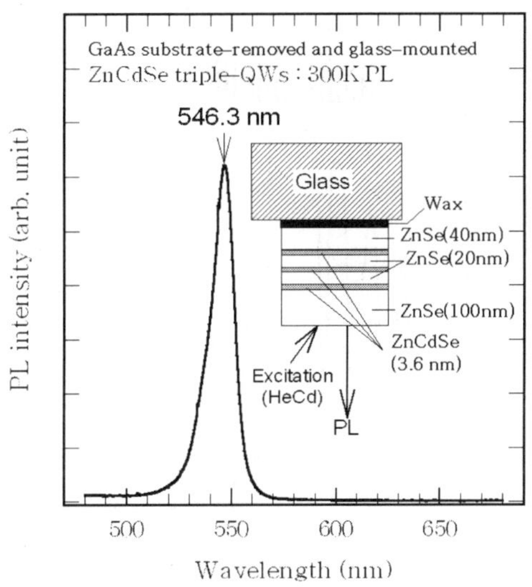

[그림 2.26] 활성층으로 이용되는 ZnCdSe 3중 양자우물의 PL 특성

4 구조매개변수에 대한 공진파장 의존성

[그림 2.27]은 1차원 광자결정/공진층/1차원 광자결정 구조의 VCR에서의 공진파장(λ_{cav})이 광자결정의 구조매개변수 특히, SiO_2 두께 및 filling factor에 의존함을 보여준다.

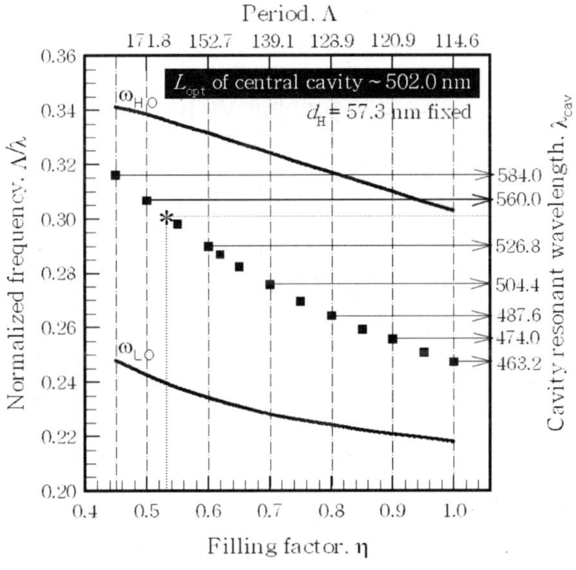

[그림 2.27] 광자결정 구조매개변수 변화에 따른 공진파장 의존성

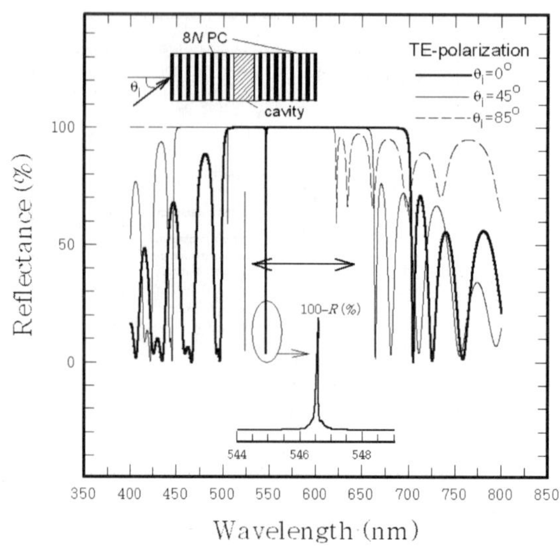

[그림 2.28] VCR[그림 2.24(a)]에 대한 반사-스펙트라

즉, 일정한 공진층에 대해 광자결정을 적절히 선택하므로 원하는 범위 내의 공진파장을 얻는 것이 가능하다. 여기서 별표(*)의 조건을 갖는 VCR에 대한 계산된 반사-스펙트라를 [그림 2.28]에 보였다. 이 조건의 구조에 대해 약 546.3 nm의 공진파장을 얻을 수 있다. 특히, 이 공진파장이 옴니-PBG 내에 존재하도록 할 수 있다.

5 연속적 파장가변형 VCR 구조

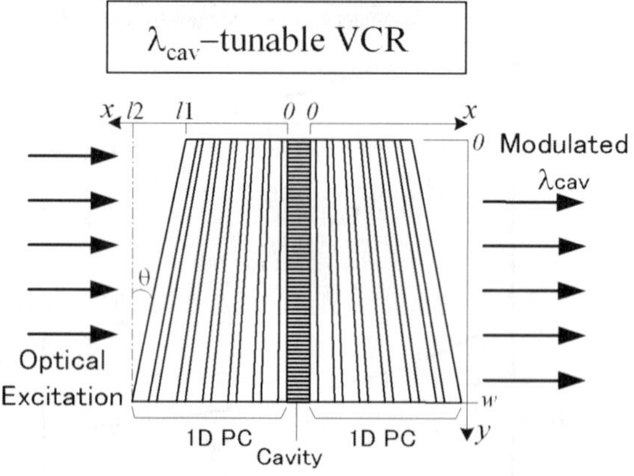

[그림 2.29] 연속적 파장가변 vertical microcavity resonator(VCR) 구조의 개략도. 광펌핑 위치에 따라 다른 공진파장이 공진되며, 레이저(VCSEL)를 위해서 복잡한 리소그래피 공정이 필요하다.

[그림 2.29]는 1차원 광자구조체를 갖는 VCR이 공간상(Excitation 위치)에서 연속적인 변화를 갖는 λ_{cav}-tunable VCR 구조이다. 활성층으로 MBE-grown ZnCdSe 및 InGaAsP 이외에 상대적으로 넓은 파장범위에서 발광을 보이는 Er-doped ZnO를 co-sputtering으로 제작, 이용할 수 있다. 파장가변을 설명할 수 있는 개략적인 모델은 참고문헌을 참조하기 바란다(H.Y.Lee, *J. Kor. Phys. Soc. 44*, 387, 2004). 이 VCR의 주요 특성은 통상적으로 파장가변을 위해 활성층의 두께를 변화시킨다. 그러나 여기서는 새롭게 활성층 두께는 변화 없이 일정하게 하고 광자결정의 두께만이 변화하는 시스템이다.

[그림 2.29]의 VCR 제조 공정의 개략도를 [그림 2.30]에 보였다. GaAs 기판은 물리적 공정과 화학적 공정($NaOH+H_2O_2$)을 이용하여 완전 제거될 수 있으며, 1차원 광자결정의 각 박막 두께는 스퍼터링 조건의 조절을 통해 1-2% 이내의 오차범위에서 얻을 수 있다.

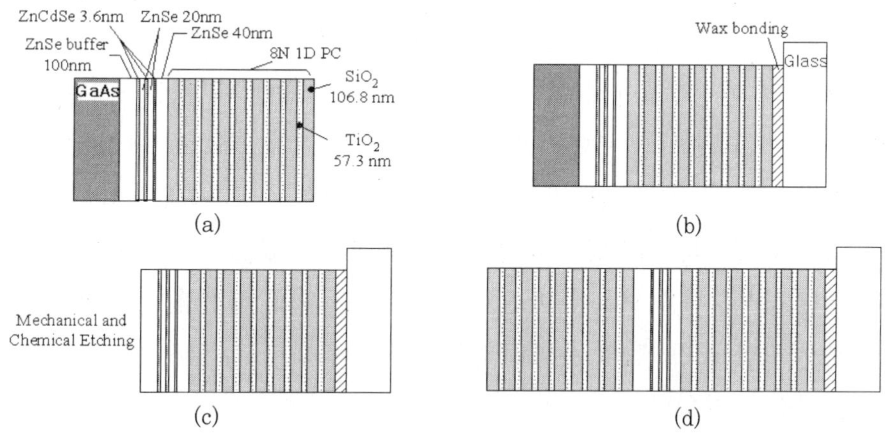

[그림 2.30] blue/green VCR 제작공정 개략도.
(a) ZnCdSe 양자우물 구조의 MBE-성장과 1차원 광자결정 스퍼터 제작
(b) 시료를 유리기판에 왁스를 이용하여 접합
(c) 물리화학적 기법에 의한 GaAs 기판 에칭
(d) 상층 1차원 광자결정 제작

4.2 다중채널 광 투과필터

파장분할 다중화(WDM: wavelength division multiplexing) 방식의 광통신 소자는 단일파장뿐만 아니라 이웃하는 여러 파장대에서도 동작할 수 있는 유연성을 갖는 소자가 요구된다. 이를 해결하는 하나의 방법이 파장제어(다중채널) 광자결정(photonic crystal) 소자이다. 본 절은 저자의 논문(J.App.Phys.97, 103111(2005))의 일부분을 요약, 정리한 것이다. 결함층으로 단일층이 아닌 다른 주기의 광자결정체 배열구조를 가지는 소위, 다중(이중)주기(multi period) 1차원 광자결정을 이용함으로 투과광 파장제어가 가능한 가변형 다중채널 투과필터를 얻을 수 있는 이론적 모델과 그에 따라 제작된 Si/SiO_2의 광자결정체의 특성을 설명하려 한다. PBG 내에 만들어지는 다중투과-dip(결함준위들)의 파장 위치는 실험값과 이론값이 정확하게 일치하였다. 특히, 결함층 수(N)에 따라 PBG 내에 $2N$-개의 투과-dip 모드를 생성할 수 있으며, 이들은 주파수 범위에 대해 대칭 분포됨을 알 수 있다. 여기에 제안하는 다중채널 투과필터는 외부 전원 없이 입사각도를 미세 조절하므로 파장을 tuning할 수 있다.

많은 세계적 연구그룹에서 이미 파장제어 광자결정에 대한 연구개발의 필요성 및 중요성을 보고했고, 일부이지만 이러한 소자를 설계, 테스트 단계에 있는 것으로 보고되고 있다. 2002년 말, 광자결정 분야의 리딩그룹인 MIT의 Joanno-poulos 그룹에서는 저전압에서 파장을 가변할 수 있는 공기-갭을 갖는 1차원 실리콘계열 광자결정을 보고한 바 있다. 이 소자는 비록 저전압(약 4V)에서 파장가변이 가능하지만 공기-갭의 존재로 인해 제작이 복잡하고, 단지 네 개의 공진파장을 갖는 단점을 보였다.

본 절에서는 에어-갭을 갖지 않는, 광자결정체 구조 내에 다른 광자결정 구조를 결함층(defect layers)으로 삽입한 다중주기 1차원 광자결정체를 제안하고, 전압인가방식이 아닌 입사각 조절 및 TE/TM 편광광 선택에 의해 투과파장을 미세하게 제어할 수 있음을 보이고자 한다. 즉, 1차원 광자결정체를 이용한 파장가변 다중채널 광투과필터를 얻을 수 있는 이론적 모델을 제시하고 Si/SiO_2를 이용한 소자의 제작 및 특성 평가를 포함한다.

1 소자의 기본구조와 제작

[그림 2.31]은 다중투과필터로의 적용을 위한 Si/SiO_2 1차원 광자결정체의 기본구조이다. 필터의 기본구조는 그림과 같이 주기 Λ_A의 1차원 광자결정체를 기본으로 하며, 이 내부에 새로운 주기 Λ_B의 결함(defect) 광자결정체를 포함한다. Λ_A의 쌍수(number of pairs)를 M, Λ_B의 쌍수를 N을 갖도록 설계할 경우, 단순 광경로는 대기 → $[1/2 \cdot M \cdot \Lambda_A \rightarrow (N \cdot \Lambda_B) \rightarrow 1/2 \cdot M \cdot \Lambda_A]$ → 기판 형태로 표현된다.

Si과 SiO_2 및 기판에 대한 복소 굴절률 $n_H(Si) = 3.7 + i0$, $n_L(SiO_2) = 1.5 + i0$, n_S(corning 유리기판)=1.6으로 가정하여 계산하였다. 앞 절에서 설명한 바와 같이, 실제 이러한 재료들의 광통신 파장대인 1.3–1.6 μm 범위의 광에 대해 소광계수는 무시할 정도로 작으며 굴절률(실수부)의 분산특성은 매우 작다. 또한, 광자결정 구조의 각 교번층에 대한 두께 비율(d_H/d_L)로 정의되는 η는 각각 0.348, 0.406, 0.508, 0.569로 가정하여 계산을 수행한다. η=0.406은 Si과 SiO_2에 대한 굴절률 비와 일치하는 조건이다. 광자결정 제작은 스퍼터를 이용하였고(스퍼터 시간을 조절, 4 rpm 기판 회전), 이때 제작된 광자결정의 구조매개변수 값은 다음과 같다. Λ_A =323.6 nm(d_H =93.4 nm, d_L =230.6 nm), Λ_B =647.2 nm (d_H =186.8 nm, d_L =461.2 nm), η=0.406, M=4, N=2. 제작된 광자결정의 반사 특성은 파장범위 700–2500 nm(입사각 5°의 비-편광빔)에서 Spectrophotometer (HITACHI, U-4100)를 이용하여 측정하였다.

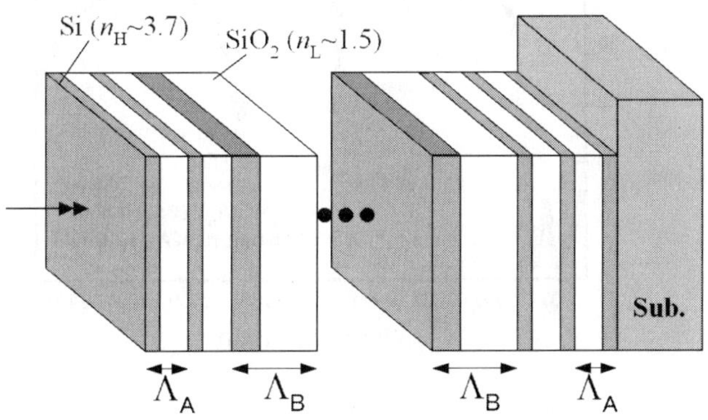

[그림 2.31] 다중채널 광 투과필터를 위한 Si/SiO_2 1차원 광자결정체의 기본구조

2 제작된 광자결정 필터 특성

지금까지의 내용에서 보듯이 1차원 광자결정 역시 그 설계에 따라 원하는 파장 범위에서 옴니-PBG(완전반사)를 가질 뿐 아니라, 광자결정 내부에 결함층을 갖게 하므로 PBG 내에 결함준위를 만들 수 있다. 여기서의 결함준위는 예리한(sharp) 투과특성으로 나타내며, 투과파장(주파수)은 결함층 및 광자결정의 구조적 매개변수들을 조절하므로 제어될 수 있다.

더욱이, 단일 결함층을 갖는 1차원 광자결정에서는 일반적으로 단일 결함준위가 생성되는 반면, 결함층의 구조 및 수를 변화시키므로 그에 따른 결함준위 수 및 특성을 제어할 수 있다. 즉, 이것은 옴니-PBG 내에 인위적으로 다중투과필터 역할을 할 수 있는 다중 결함준위 생성을 의미한다.

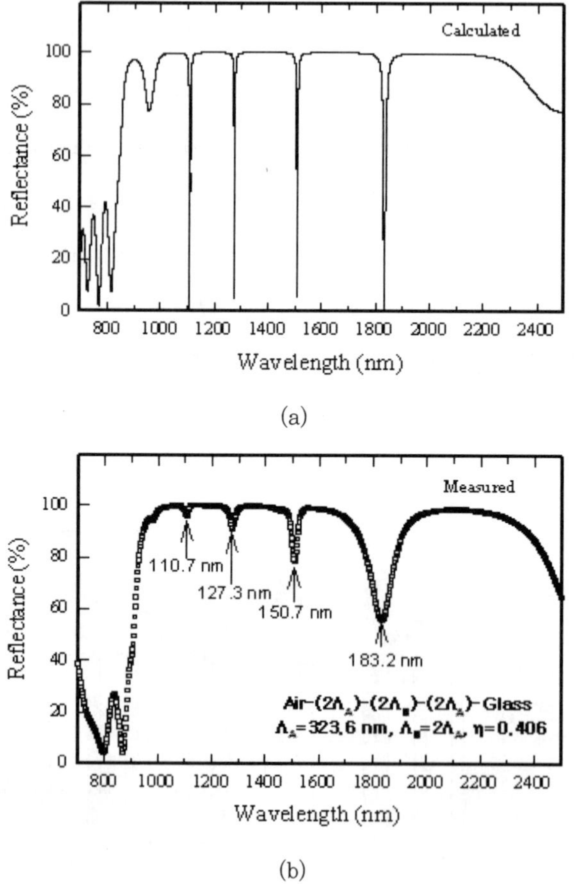

[그림 2-32] 제작된 광자결정체에 대한 (a) 계산 및 (b) 실측된 반사도

스퍼터로 제작된 1차원 광자결정($M=4$, $N=2$)에 대한 계산 및 실측된 반사도 특성을 각각 [그림 2.32(a), (b)]에 보였다.

[그림 2.32(b)]에서 보는 바와 같이 PBG 내에 110.7, 127.3, 150.7, 183.2 nm의 파장에서 반치폭이 각각 96, 26, 26, 15 nm인 dip(네 개의 투과모드)이 관찰되었다. dip의 모양이 계산 결과와는 크게 다르지만, 파장 위치는 정확하게 일치함을 알 수 있다. 비록, 박막의 균일도를 높이기 위해 스퍼터링 시 기판을 회전시켰지만, 제작된 시료에서 프린지 및 얼룩이 관찰되고, 측정 dip의 반치폭이 증가한 것은 비교적 큰 측정 빔(직경~10 mm)으로 인한 결과로 판단된다. 1000 nm 파장 이하에서 두 스펙트럼 사이에 두드러진 차이가 생긴 것은 Si의 흡수에 기인한 결과이다.

3 다중채널 수 = 2*N*

앞서 설명한 계산-툴을 이용하여 얻어진 결과를 [그림 2.33], [그림 2.34], [그림 2.35]에 각각 보였다.

[그림 2.33]은 $\eta=0.406$, $M=4$로 고정하고 결합 광자결정체의 쌍수 N을 1, 2, 5, 10, 20으로 변화시킨 광자결정 구조에서의 R-스펙트라이다. 가로축은 규격화주파수($\omega=\Lambda_A/\lambda$)의 함수로 표현하였으며, FB는 평탄밴드(flat band)이다. 그림에서 보는 바와 같이 비교적 큰 수의 $N(\geq 10)$에 대해 광자밴드갭(반사도>99%)은 약 $\omega_{LO}=0.0486$과 $\omega_{HO}=0.3838$의 주파수 범위에 존재한다. 여기서, ω_{LO}과 ω_{HO}는 각각 수직입사($\theta_i=0°$)에 대한 하부주파수단(lower frequency edge)과 상부주파수단(upper frequency edge)을 나타내며 밴드중심주파수 ω_O는 $(\omega_{HO}+\omega_{LO})/2$로 정의된다.

즉, $\omega_O=0.2342$이다. 특히, "결함 브랜치 또는 결함준위들은 PBG 내에 $2N$가 존재하며 이들은 ω_O를 축으로 대칭 분포됨"을 알 수 있다. 다시 말해, 결함준위들은 양 단의 평탄밴드 사이에 존재하며 ω_O를 중심으로 좌우 대칭된다. 이 구조에서 FB는 약 0.0656이고 결함준위 수 m(channels)은 $2N$으로 주어진다. $m=2N$

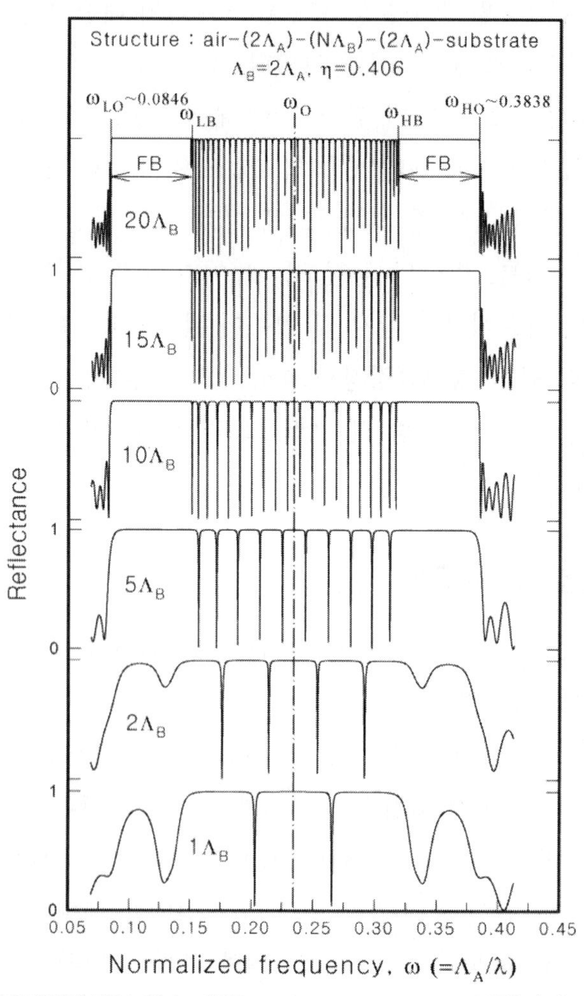

[그림 2.33] 결함 광자결정체의 쌍수 N을 1, 2, 5, 10, 20으로 변화시킨 광자결정 구조($\eta=$ 0.406, $M=4$)의 계산된 반사도

4 충진율 η와 R-스펙트라 대칭성

[그림 2.34]는 $M=4$, $N=10$으로 고정하고 결함 광자결정체의 충진율 η를 변화시켜 가며 계산된 광자결정 구조의 $R-$스펙트라이다. 그림에서 보는 바와 같이 η가 두 교번층 내의 광경로가 일치하는 조건인 0.406을 벗어남에 따라 중앙 부분의 결함준위 간 간격에 차이가 발생하며, 양쪽 FB의 대칭성이 파괴된다. 또한, η가 증가함에 따라 PBG가 증가함을 알 수 있다. 따라서, 결함준위의 제어를 위해 η에 대한 결함준위분포를 모델화하는 것이 필요하다.

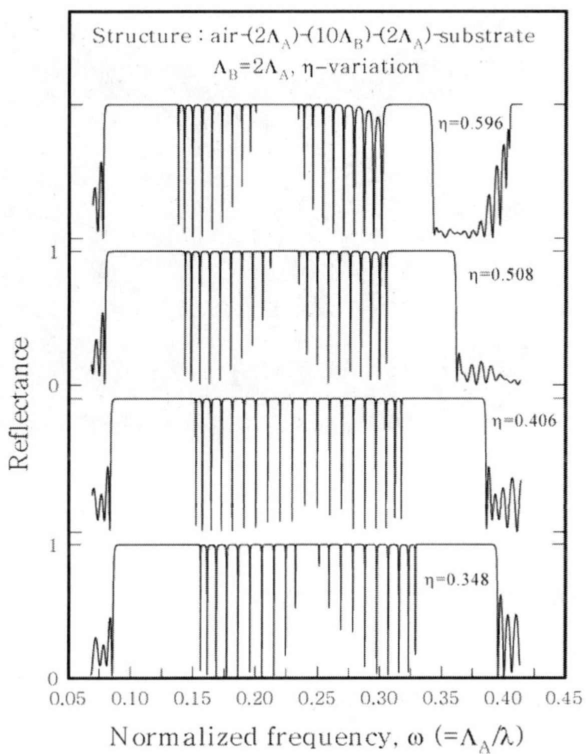

[그림 2.34] 다중채널 광 투과필터용 광자결정체의 η에 대한 결함준위분포 의존성

5 광자밴드구조

[그림 2.35]는 $M=4$, $N=10$, $\eta=0.406$인 광자결정체의 광자밴드구조이다. 옴니-PBG가 ω_H와 ω_L 사이에 존재한다. 또한, TM-편광광의 경우, 입사각 증가에 따라 결함준위의 반치폭(FWHM)은 증가하여 약 40° 부근에서 겹쳐진다. 반면에, TE-편광광의 경우, 입사각 증가에 따라 결함준위의 폭은 감소한다. 특히, 양 편광광에 대해 의존하는 정도는 차이가 있지만, 입사각도 증가에 따라 결함준위들은 어떤 체계적인 모습으로 고주파수(단파장) 영역으로 천이(shift)됨을 알 수 있다. 즉, 입사각의 미세변화가 다중채널(이 경우, $m=20$)의 미세변화를 야기함을 알 수 있다. 따라서, 이론적 모델링을 통해 결함준위분포의 입사각 의존성을 규명함으로써 가변형 다중채널 투과필터를 제작하는 것이 가능하다.

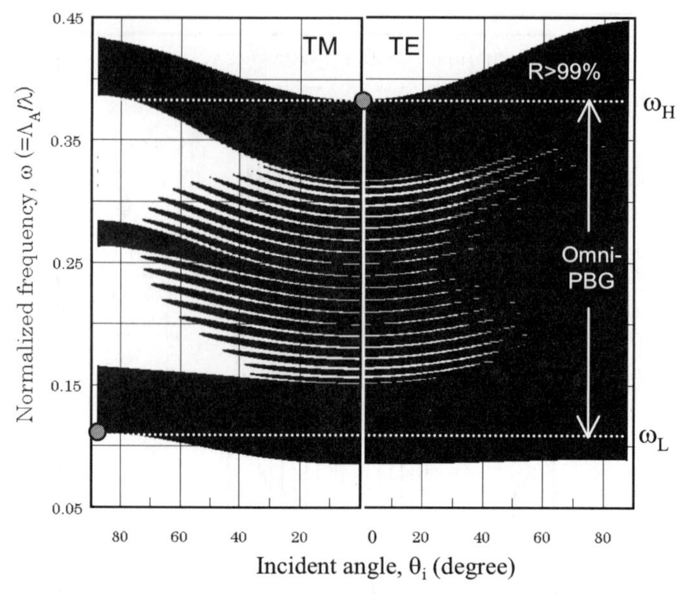

[그림 2.35] 다중채널 광 투과필터용 광자결정체의 광자밴드구조

6 신개념 DWDM용 투과필터

기존 광통신 시스템의 필터링은 입력 정보 광원에 대해 단일 파장을 투과필터하고 이를 반복 수행하는 것으로 요약된다. 여기서 제안하는 다중채널 투과필터는 [그림 2.36]과 같이 다발(packet)형태의 m − 채널파장(λ_1, $\lambda_2 \cdots \lambda_m$)을 투과필터링하며, 투과되지 않은 평탄밴드 내의 반사광(> 99% 이상의 반사)에 대해 필터 입사각도를 미세 조절하여 이웃하는 m − 채널파장(λ_1^*, $\lambda_2^* \cdots \lambda_m^*$)을 재투과필터링 시키는 방식의 파장가변이 가능하다.

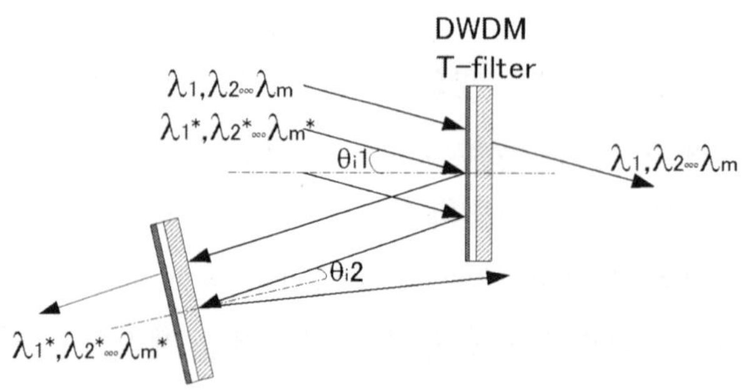

[그림 2.36] 광자결정체를 통한 다발형태의 m − 채널 파장투과와 입사각변화에 따른 투과파장가변을 갖는 DWDM용 투과필터를 나타내는 개략도

다중채널 광 투과필터용 1차원 광자결정의 주요 특성은 다음과 같다.

(1) N의 수를 증가시키므로 투과 결합준위 수 m을 증가시킬 수 있다.
(2) M의 수를 증가시키므로 투과 결합준위의 반치폭을 나노-스케일 이하로 줄일 수 있다.
(3) 입사각(광자결정의 결정축)의 미세 조절을 통해 투과 결합준위분포의 연속적 제어가 가능하다.
(4) 위의 (1)-(3)의 특성은 입사광의 선형 편광상태(TE/TM)에 의존한다.
(5) 광자결정체를 구성하는 재료의 선택 및 구조에 따라 PBG를 제어하는 것이 가능하다.

따라서, (1)-(5)로부터 얻을 수 있는 투과 광정보(optical signals)는 미세하게 분류될 수 있다. 최근, 광섬유나 평판 도파로에 Bragg grating을 형성하여 광센서(바이오, 압력, 온도센서 등)에 이용하려는 연구가 한참 진행 중이다. 이 절에서 설명한 1차원 광자결정은 광-가스 센서나 광-바이오센서 재료로 응용이 기대된다. 예를 들어, 광자결정 센서의 타깃이 되는 매질(가스층, 바이오물질 등)을 통과하고 광자결정에 입력되어 투과되어 나가는 정보를 스펙트럼 분석기 등을 이용, 레퍼런스 광정보와 비교함으로써 타깃 매질 특성을 분석하는 것이 가능하리라 생각한다.

4.3 Flat Band-Pass 필터

인터넷과 이동통신 서비스는 널리 보편화되어 실생활에서 떼어 놓을 수 없는 필수 불가결한 요인이 되어 있고, 더 나아가 언제 어디서나 다양한 멀티미디어 서비스가 제공되는 시대가 도래되었다. 이에 따라 음성, 데이터, 문서, 영상, 동화상, CATV 및 HDTV 등을 동시에 제공하는 광대역 초고속 통신망의 구축이 요구되고 있으며 이에 따른 인터넷 이용자의 급증으로 속도의 고속화, 대용량화, 유무선통합화, 멀티미디어화 및 다양한 서비스가 증가하고 있다. 이를 구현하기 위해 각국은 테라 비트 급 광통신용 시스템 및 소자기술을 개발하고, 전송방식도 점대점(point-to-point) 전송에서 네트워크 전송으로 변환하고 있다. 따라서 컴퓨터가 모든 시스템기기에 내장되고 이것들이 모두 유기적으로 결합되어 전

세계를 연결함으로써 급증하는 다양한 정보를 하나의 통신망으로 통합시켜 제공하는 광대역 초고속정보망의 구축을 위한 광통신망의 확충이 필요하다. 이러한 광대역 서비스를 가입자에게 공급하기 위하여 광섬유를 가입자단까지 직접 연결할 수 있는 기술적, 경제적으로 접근성이 용이한 광가입자망에 대한 관심이 높아지고 있다. 통신망 선진국인 우리나라 역시 최근 광대역 통신망 보급을 위해 막대한 예산을 산정해 놓고 있다(*2003년 전자신문 참조*).

수동형 광가입자망(PON: passive optical network)은 중앙 기지국(CO)에서 가입자(subscribers)들의 인접 지역에 설치된 지역 기지국까지는 단일 광섬유로 연결하고 지역 기지국에서 각 가입자까지 독립된 광섬유로 연결하는 이중 성형 구조로 구현하여 광선로의 길이를 최소화한다. 그리고 수동형 광소자들을 가입자들이 공유함으로써 초기 설비 투자비용을 줄일 수 있으며, 광 네트워크의 유지보수 및 관리가 용이하다. 또한, 통신 시스템의 발전에 따라 상향 시스템으로의 전이 시에도 기존의 광 네트워크를 그대로 사용할 수 있다. PON은 크게 시분 다중화(TDM: time division multiplexing) 방식과 파장분할 다중화(WDM: wavelength division multiplexing) 방식으로 나눌 수 있다.

TDM 방식은 동일 파장 대역을 시간적으로 분할하여 중앙 기지국에서 각 가입자에게 분할된 시간 간격(time slot)을 할당하고 데이터를 전송하는 방식으로 각 가입자는 할당된 시간 간격에만 데이터를 송/수신할 수 있다. 이 방식에서는 중앙 기지국에서 각 가입자까지의 거리가 서로 다르므로 정확히 할당된 시간 간격에서 데이터를 송/수신하기 위하여 각 가입자단은 중앙 기지국의 시간 기준에 따라 동기화가 이루어져야 한다. 이 방식은 다양한 광대역 서비스의 공급을 위한 전송 용량 증대와 가입자의 증가에 따라 중앙 기지국에 위치한 광전송 시스템의 전송 용량이 급격히 증가되어야 하므로 상향 시스템으로의 전이가 경제적/기술적 측면에서 쉽지 않다.

WDM 방식은 중앙 기지국에서 각 가입자에게 서로 다른 파장을 할당하여 동시에 데이터를 전송하는 방식으로서 각 가입자는 할당된 파장을 이용하여 항상 데이터를 송/수신할 수 있고 각 가입자에게 대용량의 데이터를 전송할 수 있을 뿐만 아니라 통신의 보안성이 뛰어나고 성능 향상이 용이하다. 따라서 상하향(양방향, bidirectional) 3파장 WDM-필터 소자(Flat band-path filters)는 광가입자망 구축에서 통신·방송을 융합한 양방향 고화질 멀티미디어 서비스 사업에 반드시 필요로 하는 원천 부품이다. 본 절에서는 1차원 광자결정을 이용한 저손실 양방향 3파장(1550, 1490, 1310 nm) WDM-필터의 설계 부분을 설명한다.

광통신 시스템에서 말하는 트랜시버(transceiver)란 일반적으로 central officer(CO)와 개인사용자 간의 물리적 연결 소자를 총칭한다. 그 중 3파장 양방향 트랜시버란, 사용자가 1490 nm 파장의 디지털 하향정보(downstream data)를 받고 1310 nm 파장의 디지털 상향정보(upstream data)를 CO에 전송하는 양방향 전송과 동시에 1550 nm 파장의 아날로그 비디오 방송정보를 제공 받을 수 있도록 꾸며진 소자로, 통상적으로 광 검출기(PD: photo diodes) 및 광원(LD: laser diodes)들과 조합을 이룬다.

[그림 2.37(a)]는 현재 상용되었거나 사용예정인 광섬유 트랜시버를 보인다. 그림에서 보는 바와 같이 두 개의 이색 거울(dichroic mirrors)과 섬유-단 렌즈들을 포함한다. 본 절의 내용은 저자가 현재 수행하려는 연구과제 내용을 포함한다.

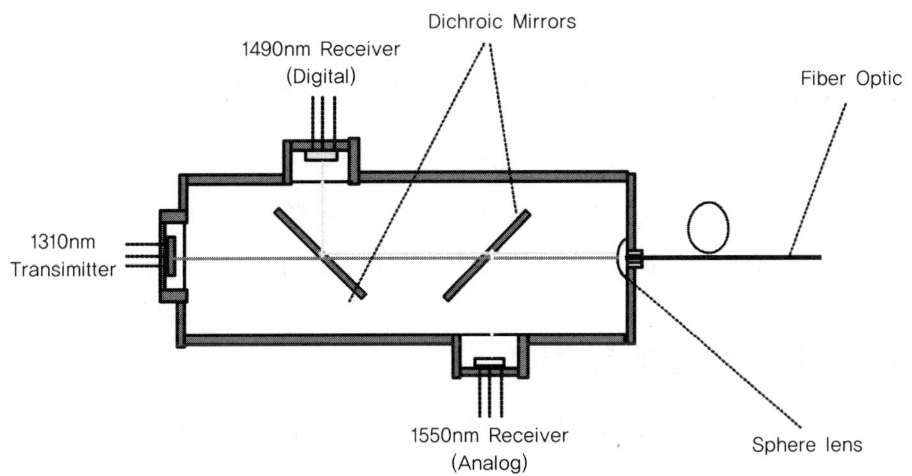

(a) 광섬유 양방향 3파장 트랜시버 개념도(Broadlight)

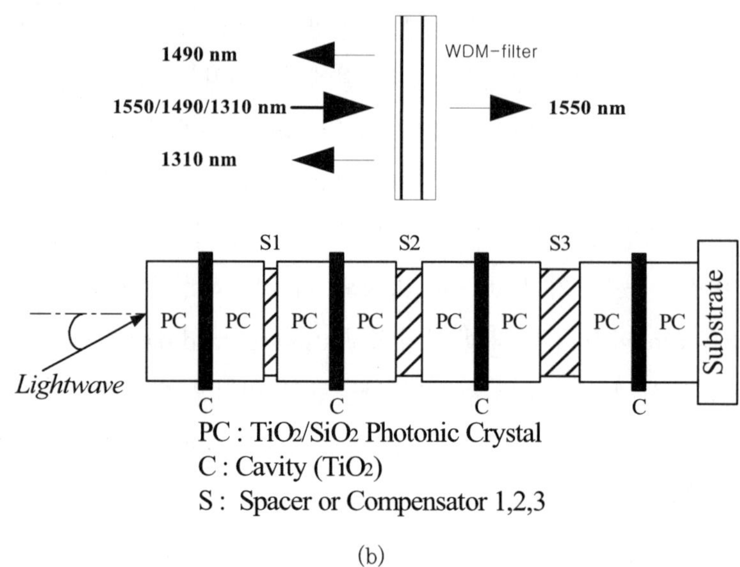

(b)

[그림 2.37] 양방향 3파장(1550, 1490, 1310 nm) 필터의 개념도 및 4-cavity flat-band pass WDM-필터용 광자결정의 설계도. 여기서 광자결정의 기본구조는 Ta_2O_5(또는 TiO_2)/SiO_2임.

1 양방향 3파장 WDM-필터를 위한 광자결정

양방향 3파장(1550, 1490, 1310 nm) WDM-필터(두 개의 이색 거울 대신 단일 필터 사용)로서 사용되기 위해 각 파장별 단자에서의 flat-band 폭, 삽입손실(insertion loss) 및 isolation이 중요한 평가 지표가 된다.

2 광자결정 설계 및 특성

광의 입사각은 8°로 지정하고 재료를 선택, 각 구조의 두께를 제어하므로 1550 nm 파장에 대해 저손실의 flat-투과 밴드를 가지며 1310nm 및 1490 nm에 대해 완전 차단이 가능한 광자결정 필터를 설계한다. 여기에서는 SiO_2를 기본으로 한 TiO_2 및 Ta_2O_5 유전체를 이용한다. 계산-툴을 이용하여 얻어진 SiO_2/TiO_2 광자결정의 필터 특성을 [그림 2.38] 및 [그림 2.39]에 보였다.

[그림 2.38]은 3-cavity 광자결정 필터에 대한 1200-2200 nm 파장범위에서의 투과 특성을 보인 것이고 [그림 2.39]는 1, 2, 3-cavity 광자결정 필터에 대한 미세 파장범위에서의 투과 특성으로, 특히 2-cavity의 경우 중심파장에서의

손실은 약 0.004 dB 이하이고 3-cavity의 경우 0.3 dB의 손실을 갖는 0.7 nm의 flat-band를 보임을 알 수 있다.

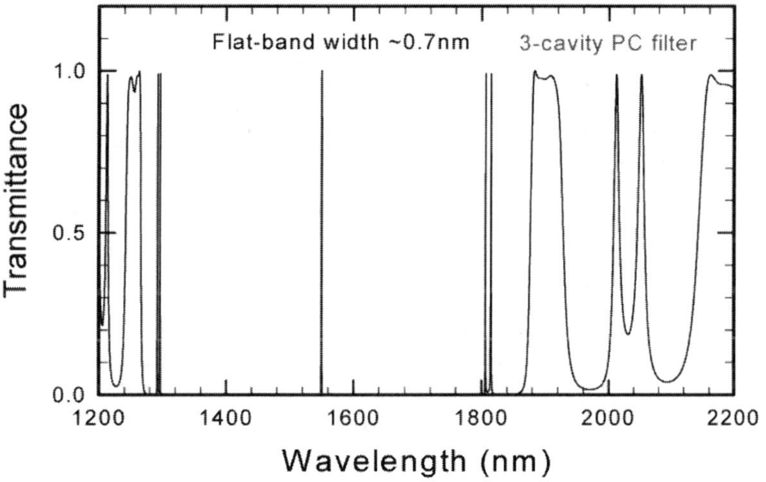

[그림 2.38] 계산된 3-cavity SiO_2/TiO_2 광자결정 필터 특성

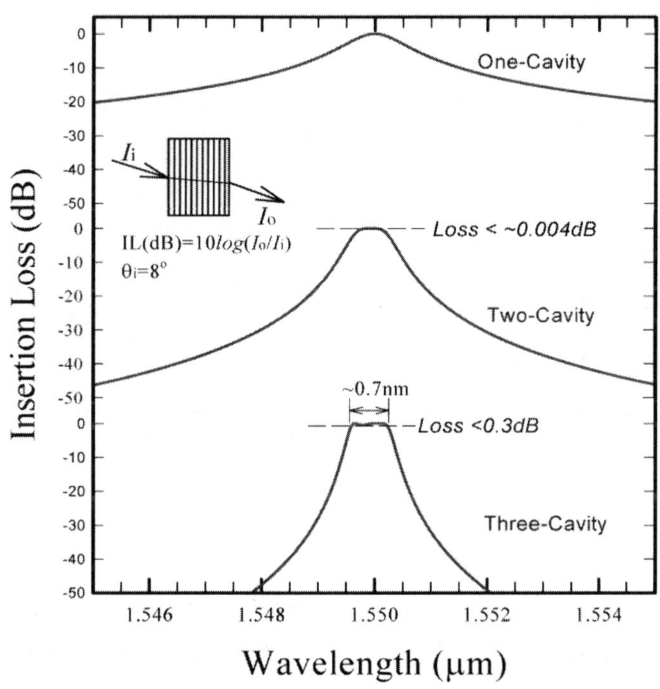

[그림 2.39] 1, 2, 3-cavity를 갖는 SiO_2/TiO_2 광자결정-필터의 계산된 삽입손실

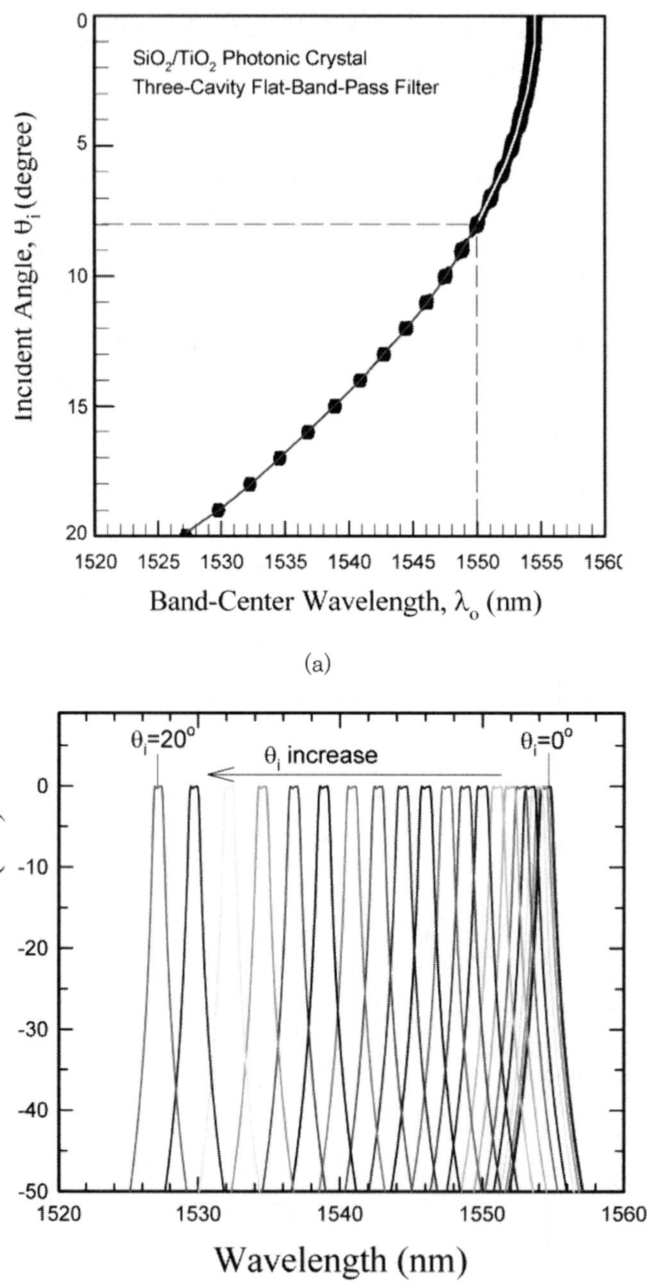

[그림 2.40] Flat-band-path 필터용 SiO_2/TiO_2 1차원 광자결정의 (a) 입사각도 변화에 따른 필터링 중심파장 의존성과 (b) 새로운 개념의 WDM 소자로의 응용성

이러한 특성은 적절한 재료 및 설계파라미터를 변경함으로써 개선 가능할 것이다. 특히, 이러한 광자결정 WDM-필터는 입사각에 따라 flat-band 중심파장의 변화를 가질 수 있어 [그림 2.40]과 같이 광통신 소자에 다양하게 응용될 수 있다.

3 2-cavity Ta_2O_5/SiO_2 1차원 광자결정

[그림 2.41]은 2-cavity Ta_2O_5/SiO_2 1차원 광자결정의 구조 및 구조매개변수 값과 계산-툴로부터 얻어진 결과를 보였다. 그림에서 보는 바와 같이 $n_H(Ta_2O_5) = 2.2$, $n_L(SiO_2) = 1.47$로 가정하여 계산하였다. 오른쪽 그림은 MathCAD output이다.

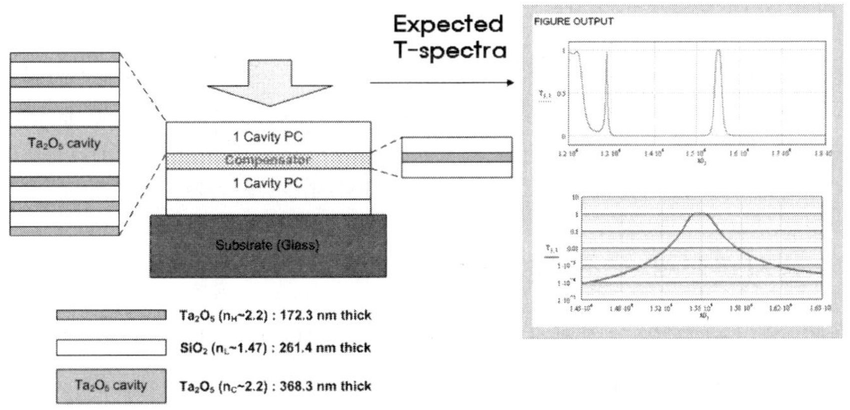

[그림 2.41] 2-cavity Ta_2O_5/SiO_2 1차원 광자결정의 구조 및 계산 결과

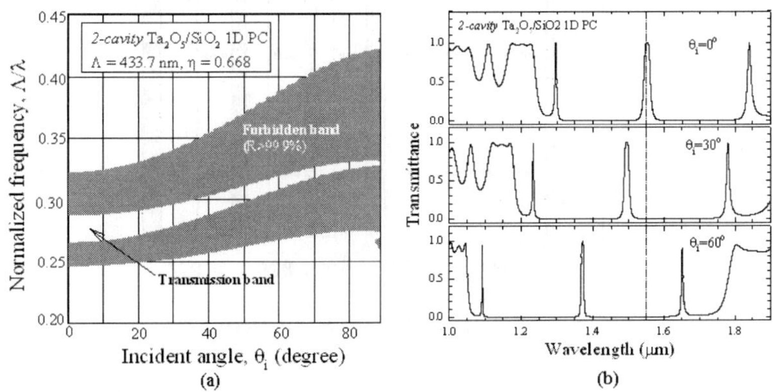

[그림 2.42] 2-cavity Ta_2O_5/SiO_2 1차원 광자결정에 대한 (a) 광자밴드구조와 (b) 투과-스펙트라

[그림 2.42]는 [그림 2.41]의 광자결정에 대한 광자밴드구조와 입사각 0°, 30° 및 60°에 대한 투과 스펙트라이다. 이때 금지대는 반사도가 99.9%인 경우이며, 비교적 넓은 flat-transmission bands를 볼 수 있다.

4.4 광대역 거울

통상적으로 옴니-PBG의 크기는 쌍을 이루는 광자결정 구성 재료의 고유 굴절률 비에 의해 결정된다. 본 절에서는 SiO_2를 기본으로 한 1차원 광자결정체를 다중주기(multi-period)를 가지도록 설계, 제작, 평가하여 재료 고유값에 의해 결정되는 것으로 생각되고 있는 옴니-PBG의 크기를 인위적으로 크게 증가시키는 것이 가능함을 제시할 것이다. 이는 원하는 옴니-PBG를 얻기 위해 광자결정의 구성 재료를 바꾸어야만 했던 단점을 제거할 수 있는 기술이다. 또한, 응용성 및 이 기술의 실용성 면을 고려하여 기존 단일모드 광섬유(SMF: single mode fiber)의 끝단에 이 구조를 실현할 수 있다. 여기에 제시된 내용은 본 저자의 아이디어를 기초로 한다.

1 광자결정체 구조 및 정의

광대역 옴니-PBG용 1차원 다중주기 광자결정(1D multi-PC)에 대한 구조를 [그림 2.43(a)]에 나타내었다.

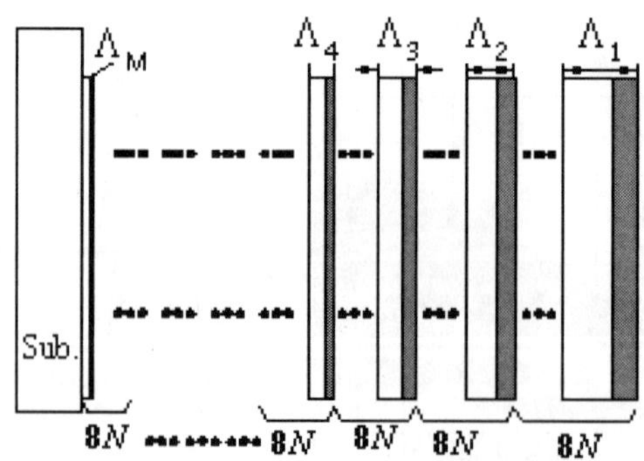

(a) 1D Multi-PC Structures

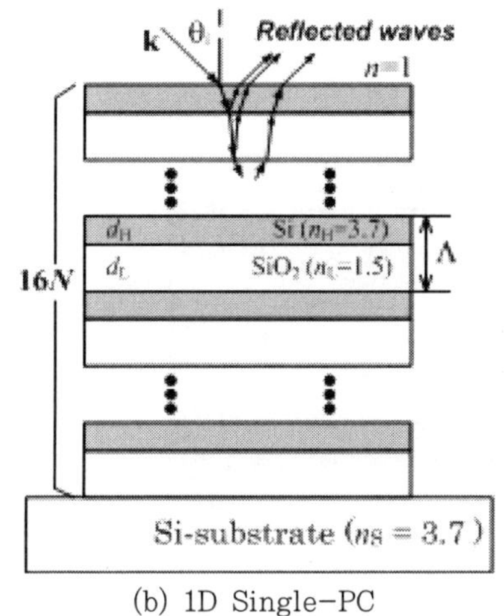

(b) 1D Single-PC

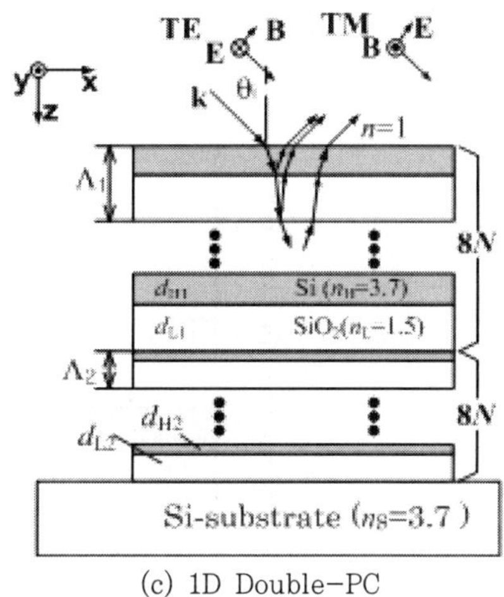

(c) 1D Double-PC

[그림 2.43] 광대역 옴니-PBG용 (a) 1차원 다중주기 광자결정(1D multi-PC) (b) N=16의 1차원 단일주기(Λ) 광자결정(1D single-PC) 및 N=8의 기본 셀을 갖는 1차원 이중주기 광자결정(1D double-PC) 구조의 개략도. 각 기본 셀은 Si(n_H =3.7)과 SiO_2(n_L =1.5)의 교번쌍(alternating pair)으로 구성되고 N은 교번쌍의 수, M은 다중주기 광자결정의 주기수를 나타낸다.

여기서의 다중주기는 일반 광자결정의 주기가 Λ로 정의되는 것과 달리 두 유전체(n_H, n_L)의 교번쌍의 광자결정이 서로 다른 유한개의 주기 Λ_1, Λ_2, Λ_3, Λ_4 $\cdots\Lambda_M$ (M-다중주기 광자결정)로 구성되는 경우를 말한다. 예를 들어, [그림 2.43(a)]처럼 기본 셀(basic cell)은 임의의 주기를 갖는 교번쌍 수가 N=8인 광자결정이고 서로 다른 주기를 갖는 동일한 N의 광자결정 셀들로 구성되어, 총 M-개의 광자결정 셀이 직렬로 연결된 형태이다. [그림 2.43(b), (c)]는 각각 N=16인 1차원 단일주기(Λ) 광자결정(1D single-PC) 구조와 N=8의 기본 셀을 갖는 1차원 이중주기 광자결정(1D double -PC) 구조이다. 여기서의 유전체 교번쌍은 Si과 SiO_2로 그들의 굴절률은 각각 n_H =3.7, n_L =1.5로 고정하였고 Si 기판을 사용하였다. 즉, 첨자 M이 전체 시스템을 구성하는 단위 광자결정의 수로 기판 쪽에 근접할수록 큰 값의 M으로 정의하며, $\Lambda_1 > \Lambda_2, > \Lambda_3, > \cdots > \Lambda_M$의 조건을 갖는다.

2 광자밴드구조

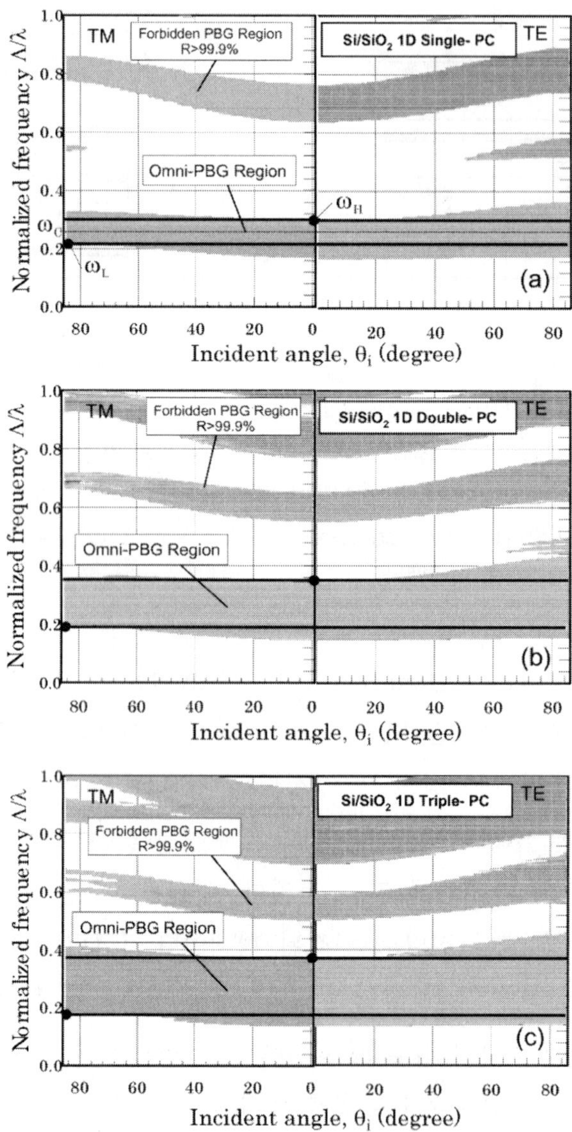

[그림 2.44] Si과 SiO_2의 교번쌍을 갖는 1차원 (a) $N=16$의 단일(single)주기 (b) $N=8$의 이중(double)주기 및 (c) $N=8$의 3중(triple)주기 광자결정에 대한 광자밴드구조. 회색 영역은 금지대로 $R>99.9\%$인 영역이고 두 실선 사이의 주파수 영역이 옴니-PBG 이다.

[그림 2.44]는 Si과 SiO_2의 교번쌍을 갖는 1차원 광자결정의 광자밴드구조로 (a)는 $N=16$의 단일(single)주기구조, (b)는 $N=8$의 이중(double)주기구조, (c) $N=8$의 3중(triple)주기구조의 광자결정에 대한 계산된 결과이다. 회색 영역은 금지대로 $R>99.9\%$인 영역이고 두 실선 사이의 주파수 영역이 옴니-PBG이다. 여기서 규격화 주기(normalized period, Λ)는 각 주기의 산술 평균값으로 정의한다. 즉, 삼중주기에 대해 $\Lambda=(\Lambda_1+\Lambda_2+\Lambda_3)/3$이므로 규격화주파수는 $\Lambda/\lambda=(\Lambda_1+\Lambda_2+\Lambda_3)/3\lambda$이다.

[그림 2.44]로부터, "주어진 유전체 교번쌍의 광자결정에 대하여 그의 최대 옴니-PBG는 거의 변동이 없는 것처럼 보이지만, 광자결정 구조의 적절한 선택으로, 여기서는 다중 주기구조, 그 크기를 크게 증가시키는 것이 가능하다."는 것을 알 수 있다. 각 경우의 옴니-PBG의 값은 〈표 2-3〉에 요약하였다.

〈표 2-3〉 [그림 2.34]에 대한 옴니-PBG값

	Single PC (N=16)	Double PC (N=8)	Triple PC (N=8)
ω_H	0.308	0.358	0.371
ω_L	0.220	0.193	0.180
$\Delta\omega$	0.088	0.165	0.191
ω_O	0.264	0.2755	0.2755

Si/SiO_2 1차원 광자결정(동일한 $\eta=0.406$)과 관련하여 [그림 2.18]에서 $N=6$의 경우 $\omega_O=0.260$이었고, [그림 2.12]는 $N=9$인 경우로 이때 $\omega_O=0.263$이었다. [그림 2.44(a)] 및 〈표 2-3〉에서 보는 바와 같이 $N=16$인 단일 주기구조에 대해 계산된 $\omega_O=0.264$이다. 따라서, "N이 증가할수록 옴니-PBG의 ω_O는 증가함을 알 수 있으며, 어느 정도의 N값 이상(>16)에 대하여 포화된다."

또한, 이중주기 및 삼중주기 광자결정에 대해 옴니-PBG는 증가하는 반면 ω_O는 변동이 없으며, 다중 주기구조에 대하여 이것이 성립함을 계산을 통해 알 수 있다.

[그림 2.45]는 입사각 0°, 85°의 TM-편광광에 대한 단일주기(Λ_1, 16N), 이중주기($\Lambda_1+\Lambda_2$, 16N), 삼중주기($\Lambda_1+\Lambda_2+\Lambda_3$, 24$N$) 광자결정의 계산된 R-스펙트

라이다. 모든 기본 셀에 대해 η는 파장두께조건으로 일정하며, 구조매개변수는 다음과 같다. $\Lambda_1 = d_{H1} + d_{L1}$(474.3 nm=136.9 nm+337.4 nm), $\Lambda_2 = d_{H2} + d_{L2}$(341.0 nm=98.5 nm+242.5 nm), $\Lambda_3 = d_{H3} + d_{L3}$(294.5 nm=85.0 nm+209.5 nm).

[그림 2.44]에서처럼(●), 광자밴드구조에서 광자결정의 옴니-PBG는 TM-편광광에 대해, ω_H는 $\theta_i = 0°$에서 결정되며 ω_L는 $\theta_i \sim 0°$에서 결정된다. 따라서, [그림 2.45]의 화살표의 영역이 각 광자결정에 대한 옴니-PBG에 대응한다고 할 수 있다.

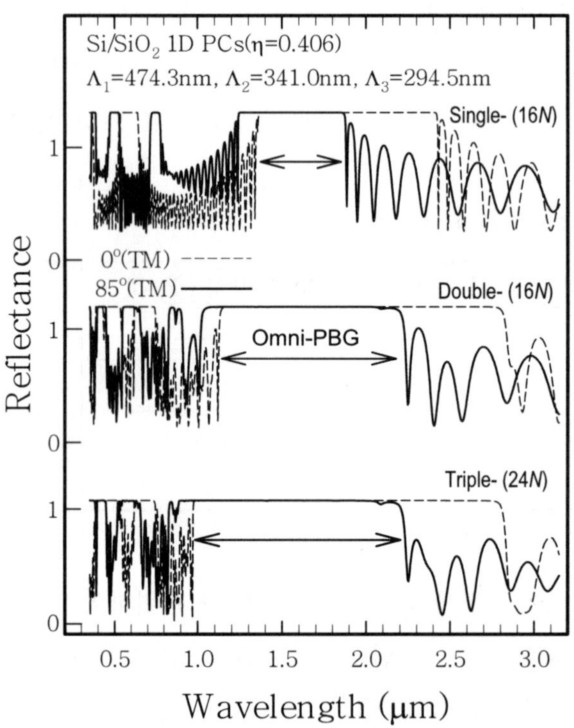

[그림 2.45] 입사각 0°, 85°의 TM-편광광에 대한 단일주기(Λ1, 16N), 이중주기($\Lambda_1 + \Lambda_2$, 16N), 삼중주기($\Lambda_1 + \Lambda_2 + \Lambda_3$, 총 24$N$) 광자결정의 계산된 R-스펙트라. 모든 기본 셀에 대해 η는 파장두께조건으로 일정하며, 구조매개변수는 다음과 같다. $\Lambda_1 = d_{H1} + d_{L1}$ (474.3 nm=136.9 nm+337.4 nm), $\Lambda_2 = d_{H2} + d_{L2}$(341.0 nm=98.5 nm+242.5 nm), $\Lambda_3 = d_{H3} + d_{L3}$(294.5 nm=85.0 nm+209.5 nm). 화살표의 영역이 각 광자결정에 대한 옴니-PBG에 대응한다.

설계된 광대역 옴니-PBG를 갖는 광자결정을 실현하기 위해 본 저자는 rf 스퍼터를 이용하여 주기 Λ_1과 Λ_2를 갖는 단일주기 광자결정을 각각 제작하였다. 제작 시 두께는 기판 회전 속도, 기판-타깃 간의 거리, 방전 가스 주입량 및 스퍼터 시간의 함수로 조절하였다. 초기 스퍼터 방전-챔버 내에 두 종류의 Si 기판을 넣고 8쌍의 Λ_2 주기의 광자결정을 증착하고 그 중 한 종류의 기판을 빼낸 후 다른 한 종류의 새로운 기판을 삽입하여 다시 8쌍의 Λ_1 주기의 광자결정을 완성하였다. 계속해서 남아 있던 Si 기판 위에는 8N-Λ_1, 8N-Λ_2가 순차적으로 증착된 형태의 이중주기 광자결정이 생성되게 된다. 초기에는 [그림 2.45]의 주기 조건을 갖는 광자결정의 제작을 목적으로 하였으나, 두께 측정 결과 약간의 오차가 있었다.

[그림 2.46]과 [그림 2.47]은 두 종류의 단일주기($N=8$) 광자결정에 대한 R-스펙트라로 측정결과는 굵은 선으로 나타나 있다. 이때의 충진율 η는 4.06으로 일정하게 유지하였다.

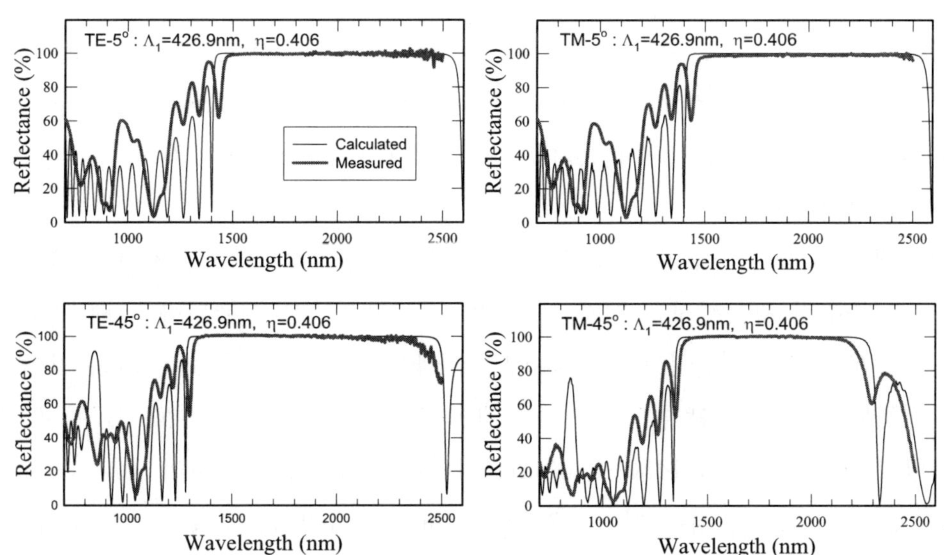

[그림 2.46] 단일주기 Λ_1(426.9 nm)을 갖는 8N-Si/SiO_2 광자결정의 TE/TM-편광광 5° 및 45° 입사각에 대한 계산(가는 선) 및 측정(굵은 선)된 R-스펙트라. 여기서, d_{H1} =123.3 nm, d_{L1} =303.6 nm. 약 1200 nm 이하 파장에서 간섭 패턴이 계산값과 차이가 있는 것은 Si의 흡수 때문이다.

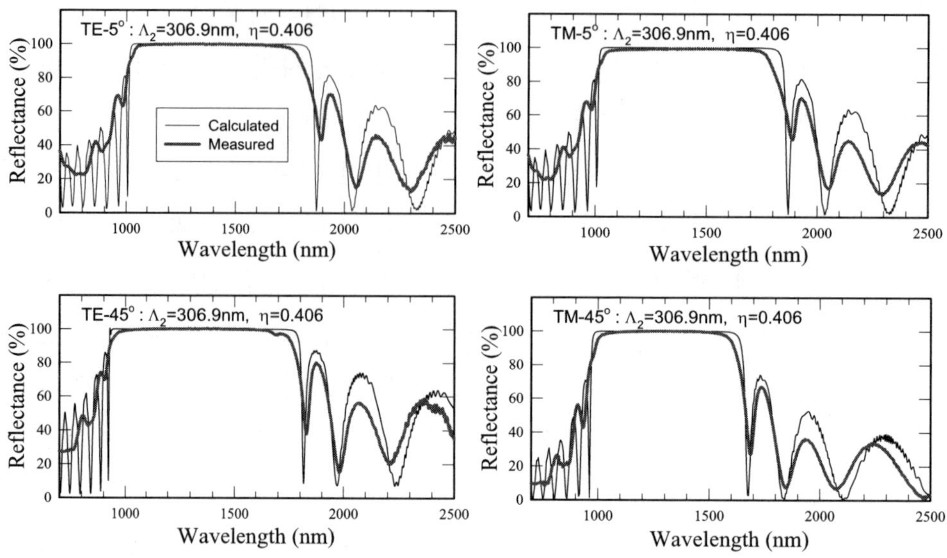

[그림 2.47] 단일주기 Λ_2(306.9 nm)을 갖는 8N−Si/SiO$_2$ 광자결정의 TE/TM−편광광 5° 및 45° 입사각에 대한 계산(가는 선) 및 측정(굵은 선)된 R−스펙트라. 여기서, d_{H2} =88.6 nm, d_{L2} =218.3 nm.

[그림 2.46]의 Λ_1은 426.9 nm이고 [그림 2.47]의 Λ_2는 306.9 nm이었다. $\Lambda_1 = d_{H1} + d_{L1}$ =123.3 nm+303.6 nm, $\Lambda_2 = d_{H2} + d_{L2}$ =88.6 nm+218.3 nm. 계산값과 측정값은 거의 일치하였으며, 단지 1200 nm 파장 이하에서의 차이는 Si의 흡수 때문이다.

두 개의 개별 단일주기 광자결정(기판−8N · Λ_2−8N · Λ_1)이 직렬 연결된 형태인 이중주기 광자결정을 제작, 입사각 5°, 45°의 TE−편광광에 대해 계산 및 측정된 R−스펙트라를 [그림 2.48]에 나타내었다. 그림에서 보는 바와 같이 계산 결과와 거의 일치함을 알 수 있다. TE−5°만을 비교할 때, 8N−Λ_1 광자결정 [그림 2.46]의 경우 약 1450−2500 nm 범위에서 금지대를 가지며, 8N−Λ_2 광자결정 [그림 2.47]의 경우 약 1050−1870 nm에서 금지대를 갖는다. 또한, [그림 2.48]에서 보는 바와 같이 이중주기 광자결정의 경우 TE−5°에 대해 위의 두 경우를 모두 포함하는 약 1050−2500 nm의 금지대를 갖는다. 즉 다시 말해, 이중단일광자결정의 금지대는 마치 직렬저항 연결에 의한 저항 합처럼 각각의 단일주기 광자결정의 금지대가 합해진 값을 가질 수 있다.

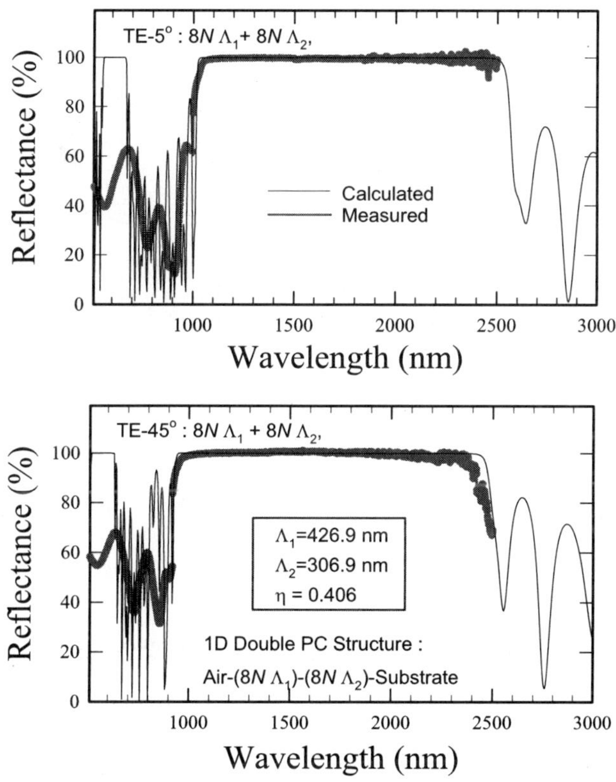

[그림 2.48] 이중주기(Λ_2 =306.9 nm, Λ_1 =426.9 nm)를 갖는 16N–Si/SiO_2 광자결정의 TE-편광광 5°, 45° 입사각에 대한 계산(가는 선) 및 측정(굵은 선)된 R-스펙트라

특히, 이러한 광자결정을 광섬유 끝단에 제작할 수 있기 때문에 광통신 분야에 여러 가지 응용성을 가진다.

4.5 1차원 도파로 필터

본 절에서는 J.S.Foresi 등이 발표한 논문 "Photonic-bandgap microcavities in optical waveguides(*Nature 390*, 143, 1997)"를 기초로 하여 설명한다. 이 구조는 앞서 [그림 2.6]에 설명한 것과 같이 평면격자구조형 1차원 광자결정의 일종으로 [그림 2.49]에서처럼 도파로 상에 일정한 주기(Λ)를 갖는 홀(hole)들로 구성되고 중앙에 결함층(d_D)을 갖는 구조이다. 이 구조는 구성 도파재료특성과 Λ에 의존하는 금지대(완전반사)를 가지며, d_D에 의존하는 결함준위(선택적 투과)를 갖는다.

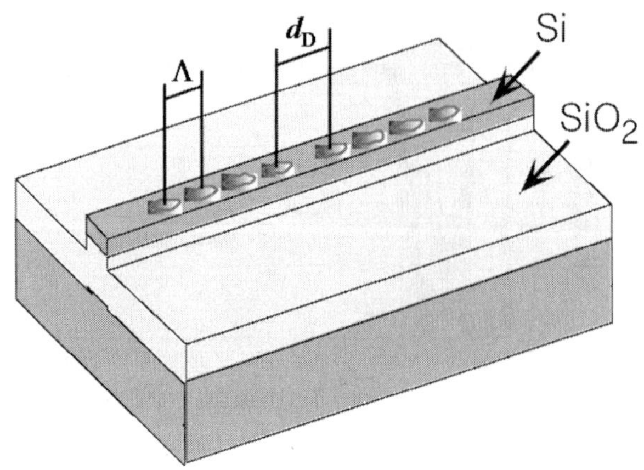

[그림 2.49] PBG 도파로 마이크로 공진기(microcavity) 구조. Λ는 홀 주기, d_D는 결합길이. 스펙트럼 특성은 홀 반경(r), 도파로 폭(w), Si 두께(t_{Si}) 및 에칭된 홀 깊이(t_{Total})에 의존한다.

단일모드 도파로는 PBG 구조에서 광을 가두거나 광의 편광을 제어하는 데 이용된다. [그림 2.49]의 도파로 구조는 SiO_2층 위에 형성된 Si strip으로 구성되어 있는 형태로 저굴절률의 SiO_2가 아래의 Si 기판으로부터 도파모드를 분리시키고 Si 도파로 내에 광을 강하게 구속시키는 것을 허용한다. 이런 도파로 내에 주기(Λ)적 홀의 삽입이 도파모드의 파수벡터를 π/Λ로 제한시켜 준다. 이 파수벡터의 허용범위가 Brillouin zone이다. 홀의 주기적 구조(즉, PBG 구조)가 파수벡터를 제한할 뿐만 아니라 직선도파로의 분산관계의 꺾음효과(folding effect)를 만들고 최저차수모드(lowest-order mode)를 분리시켜 두 개의 허용 도파모드를 형성하게 한다. Brillouin zone에서의 분리가 밴드갭을 만드는데, 그의 크기는 주로 주기구조의 굴절률 비에 의해 결정된다. [그림 2.49]에서 굴절률 비는 Si 도파로(여기서는 $n_H = \sqrt{12.1} = 3.479$)와 도파로 내로 에칭되어 만들어진 공기 홀($n_L = 1$)에 의해 정의된다. 이와 같은 비교적 큰 굴절률 차에 의해 중심파장 λ_O의 약 27%에 대응하는 PBG가 생기게 된다. 즉, $\Delta\lambda_{PBG}/\lambda_O = 0.27$로 $\lambda_O = 1.54\ \mu m$에 대해 $\Delta\lambda_{PBG}$는 약 400 nm가 된다. 이 PBG (1300 nm−1700 nm)는 표면물결모양 도파로(surface-corrugate waveguide)에 비해 매우 큰 값이다.

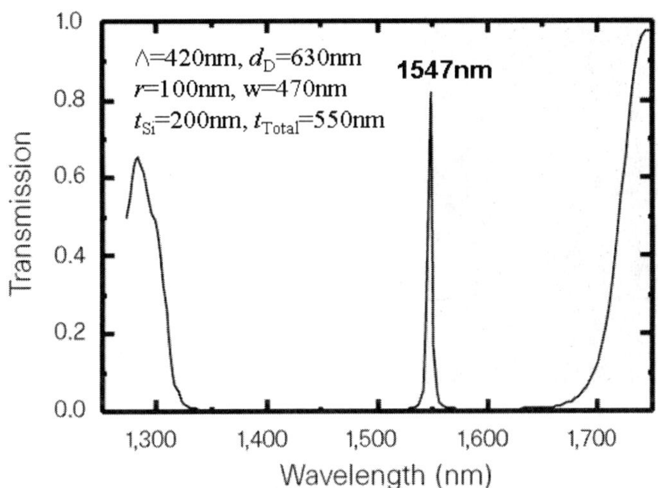

[그림 2.50] 1차원 도파로 필터용 광자결정(그림 2.49) 구조에 대한 계산된 투과-스펙트럼 특성. 도파로 광자결정의 구조매개변수: $\Lambda=420$ nm, $d_D=630$ nm, $r=100$ nm, w=470 nm, $t_{Si}=200$ nm, $t_{Total}=550$ nm. 계산된 $\lambda_O=1547$ nm이고 $\lambda_O/\Delta\lambda_{FWHM}$으로 정의되는 resonance Q-계수(factor)는 약 280이다.

PBG 내에 결함상태를 만들기 위해 [그림 2.49]에서처럼 결함(d_D)을 주기구조 내에 삽입시킨다. [그림 2.50]은 [그림 2.49] 도파로에 대해 $\Lambda=420$ nm, $d_D=630$ nm, $r=100$ nm, w=470 nm, $t_{Si}=200$ nm, $t_{Total}=550$ nm의 구조매개변수를 갖도록 한 1차원 도파로 필터의 계산된 투과-스펙트럼 특성으로 $\lambda_O=1.54$에서 동작하도록 설계된 값들이다.

PBG 내(확장상태)에 도파모드(결함상태)를 만들므로 공진기 또는 필터로 이용할 수 있다. 이 구조에서 공진은 1470 nm에서 발생하며, cavity의 quality(Q-) factor는 280이다. Q-factor는 $\lambda_O/\Delta\lambda_{FWHM}$로 정의되며, 이것은 cavity 밖으로 나오는 cycle-평균 파워에 대한 cavity 내에 저장되는 광 에너지의 비를 의미한다. 공진모드는 이 마이크로-cavity 내에 강하게 구속되며 계산으로 얻어지는 모드부피(modal volume)는 약 0.055 μm^3이다. PBG에서 광자는 $(\lambda/2n)^3$의 부피 내에 구속시키는 것이 가능하다. 따라서, $(\lambda/2n)^3=0.011$로 모드부피는 단지 이 값의 5배에 대응한다.

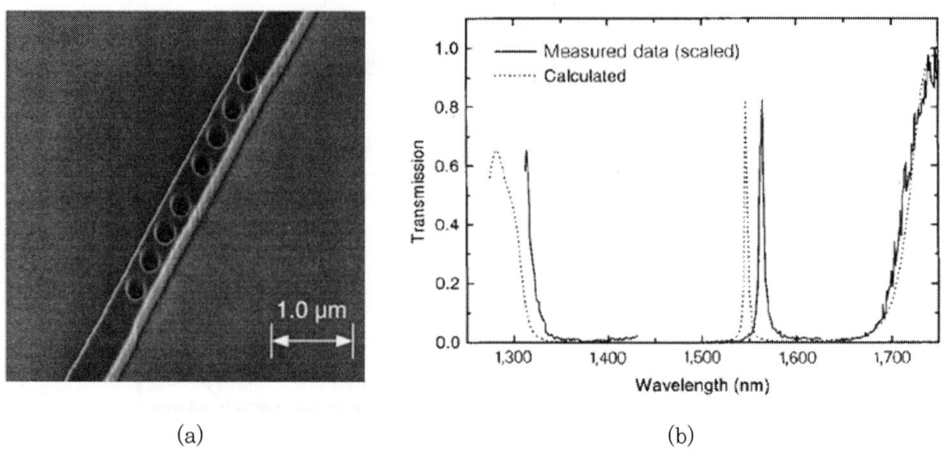

(a) (b)

[그림 2.51] X-선 리소그래피로 제작된 PBG 도파로 마이크로-cavity의 SEM 이미지와 측정 및 계산된 투과 스펙트라(J. S. Foresi et al.)

[그림 2.51]의 도파로의 제조방법은 다음과 같다. 1.0 μm SiO_2층 위에 0.2 μm의 Si 단결정을 갖는 SOI(silicon-on-insulator) 기판을 사용, 전자-선 리소그래피로 제작된 마스크를 이용한 X-선 리소그래피 공정(1.3 nm의 Cu_L)을 이용하였다. Cr lift-off 마스크 패턴을 기판에 전달하고 Si은 CF_4, O_2 플라스마 에칭, SiO_2는 CHF_3 플라스마 분위기에서 에칭하였다. Cr 제거 후 시료는 측정을 위해 연마되었다.

4.6 기타 광소자

최근 1차원 광자결정에 대한 광통신용 능·수동 부품에 대한 연구가 다양한 방법에서 연구되고 있다. 이에 대한 구체적인 예에 대해서는 다음 기회에 좀 더 자세히 다루고자 한다.

Chapter

03 2차원 광자결정

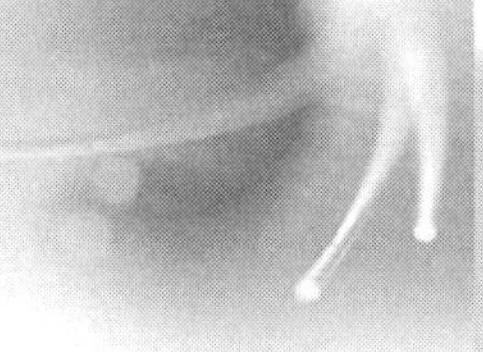

이 현 용

1 2차원 Bloch 함수

2차원 광자결정은 두 축에 대해서 주기적이고 나머지 한 방향으로는 균일한 (homogeneous) 구조를 갖는다. 예를 들어, 원통형의 유전체 막대가 정사각형 격자구조를 생각할 수 있다. 원통의 축이 z-축이라 가정하면 임의의 유전체 막대의 간격, 즉 격자상수에 대해 이 광자결정은 xy-축에서 광자밴드갭을 갖는다. 이 갭 내에서는 어떠한 상태도 존재하지 않으며, 입사된 빛은 반사된다. 다층 박막(multylayer film)과 같은 1차원 광자결정의 경우 수직으로 입사된 빛만을 반사하는 반면, 2차원 광자결정의 경우 xy-평면상에서 어떠한 방향으로 입사되어도 모두 반사하게 된다. 전자기 모드의 특성을 설명하기 위해 대칭 성질을 이용할 수 있다. z-축은 균일하기 때문에 이 축에 대해서는 모드가 파동 벡터 $\vec{k_z}$에 관계없이 진동(oscillation)하게 된다. 위 예를 든 광자결정의 경우 xy-평면에서 불연속의 병진대칭을 갖는다. $\vec{R}$이 원시 격자벡터 $a\hat{x}+a\hat{y}$의 임의의 선형 결합일 경우 $\epsilon(\vec{\rho}+\vec{R})$이다. Bloch 이론을 적용하여 브릴리앙 영역 내에서의 파동 벡터의 평면과 평해한 성분 $k_{//}$ 값에 관심을 가질 수 있다. 따라서 k_z, $k_{//}$, 그리고 모드 수(mode number) n으로 광자결정의 모드를 표현하면,

$$\vec{H}_{(n,k_z\vec{k}_{//})}(\vec{r}) = e^{i\vec{k}_{//}\cdot\vec{\rho}}e^{ik_z z}\vec{u}_{(n,k_z\vec{k}_{//})}(\vec{\rho}) \tag{3.1}$$

여기서, $\vec{u}(\vec{\rho})$는 주기함수로 모든 격자벡터 $\vec{R}$에 대해 $\vec{u}(\vec{\rho})=\vec{u}(\vec{\rho}+\vec{R})$이다. $k_z=0$인 경우, 즉 빛이 xy-평면으로 진행할 경우 2차원 광자결정 구조는

xy-평면을 통한 반사에 대해 불변(invariant)이다. 이와 같은 거울 대칭(mirror symmetry)의 경우 두개의 서로 독립된 편광상태로 모드를 나누는 것이 가능하다. TE(transverse-electric) 모드는 $\vec{H}$가 평면에 수직인 $\vec{H}=H(\vec{\rho})\hat{z}$이고 $\vec{E}$는 평면상에 있게 되어 $\vec{E}(\vec{\rho})\cdot\hat{z}=0$이 된다. TM(transverse-magnetic) 모드는 TE 모드와 반대이다. 즉, $\vec{E}=E(\vec{\rho})\hat{z}$이고, $\vec{H}(\vec{\rho})\cdot\hat{z}=0$이다.

TE 모드와 TM 모드의 밴드구조는 완전히 다르다. 특히 한 모드에 대해 광자밴드갭이 존재하나 다른 한 모드에 대해서는 존재하지 않을 수도 있다. 다음 절에서 다양한 2차원 광자결정 구조에서의 TE와 TM 밴드구조에 대해 논하도록 한다.

2차원 광자결정의 밴드구조

2.1 정사각형 격자구조

[그림 3.1(a)]와 같이 공기 중에 원주형 유전체가 xy-평면상에 정사각형의 격자로 배열된 구조에서 xy-평면상에 빛이 진행하는 경우를 고려하면, 유전체가 알루미나(alumina, $\epsilon=8.9$)이고, $r/a=0.2$일 때의 TE 모드와 TM 모드의 광자밴드구조는 [그림 3.1(c)]와 같다. [그림 3.1(b)]와 같이 평면상의 축을 따라 평행한 파동 벡터 $\overrightarrow{k_{//}}$는 Γ에서 X 그리고 M으로 최소의 브릴리앙 영역(irreducible Brillouin zone)의 가장자리를 따른다.

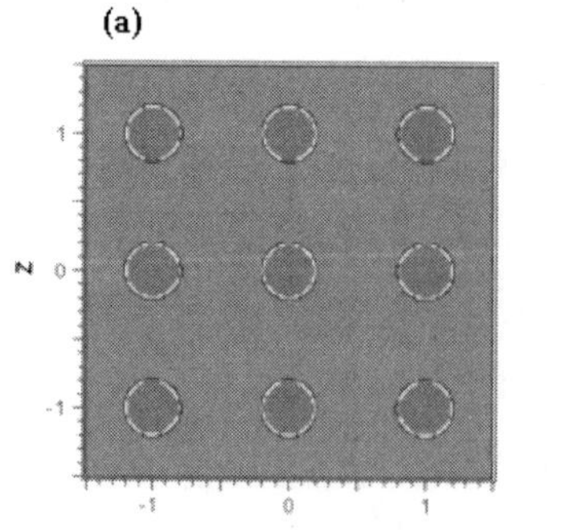

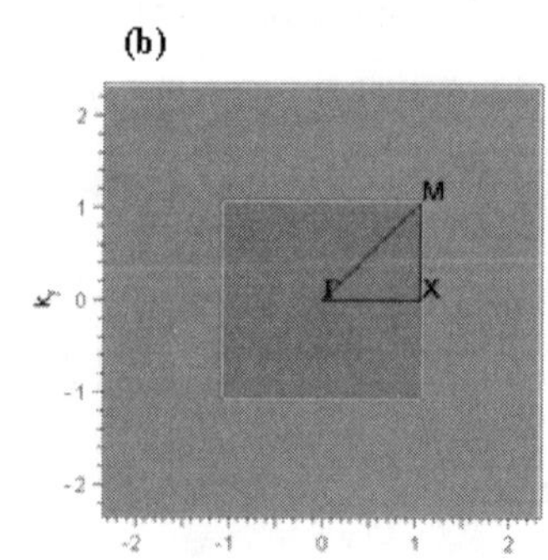

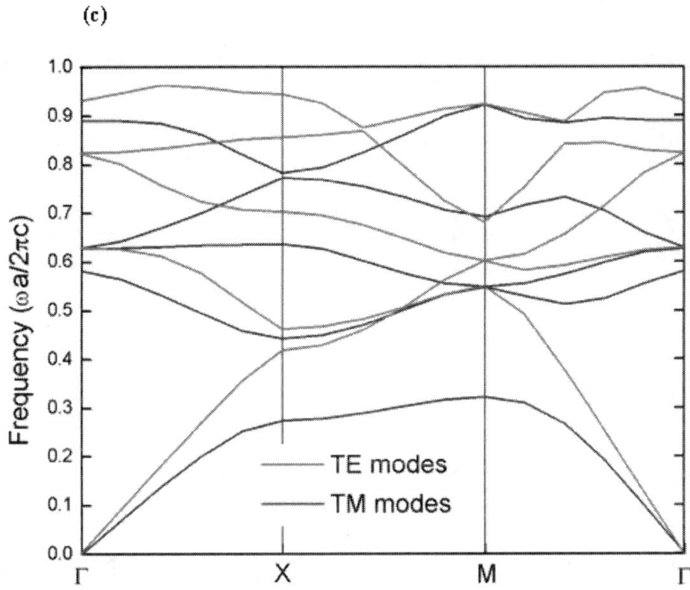

[그림 3.1] (a) 공기 중 원주형 유전체가 정사각형 격자를 이루며 배열된 구조 $\epsilon = 8.9$이고 $r = 0.2a$. a는 격자주기, r은 원주형 유전체 반경.

(b) 정사각형 격자의 브릴리앙 영역

(c) 광자밴드구조, 파란색 밴드는 TM 모드를 나타내고 빨간색 밴드는 TE 모드를 나타낸다.

[그림 3.1(a), (b)]와 같이 정사각형 격자 구조는 정사각형의 브릴리앙 영역을 갖는다. 최소의 브릴리앙 영역은 오른쪽 위 모퉁이의 삼각형 부분이다. 이 영역의 회전대칭에 의해 나머지 모든 브릴리앙 영역을 나타낼 수 있다. 특이점 Γ, X 그리고 M은 각각 $k_{//} = 0$, $k_{//} = \pi/a\hat{x}$, 그리고 $k_{//} = \pi/a\hat{x} + \pi/a\hat{y}$를 나타낸다. TM 모드에 대해 X와 M에서의 첫 번째 밴드(dielectric band)와 두 번째 밴드(air band)의 대체 전기장의 z성분 D_z를 [그림 3.2]에 나타냈다.

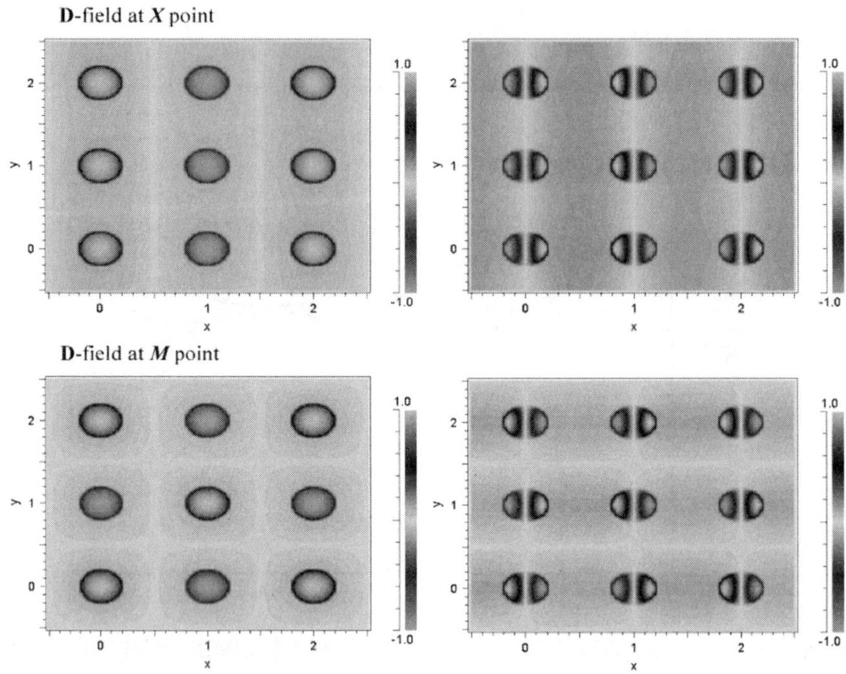

[그림 3.2] 정사각형 격자구조의 원주형 유전체에 대한 TM 모드에서의 대체 전기장의 z-축 성분, X와 M에서 각각 왼쪽은 첫 번째 밴드(dielectric band)이고 오른쪽은 두 번째 밴드(air-band)이다.

Γ에서 모드들의 전기장은 각각의 단위 낱칸에서 같은 형태를 갖는다. X는 브릴리앙 영역 가장자리에 있다. 그래서 파동 벡터 $\overrightarrow{k_x}$의 방향을 따라서 y-축 방향과 나란한 파면을 형성하며 각 단위 낱칸에서 엇갈려 나타난다. 그리고 M에서는 $\hat{x}+\hat{y}$ 방향으로 평면파가 진행하는 것처럼 이웃한 단위 낱칸과 엇갈려 장이 형성된다.

위 구조의 광자결정은 TM 모드에 대해서 첫 번째 밴드와 두 번째 밴드 사이에 완전 밴드갭(complete bandgap)이 나타난다. 그러나 TE 모드에는 완전 밴드갭이 없다. [그림 3.2]의 전기장의 형태에서 알 수 있듯이 TM 모드의 첫 번째 밴드에 대응하는 전기장은 유전체 영역에 집중되어 있다. 이는 두 번째 밴드의 전기장 모양과 극명한 대조를 보인다.

제2장에서 전자기변동이론을 통해 논의한 바와 같이 모드는 낮은 주파수를 갖기 위해 대체 전기장 에너지의 대부분이 높은 유전상수를 갖는 영역에 집중된다.

첫 번째와 두 번째 밴드 사이에 큰 갭이 생기는 것을 변분원리로 설명할 수 있다. 첫 번째 밴드는 대부분의 에너지를 유전체 영역에 집중시키며 낮은 주파수를 갖는다. 그리고 두 번째 밴드는 공기 중에 에너지를 집중시키며 첫 번째 밴드보다 높은 주파수를 갖는다. 높은 유전상수 영역에 집중된 대체 전기장의 에너지를 fill factor라고 하는데 다음과 같이 나타낼 수 있다.

$$f = \frac{\int \vec{E}^*(\vec{r}) \cdot \vec{D}(\vec{r}) d^3\vec{r}\Big|_{V_\epsilon = 8.9}}{\int \vec{E}^*(\vec{r}) \cdot \vec{D}(\vec{r}) d^3\vec{r}} \tag{3.2}$$

〈표 3-1〉에 위에서 고려한 구조에 대한 fill factor를 표시하였다. TM 모드의 첫 번째 밴드는 0.83의 fill factor를 갖고 두 번째 밴드는 0.32의 fill factor를 갖는다. 이와 같은 모드들의 에너지 분포에서의 차이가 큰 광자밴드갭의 원인이 된다. 반면 〈표 3-1〉과 같이 TE 모드에서는 fill factor가 큰 차이를 보이지 않는다.

〈표 3-1〉 정사각형 격자구조의 원주형 유전체에 대한 X에서의 두 밴드에 대한 fill factor

band number	TM	TE
1(dielectric band)	0.83	0.23
2(air band)	0.32	0.09

다른 2차원 광자결정으로 [그림 3.3(a)]와 같이 유전체 물질에 원주형 공극(air hole)을 정사각형의 격자구조로 배열한 형태를 고려할 수 있다. 이와 같은 구조는 정사각 격자구조의 원주형 유전체 구조와 달리 높은 유전상수를 갖는 영역이 xy-평면상에 연속적인 경로를 가지고 있다. 따라서 [그림 3.3]과 같이 TE 모드에 광자밴드갭이 나타난다. 이 결과는 앞 절에서 논의한 원주형 유전체가 정사각형 격자로 배열된 경우의 결과와 반대이다.

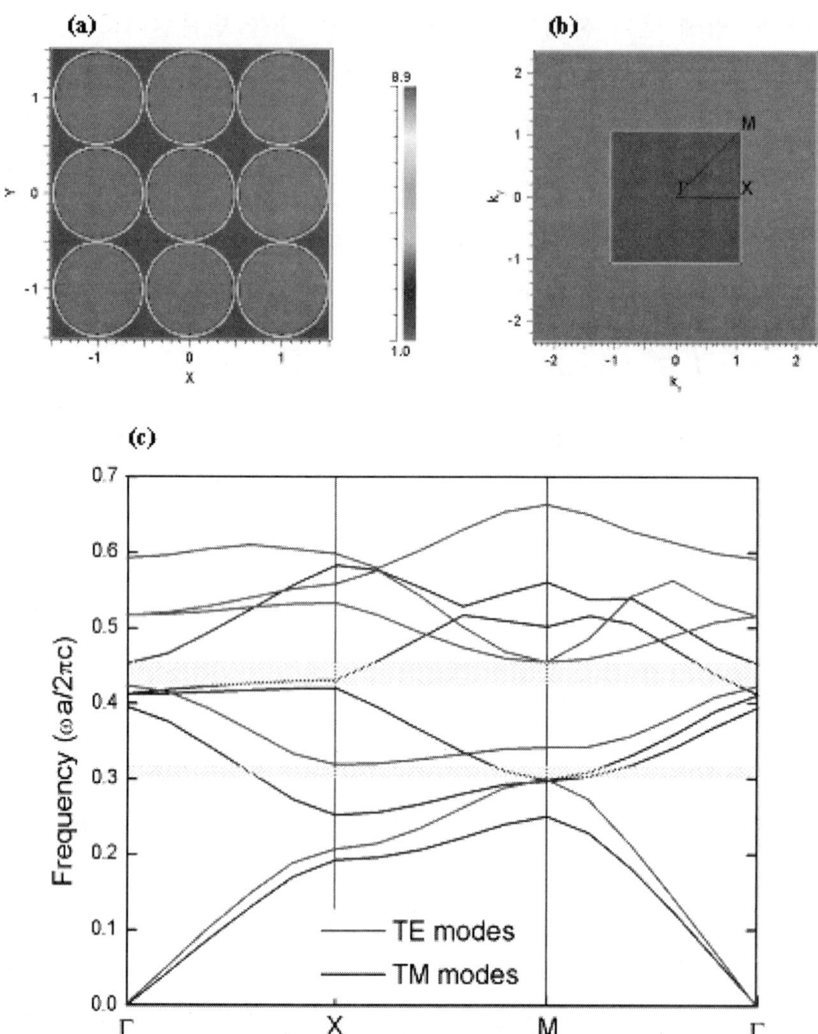

[그림 3.3] (a) 유전체 내 공극이 정사각형 격자를 이루며 배열된 구조. 유전체의 유전상수 $\epsilon = 8.9$이고 공극의 반지름 $r = 0.4a$. (b) 정사각형 격자의 브릴리앙 영역 (c) 광자밴드구조, 파란색 밴드는 TM 모드를 나타내고 빨간색 밴드는 TE 모드를 나타낸다. TE 모드에서 첫 번째 밴드와 두 번째 밴드 사이에 그리고 두 번째 밴드와 세 번째 밴드 사이에 광자밴드갭이 나타난다.

이와 같은 결과의 이유를 이해하기 위해 다시 필드 형태를 살펴볼 필요가 있다. 첫 번째와 두 번째 밴드에서의 필드 형태를 [그림 3.4]에 나타내었다.

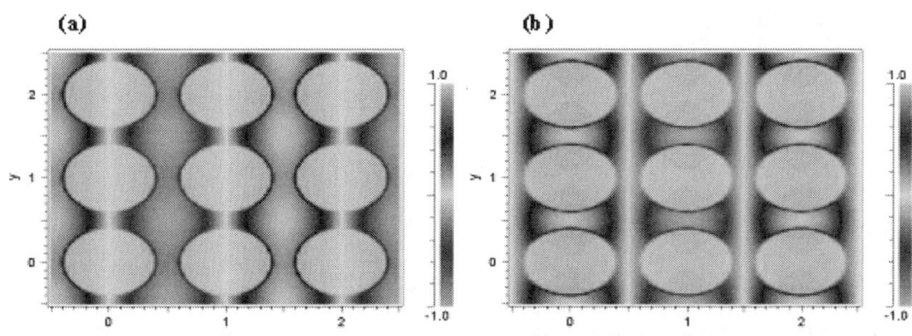

[그림 3.4] 유전체 내 공극의 정사각형 격자구조에 대한 X에서의 대체 전기장의 z-축 성분

두 밴드에서의 TM 모드 필드에서 두 모드들 모두 유전체 영역에 포함되어 있음을 알 수 있다. 첫 번째 밴드의 필드는 유전체의 y-축과 x-, y-축 유전체 경로가 만나는 부분에 분포하고, 두 번째 밴드의 필드는 x-축의 유전체에 분포한다. 이와 같이 두 밴드 모두 높은 유전상수를 갖는 영역에 필드가 분포하기 때문에 큰 주파수 차이가 없다.

반면 TE 밴드 구조는 첫 번째 밴드와 두 번째 밴드 사이, 그리고 두 번째 밴드와 세 번째 밴드 사이에 광자밴드갭을 갖는다. [그림 3.5]에 횡파의 자기장 분포를 나타내었다. 첫 번째 밴드에서 자기장은 수직방향의 유전체 영역을 통해 진행하고, 두 번째 밴드의 경우 공극 부분에 분포하여 진행함을 알 수 있다. 이와 같은 각각의 밴드에서의 직교성(orthogonality)이 광자밴드갭의 원인이 된다.

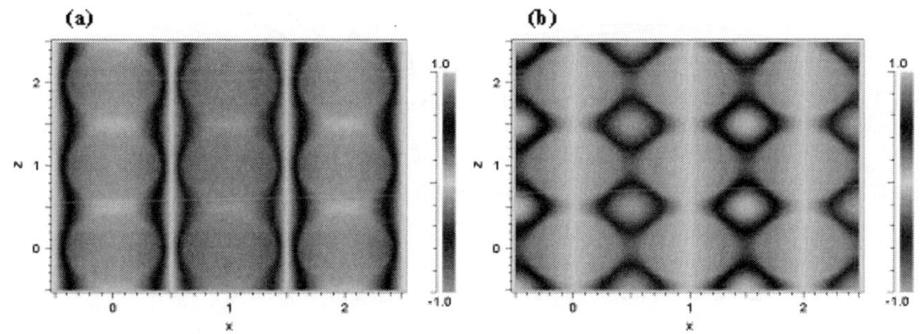

[그림 3.5] 유전체 내 공극의 정사각형 격자 구조에 대한 X에서의 자기장 z-축 성분.
(a) 첫 번째 밴드
(b) 두 번째 밴드

2.2 완전 밴드갭

앞의 두 절에서 TM 모드와 TE 모드에서 각각 광자밴드갭을 갖는 구조를 논의하였다. 두 편광상태에서 모두 밴드갭을 갖는 광자결정을 설계할 수 있다. 격자구조를 조절함으로써 두 편광상태에서의 밴드갭을 겹치게 할 수 있는데 이것이 완전 광자밴드갭(complete photonic bandgap)이다.

정사각형 격자구조의 원주형 유전체와 같이 높은 유전상수 영역이 분리되어 있는 경우 TM 모드에서 밴드갭이 나타나며, 유전체 내의 원주형 공극의 경우 TE 모드에서 밴드갭이 나타남을 알 수 있었다. 다시 말하면 TM 밴드갭은 유전체가 분리된 격자구조에서, TE 밴드갭은 유전체가 연결된 격자구조에서 나타난다고 할 수 있다.

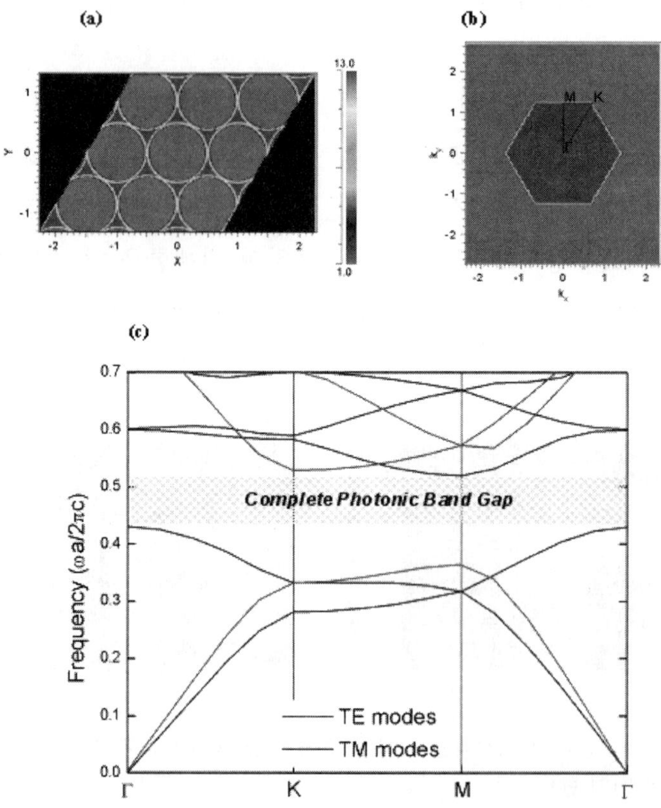

[그림 3.6] (a) 유전체 내 공극이 육각형 격자를 이루며 배열된 구조. 유전체의 유전상수 $\epsilon=13$이고 공극의 반지름 $r=0.48a$. (b) 육각형 격자 구조의 브릴리앙 영역 (c) 광자밴드구조, 파란색 밴드는 TM 모드를 나타내고 빨간색 밴드는 TE 모드를 나타낸다.

유전체 내의 공극이 육각형(hexagonal) 격자 구조에서 원주형 공극의 반지름이 충분히 클 경우 위 두 구조를 모두 포함할 수 있다. 격자구조와 브릴리앙 영역은 [그림 3.6(a), (b)]와 같다. [그림 3.6(c)]는 이와 같은 격자에서 $r/a=0.48$이고, $\epsilon=13$인 경우 밴드구조이다. TE, TM 편광 모두 밴드갭이 나타나며 겹치는 부분이 있음을 알 수 있다.

2.3 결함에 의한 빛의 가둠

지금까지 몇 가지 구조의 2차원 광자결정에 대해서 평면상에 진행하는 빛에 대한 밴드구조를 논의하였다. 갭 내에는 어떤 모드도 존재하지 않는다. 다시 말해 광자밴드갭 내에서 상태밀도(단위 주파수당 가능한 모드의 수)가 0이다. 그러나 단일 격자에 건드림(perturbation)을 가함으로써 갭 내의 주파수를 갖는 단일모드 또는 근접한 모드들이 존재하게 할 수 있다.

본 장의 2.1절에서 논의한 구조에서 하나의 유전체 원주를 없애거나 다른 크기 또는 다른 유전상수를 갖는 유전체로 바꿈으로써 건드림을 가할 수 있다. 이러한 건드림은 격자의 병진대칭성을 깨뜨려서 더 이상 평면상의 파동 벡터에 따라 모드를 분류할 수 없다. 그러나 $k_z=0$에 대한 거울 반사 대칭성은 그대로 유지가 되어 TE 모드와 TM 모드는 여전히 분리할 수 있어서 독립적인 두 편광상태로 나누어 논의할 수 있다.

광자결정은 밴드갭에 의해서 어떠한 주파수의 빛을 반사한다. 격자에서 하나의 유전체 원주를 제거함으로써 반사 벽에 둘러싸인 공동(cavity)을 만들 수 있다. 만약 공동이 밴드갭 내 모드를 얻을 수 있는 적당한 크기를 갖는다면 빛은 공동을 빠져나올 수 없을 것이다.

2차원 광자결정에서 모드의 가둠에 대한 논의를 위해 2.1절의 알루미나 유전체의 정사각형 격자구조가 금속판 사이에 놓인 구조를 고려하기로 한다. 이는 앞서 계산된 주파수보다 큰 주파수를 무시하기 위해서이고, $k_{//}=0$인 조건은 여전히 만족한다. 유전체의 반지름이 $0.38a$일 때 이와 같은 구조에서의 밴드구조를 [그림 3.7]에 나타내었다.

광자밴드갭은 첫 번째 밴드와 두 번째 밴드 사이, 그리고 세 번째 밴드와 네 번째 밴드 사이에서 나타난다.

[그림 3.8(a)]는 하나의 유전체를 제거한 경우의 격자구조이다. 이 구조에서 유전체를 제거하는 대신에 유전체의 굴절률 $n=\sqrt{\epsilon}$의 차이 $\Delta n=1.58$일 때의 갇힌 모드 형태를 [그림 3.8(b)]에 나타내었다.

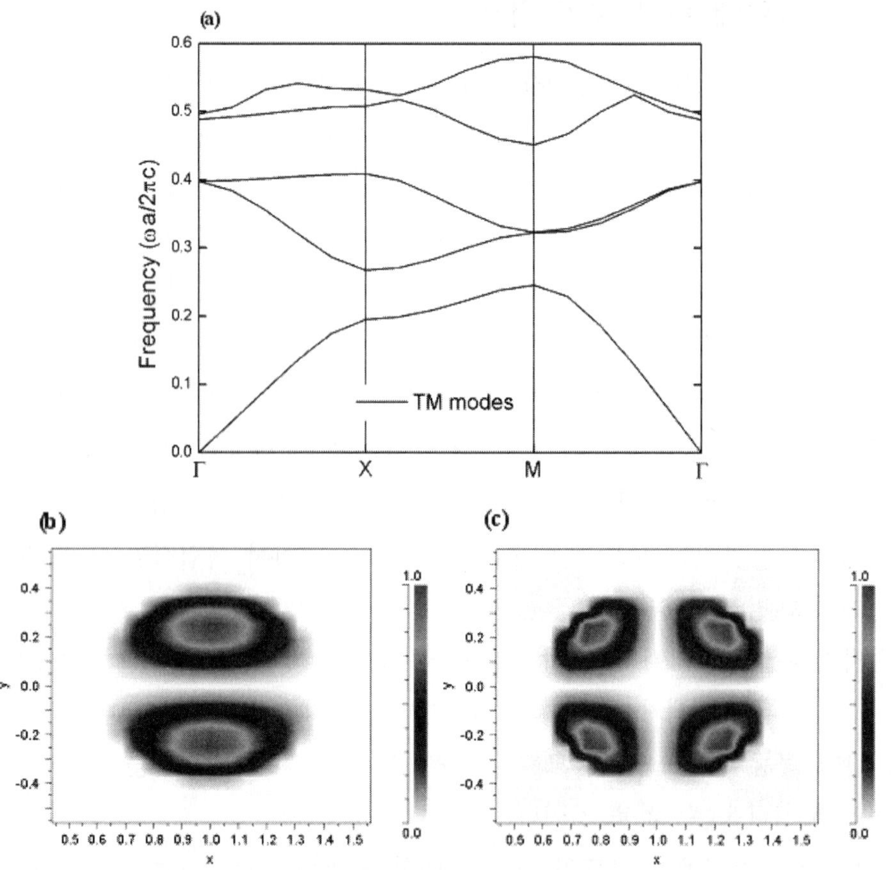

[그림 3.7] 원주형 유전체의 정사각형 격자구조에서 $\epsilon=8.9$, $r=0.38a$일 때의 TM 밴드 구조.
(a) 광자밴드갭은 첫 번째 밴드와 두 번째 밴드 사이, 그리고 세 번째 밴드와 네 번째 밴드 사이에서 나타난다.
(b) X에서 세 번째 밴드의 필드 분포
(c) M에서 네 번째 밴드의 필드 분포

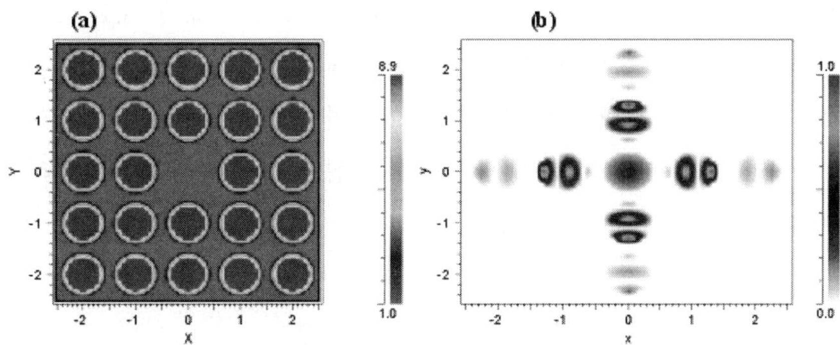

[그림 3.8] (a) 원주형 유전체의 정사각형 격자구조 중 하나의 유전체를 제거한 결함구조
(b) 하나의 유전체의 굴절률 차 Δn이 1.58일 때의 결함모드

변분원리로부터 유전상수 $\epsilon(\vec{r})$의 작은 변화에 의한 규격화된 조화모드 $\vec{k}$의 주파수의 변화를 얻을 수 있다.

$$\delta\left(\frac{c}{\omega}\right)^2 = \int d\vec{r}\,\delta\left(\frac{1}{\epsilon(\vec{r})}\right)|\nabla \times \vec{H}|^2$$
$$\frac{2\omega}{c}\delta\omega = -\int d\vec{r}\left|\frac{1}{\epsilon(\vec{r})}\nabla \times \vec{H}\right|^2 \delta\epsilon(\vec{r}) \quad (3.3)$$

$\delta\epsilon$이 음수일 경우, 즉 결함에 해당하는 유전체의 유전상수가 작아지는 경우 이에 상응하는 주파수의 변화 $\delta\omega$는 양수가 되어 상태는 밴드갭의 아래쪽 밴드로부터 밴드갭 쪽으로 이동하게 된다. 반대로 $\delta\epsilon$이 양수일 경우, 주파수의 변화는 음수가 되고 상태는 밴드갭의 위쪽 밴드로부터 밴드갭 쪽으로 이동하게 된다. 결함이 광자결정의 병진대칭을 깨뜨리더라도 점 대칭성(point symmetry)을 그대로 유지하고 있다. 위에서 논의한 구조와 같이 하나의 유전체를 제거한 경우 z-축에 대해서 90°로 회전시켜도 그 구조는 변하지 않는다. 따라서 결함모드를 대칭성에 의해 분류할 수 있다.

결함모드의 주파수가 air 밴드의 최저 주파수와 같아지면 결함모드는 더 이상 밴드갭에 갇힌 모드가 아니다. 즉 air 밴드인 연속적인 상태(continuum)가 되게 된다. 따라서 결함은 갇힌 모드를 더 이상 만들 수 없게 된다. 그러나 갇힌 상태와 연속적인 상태 간의 원활한 천이를 고려할 때 모드의 에너지는 여전히 결함 부분에 남게 된다. 하지만 이러한 경우 결함은 반사 벽(reflecting wall)에 갇힌 상태가 아니기 때문에 에너지는 임의의 비율 Γ로 연속적 상태로 빠져나가게 된다. 이와 같은 모드를 공진(resonance)이라고 한다. 결함모드가 기저상태(bound state)로부터 연속적 상태로 멀어지면 멀어질수록 광자결정의 상태밀도(density of state)에서 결함이 만들어내는 봉우리(peak)는 Γ에 비례하여 넓어지게 된다.

3 2차원 광자결정의 제작

광자결정을 원하는 주파수(파장)대의 광자밴드갭(PBGs) 및 결함모드를 갖도록 설계하는 것도 중요하지만 설계된 소자를 실질적인 도구를 이용하여 구현할 수 있는 제작기법 또한 매우 중요한 연구 분야이다. 1차원 광자결정 특히, 주기적 다중층막의 제작은 전자 및 열증착(e-beam and thermal evaporation), 스퍼터링(sputtering), 화학기상증착(chemical vapor deposition, CVD) 등의 박막제조 공정기술을 이용함으로써 약 1 nm 이하의 오차 범위 내에서 제작이 가능하다. 대면적의 주기적 2차원 광자결정을 제작하기 위해 반도체 제조공정에 일반적으로 사용되어 온 리소그래피 공정기술 이외에 광학적 간섭효과, 나노 스피어 및 SPM 등을 활용한 패터닝 기술들이 연구되고 있다.

본 절에서는 2D 광자결정 제작을 위해 일반적으로 사용되고 있는 전통적인 패터닝 기법들과 현재 다양하고 활발하게 연구되고 있는 새로운 패터닝 기법을 요약 · 기술한다. 특히, 본 저자가 중점적으로 연구하고 있는 홀로-리소그래피, 나노-스피어 리소그래피 및 딥펜 나노리소그래피(DPN)에 대하여 자세히 알아보도록 한다.

3.1 일반적인 패터닝 기법

2D 광자결정을 제작하기 위해 사용되고 있는 일반 패터닝 기법에는 포토-리소그래피(photo lithography), 전자빔 리소그래피(e-beam lithography, EBL) 및 집속 이온빔 리소그래피(focused-ion-beam lithography, FIBL) 등의 방법이 있다.

1 포토-리소그래피

포토-리소그래피 방법은 기판에 패턴을 형성하기 위하여 감광성막(포토 레지스트, PR)을 도포하고 빛(UV)을 부분적으로 차단하기 위한 마스크를 통해 빛을 노광하여 마스크의 패턴을 기판에 전사하는 기법이다. 최소선폭 및 분해능은 1차적으로 노광에 사용되는 광원의 파장에 따라서 결정된다. 노광 광원의 단파장화는 336 nm(g-line), 365 nm(i-line), 238 nm(KrF 엑시머 레이저), 193 nm(ArF 엑시머 레이저)로 진행되어 왔다. 일반적으로 PR은 노광 파장이 짧아지면 광흡수가 크게 되고 전체 두께에 균일한 흡수를 얻기 어렵게 된다. 이를 피하기 위해 광원에 적합한 PR 재료의 선택이 무엇보다 중요하다. 분해능의 보조를 위하여 phase shift 마스크를 사용하며 광원의 파장을 줄이는 방법 등을 통하여 기술적인 향상을 이룩하였으나 물리적 한계로 인하여 다른 방법의 패터닝 기법 필요성이 대두되었다.

포토 리소그래피는 일반적인 광투영(optical projection) 노광 부분, 패턴이 미리 새겨져 있는 마스크 부분과 이미지 크기를 줄이기 위한 광학 렌즈로 구성된다. 최근 나노 공정에 이용되고 있는 극자외선 리소그래피(Extreme UV lithography: EUL)의 경우, 극자외선 영역의 짧은 파장에 쓰이는 마스크와 렌즈를 만들기가 어렵기 때문에 기존의 리소그래피와는 달리 거울을 통한 반사 시스템 방식을 사용하게 된다. 이 방식은 극자외선이 마스크를 통과하는 것이 아니라 반사하면서 패턴을 입력 받게 되고, 이미지의 크기 역시 여러 겹의 반사경을 통과하면서 1/4 정도로 줄어들게 된다. 13.4 nm 파장의 극자외선은 레이저 플라스마 또는 입자가속기로부터 얻을 수 있으며, 반사경은 주로 몰리브덴(Mo)과 실리콘(Si)으로 만들어진다. 이 방법의 가장 큰 장점은 높은 해상도의 제품을 대량생산할 수 있으며, 또한 이미지의 축소가 일어나므로 마스크의 크기를 네 배 정도로 크게 할 수 있다는 점이다. 이미 이 방법을 통해 70 nm 정도의 선폭을 구현할 수 있다는 것이 입증되었으나, 실용화가 되기에는 많은 문제점이 남아 있다. 우선 마스크와 반사경 표면조도(surface roughness)를 줄이는 것이 중요한데 0.25 nm 이내로 거칠기를 줄여야 한다. 또한 마스크와 반사경은 내부 응력이 있어서는 안 되고 온도변화에도 민감해서는 안 된다. 그리고 이렇게 만든 마스크와 반사경이 얼마나 정확한 위치에 놓이는가 하는 것도 중요한 문제이다. 이러한 문제를 해결하기 위해 현재 많은 연구가 이루어지고 있다.

2 전자빔 리소그래피(EBL)

EBL 방법은 포토-리소그래피 방식에서 점차 고밀도 패턴을 작성하는 새로운 방식이 필요해짐에 따라 1970년 중반부터 전자빔을 이용한 방법으로 개발되었다. 본 기법은 전자빔을 직접 원하는 모양대로 감광막에 조사하여 패턴을 만들어 내는 방법으로 기존의 포토-리소그래피에서 사용되는 마스크를 만들기 위하여 사용되었으나 최근 이를 이용하여 다품종 소량생산되는 패턴을 제작하기 위하여 사용되기도 한다. 또한 컴퓨터에 의한 전자선 직접 묘화 장치로서, 다양한 패턴을 원하는 부위에 직접 새기는 것도 가능하며 추가 및 수정도 가능하다는 장점이 있다. EBL의 가장 큰 단점은 대량생산이 쉽지 않다는 것이다. 왜냐하면 각각의 제품마다 일일이 전자빔을 조사하여 만들어야 하고, 쓰는 속도도 느리기 때문이다. 따라서 이 방법은 주로 마스크 제작용으로 사용되며 직접 제품을 생산하기 위한 방법으로는 널리 사용되지 못하고 있다.

EBL 장비의 본체는 주사형 현미경(scanning electron microscope: SEM)과 유사하며, 전자총, 전자렌즈, 편향계, 시료대 등으로 구성되어 있다. 즉, [그림 3.9]에서 보는 바와 같이 우선 전자빔을 발생시키는 장치인 전자총이 있고, 전자빔을 필요에 따라 차단하거나 방향을 바꿀 수 있도록 하는 자기렌즈 등의 장치들이 붙어 있다. 이러한 장치는 컴퓨터에서 주어지는 패턴에 따라서 전자빔을 제어하여 원하는 모양을 만들 수 있는 핵심적인 장치들이다. 밑에는 기판을 높이는 테이블이 있는데 테이블의 위치를 맞추는 것이 매우 중요하므로 정밀한 레이저 측정 장치와 기계장치가 사용되어 위치를 제어한다. 이 방법에 쓰이는 전자빔의 에너지는 약 1~200 keV 정도인데, 에너지에 따라서 구현할 수 있는 해상도와 쓰기 속도 등이 다르게 나타난다. 일반적으로 낮은 에너지 레벨의 전자빔(~1 keV)을 사용하면 침투하는 깊이가 얕아지면서 기판으로부터 되돌아오는 후방산란(back scattering)이 작아지고, 얇은 감광막을 사용할 수 있으므로 쓰기 속도가 빨라지는 효과를 얻을 수 있다. 하지만 전자빔 자체의 전방산란(forward scattering)은 커지므로 해상도가 떨어지는 단점이 생긴다. 반대로 높은 에너지 레벨의 전자빔을 사용할수록 구현할 수 있는 해상도는 커지지만 쓰는 속도가 느려지게 된다. 따라서 현재 상업적으로 생산되고 있는 장비들은 대부분 50~100 keV 정도의 에너지를 갖는 전자빔을 사용하며 10 nm 정도의 해상도를 구현해 낼 수 있다.

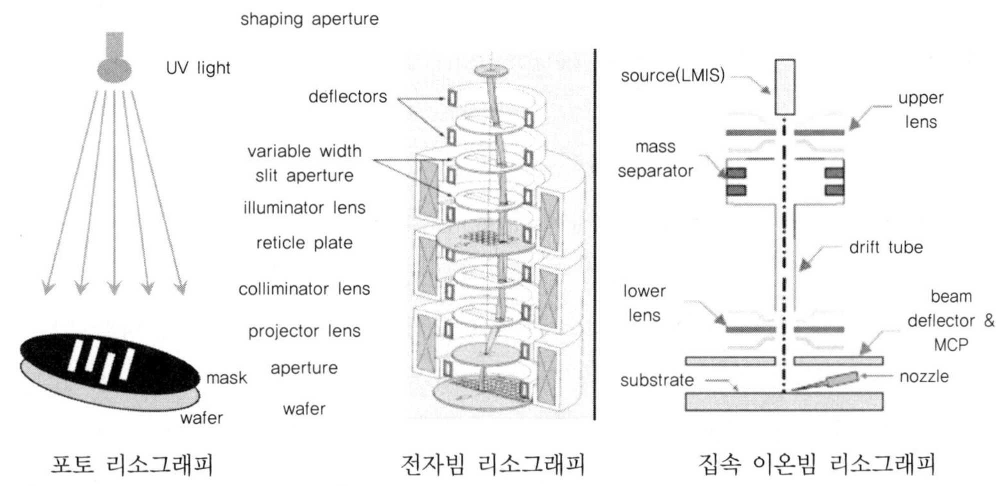

[그림 3.9] 2D 광자결정 제작을 위해 일반적으로 사용되고 있는 리소그래피 장치의 개략도

최근에는 EBL의 한계점인 쓰기 속도의 문제를 해결하기 위해서 전자빔을 발생하고 제어하는 장치 여러 개를 다발로 묶어서 병렬 쓰기 방식으로 사용하려는 연구도 진행 중이다. 이를 위해서는 장치를 소형화시키는 것이 핵심적인 기술이 될 것이다.

3 집속 이온빔 리소그래피(FIBL)

FIBL의 기본적인 방법은 EBL과 크게 다르지 않다. 다른 점은 전자빔 대신 이온빔을 사용한다는 점이다. 이온 발생장치는 일반적으로 텅스텐을 뾰족하게 만들어 사용하며 다양한 이온 소스(Al, As, Au, B, Ga 등)를 이용한다. 발생된 이온은 질량분리기(mass separator)를 통과하며 특정한 종류의 이온만이 선택되어 사용되며 이온빔을 원하는 방향으로 보내기 위하여 정전렌즈(electrostatic lens)가 붙어 있다. 보통 10～200 keV 정도의 범위에 있는 이온빔이 사용된다. 이온은 전자에 비하여 훨씬 더 무거운 질량을 가지고 있는데, 이로 인하여 전자보다 침투하는 깊이도 훨씬 더 작아지게 된다. 이는 기판으로부터 되돌아오는 후방산란을 줄여주고 얇은 감광막을 쓸 수 있도록 해 준다. 이 방법의 가장 큰 단점은 쓰기 속도에 있다. 전자빔 리소그래피와 같이 모든 패턴을 빔을 조사하여 만들어야 될 뿐만 아니라, 이온빔의 밀도는 전자빔 밀도의 0.1～0.01 정도이므로 전자빔 리소그래피보다 더 느려지게 된다. 최근에는 이온빔을 집속하는 대신에 퍼뜨리므로 광학리소그래피 형태의 이온마스크를 이용하여 대면적의 패터닝이 가능하도록 한 투영이온(projection ion) 리소그래피가 개발되고 있다.

아래 [그림 3.10]은 본 저자가 개발한 FIB 시뮬레이션 툴을 이용하여 계산된 레지스트 내 이온 주입궤적(trajectory) 및 실제 Si_3N_4 무기질 레지스트 상에 Ga-FIB 노출과 CF_4 RIE 현상을 이용하여 제작된 나노 선을 보여준다.

FIB 장비는 실제로 리소그래피보다는 다른 용도에 더 많이 쓰인다. 예를 들어 부분적으로 불순물을 섞는 implantation 도핑이나, 의도적으로 손상을 만들어 주는 경우, FIB에 의한 물질 증착(deposition), 또는 이온빔을 사용하여 직접 물질을 깎아내는 건식에칭(dry etching) 공정 등에 사용된다. 이러한 방법들은 FIB가 반드시 필요한 분야이며, 현재 FIB 응용을 위해 연구되고 있는 분야로는 X-선 리소그래피를 위한 마스크의 제조와 수리, 양자장치제조, 스캐닝 프로브(scanning probe tip)의 수리, 생체분자의 미세 수술 등이 있다.

이상과 같은 일반적 패터닝 기법은 반도체 소자나 광학 소자 및 다양한 정밀 패터닝 기법에 응용되고 있지만 물리적 최소선폭의 한계와 기판 충격, 패터닝 속도 등의 단점이 존재하며, 이러한 문제를 해결하기 위하여 새로운 방법의 패터닝 기법들에 대한 연구가 활발히 진행되고 있다.

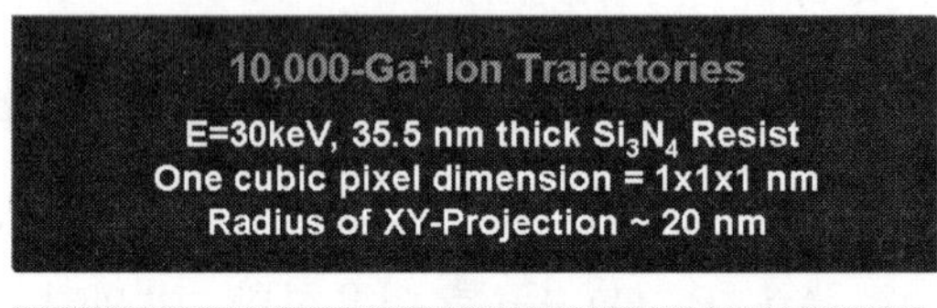

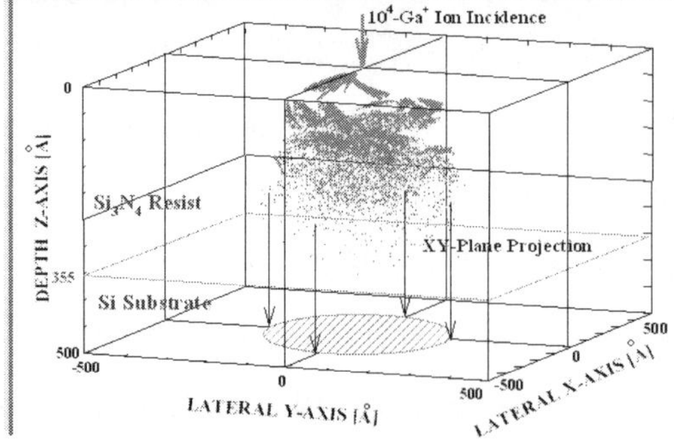

[그림 3.10] Monte-Carlo 시뮬레이션을 이용한 FIB 이온 trajectories와 LPCVD로 제작된 Si_3N_4 박막에 대해 FIB 노출 및 RIE development로 구현된 나노 패턴(선폭은 140 nm)

3.2 Dip-Pen Nanolithography 기술

최근 다양하고 기능성을 갖는 광자결정을 얻기 위한 특수 패터닝 기법에 대한 연구가 활발히 진행되고 있다(〈표 3-2〉).

〈표 3-2〉 새로운 나노 패터닝 기법들

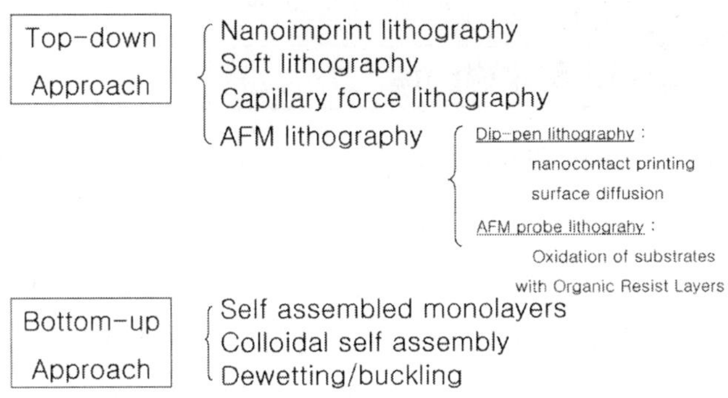

〈표 3-2〉에서 보이듯이 나노 패턴을 만들기 위한 새롭고 참신한 기법이 많이 개발되고 있는데 특히 2D 광자결정의 특징인 나노 구조체의 주기적 배열을 이룩하기 위한 DPN 방법, 홀로-리소그래피 방법 및 나노스피어 리소그래피 방법에 대하여 자세히 설명하고자 한다.

1999년 노트웨스턴대학의 Mirkin 박사는 AFM 측정에서 문제(물분자와 팁 간의 상호작용)가 되는 대기 중 물분자의 기판으로의 이동을 이용하여 기판에 코팅하고자 하는 물질을 물(carrier)과 함께 이동시키므로 나노 크기의 패턴들을 만들 수 있지 않을까 하는 생각을 하였고 이것이 DPN 기술의 시작이다.

DPN의 원리는 [그림 3.11]과 같이 원하는 분자를 AFM 팁에 코팅 후 이를 기판에 전사하는 것으로 DPN의 장점은 ① positive patterning, ② 원하는 위치에 서로 다른 분자를 나노 패터닝할 수 있고, ③ 장치가 간단하다는 것과 ④ Parallel 및 Serial 패터닝이 가능하다는 것이다.

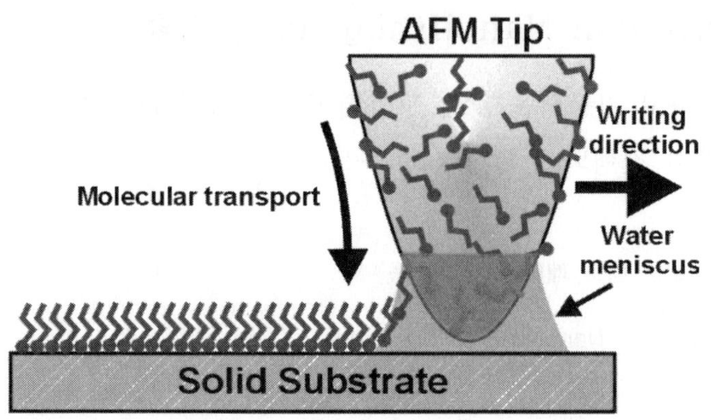

[그림 3.11] Dip Pen Nanolithography의 원리[R.D.Piner et al., SCIENCE 283, 661(1999)]

현재까지 DPN에 의해 얻을 수 있는 최대 분해능은 약 15 nm 정도로 보고되고 있다. 이러한 분해능에 영향을 미치는 인자들은 ① 기판의 grain 사이즈, ② 기판과 분자 간 상호작용(분자-기판>분자-팁 : 팁으로부터 기판으로의 분자이동이 수월, 그러나 AFM 팁에 분자를 코팅해야 하므로 분자-팁 간 결합력이 어느 정도 커야 함), ③ 팁-기판 접촉시간과 스캔속도 [그림 3.12] 습도 및 분자가 녹아 있는 솔 벤트들로서 원하는 응용분야(기판)에 따라 실험조건을 결정하는 예비실험이 요구된다.

DPN을 이용한 많은 연구 결과 중 일부 최신 연구동향을 소개하고자 한다.

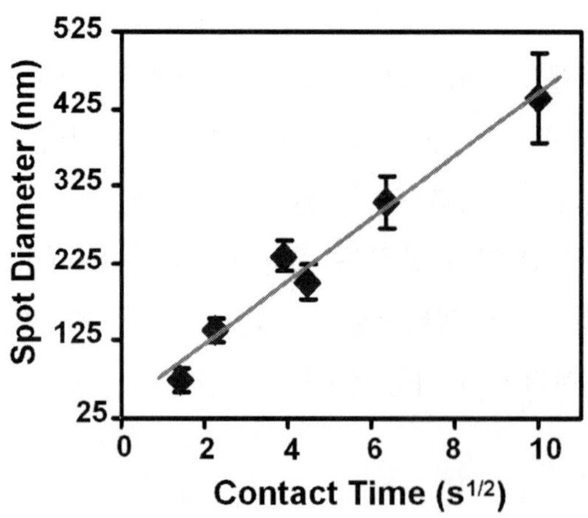

[그림 3.12] 패턴 사이즈와 팁-기판 접촉시간 간의 관계

1 DPN과 Wet-Chemical 에칭을 이용한 나노 패터닝

[그림 3.13]은 DPN(ODT 분자 writing)과 wet-chemical 에칭을 이용한 Si 기판의 나노 패터닝 공정도이며 [그림 3.14]는 생성된 패턴의 SEM 이미지이다 [D.A. Weinberger et al., Adv. Mater. 12, 1600(2000)].

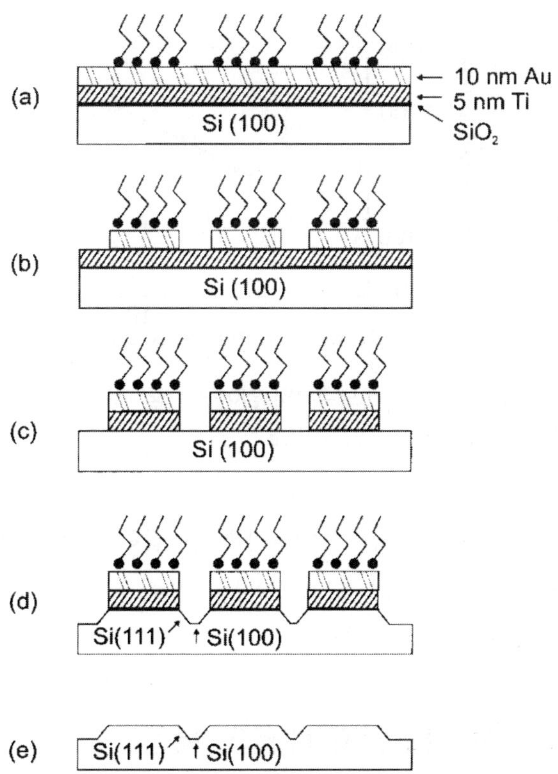

[그림 3.13] 화학적 에칭을 동반한 DPN 공정

(a) SiO_2/Si 기판 위에 Ti, Au 박막 증착 후, Au 표면에 ODT(1-octadecanethiol, head group에 $-CH_3$기 존재) 분자를 DPN으로 나노 패터닝

(b) Au, Ti 에칭(ferri/ferrocyanide-based etchant, dipping for several min)

(c) 미제거 Ti 및 SiO_2 에칭(1% HF solution, for 10s)

(d) Si 비등방성 에칭(4M KOH, 55°C, for 10s)

(e) 남아 있는 Au, Ti, SiO_2 제거(O_2 plasma cleaning for 3min → soaking in HCl: HNO_3(3:1) solution for 1 min → immersing in 1% HF for 10s)

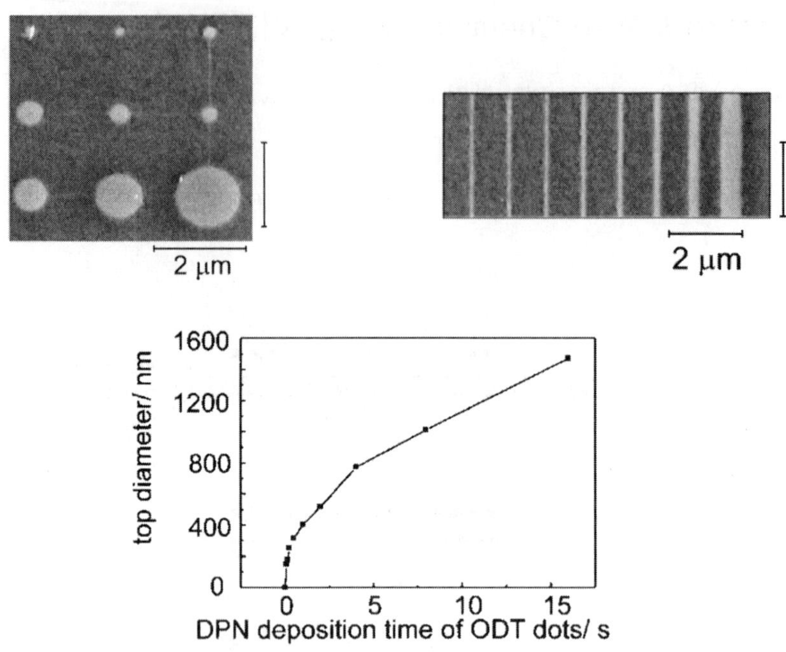

[그림 3.14] [그림 3.13]의 공정(a–d)으로부터 얻어진 기둥 패턴의 FE–SEM 이미지와 기판–팁 접촉시간에 따른 패턴 사이즈 비교

[그림 3.14]에서 보는 바와 같이 팁–기판 간 접촉시간을 조절함으로 수십 나노에서 수천 나노 크기의 패터닝을 얻는 것이 가능하며, 공정개발을 통해 negative–type 패터닝도 가능하다.

2 DPN에 의한 나노입자 배열의 형성

제작하려는 물질과 반응하는 분자(대표적 분자–MHA)를 기판에 나노 패터닝 후에 나머지 부분을 반응성이 없는 분자(대표적 분자–ODT)로 passivation함으로 원하는 부분에서만 반응이 일어나게 하여 나노입자 배열을 제작하려는 연구가 주를 이루고 있으며, 제작하려는 물질에는 폴리머분자(polystyrene), magnetic 나노분자(Fe_3O_4, $MnFe_2O_4$), 단백질분자, DNA 등이 주를 이루고 있다. 여기에 주로 이용되는 DPN–잉크는 MHA(16–mercaptohexa decanoic acid, head group에 –COOH기 존재)로 말단에 존재하는 산기 때문에 입자와 반응이 우수하다. 이렇게 준비된 DPN 패턴 위에 전하를 띤 입자(제작하려는 나노입자 배열)를 이용해 2차원 정렬을 한다.

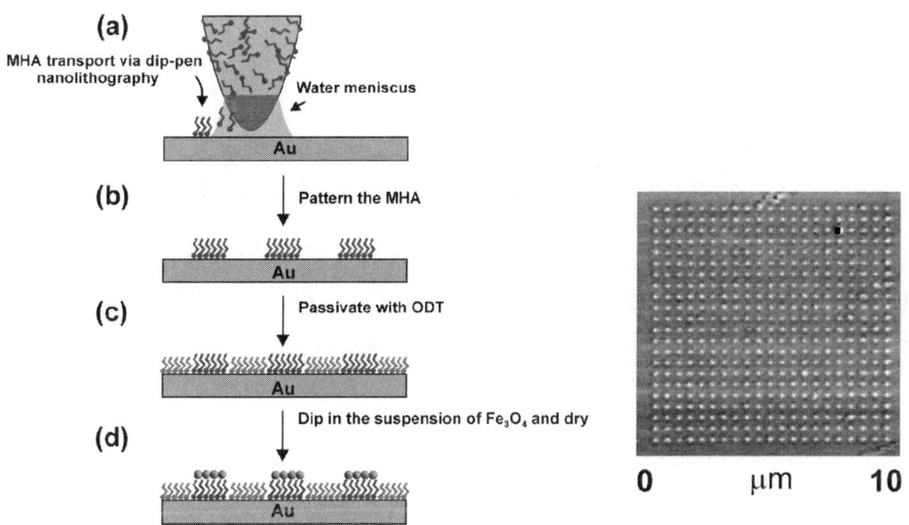

[그림 3.15] DPN을 이용한 magnetic nanoparticles 형성도와 manganese ferrite($MnFe_2O_4$)의 2차원 배열 AFM topology 이미지(기판-팁 접촉시간 0.18s)

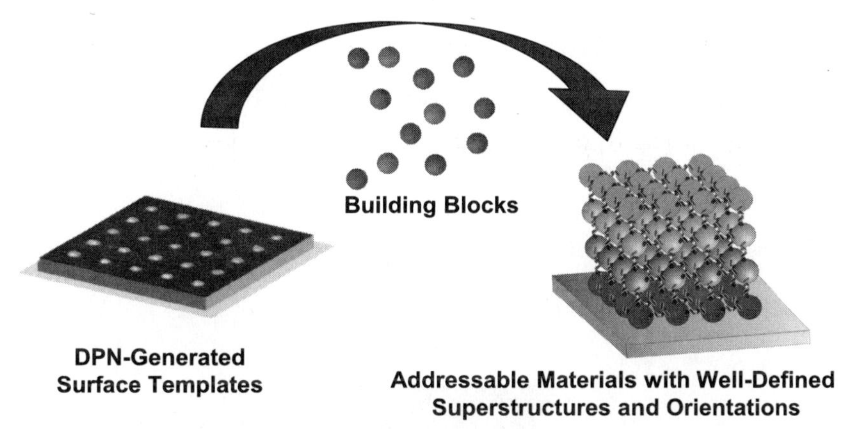

[그림 3.16] DPN 공정을 이용한 3D 광자결정 제작 개념도

[그림 3.15]는 자성물질인 Fe_3O_4, 나노입자를 DPN(MHA, ODT-분자)을 이용해 2차원 정렬하는 공정도와 그 결과 얻어진 manganese ferrite($MnFe_2O_4$) 나노배열의 SEM 사진을 보여주고 있다[X.Liu et al., Adv. Mater. 14, 231 (2002)].

DPN 잉크 분자(writing 분자, passivation 분자) 및 기판의 적절한 선택을 통해 2D뿐만 아니라 3D 광자결정 배열을 인공적으로 제작하는 것이 가능하다. [그림 3.16]은 DPN 공정을 이용한 3D 광자결정 배열 제작에 대한 개념도를 보이고 있다.

3 Electrochemical DPN

Electrochemical DPN 기술은 기판과 팁에 전압을 인가하여 나노 패터닝을 하는 방법으로 기판 표면에 금속이나 반도체 및 다양한 무기질 나노 구조를 직접 생성할 수 있는 기술이다. 여기서 팁상의 유기물을 기판에 전사하는 데 이용되었던 물분자들은 금속염(metal salt)이 용해될 수 있는 나노 차원의 전기화학적 cell 역할을 하며, 이때 팁에 전압을 가해 주면 [그림 3.17]과 같이 금속이 전기화학적으로 환원되어 기판에 나노 패턴이 형성된다.

4 기타 DPN 기술

- Nanografting에 의한 DPN[P.V.Schwatz, Langmuir 17, 5971 (2001)]
- DPN과 Scanning Optical Confocal Microscopy에 의한 형광나노 패턴 형성기술[A.Noy et al., Nano Letter 2, 109 (2002)]
- DPN 이용, 반도체, 부도체기판(Si, GaAs, SiO_2 등) 위의 유기물질(dye, polymer) 패터닝 기술[A. Ivanisevic et al., J. Am. Chem. Soc. 123, 7887 (2001)], [J.H.Lim et al., Adv. Mater. 14, 1474 (2002)]
- Sol-based 잉크를 이용한 자성물질의 DPN 나노 패터닝[L.Fe et al., Nano Letter 2757 (2003)]
- 유리기판 위의 DPN 나노 패터닝 기술[H. Jung et al., J. Am. Chem. Soc. 125, 12096 (2003)]

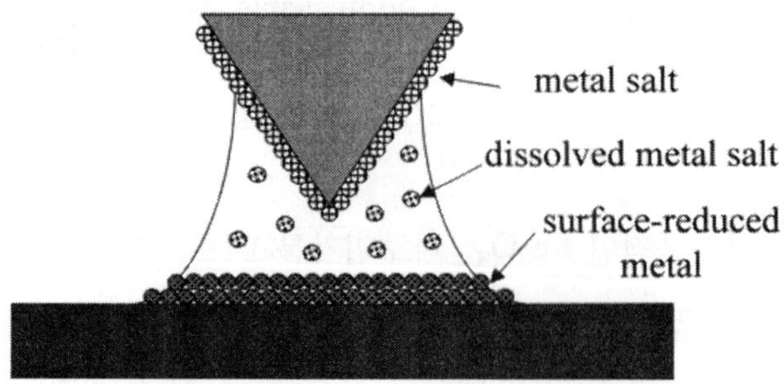

[그림 3.17] Electrochemical DPN 원리.[B.W.Maynor et al., J.Am. Chem. Soc. 124, 522(2002)] H_2PtCl_6 용액을 팁에 코팅, DPN으로부터 Pt 나노 패턴(40% 습도, 4V 전압)이 가능. 환원과정 : $PtCl_6^{2-}+4e \rightarrow Pt+6Cl^-$. Au 패터닝, SiO_2 패터닝, 폴리머 패터닝.

〈표 3-3〉 현재까지 보고된 DPN 잉크-기판의 조합

DPN-INK	SUBSTRATE	REFERENCE
Alkylthiols (e.g., ODT, MHA)	Au	[1-12]
Silazanes	SiO_2, GaAs	[29, 30]
Proteins	Au, SiO_x	[14-20]
Conjugated Polymers	SiO_2	[14, 21, 22]
DNA	Au, SiO_2	[23]
Fluorescent dyes	SiO_x	[14, 24]
Sols	SiO_x	[25-27]
Metal Salts	Si, Ge	[28-30]
Colloidal particles	SiO_x	[31-33]
Alkynes	Si	[34]
Alkoxysilanes	SiO_x	[12, 35]
ROMP materials	SiO_x	[36]

[1] R.D.Piner, J.Zhu, F.Xu, S.H.Hong, C.A.Mirkin, Science **283**, 661 (1999).
[2] S.H.Hong, J.Zhu, C.A.Mirkin, Science **286**, 523 (1999).
[3] S.H.Hong, C.A.Mirkin, Science **288**, 1808 (2000).
[4] D.A.Weinberger, S.G.Hong, C.A.Mirkin, B,W.Wessels, T.B.Higgins, Adv. Mater. **12**, 1600 (2000).
[5] H.Zhang, Z.Li, C.A.Mirkin, Adv. Mater. **14**, 1472 (2002).
[6] H. Zhang, S.W.Chung, C.A. Mirkin, Nano Lett. **B**, 43 (2003).
[7] A.Ivanisevic, K.V.McCumber, C.A.Mirkin, J. Am. Chem. Soc. **123**, 11997 (2002).
[8] S.Rozhok, R.Piner, C.A.Mirkin, J.Phys. Chem. B **107**, 751 (2003).
[9] S.H.Hong, J.Zhu, C.A.Mirkin, Langmuir **15**, 7897 (1999).
[10] M.Zhang, D.Bullen, S.W.Chung, S.Hong, K.S.Ryu, Z.F.Fan, C.A.Mirkin, C.Liu, Nanotechnology **13**, 212 (2002).
[11] X.G.Liu, L.Fu, S.H.Hong, V.P.Dravid, C.A.Mirkin, Adv. Mater. **14**, 231 (2002).
[12] D.J.Pena, M.P.Raphael, J.M.Byers, Langmuir **19**, 9028 (2003).
[13] A.Ivanisevic, C.A.Mirkin, J. Am. Chem. Soc. **123**, 7887 (2001).
[14] A.Noy, A.E.Miller, J.E.Klare, B.L.Weeks, B.W.Woods, J.J.De Yoreo, Nano Lett. **2**, 109 (2002).
[15] D.L.Wilso, R.Martin, S.Hong, M.C.Golomb, C.A.Mirkin, D.L.Kaplan, Proc. Natl. Acad. Sci. USA **98**, 13660 (2001).
[16] L.Wei, X.Hong, W.Guo, Y.B.Bai, T.J.Li, Chem. J. Chin. Univ. **23**, 1386 (2002).
[17] K.B.Lee, S.J.Park,C.A.Mirkin, J.C.Smith, M.Mrksich, Science **295**, 1702 (2002).
[18] J.H.Lim, D.S.Ginger, K.B.Lee, J.Heo, J.M.Nam, C.A.Mirkin, Angew. Chem. **115**, 2411 (2003).
[19] G.Agarwal, R.R.Naik, M.O.Stone, J. Am. Chem. Soc. **125**, 7408 (2003).
[20] H.Zhang, K.B.Lee, Z.Li, C.A.Mirkin, Nanotechnology **14**, 1113 (2003).
[21] B.W.Maynor, S.F.Filocamo, M.W.Grinstaff, J.Liu, J. Am. Chem. Soc. **124**, 522 (2002).
[22] J.H.Lim, C.A.Mirkin, Adv. Mater. **14**, 1474 (2002).
[23] L.M.Demers, D.S.Ginger, S.J.Park, Z.Li, S.W.Chung, C.A.Mirkin, Science **296**, 1836 (2002).
[24] M.Su, V.P.Dravid, Appl. Phys. Lett. **80**, 4434 (2002).
[25] L.Fu, X.G.Liu, Y.Zhang, V.P.Dravid, C.A.Mirkin, Nano Lett. **3**, 757 (2003).
[26] M.Su, X.G.Liu, S.Y.Li, V.P.Dravid, C.A.Mirkin, J. Am. Chem. Soc. **124**, 1560 (2002).
[27] M.Su, S.Y.Li, V.P.dravid, J. Am. Chem. Soc. **125**, 9930 (2003).
[28] Y.Li, B.W.Maynor, J.Liu, J. Am. Chem. Soc.**123**, 2105 (2001).
[29] B.W.Maynor, Y.Li,J.Liu, Langmuir **17**, 2575 (2001).
[30] L.A.Porter, H.C.Choi, J.M.Schmeltzer, A.E.Ribbe, L.C.C.Elliott, J.M.Buriak, Nano Lett. **2**, 1369 (2002).
[31] M.B.Ali, T.Ondarcuhu, M.Brust.C.Joachim, Langmuir **18**, 872 (2002).
[32] J.H.Liao, l.Huang, N.Gu, Chin. Phys. Lett. **19**, 134 (2002).
[33] J.C.Garno,Y.Y.Yang,N.A.Amro, S.C.Dupeyrat, S.W.Chen, G.Y.Liu, Nano Lett. **3**, 389 (2003).
[34] P.T.Hurley, A.E.Ribbe, J.M.Buriak, J. Am. Chem. Soc. **125**, 11334 (2003).
[35] H.Jung, R.Kulkararni, C.P.Collier, J. Am. Chem. Soc. **125**, 12096 (2003).
[36] X.G.Liu, S.W.Liu, C.A.Mirkin, Angew. Chem. **115**, 4785 (2003).

3.3 나노스피어 리소그래피

나노스피어 리소그래피(NSL: Nano-sphere lithography)의 기본 아이디어는 1981년도 Fisher와 Zingsheim의 폴리스티렌 라텍스 나노스피어 연구에서 비롯되었으며, 1990년도 후반에 노스웨스턴 대학교의 Van Duyne 교수 연구진이 기본 개념과 기술을 확장하였다.

이들은 폴리스티렌 나노스피어(지름 수십 나노미터~수 마이크로미터)를 기판에 도포하여 소위 주기적인 입자 어레이(PPA: periodic particle array)를 만들고 그 위에 금, 은, 구리 등의 금속 필름을 도포하여 금속 나노입자의 어레이를 만들 수 있었다.

이 나노스피어 리소그래피가 다른 리소그래피 방법에 비해 갖는 장점은 다음과 같다.

① 폴리스티렌 나노스피어의 크기를 변화시켜 금속 나노입자의 크기, 간격, 등을 쉽게 조절할 수 있다.
② 실리콘, 미카, 유리 등 다양한 기판을 사용할 수 있다.
③ 나노입자의 어레이가 비교적 대면적의 기판에 쉽게, 높은 재현성으로 구현된다.

나노스피어 리소그래피에서 패턴을 만들기 위해서는 먼저 기판 위에 폴리스티렌 나노스피어의 2차원 또는 3차원 구조를 만들어야 한다. 이러한 구조를 만들기 위해서 다음과 같은 여러 가지 방법이 쓰인다.

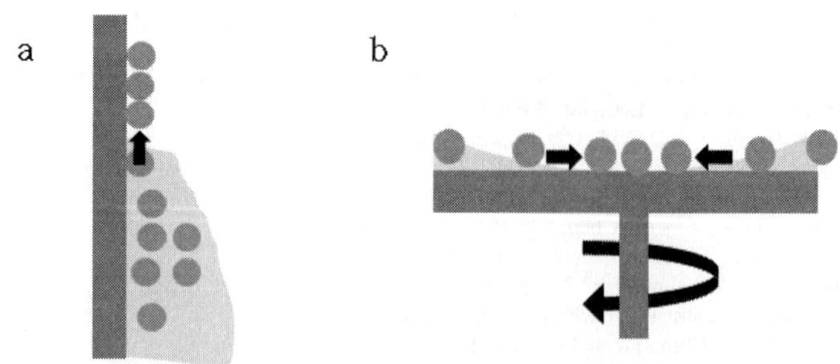

[그림 3.18] 폴리스티렌 나노스피어의 2차원 구조를 만들기 위한 방법.
(a) dip-coating
(b) spin-coating

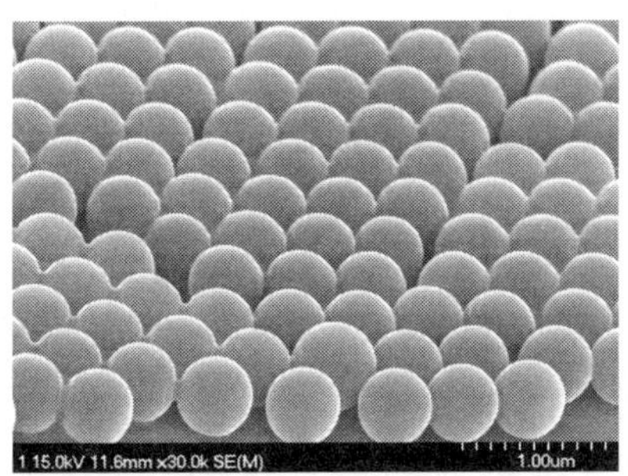

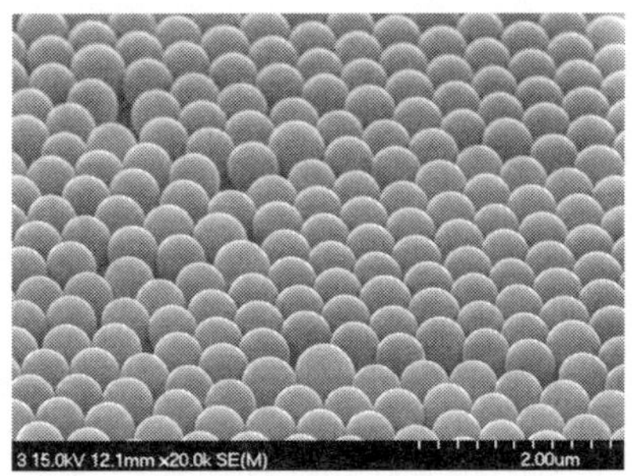

[그림 3.19] spin-coating을 이용한 폴리스티렌 나노스피어의 주기적인 입자 어레이

[그림 3.18(a)]는 dip-coating 방법을 나타낸 것으로 기판을 폴리스티렌 나노스피어 현탁액에 담근 후 기판을 천천히 들어 올려 기판 표면에 주기적인 입자 어레이를 형성하게 된다. 이때 중요한 인자는 기판을 들어 올리는 속도로 스텝 모터를 통하여 조절하게 되어 있다.

[그림 3.18(b)]는 spin-coating 방법으로 이 방법은 기판 위에 나노스피어 현탁액을 떨어뜨린 후 스핀코터를 이용하여 회전시켜 주기적인 입자 어레이를 형성한다. 여기서 중요한 인자는 스핀코터의 회전 속도를 변화시킴으로써 주기적인 입자 어레이의 층수를 조절할 수 있다.

[그림 3.19]는 spin-coating을 이용하여 제작된 폴리스티렌 나노스피어의 주기적인 입자 어레이에 대한 SEM 사진이고, [그림 3.20]은 대표적인 나노스피어 리소그래피 방법을 표현한 그림이다.

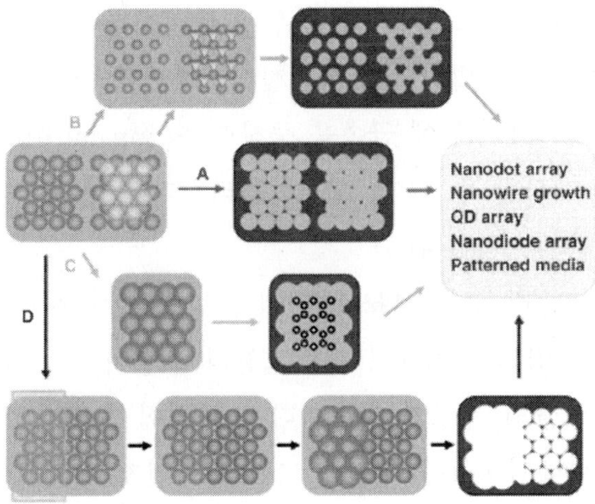

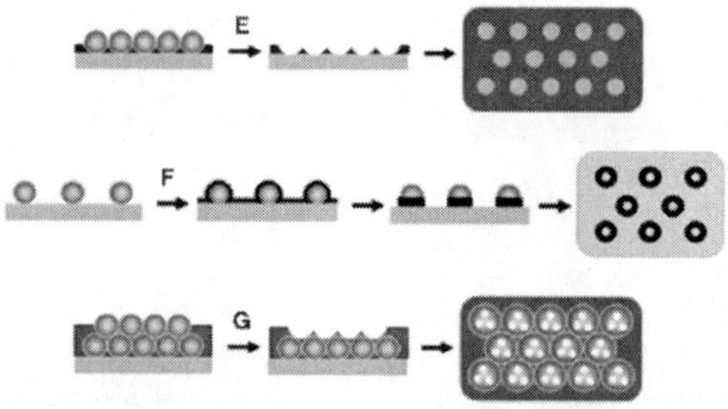

[그림 3.20] 나노 패턴 구조를 만들기 위한 나노스피어 리소그래피 방법

[그림 3.20]의 (A)는 나노스피어 리소그래피의 초기에 폴리스티렌 나노스피어를 마스크로 이용하여 나노 크기의 dot를 제작하는 것을 나타내었다. 간단한 폴리스티렌 나노스피어의 마스크를 이용한 많은 연구에서, 증착된 물질의 결과로 생기는 패턴의 다양한 모양을 제작할 수 있다. (B)는 폴리스티렌 나노스피어의 모양을 변화함으로써 구조를 변경할 수 있다. 또한, 기판에 상대적으로 기울여 증착을 하거나 폴리스티렌 나노스피어 마스크를 열처리함으로써(C) 증착된 물질의 모양을 변화시킬 수 있다. 최근에 (D)에 보이는 것과 같이 나노스피어 리소그래피를 이용하여 계층적 구조를 패터닝하는데 폴리스티렌 나노스피어(또는 포토레지스트 입자)를 이용하였다. 그동안, 자기 조립한 폴리스티렌 나노스피어의 구조는 마스크뿐만 아니라 2차원 혹은 3차원 모양의 패턴을 형성할 때 사용되었다. (E)에 나타나듯이 벌집모양 구조를 만드는 데 폴리스티렌 나노스피어 마스크를 이용하여 제작할 수 있다.

대부분의 나노스피어 리소그래피의 경우에 폴리스티렌 나노스피어를 증착이나 식각 공정 중에 마스크나 발판으로 사용한다. 예를 들어, (F)에 보이는 것과 같이 폴리스티렌 나노스피어 위에 금속을 증착한 후 ion milling을 통하여 쉽게 금속 나노링 구조를 제작할 수 있다. 또한, 폴리스티렌 나노스피어 자체가 리소그래피 테크닉에 응용될 수 있다(G).

최근 연구에서는 폴리스티렌 나노스피어를 반응성 이온 식각(RIE) 장비를 이용하여 여러 가지 모양의 패턴으로 패턴모양의 조절이 가능하고 이를 통한 독립적인 자성 메탈 dot들의 제조가 가능하다는 사실이 보도되었다.

[그림 3.21(a)]는 메탈 dot를 제작한 그림으로 먼저 기판 위에 메탈 층을 증착 장비를 이용하여 증착 후 폴리스티렌 나노스피어를 정렬 후 반응성 이온 식각을

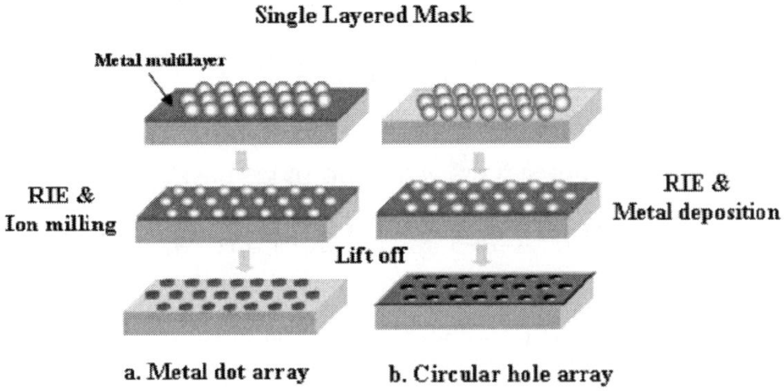

[그림 3.21] 반응성 이온 식각(RIE)을 이용한 나노스피어 리소그래피 나노 패터닝
(a) metal dot array
(b) circular hole array[Chem. Mater., Vol. 16, No. 22, 2003]

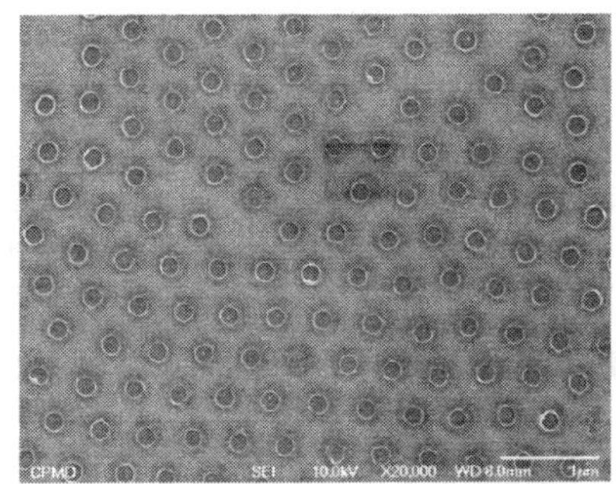

[그림 3.22] 나노스피어 리소그래피를 이용한 circular hole array의 SEM 사진

이용하여 폴리스티렌 나노스피어의 크기를 줄인다. 그 후 폴리스티렌 나노스피어를 마스크로 이용하여 메탈 층을 식각하게 되면 그림과 같은 메탈 dot 구조를 제작할 수 있다. [그림 3.21(b)]는 hole을 제작하는 공정으로 [그림 3.21(a)]의 방법과 유사하지만 여기서는 먼저 기판 위에 폴리스티렌 나노스피어를 정렬 후 반응성 이온 식각을 이용하여 폴리스티렌 나노스피어의 크기를 줄이고 그 위에 메탈 층을 증착하게 된다. 증착 후 폴리스티렌 나노스피어를 제거하게 되면 hole 구조를 얻을 수 있다.

반응성 이온 식각을 통한 폴리스티렌 나노스피어의 크기 변화는 다음 식으로 계산할 수 있다.

$$D = D_0 \cos\left[\arcsin\left(\frac{kt}{2D_0}\right)\right] \tag{3.4}$$

여기서, D는 변화된 폴리스티렌 나노스피어 크기, t는 반응성 이온 식각 공정 시간, D_0는 폴리스티렌 나노스피어의 처음 크기이고, k는 식각 공정에 따른 상수(압력, 파워, 온도 등)를 나타낸다.

또한 여러 층의 폴리스티렌 나노스피어와 반응성 이온 식각 공정을 이용하여 [그림 3.24]와 같은 다양한 모양의 광자결정 배열을 만들 수 있다.

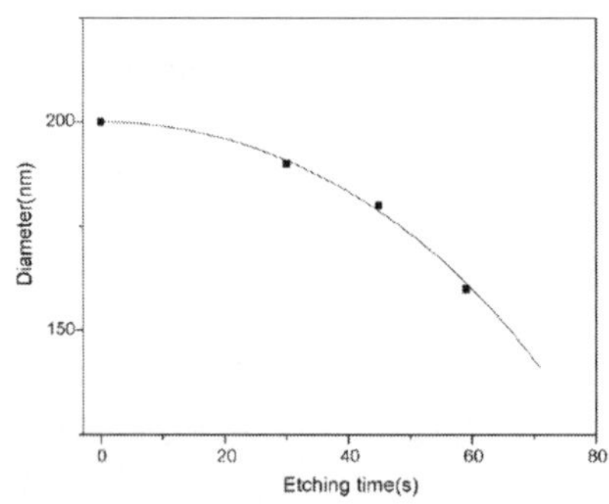

[그림 3.23] 식 (3.4)에 의한 식각 시간에 따른 폴리스티렌 나노스피어의 크기 그래프

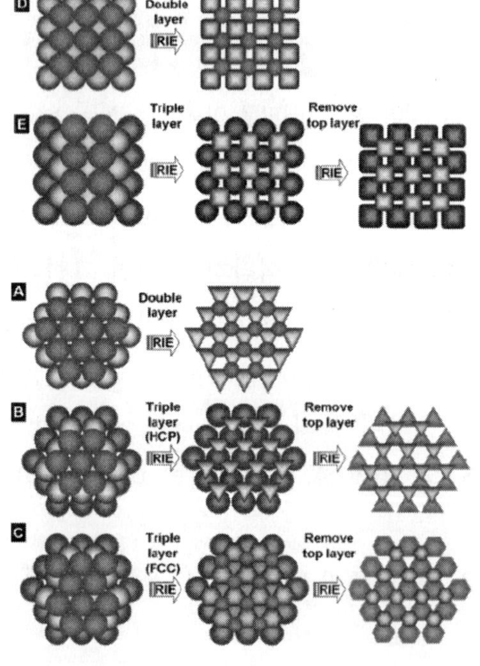

[그림 3.24] 폴리스티렌 나노스피어와 반응성 이온 식각을 통한 다양한 구조의 광자결정 제작

최근 들어 폴리스티렌 나노스피어를 이용한 나노 패터닝은 공정의 편리성으로 인하여 많은 관심을 받고 있는 분야이며 2D, 3D 광자결정뿐만 아니라 이를 이용한 바이오센서, 바이오 물질 분리, 자성 메모리 등 많은 응용성이 기대되고 있다. 하지만, 궁극적으로 산업체에 응용되기까지는 결함 문제를 비롯한 해결해야 할 문제점들이 있고 앞으로 많은 연구가 진행되어야 한다.

3.4 홀로-리소그래피 방법

홀로-리소그래피 방법은 용어에서 알 수 있는 바와 같이 홀로그래피(빛의 간섭을 이용)를 이용하여 노광하고 현상 또는 에칭을 이용하여 패터닝하는 방법이다. 주기적 간섭 패턴을 얻기 위해서 가간섭광인 레이저를 광원으로 몇몇 광학 소자를 이용하여 시스템을 구성한다.

현재 2D 광자결정 구조를 구현하기 위해서 앞서 언급한 EBL 또는 FIBL 등의 공정을 이용하여 제작하려는 연구가 행해지고 있다. 하지만 위 방법들은 기판에 충격을 주거나 대면적 주기구조를 형성하는 데 공정 시간이 오래 걸리는 단점 등을 가지고 있다. 따라서 2D 광자결정을 효율적으로 일괄 패터닝할 수 있는 대체 공정이 필요하며, 그 중 하나가 대면적에 주기구조를 균일하게 패터닝할 수 있는 홀로그래피법이다.

1 2D 광자결정의 제작

홀로그래피 현상은 두 개 이상의 빛(기준 빔과 목적 빔)의 간섭이 기본적인 원리이다. 그리고 홀로-리소그래피법은 이러한 간섭 패턴을 레지스트에 전사하여 패턴을 형성하는 공정을 말한다.

이중노출 홀로그래피법(double-exposure holographic method)을 이용하므로 다양한 격자구조의 2D 광자결정을 대면적으로 형성하는 것이 가능하며, 특히 광자결정의 주기 및 충진율(filling factor)을 제어할 수 있다. 홀로그래피 공정은 광・전자의 정밀 패턴을 형성시키는 데 크게 유용한 방법이다. 대면적 빔을 전체적으로 조사하면서 한 번의 노광으로 전면적에 패턴을 형성하는 방법이므로 주기구조를 빠르게 형성시킬 수 있으며, 한 번에 생성되는 각 패턴 조건을 균일하게 제어할 수 있다는 장점이 있다.

또한 현재 구현된 시스템은 다른 광소자의 정렬 조정이 필요 없이 rotation stage 회전의 간단한 조작만으로 입사각을 조절할 수 있어서 다양한 주기의 패턴 제작이 용이하기 때문에 원하는 기초격자의 2D 광자결정을 손쉽게 제작할 수 있다.

빛의 간섭은 광자의 위상 차이가 중심원리를 이룬다. 기본적으로 이러한 빛의 간섭은 광자가 샘플 표면에 도착할 때까지의 이동 거리 차이에 의존한다. 만약 우리가 몇 가지 방법을 통하여 이러한 빛의 이동 거리를 제어해 줄 수 있다면 빛의 간섭 패턴을 변경시킬 수 있다.

[그림 3.25]는 본 저자가 제작하여 이용하고 있는 2D 광자결정 제작용 홀로-리소그래피 노광장치 및 실시간 회절효율 측정 장치의 개략도이다.

본 시스템은 광원으로 사용된 442nm 파장의 레이저와 몇몇 광학 소자들로 이루어진 노광부(exposure part)와 632.8nm 파장의 레이저와 디텍터 등으로 이루어진 회절효율 측정부로 나누어져 있다. 패터닝 정보에 대한 실시간 측정은 회절효율을 측정함으로써 얻어지는데 광의 조사 유무에 따라 주기적 패턴이 형성될 때 유전율 변화에 의해서 회절 패턴의 세기를 확인함으로써 측정할 수 있다.

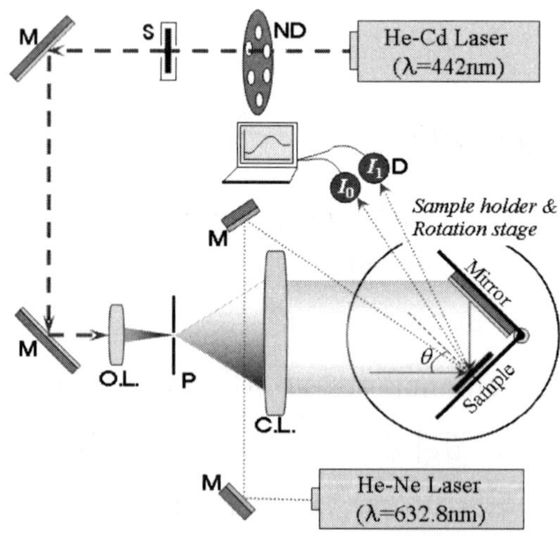

[그림 3.25] 홀로-리소그래피를 위한 노광장치 및 실시간 회절효율 측정 장치의 개략도
M : mirror, S : shutter, ND : neutral density filter, OL : objective lens, P : pinhole, CL : collimating lens, D : detector.

본 시스템은 2가지 가정하에 이루어진다. 첫 번째는 공간적으로 한정된 레이저 빔이 렌즈를 통해서 확대된다는 것이다. 그래서 확장된 빔은 거울과 샘플에 도달하고 이때의 빔을 우리는 평면파로 근사시킬 수 있다는 것이다. 다른 가정은 먼지와 불규칙한 반사의 노이즈가 완전히 걸러진다는 것이다. 빔 종단면의 꼬리 부분에 노이즈 분포를 제거하고 레이저를 확장시킬 때 레이저 빔 세기의 최대 효율을 얻기 위해서 핀홀을 사용한다.

노광부 시스템은 셔터, 미러, 대물렌즈(N.A.=0.65), 핀홀(ϕ=10 μm), 콜리메이터, 회전 시료 스테이지로 구성되어 있다. 입사 레이저 노광파워는 ND filter를 이용하여 변화 가능하다. 본 시스템을 이용하여 1차 노광(입사각 $\theta=11°$)을 통해 직선형 회절 패턴을 레지스트에 전사하고 시료를 회전(회전각 $\gamma=45\sim90°$) 시킨 후 2차 노광($\theta=11°$)을 통해 2D 광자결정 패턴을 레지스트에 전사한다. 입사각은 sample holder & rotation stage 부를 회전시킴으로써 간단하게 조절이 가능하다. 이러한 입사각의 조절은 패턴 주기 크기에 직접적인 영향을 주기 때문에 매우 중요한 인자라고 할 수 있다.

공간 필터를 통과하는 레이저 빔은 샘플과 스테이지의 거울에 도달하게 되는데, 이 방식은 [그림 3.26]에 묘사하였다. 거울과 샘플 사이의 각도는 α로 표현하고 θ는 거울과 평면파 빔이 이루는 각도를 나타낸다. 여기서 이동경로 차이는 간단하게 식 (3.5)와 같이 나타낼 수 있다.

$$\Delta = D\,(1-\cos 2\theta\,) \tag{3.5}$$

사인 법칙에 의하여

$$D = \sin\alpha\,\frac{d}{\sin\theta}$$

이 되며, 만약 이동경로 차이가 레이저 파장의 정수 배가 되면 샘플 표면에서 간섭구조를 볼 수 있다. 요컨대

$$\Delta = n\lambda = \sin\alpha\,\frac{d}{\sin\theta}\,(1-\cos 2\theta\,) \tag{3.6}$$

이다. 간섭 패턴의 주기를 얻기 위하여 우리는 굴절률 $n=1$로 놓고 d를 계산한다. 그 결과 주기구조의 크기는 다음과 같이 정의된다.

$$\Lambda = \frac{\lambda}{2\sin\theta\sin\alpha} \tag{3.7}$$

주기구조를 가능한 최대한 짧게 줄이기 위하여, α를 $\pi/2$로 맞추게 된다. 이렇게 변수를 넣게 되면 브래그 회절 공식이 유도된다.

$$\Lambda = \frac{\lambda}{2\sin\theta}$$

따라서, 주기는 이론적으로 파장의 반까지 감소시킬 수 있다는 사실을 나타낸다. 또한 간섭광의 세기 분포는 정현파 형태로 표현되며 이는 $\sin^2\Lambda x$와 비례한다. 그리고 간섭 패턴의 세기 변화는 식 (3.8)로 표현된다.

$$I = E^2{}_{01} + E^2{}_{02} + 2E_{01}E_{02}\cos(\theta_{12})\cos(\delta) \tag{3.8}$$

여기서 $E_{01}\,E_{02}$는 두 평면파의 진폭을 나타내며 δ는 $[\vec{k}_1 - \vec{k}_2]\cdot\vec{r} + (\epsilon_1 - \epsilon_2)$이며 두 평면파의 경로차와 초기 위상차에 의해서 발생하는 합성위상차를 나타낸다. 그리고 θ_{12}는 두 평면파 간의 편광 방향을 나타내며 다중 홀로그래피법에서 두 빔은 같은 편광 방향을 가짐으로써 θ_{12}는 0이 되어 $\cos(\theta_{12})$는 1이 된다. 식 (3.8)에서 간섭 패턴의 총 세기는 $I_1 + I_2$보다 크거나, 작거나, 또는 같을 수 있으며 이는 합성위상차(δ)에 의존하며 합성위상차가 2π의 정수 배수, 즉 $\cos\delta$가 1일때 두 빔은 같은 위상을 갖게 되는 완전 보강간섭을 일으켜 최대값을 갖는다.

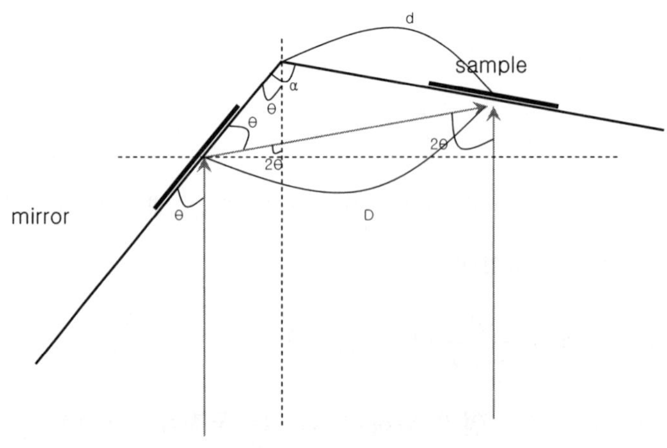

[그림 3.26] 간섭현상의 각도 의존성

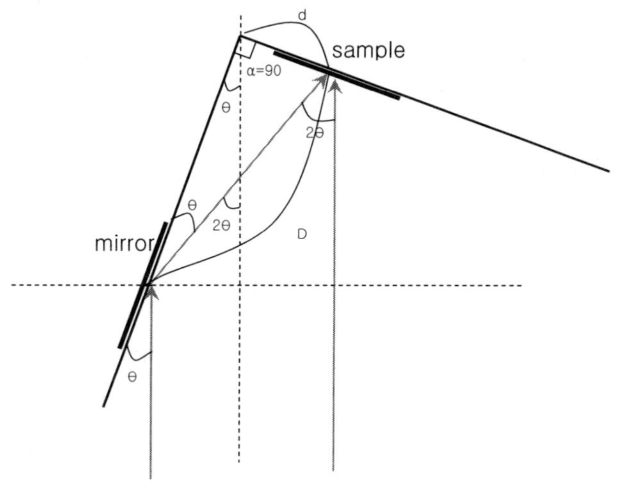

[그림 3.27] 각도가 90°일 때의 간섭현상

[그림 3.28]은 이중 노광법을 이용한 2D 광자결정 패턴의 개략도이다. 이러한 직선 패턴을 얻는 홀로그래피 방법을 이중 노광법을 이용하여 2D 광자결정 제작에 응용하였다. 여기서 간섭하는 빛의 방향을 그대로 두고 샘플을 γ 회전하면 같은 효과를 얻을 수 있다. 이와 같이 샘플을 회전시켜 두 번 노광하고 이를 현상시키므로 다양한 배열의 2D 광자결정을 제작할 수 있다. 특히 노출량의 변화를 통해 현상 시에 [그림 3.28]의 이중노출 영영만을 제작한다면 광자결정은 antidot 형태가 되며, 단일노출 영역과 이중노출 영역 모두를 제거한다면 dot 형태가 될 수 있다.

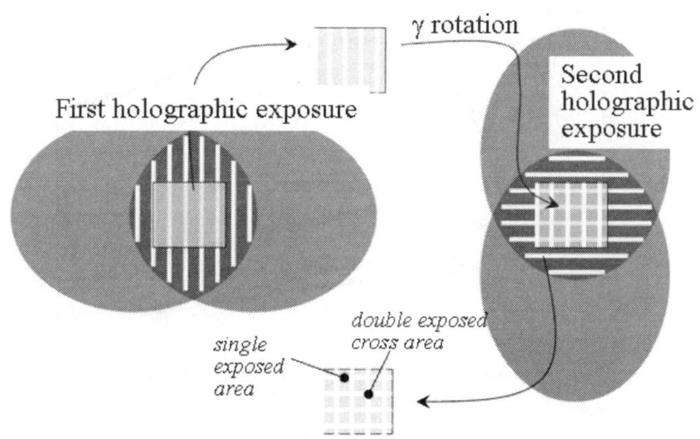

[그림 3.28] 이중 노광법을 이용한 2D 광자결정 제작의 모식도

회절효율 측정부에서는 노광을 진행하면서 실시간으로 노광 대비량을 측정하는데 이때 He-Ne 레이저 광원을 사용하여 0-order와 1st-order의 회절빔 세기를 광파워미터를 이용하여 측정함으로써 얻어진다. 여기서 회절효율 η는 0-order 빔세기(I_0)에 대한 1st-order 빔세기(I_1)의 백분율로 정의된다. 즉,

$$\eta = (I_1/I_0) \cdot 100\% \tag{3.9}$$

로 정의된다.

[그림 3.29]는 홀로그래피 노출의 최적조건을 평가하기 위하여 실시간으로 측정한 레이저 빔 파워에 따른 회절효율 η의 변화이다. 내부의 그림은 레지스트로부터 반사되는 회절 패턴을 보여준다. 화살표는 각 파워에서의 최대 회절효율 η_{max}일 때의 노광시간 t_{max}를 나타낸다.

[그림 3.29]에서 보는 바와 같이 η는 노출시간 증가에 따라 상대적으로 빠른 속도로 증가하여 최대값(η_{max})을 보인 후, 서서히 감소하는 경향을 보인다. [그림 3.30]은 레이저 파워에 따른 η_{max}와 여기에 도달하는 시간 t_{max}의 변화를 나타낸다. 여기서 η_{max}와 t_{max}는 레이저 파워에 반비례함을 알 수 있다. 이것은 낮은 파워의 빔을 긴 시간 동안 노출시키므로 축적되는 빛의 대비량이 점차 증가하기 때문으로 생각된다.

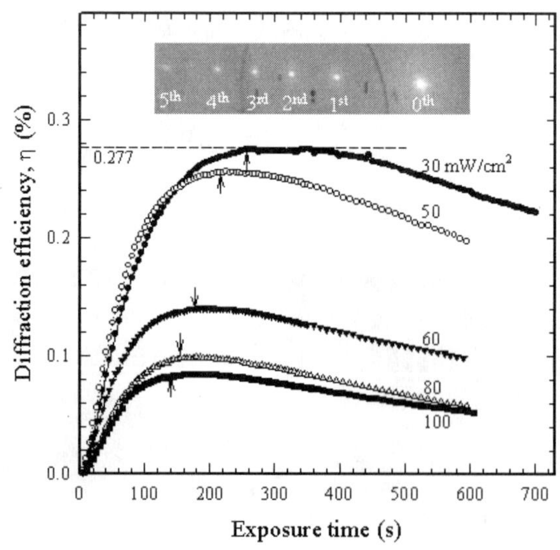

[그림 3.29] 폴리머 레지스트의 레이저 빔 파워 및 노광시간에 따른 회절효율 변화(화살표=t_{max}). 내부 상단의 그림은 레지스트에 패턴을 전사하였을 때 회절 패턴의 모양을 보여준다.

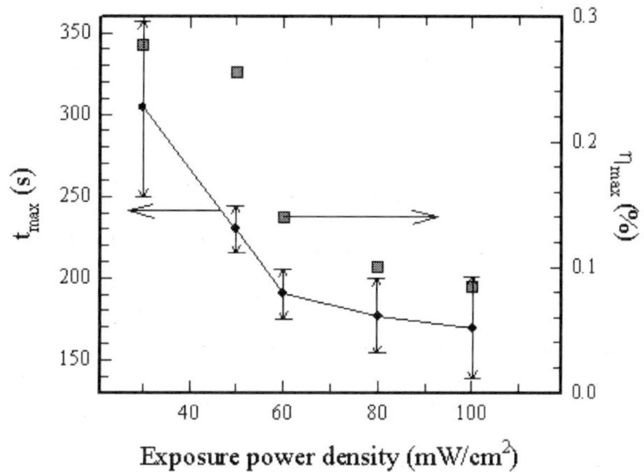

[그림 3.30] 레이저 빔 파워에 따른 η_{max}와 t_{max}

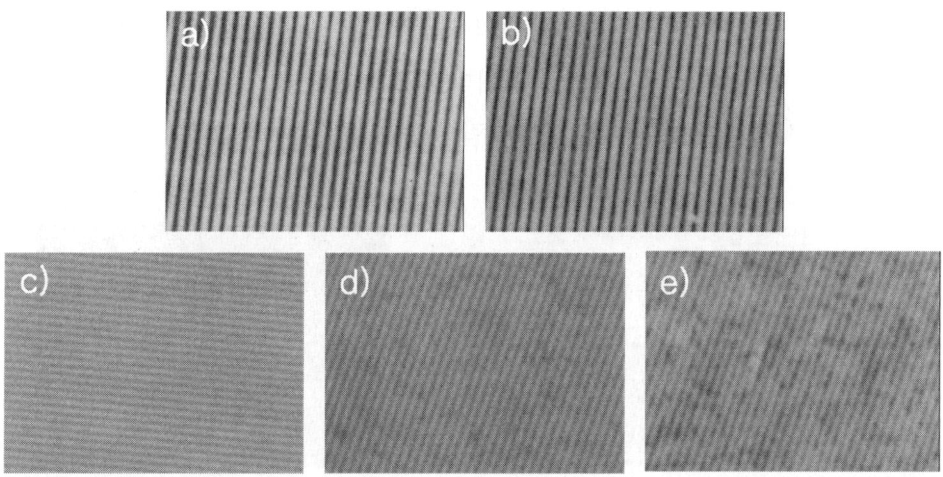

[그림 3.31] 폴리머 레지스트의 홀로그래피에 의해 노광한 후 현상하여 얻어진 직선 격자의 광학 현미경 이미지. 노광시간=t_{max}, 현상시간=15초, 레이저 파워밀도(mW/cm^2)=(a) 6.5 (b) 8.5 (c) 9.5 (d) 12.0 (e) 15.0

[그림 3.31]은 입사각 θ는 11°로 고정하고 [그림 3.30]에서 얻어진 각 레이저 빔 파워에 대해 t_{max} 동안 홀로그래피 노출 후, 약 15초 동안 현상시켜 얻은 직선 격자의 광학현미경 사진이다. [그림 3.31(a)]는 6.5mW/cm^2 레이저 파워 밀도, 250초 노출시간에 대한 결과이다. (a) → (e) 순으로 노광하는 레이저 파워가 세어짐에 따라 패턴의 뚜렷함이 감소하는 경향을 보였다. [그림 3.31(b)]에서 현상된 레지스트로부터 측정된 회절효율은 약 92%로 현상 전(η_{max}~0.25%)보다

약 460배 증가하였다. 이는 현상을 수행함에 따라 노광되지 않은 레지스트가 날아가면서 그 부분이 유전율 1인 공기로 채워지기 때문에 회전효율이 증가하기 때문이다.

[그림 3.31]의 직선 격자의 주기(period Λ)는 약 1.1~1.2 μm로 평가되었다. 입사각도 θ에 대한 Λ 관계식인 $\Lambda = \lambda/(2\sin\theta)$으로부터 계산된 주기가 1.158 μm이므로 계산값과 일치함을 볼 수 있다. 이러한 직선패턴은 1차 노광의 결과이며, 2D 광자결정 패턴의 제작을 위한 기초 공정이다.

2차원 광자결정은 [그림 3.28]과 같이 1차 노광 후 시료를 일정한 각도(γ)로 회전시킨 후 2차 노광을 수행하여 얻어질 수 있다. 이때 1, 2차 노광 시의 θ 및 현상조건 등에 의해 광자결정의 주기 및 충진율이 결정되며, γ에 의해 광자결정의 기본격자(lattice) 모양이 결정된다. [그림 3.32]에서 각각 왼쪽 그림은 [그림 3.28]의 이중 노광법으로 제작한 antidot 형태의 2차원 광자결정 배열의 SEM 이미지이고 오른쪽 그림은 이것의 회절 패턴 사진이다. [그림 3.32(a)]는 $\theta=11°$, $\gamma=90°$로부터 얻어진 사각격자 결정이고, [그림 3.32(b)]는 $\theta=11°$, $\gamma=60°$에 대해

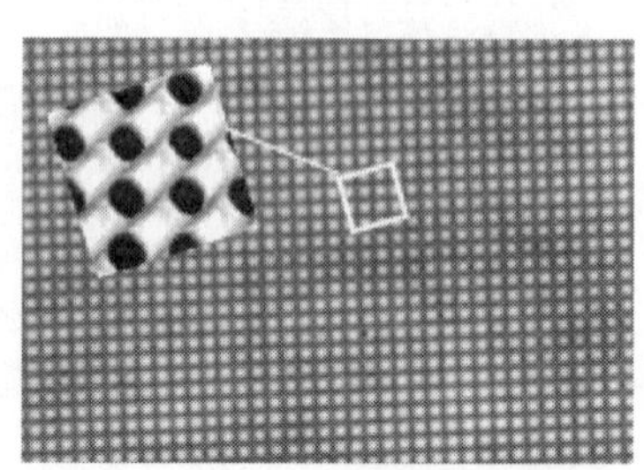

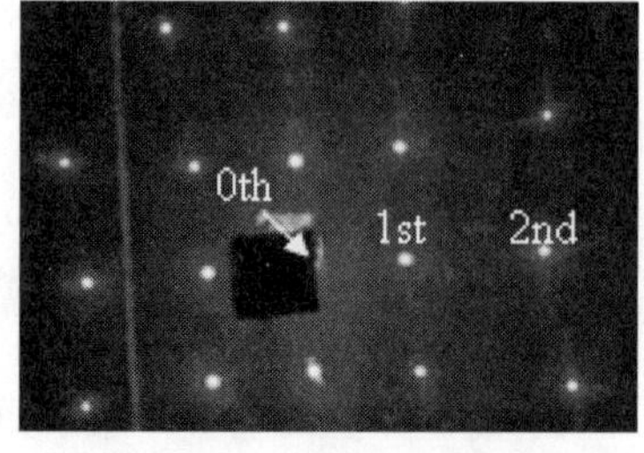

(a) Square lattice (antidot)

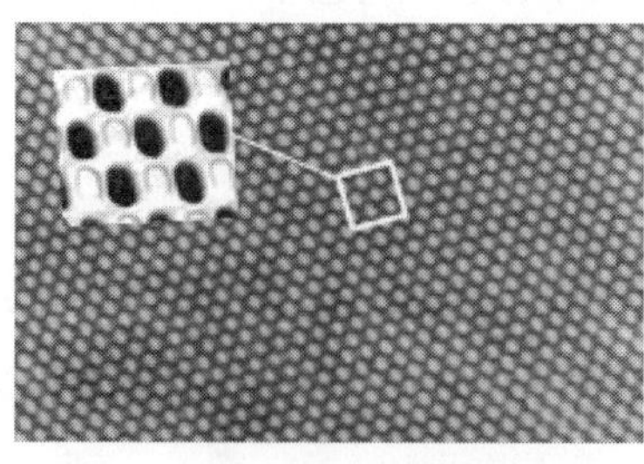

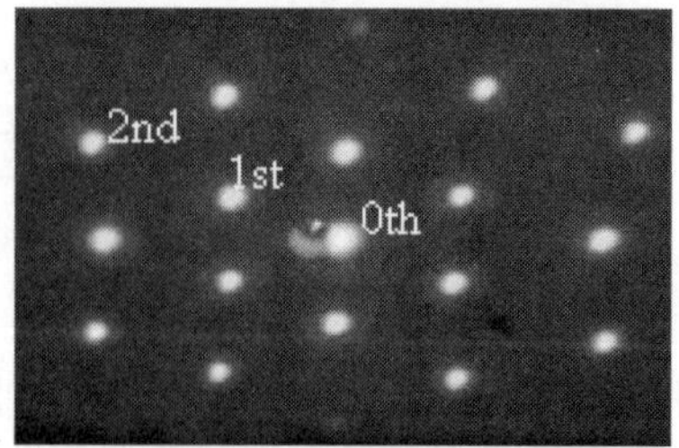

(b) Triangle lattice (antidot)

[그림 3.32] 이중 노광법으로 제작된 antidot 형태의 2차원 광자결정 배열 SEM 이미지 (a) 사각격자($\gamma=90°$) (b) 삼각격자($\gamma=60°$). 내부 작은 사진은 패턴의 AFM 이미지이고 오른쪽 사진은 각 패턴의 회절모양을 보여준다.

얻어진 삼각격자 결정이다. SEM 이미지 내부에 보이는 AFM 이미지로부터 antidot 및 기본격자 모양을 더욱 선명히 볼 수 있다.

또한, [그림 3.32]의 회절 패턴 모양에서의 각 점은 실격자를 푸리에변환한 역격자구조를 의미한다. 즉, 회절 패턴의 정보로부터 푸리에역변환을 하게 되면 실격자의 패턴을 계산하여 나타낼 수 있게 된다.

[그림 3.33]의 왼쪽 그림들은 노출 광량을 미세하게 제어하여 단일 및 이중노출 영역 모두를 현상시킨 경우 얻어진 dot 형태의 사각 및 삼각 기본 격자구조의 2D 광자결정 배열의 SEM 이미지이다. 오른쪽 그림들은 같은 패턴을 45° 회전해서 관찰한 이미지이다. 특히 [그림 3.33(b)]의 경우, dot 측면이 매끄럽지 못하고 물결 모양을 나타내고 있는 이유는 입사광과 기판으로부터의 반사광에 의해 생기는 정재파 효과(standing wave effect) 때문으로 평가된다. [그림 3.31]과 [그림 3.32]에서 보이는 패턴의 주기는 [그림 3.31]의 1D 격자의 것과 크게 다르지 않았다.

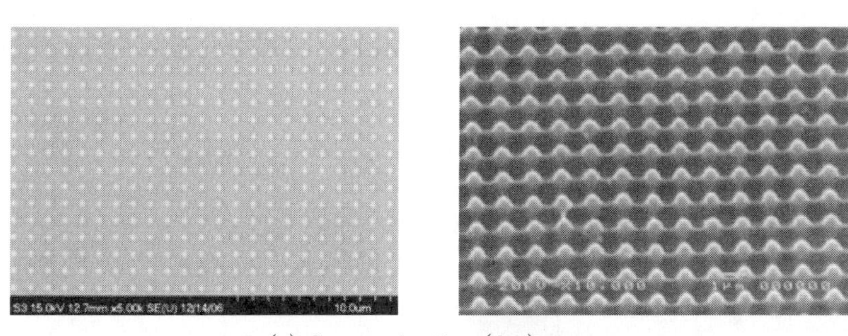

(a) Square lattice (dot)

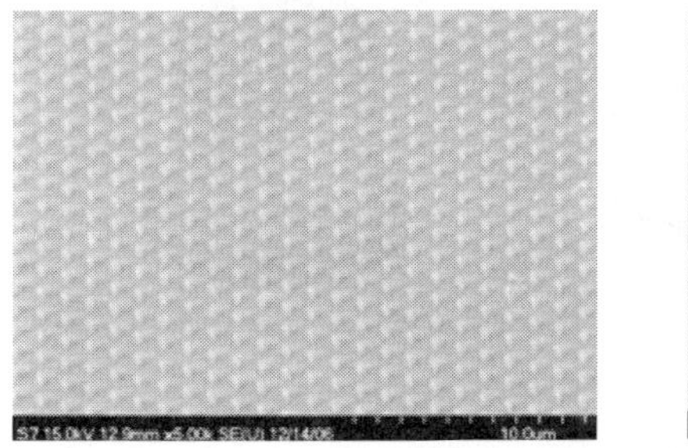

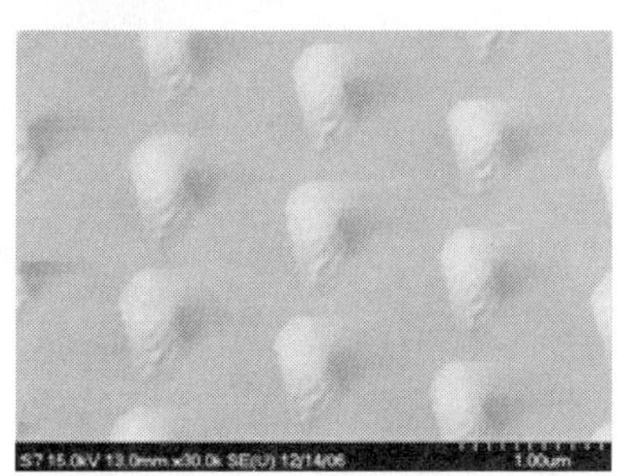

(b) Triangle lattice (dot)

[그림 3.33] dot 형태의 (a) 사각 및 (b) 삼각격자 구조의 2D 광자결정 배열에 대한 SEM 이미지. 오른쪽 그림은 45° 틸팅하여 찍은 이미지이다.

이상에서 살펴본 SEM, AFM 이미지와 같이 홀로-리소그래피에서 노광 시의 입사각도, 회전각도, 노출 광량 및 현상조건을 조절함으로써 원하는 주기, 충진율 및 dot 또는 antidot 형태의 기본격자 모양을 제작하는 것이 가능하다. 이러한 다양한 모양의 주기적 배열을 대면적으로 패터닝할 수 있다는 점은 현실적인 광자결정을 제작하여 응용하는 데 있어서 큰 장점이 될 것이다. 특히 이중 노광법은 레이저 빔을 대면적의 평행광으로 만들어 줄 수 있는 광학 기술과 광학 디자인만 갖춘다면 에칭 공정을 이용하여 특정 기판에 대면적의 2차원 광자결정 배열을 제작할 수 있다. 더욱이 이중, 삼중, 사중 등 다중 노광법을 이용하여 공간적으로 주기성을 제어할 수 있다면 최근 주목을 받고 있는 광자준결정(photonic quasicrystals)의 제작이 가능하며 다음 절에서 설명하도록 하겠다.

2 2D 광자준결정의 제작

[그림 3.34]는 2차원 광자준결정(PQCs: photonic quasicrystals) 제작에 사용한 시료 홀더의 개략도로 [그림 3.25]의 홀로그래피 장치에 적용하여 사용한다.

간섭 패턴 주기는 $\Lambda=\lambda/2\sin\theta$로 입사각을 조절함으로써 원하는 크기의 준결정 패턴의 제작이 가능하게 한다.

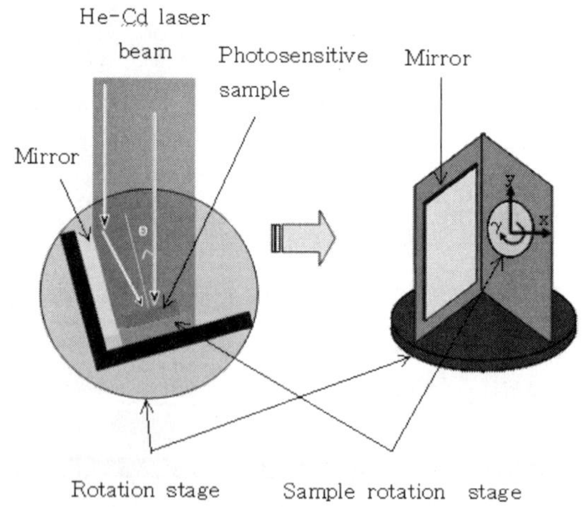

[그림 3.34] 다중노출 홀로그래피를 위한 θ 및 γ-rotation stage의 개략도

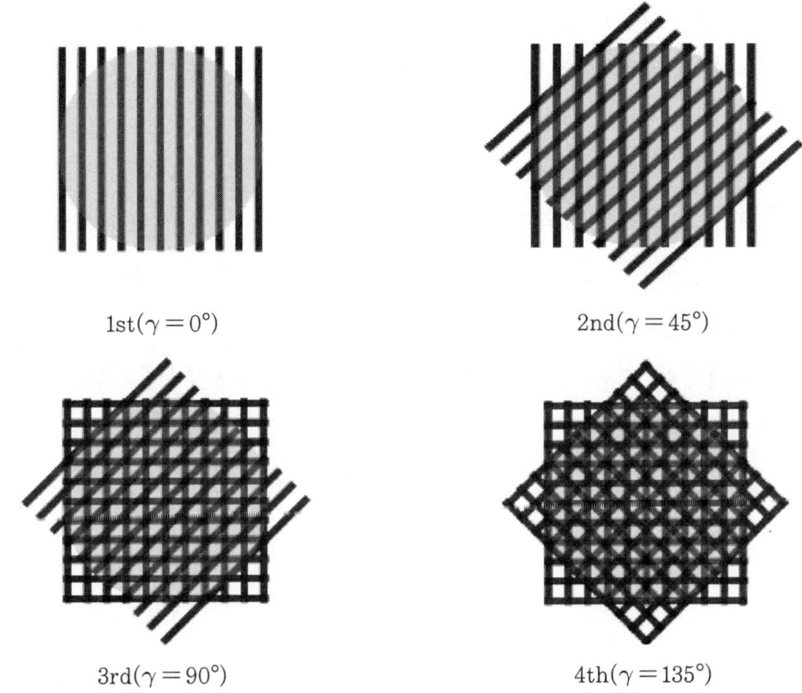

[그림 3.35] 4회 노광 시 각각의 노광에 따른 시료표면에서의 교차 간섭 패턴

[그림 3.35]는 다중 홀로그래피법을 이용하여 8-fold PQC 패턴 제작을 위해 4회 노광($\gamma=0°$, 45°, 90°, 135°로 유지)시킬 경우 각각의 노광 시 감광성 샘플 평면에서 교차될 간섭 패턴의 모습이다.

[그림 3.35]에서 보는 바와 같이 4개의 간섭 빔은 중심에서 가장 높은 세기로 조사되어 교차하며 감광성 샘플의 x, y 평면의 전체 영역에 걸쳐 중심 영역과 비슷한 조사가 동시 다발적으로 이루어진다. 감광성 샘플에 축적된 조사량은 각각의 단계에서 빔의 조사량을 합함으로써 얻어질 수 있는데 특정한 영역에서의 축적된 조사량은 매우 높을 것이며 다른 영역에서는 낮으며 일부 지역에서는 조사가 이루어지지 않을 것이다. 중심 영역의 최대 조사량은 각각의 빔의 파워와 노출시간을 조절함으로써 변경이 가능하다.

[그림 3.36(a)-(c)]는 HeCd 레이저 파워를 고정, 노광시간을 62, 67, 72초 동등하게 하여 $\gamma=0°$, 45°, 90°, 135°의 4회 홀로그래피 노출 후 현상된 8-fold PQC 패턴의 실제 SEM 이미지이다. 감광성 샘플의 회전각(γ)을 정밀히 조절함으로써 우수한 회전대칭성을 갖는 PQC 패턴을 제작할 수 있다. 또한, [그림

3.36]에서 보는 바와 같이 노광시간에 따라 서로 다른 충진율을 갖는 PQC 제작이 가능하므로 노광시간을 정밀 제어함으로써 원하는 충진율의 2D PQC를 제작할 수 있다.

[그림 3.37]은 기준 좌표로부터 시료회전각을 각각 36°와 30°씩 증가시키면서 5회 홀로그래피 노출($\gamma=0°$, 36°, 72°, 108°, 144°, 180°)과 6회 노출($\gamma=0°$, 30°, 60°, 90°, 120°, 150°, 180°)로 제작된 10-fold와 12-fold PQC 패턴의 SEM 이미지이다.

시료의 회전각을 증가시킴으로써 보다 높은 회전대칭성을 갖는다는 것을 알 수 있다. [그림 3.36(b)]와 [그림 3.37]의 경우 총 조사 시간은 250초로 같으며 시료를 1회 회전시킨 후 조사시키는 빔의 노광시간은 8-fold, 10-fold, 12-fold PQC 패턴 제작을 위한 노광 횟수만큼 나누어(8-fold~62초, 10-fold~50초, 12-fold~41초) 조사시켜 제작한다.

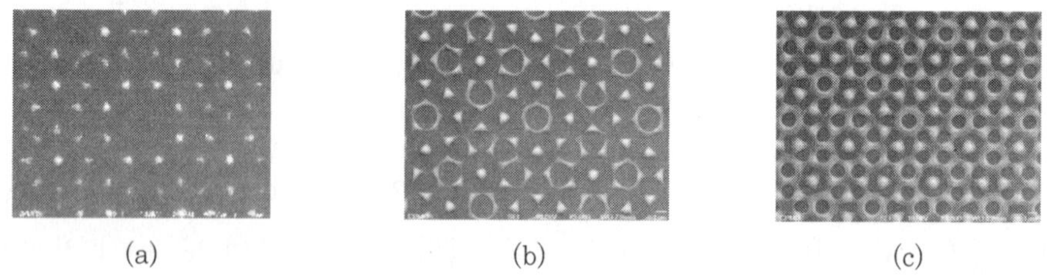

(a) (b) (c)

[그림 3.36] 노광시간 (a) 62초, (b) 67초, (c) 72초 4회 홀로그래피 노출($\gamma=0°$, 45°, 90°, 135°)시켜 제작한 8-fold PQC 현상패턴의 SEM 이미지

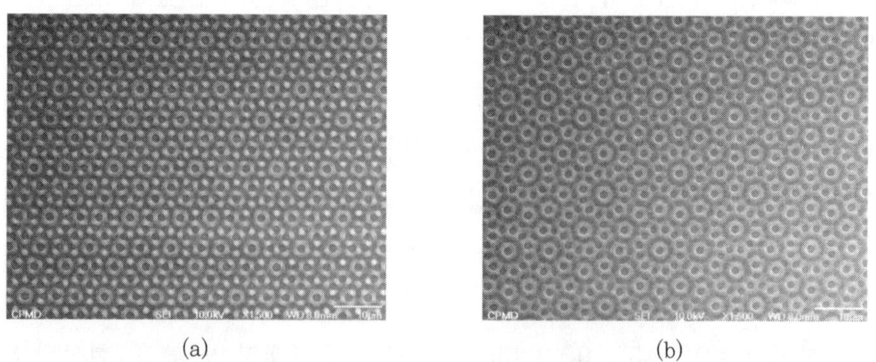

(a) (b)

[그림 3.37] (a) 10-fold와 (b) 12-fold PQC 현상패턴의 SEM 이미지

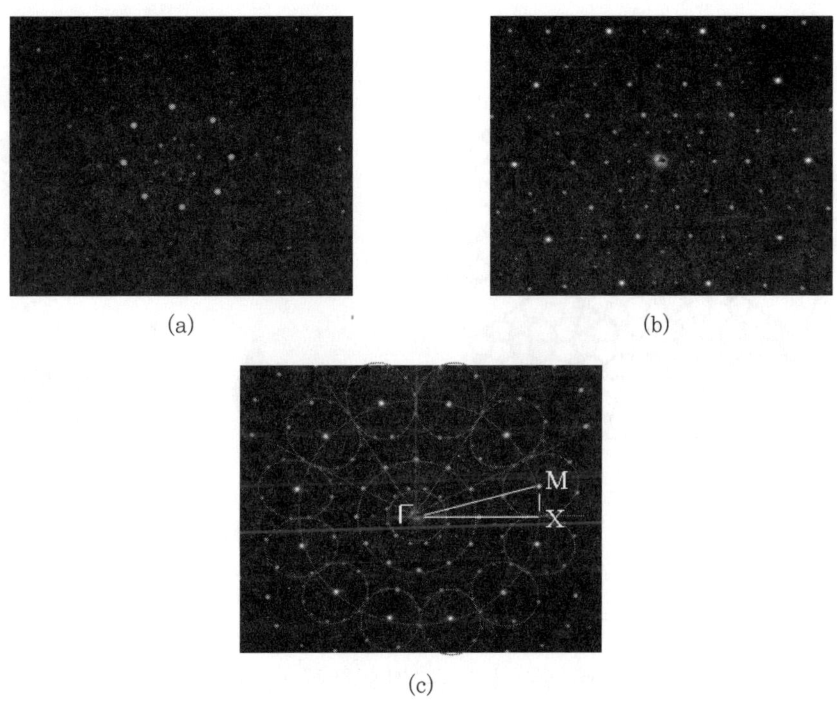

[그림 3.38] (a) 8–fold (b) 10–fold (c) 12–fold PQC 패턴의 회절 패턴

[그림 3.38]은 제작된 8–fold, 10–fold, 12–fold PQC 현상패턴에 632.8 nm 파장의 HeNe 레이저를 수직으로 입사시켜 반사되어 나오는 회절 패턴의 이미지이다. 제작된 PQC의 높은 회전대칭성으로 인하여 회절 패턴 또한 중심으로부터 서로 다른 세기의 spot series를 갖는 8, 10, 12–fold의 회전대칭을 나타냄을 알 수 있다. PQC의 회절 패턴은 선명한 점들로 구성되어 있다는 점에서 PC의 회절 패턴과 비슷하지만 PC는 병진대칭성을 보이는 반면 준결정은 병진대칭성보다 높은 회전대칭을 보여준다는 점에서 결정의 회절 패턴과는 확연히 구별된다.

비주기 타일링 기법을 이용하므로 광자결정과 마찬가지로 2D 광자준결정의 밴드갭 특성을 전산모사할 수 있다. 우리 주변에서 볼 수 있는 기하학적 패턴을 tiling이라고 부르며 비주기 타일링(aperiodic tiling)이란 평면을 오로지 비주기적으로 타일링하는 것을 말한다. 비주기 타일링을 이용한 광자준결정의 연구는 1998년 중국의 Y.S.Chan이 주기적이지 않은 광자결정 구조가 광자결정과 같이 PBG를 갖는지에 대해 연구함으로써 시작되었다.

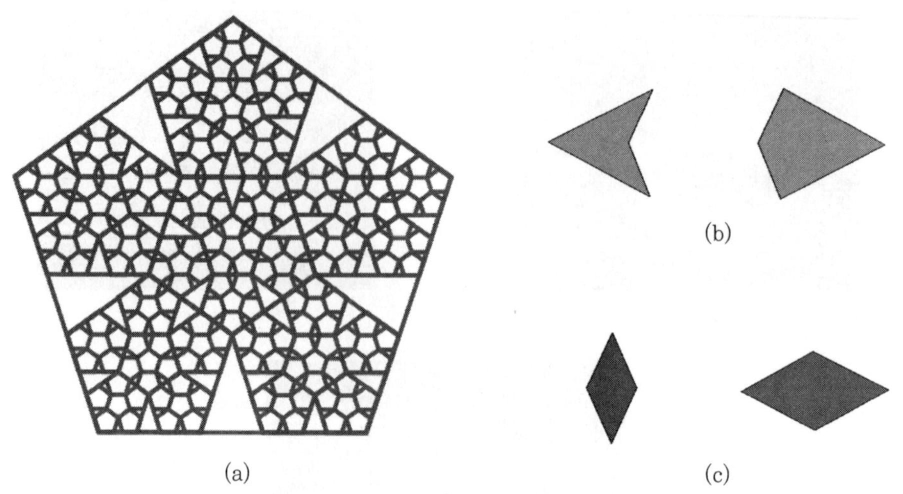

[그림 3.39] (a) 정오각형의 분할을 3번 반복한 형태 (b) 연과 표창 (c) 두꺼운 마름모와 얇은 마름모

비주기 타일링으로 가장 잘 알려진 타일링이 Penrose tiling이다. 정해진 크기의 정오각형의 각각의 각에 좀 더 작은 정오각형 다섯 개를 배치하여 놓으면 다섯 개의 정오각형의 꼭짓점이 서로 맞닿아 가운데에 여섯 번째의 정오각형이 생기게 된다. 이때, 작은 여섯 개 정오각형의 변의 길이에 대한 원래의 정오각형의 변의 길이의 비가 $((1+\sqrt{5})/2)^2$가 된다. 같은 방법으로 생겨난 작은 정오각형들을 좀 더 작은 정오각형으로 분할하는 과정을 반복할 수 있다. 그 과정을 세 번 반복한 것이 [그림 3.39(a)]이다.

Penrose는 이 과정에서 오각형들 사이에 나타나는 틈이 같은 형태 즉, 각이 36°인 뾰족한 못 모양임에 주목하였다. 그는 그 틈을 좀 더 작은 오각형과 비슷한 못 모양들로 분할하는 방법을 찾았는데 이는 결국 모양이 다른 여섯 개의 타일만 있으면 일반적으로 가능하다는 것을 알아냈다. 또한 Penrose는 inflation 과정을 거쳐 모양이 다른 여섯 개의 타일로 비주기 타일링을 만들어 냈다. 여섯 개의 타일들을 분해하고 재조합하여 [그림 3.39(b)]와 같은 모양이 다른 두 개의 타일 연(kites)과 표창(darts)과 [그림 3.39(c)]와 같은 두꺼운 마름모와 얇은 마름모로 한 타일링도 만들어 냈다.

[그림 3.40(b)]는 두꺼운 마름모와 얇은 마름모의 두 개의 타일을 이용하여 제작한 10-fold의 Penrose tiling을 보여준다. [그림 3.40(a)]는 8-fold의 광자준결정 설계에 가장 많이 쓰이는 45°의 예각을 갖는 마름모와 정사각형의 두 개의

타일을 이용하여 설계된 Ammann-Beenker tiling을 보여주며 [그림 3.40(c)]는 정삼각형과 정사각형을 이용하여 설계된 12-fold의 비주기 타일링을 보여준다.

[그림 3.40]은 부분적으로는 일정한 패턴이 반복되는 것처럼 보이지만 전체적으로는 반복되지 않는 비주기 타일링의 구조을 잘 보여준다. 이러한 비주기 타일링을 이용하여 제작된 PQC는 구조적으로 높은 회전대칭성을 갖기 때문에 밴드갭 또한 보다 넓고 등방성이며 광자결정이 광자밴드갭을 갖기 위해 요구되어 굴절률 대비가 최소 2인데 비해 광자준결정은 그보다 낮은 굴절률 대비를 갖는 물질에서도 광자밴드갭이 형성될 수 있다.

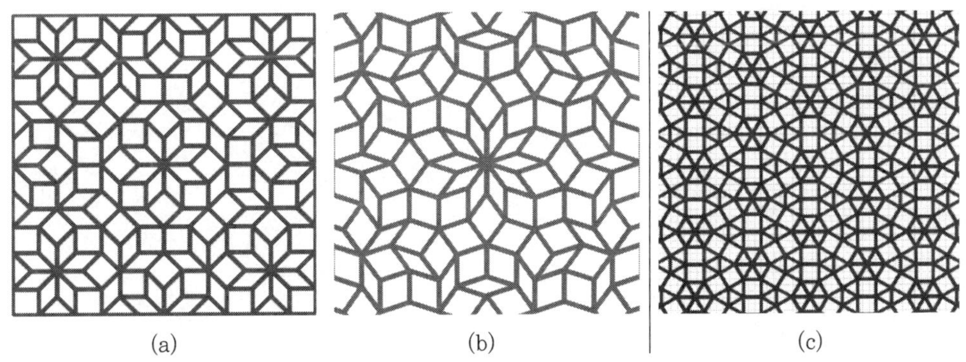

[그림 3.40] (a) 8-fold (b) 10-fold (c) 12-fold aperiodic tiling

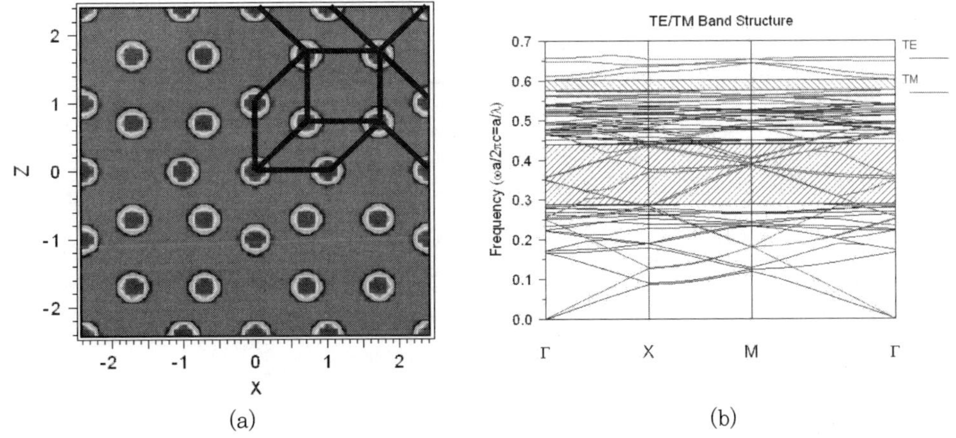

[그림 3.41] 공기 중 원주형 유전체가 배열된 8-fold 2D 광자준결정 구조와 모사된 광자밴드 다이어그램의 예

[그림 3.41(a)]는 8-fold의 Ammann-Beenker tiling을 이용하여 마름모와 사각형이 서로 교차하는 지점에 원주형 유전체를 배열한 2차원 광자준결정 구조를 보여주며 [그림 3.41(b)]는 공기 중에 r/a=0.2이고 원주형 Si(n=3.4)이 배열되었을 경우의, TM 모드와 TE 모드에 대한 광자밴드구조를 보여준다.

Chapter

04 2차원 광자결정 슬랩

이현용, 황인각, 김선경

1 광자결정 슬랩

광자결정의 가장 중요한 기능 중 하나는 특정한 공간에 빛을 가두는 것이다. 균일한 광자결정 내부에 광자결정의 주기성을 깨뜨리는 결함을 생성시켜 놓으면 그 결함 내부에 입사된 빛은 광자결정을 투과하지 못하고, 결국 결함구조 내에 갇히게 된다. 물론, 그 빛의 주파수는 광자결정의 밴드갭 내에 위치해야 한다. 이 개념을 [그림 4.1]에 나타내었다. (a)와 같이 선형 결함을 사용하면 이는 도파로로서 역할을 하게 되며, (b)와 같이 광자결정 내에 국소적 결함을 삽입하면, 이는 공진기로서 동작하게 된다. 이러한 개념을 적용하여 도파로나 공진기를 제작하려면 3차원 광자결정 구조가 필요하다.

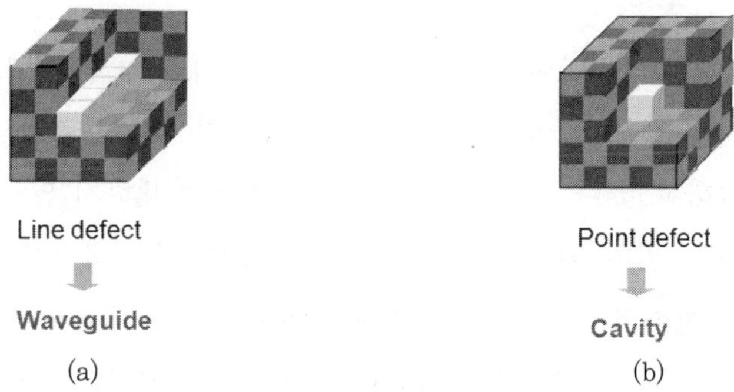

[그림 4.1] 3차원 광자결정 내에 (a) 선결함과 (b) 점결함을 삽입함으로써 구현되는 도파로와 공진기

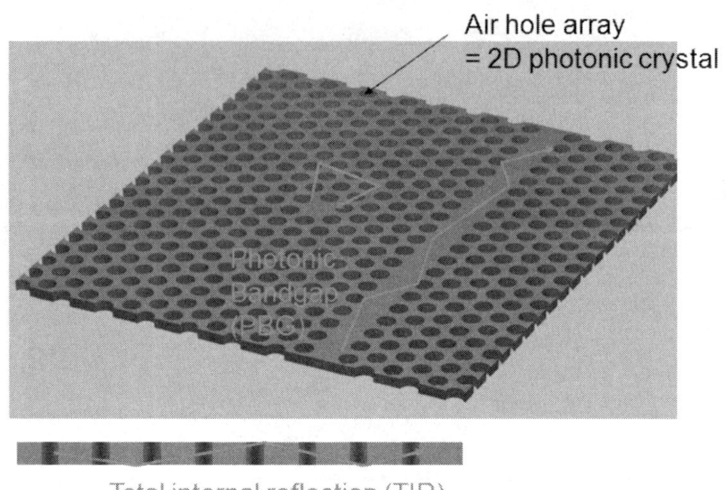

[그림 4.2] 광자결정 슬랩 내에 구현된 광자결정 공진기와 도파로. 수평방향으로는 광밴드갭에 의해, 수직방향으로는 전반사에 의해 빛이 포획된다.

비록 3차원 광자결정에 대한 많은 연구가 이루어지고 있지만, 아직도 그 실용성은 미약한 편이다. 따라서 많은 연구가들은 3차원 광자결정을 제작하지 않고도 3차원적으로 빛을 가둘 수 있는 방법을 궁리하게 되었고, 여기서 파생된 아이디어가 바로 광자결정 슬랩(slab)이다.

광자결정 슬랩의 기본구조를 [그림 4.2]에 나타내었다. 결정 내부에 점결함이나 선결함을 삽입하고 그곳에 빛을 입사했을 때, 수평방향으로는 광자결정에 의해 빛의 전파가 제한되고, 수직방향으로는 전반사에 의해 빛의 전파가 제한되도록 설계한다.

물론, 전반사 조건을 만족하지 못하는 빛에 대해서는 광 포획이 불가능하다. 이 점은 광자결정 슬랩 설계에 있어서 매우 중요한 부분으로서, [그림 4.3]에서 그 개념을 설명하고 있다. 일단, 광자결정 패턴이 존재하지 않는 균일한 유전체 슬랩을 가정한다. 빛의 파수벡터를 $\vec{k}$로 표현하고, 슬랩과 나란한 방향의 벡터 크기를 $k_{//}$로 표현하였다. 스넬의 법칙에 의하면, 슬랩 내부의 빛의 일부가 공기 중으로 빠져나갈 때, $k_{//}$의 성분 크기가 보존된다. 하지만, 슬랩 내부의 $k_{//}$가 너무 클 경우(입사각이 클 경우) 그에 해당하는 공기 중 $k_{//}$를 찾을 수가 없게 되며, 이런 경우 전반사가 발생한다. 다시 말해서, 슬랩 내부에 존재하는 빛의 k

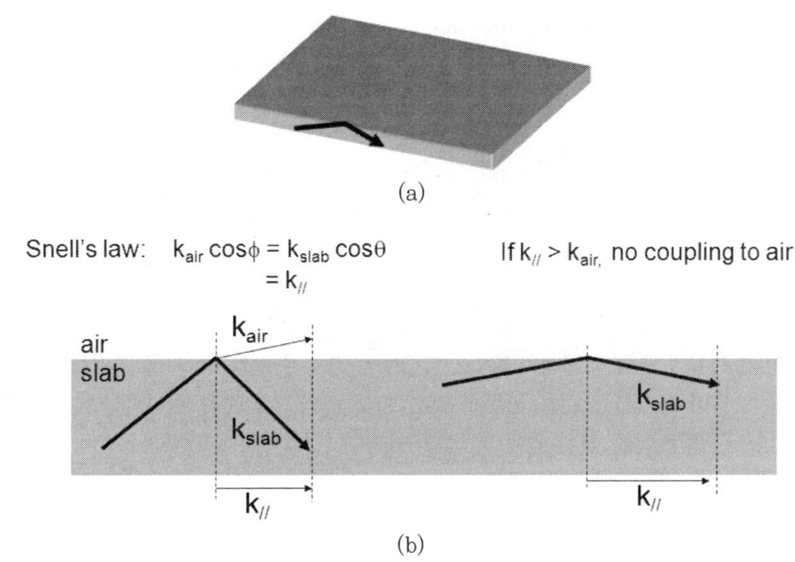

[그림 4.3] (a) 유전체 slab 내에서의 빛의 전파 (b) slab 단면에서의 빛의 파수벡터. 벡터의 수평 성분의 크기에 따라 전반사 여부가 결정된다.

성분들 중 $k_{//} > k_{\text{air}} = 2\pi/\lambda$를 만족하는 성분들은 공기 중으로 빠져나가지 않고 포획될 수 있다. 완전한 2차원 광자결정에서는 빛을 포획하는 데 있어서 밴드갭만 고려하면 되었지만, 2차원 광자결정 슬랩에서는 밴드갭과 전반사 조건을 동시에 만족시켜야 한다.

[그림 4.4]에서는 광자결정 슬랩에서의 band diagram을 보여준다. 중앙의 색띠가 밴드갭을 갖는 광 주파수 대역이다. 여기에 벡터의 수평 성분이 공기 중의 파수벡터와 같아지는 지점을 점선으로 표시하였다. 이를 light line이라고 부른다. 이 light line의 안쪽에 위치하는 빛들이 바로 전반사를 만족하는 빛들이다. 따라서, 회색으로 표현된 safe zone만이 광자결정 slab으로 포획할 수 있는 빛들이다. 도파로 모드이든, 공진기 모드이든, 이 영역 내에 들어온 빛들은 보존되며, 이 영역 바깥의 빛들은 손실을 경험한다.

광자결정 슬랩에서의 전반사 조건은 광자결정 소자 설계에 있어서 핵심적인 요소가 되며, 까다로운 문제들을 많이 야기한다. 하지만, 그럼에도 불구하고 3차원 광자결정 구조에 비해 쉽게 만들 수 있다는 장점 때문에 현재 대부분의 광자결정 소자들은 이러한 슬랩 구조를 기반으로 하고 있다.

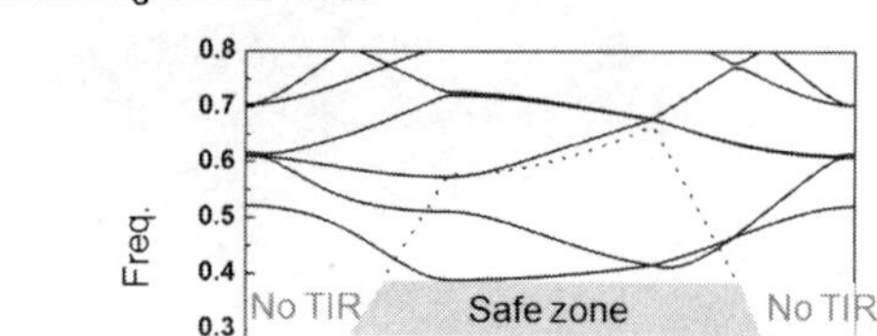

[그림 4.4] 광자결정 슬랩 내에서의 band diagram. 점선은 light cone을 가리킨다. 점선 영역 내부만이 전반사 조건을 만족하므로, 회색 영역의 빛만이 수직방향과 수평방향에 대해 모두 광손실을 겪지 않는다.

[그림 4.5]에서는 TE-like mode와 TM-like mode를 설명한다. 2차원 광자결정에서 TE 모드는 자기장의 수직 성분(H_z)이 항상 0이며, TM 모드의 경우는 전기장의 수직 성분(E_z)이 항상 0인 반면, 슬랩 구조에서는 슬랩의 중앙에서만 그러한 성질을 갖는다. 물론, 슬랩의 중앙에서 벗어나더라도 그 성분의 크기는 매우 작다. 그러므로 이를 TE-like mode, 또는 TM-like mode라고 부른다. 다시 말하면, TE-like mode에서는 H_z, E_x, E_y가 주성분이 되고, TM-like mode에서는 E_z, H_x, H_y가 주성분이 된다. 유전체 슬랩에 공기구멍을 배열하여 제작된 대부분의 광자결정 슬랩에서는 TE-like mode만이 밴드갭을 갖는다.

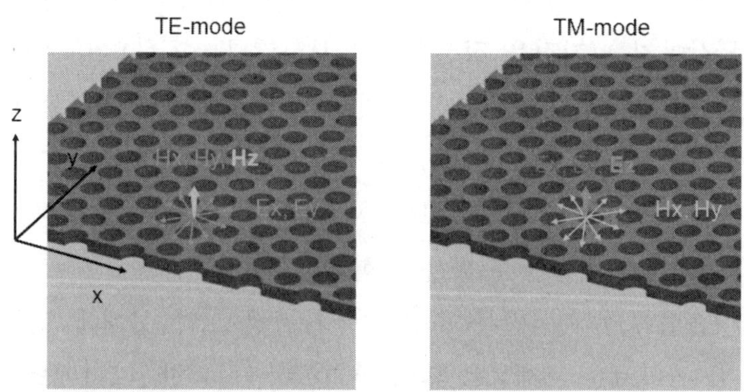

[그림 4.5] 광자결정 슬랩 내에서 정의되는 TE-like mode와 TM-like mode. TE-like mode에서는 슬랩의 중앙에서 E_z의 성분이 0이 되고, TM-like mode에서는 슬랩의 중앙에서 H_z의 성분이 0이 된다.

2 광자결정 도파로

2.1 전반사를 이용한 일반 도파로

광자결정 도파로를 논하기에 앞서, 먼저 일반적인 도파로의 경우를 생각해 보기로 하자. [그림 4.6(a)]는 굴절률 n_{cl}으로 이루어진 클래딩 위에 굴절률 n_{co}을 갖는 코어띠를 제작한 경우로서, 이러한 도파로를 진행하는 빛의 모드에 관한 band diagram을 나타내 보면 [그림 4.6(b)]와 같다. 회색 영역으로 나타낸 부분은 빛이 클래딩을 통해 전파되는 경우를 나타내며 회색 영역의 경계는 $\omega = \frac{1}{n_{cl}} ck_x$에 의해 결정된다. 한편, 점선은 ck_x를 만족하는 경계로서, 이를 light line이라고 부른다. 이 light line의 왼쪽에서는 클래딩 내에서 전반사 조건을 만족하지 못하고, 공기 중으로도 빛이 전파할 수 있다. 즉, light line의 왼쪽에서는 빛이 클래딩 내에 완전히 갇히지 못하고, 공기 중으로 빛이 빠져나가며, light line의 오른쪽에서는 빛이 클래딩 내에 갇혀서 광손실 없이 전파한다. 회색 영역의 오른쪽(백색 영역)에 나타나 있는 실선이 바로 코어 모드로서, 이는 $\omega \sim \frac{1}{n_{co}} ck_x$을 따른다. 이 경우엔 코어 내부를 통해 빛이 진행하게 되며 이 모드는 클래딩 모드로도, 공기 중 모드와도 겹치지 않으므로 광손실을 겪지 않는다.

즉, 광손실이 없는 도파로를 설계하기 위해서는 그 도파로의 분산곡선이 light line 아래쪽에 위치해야 하며, 동시에 클래딩 모드와 인접하지 않아야 한다는 점이 중요하다.

[그림 4.6(c)]는 도파로를 진행하는 모드의 전기장, 또는 자기장의 분포를 개략적으로 나타낸 것이다(길이방향으로 전기장/자기장의 부호가 교대로 바뀌면 나타난다). 이때 자기장/전기장의 크기는 빛의 진행방향에 대해 사인 함수로 주어지며, 이 함수의 주기는 k_x에 의해 결정된다. 즉, 길이방향으로 균일한 일반적인 도파로에서는 도파모드가 특정한 하나의 k_x 성분만을 갖는다.

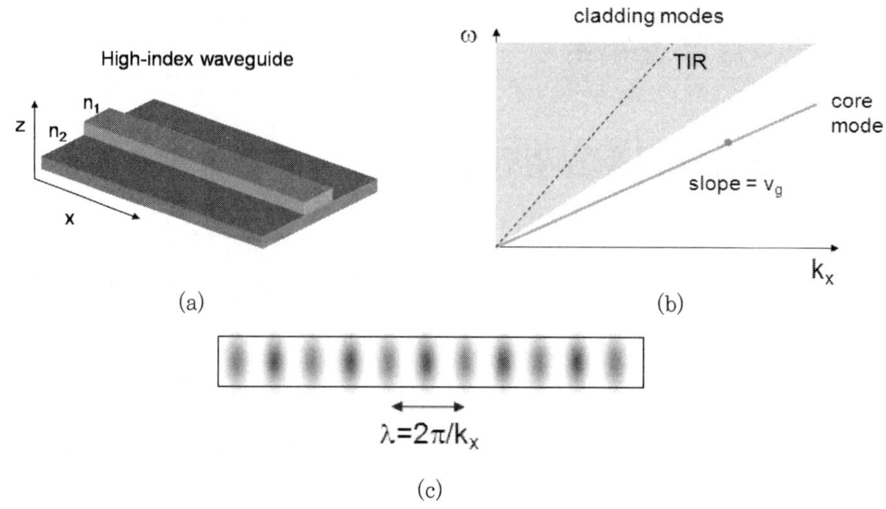

[그림 4.6] (a) 전반사를 이용한 일반적인 도파로의 구조
(b) 도파로의 band diagram(TIR: total internal reflection)
(c) 도파로 모드의 전기장 또는 자기장 분포의 예

2.2 광자결정 도파로의 분산

2차원 슬랩 광자결정 도파로의 대표적인 형태가 [그림 4.7(a)]에 나타나 있다. 주기적인 슬랩 광자결정에서 공기구멍의 한 줄을 메운 형태가 가장 널리 사용되고 있다. 이러한 구조에서 앞의 경우와 마찬가지로 band diagram을 구해 보면 [그림 4.7(b)]와 같은 결과를 얻는다. [그림 4.4]의 2차원 슬랩 bandgap의 k축을 k_x 성분으로만 다시 나타냄으로써 얻는다. 이를 밴드의 접힘(folding)이라고 부른다. 회색으로 나타낸 클래딩 모드의 맨 아래 경계는 [그림 4.6]의 경우와 비슷하지만, 주파수 0.23~0.34 범위에 클래딩 모드가 존재하지 않음을 알 수 있다. 이는 특정 방향(x-방향)으로 진행하는 모드에 관한 bandgap이다. 회색선은 선형 결함, 즉 도파로에 의해 전파되는 모드이다. 이 선의 일부는 클래딩 모드와 겹치며, 나머지는 bandgap 안에서 나타난다. 위에서 언급된 바와 같이, 클래딩 모드와 겹치지 않으면서 light line 바깥에 위치하는 점들에서는 광손실이 발생하지 않아, 진정한 도파모드로서 사용 가능하다. 광손실이 존재하지 않는 영역에서 A, B, C 세 점에 대한 모드(H_z) 분포를 계산해 보면 [그림 4.7(c)]와 같다. 모드 분포를 잘 살펴보면, x 방향에 따른 H_z 성분의 변화는 순수한 사인 함수가 아니다.

이는 이 모드의 k_x 성분이 하나로 주어지지 않는다는 의미이며, 결국 제3장에서 논의된 바와 같이, $k_x \pm 2m\pi/a$의 여러 성분을 포함하고 있음을 나타낸다. 다시 말해서, [그림 4.7(b)]에 나타난 k_x는 그 모드를 대표하는 하나의 성분일 뿐이다.

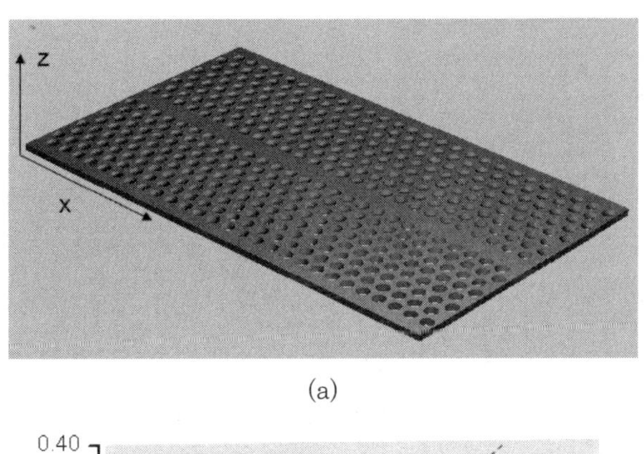

(a)

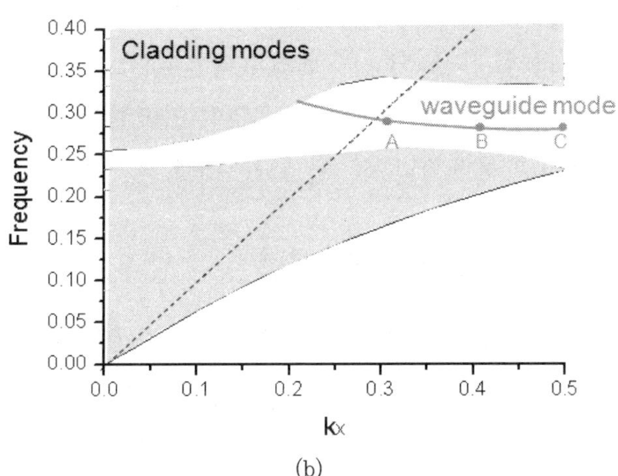

(b)

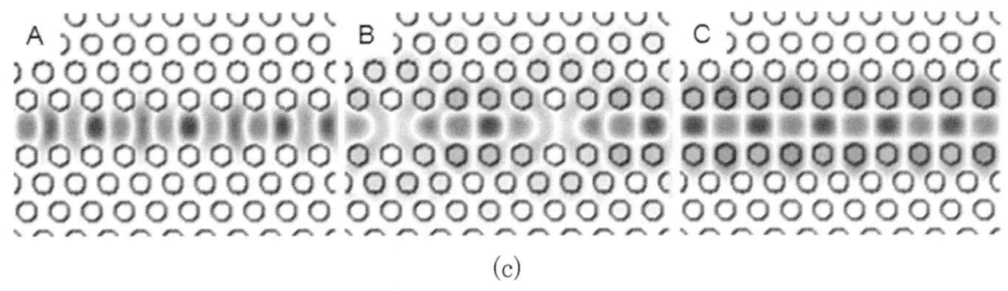

(c)

[그림 4.7] (a) 광자결정 도파로
(b) 도파로의 band diagram
(c) 서로 다른 주파수광에 대한 모드(A, B, C)의 자기장(H_z) 분포

광자결정 도파모드의 또 다른 특징 중의 하나는, 모드의 분산값이다. $\omega-k$ diagram에 나타난 도파모드 곡선에서 위상속도(v_p, phase velocity)와 군속도(v_g, group velocity)는 다음과 같이 정의된다.

$$v_p = \frac{\omega}{k}$$

$$v_g = \frac{d\omega}{dk} \tag{4.1}$$

즉, 도파모드 곡선에서 국소 기울기를 취하면 이는 군속도(group velocity)가 된다. [그림 4.6(b)]의 일반 도파로의 군속도는 빛의 주파수에 관계없이 거의 일정한 값을 갖는다. 반면, [그림 4.7(b)]에서는 빛의 주파수에 따라 그 기울기의 변화가 매우 크며, 특히, $k_x \sim 0.5$인 부근에서는 그 기울기가 0에 가까워진다. 즉, 군속도가 0에 가까워진다. 이런 특성을 이용하면 광결정 도파로 내에서 광펄스를 매우 느리게 전송할 수 있다. 실제 실험적으로 이 영역의 파장을 갖는 광펄스를 전송시켰을 때, 펄스의 진행속도가 c/1000 이하임을 관측한 보고결과도 있다. 이는 광자결정 도파로에서만 볼 수 있는 매우 독특한 현상이다.

2.3 광자결정 도파로의 모드 패턴

[그림 4.7(c)]의 모드 패턴은 slab의 중앙면(z=0인 평면)에서 본 H_z 성분을 나타낸 것이다(slab의 중앙에서 H_x, H_y 성분은 모두 0이다.) [그림 4.8(a)]에는 $k_x = 0.45$에 해당하는 모드의 H_z 분포를 나타냈으며, (b)에는 전기장 E_x, E_y를 나타내었다(slab의 중앙에서 E_z=0이다.) 색코드 및 화살표의 길이는 전기장의 크기를 나타내며, 화살표의 방향이 바로 전기장의 방향이다. 일반적인 도파모드와 달리 매우 복잡한 분포를 나타내는데, 이러한 모드 분포는 외부광과의 결합을 고려할 때 매우 중요한 요소로 작용한다.

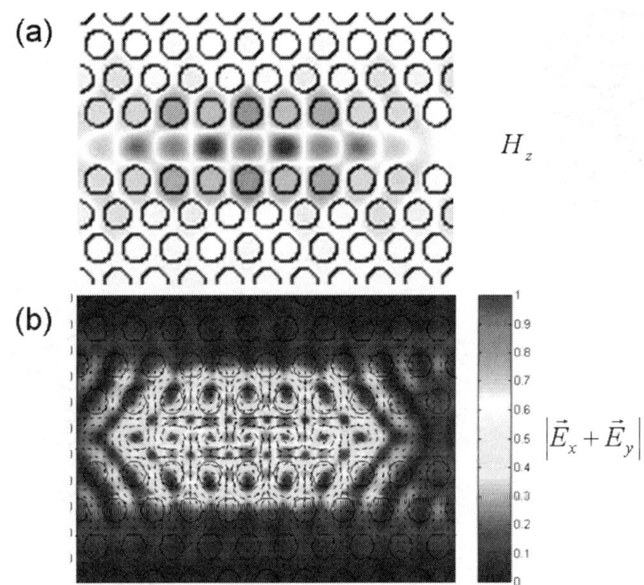

[그림 4.8] (a) z=0 평면에서 본 H_z 성분의 분포
(b) z=0 평면에서 본 E_x, E_y의 분포

2.4 다양한 구조의 광자결정 도파로

지금까지는 2차원 광자결정 slab 구조에서 공기구멍을 메움으로써 형성된 도파로를 다루었지만, 이 외에도 작은 공기구멍을 뚫거나, 반대로 더 큰 공기구멍을 뚫음으로써 도파로를 형성할 수 있다. [그림 4.9]에서는 도파로 내의 공기구멍 크기에 따른 분산곡선의 변화 및 자기장 분포의 변화를 나타내고 있다. 이 계산은 평면파 전개 방법(PWE: planewave expansion method)을 사용했으며, 그 프로그램은 MIT에서 개발되어 현재 MPB(MIT Photonic Bandgap)라는 이름으로 웹상에 공개되어 있다.

[그림 4.9]의 (a)는 계산에 사용된 도파로의 구조를 나타낸다. 클래딩의 공기구멍의 반경은 $0.3a$로 했으며, 여기서 a는 결정의 주기를 나타낸다. (b)는 $r' = r$인 경우, 즉, 코어가 없이 클래딩만 존재하는 경우로서, 분산곡선이 존재하지 않는 영역인 밴드갭 영역을 발견할 수 있다. 클래딩 모드가 존재하는 부분에는 무수히 촘촘한 분산곡선이 존재해야 하지만, 계산 구조에 포함된 클래딩의 크기가 제한된 이유로 유한한 개수의 곡선만이 나타나게 된다(이는 PWE 계산 결과의 특징이다).

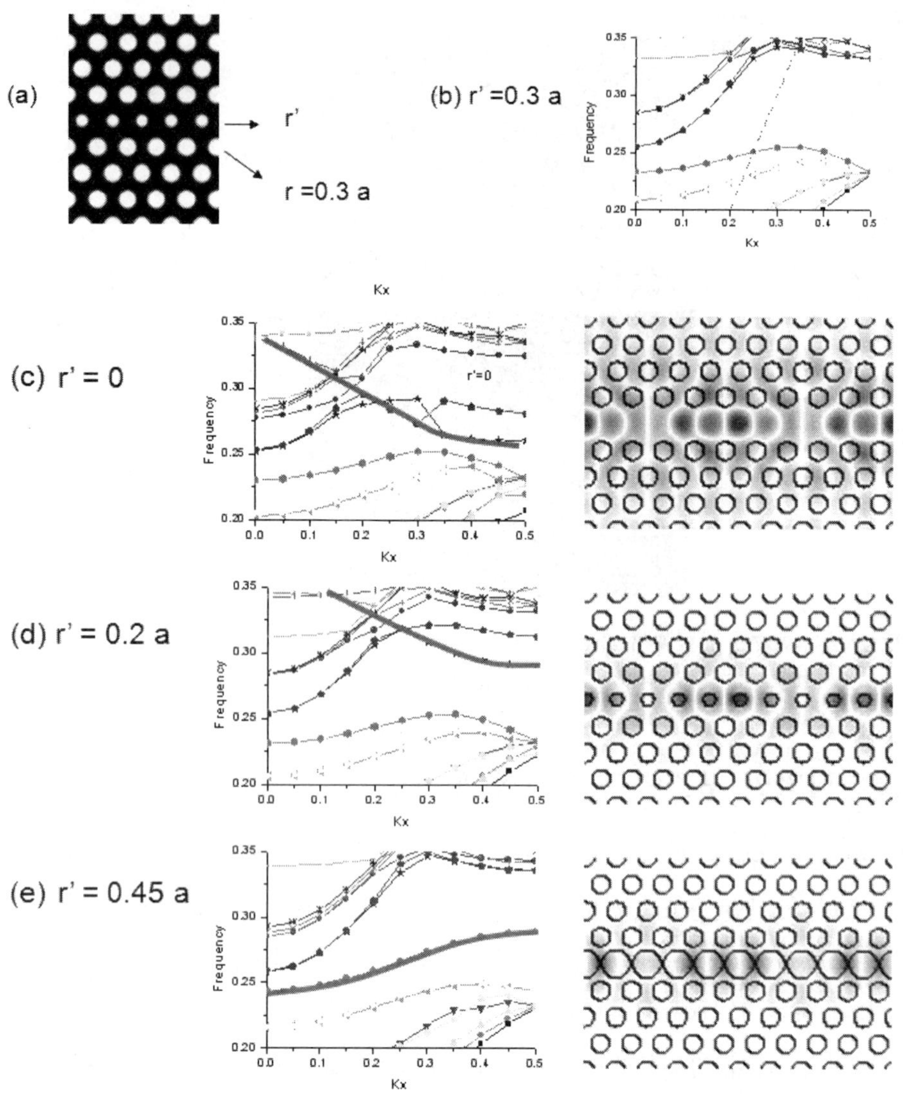

[그림 4.9] 도파로의 공기구멍 크기에 따른 분산 및 자기장 분포의 변화 (a) 계산 구조 (b) 도파로가 존재하지 않는 경우 (c), (d), (e) 서로 다른 구멍 크기를 갖는 도파로의 경우

(c)에서는 앞에서 보았던 바와 같이 코어 내의 공기구멍이 모두 막혀 있는 경우의 분산곡선을 보여준다. 밴드갭 내에 존재하는 또 하나의 모드 곡선은 고차모드로서, H_z의 부호가 코어의 중앙(y=0 평면)을 중심으로 반대칭인 모드이다. (d)는 코어 중앙에 작은 크기의 공기구멍을 갖는 경우로서, (c)에 비해 모드의 위치가 위쪽(주파수가 높은 쪽)으로 이동한 양상을 보인다. 이는 마치 코어를 구성하는 물질의 평균 굴절률이 낮아진 효과와 유사하다. (e)에서는 반대로 코어 내부

에 클래딩보다 더 큰 공기구멍이 존재한다. 이때는 (c)에서 보았던 모드가 더 위쪽으로 상승하여 클래딩 모드 내부로 사라지고, 대신 아래쪽 밴드 내에 존재하던 클래딩 모드 하나가 상승하여 밴드갭 내로 들어오게 된다. 이 때문에 (d)와 (e)의 모드들은 서로 그 근원을 달리하며 따라서 분산값도 매우 다르다.

3 광자결정 공진기

3.1 공진기의 형성

2차원 광자결정 slab에 있어서, 공진기를 형성하는 방법은 매우 간단하다. 주기적인 공기구멍을 가진 광자결정 구조에 일부 변형(defect)을 주어 그곳에 광자가 갇힐 수 있도록 유도하는 것이다. [그림 4.10]에는 그러한 예들이 나타나 있다. 이 중 선형 결함을 갖는 공진기는 일반적으로 흔히 보는 Fabry-Perot 공진기와 유사하다. 이 공진기 내부에서 진동할 수 있는 안정한 모드는 크게 두 가지 조건을 만족해야 하는데, 첫째는 공진파장이 광자결정의 광밴드갭 내부에 있어야 한다는 것이며, 둘째는 공진기 길이가 공진기 내부에서의 반파장의 정수 배가 되어야 한다는 것이다. 공진기 내부에서의 반파장을 결정하는 것이 바로 분산이며, 따라서 앞에서 논의한 도파로의 분산곡선으로부터 그 값을 구할 수 있다.

만일 공진기 구조가 선형이 아닌 2차원 구조를 갖는다면, 공진모드를 구하는 것은 쉽지 않다. 이 경우엔 전산모사 기법에 의지해야 하며, 흔히 FDTD 기법이

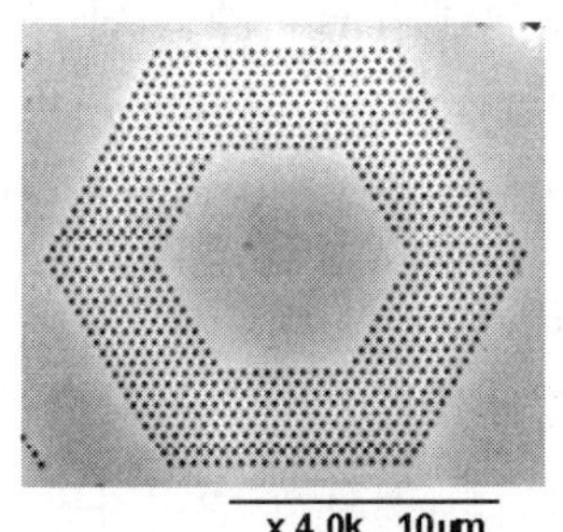

(a) Large defect

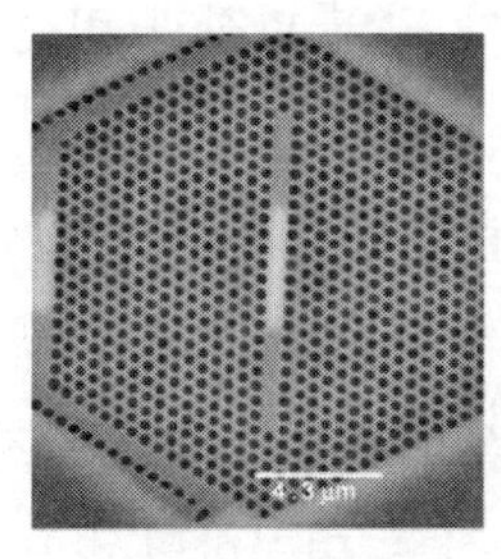

(b) Linear defect

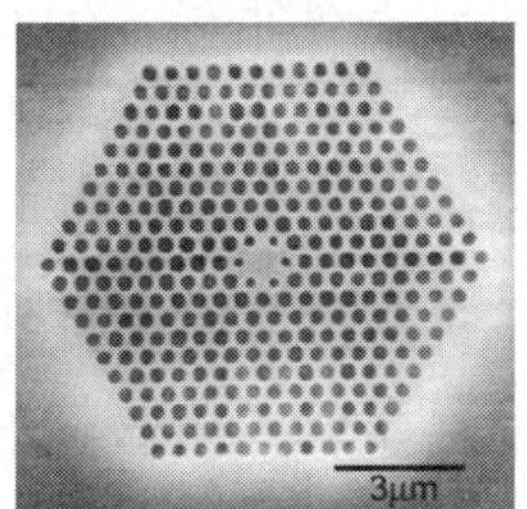

(c) Single defect

[그림 4.10] 다양한 결함(공진기 형태)을 통해 구현되는 광자결정 공진기

널리 사용되고 있다. 공진기의 구조가 클수록 내부에 존재 가능한 공진모드의 수는 늘어난다. 본 절에서는 [그림 4.10(c)]와 같은 단일결함(또는 단일세포, 하나의 막힌 구멍으로 이루어졌음을 뜻함)을 갖는 공진기를 주로 다루기로 한다.

3.2 단일세포 공진기의 공진모드

공진기 내에서 모드가 형성되기 위한 필요조건인 정상파(standing wave) 관계를 떠올린다면, 자연이 허용하는 가장 작은 공진기의 크기는 대략 $(\lambda/2n)^3$ 정도 될 것으로 추정할 수 있다. 고전적으로 빛을 정해진 공간 내에 가두기 위한 기작(mechanism)으로 크게 간섭과 전반사를 들 수 있다. 지금까지 논의한 광자결정 구조는 기본적으로 간섭현상을 이용한 광구속(light confinement) 방법으로, 주기적으로 배열된 단위세포(unit cell)마다 발생하는 굴절파와 반사파의 위상이 상쇄간섭(destructive interference)을 일으킬 때, 광밴드갭이 형성된다. 이와는 달리 전반사 효과는 빛이 굴절률이 높은 매질에서 낮은 매질로 진행할 때 임계각(critical angle)보다 큰 입사각도에서 빛이 100% 반사하는 현상을 이용하는 것으로, 대표적인 예로 미소구(microsphere) 혹은 미소원반(microdisk)에서 형성되는 '속삭이는 회랑모드(whispering-gallery mode)'를 들 수 있다. 광자결정 공진기와 비교하여, 전반사를 이용한 공진기는 단순히 원 또는 구(球) 하나로 구성되어 있으므로 기하학적으로 이해가 쉽고, 제작 역시 어렵지 않다는 장점이 있다. 또한, 공진기의 크기에 지수적으로 비례하여 품위값(quality factor)이 커지기 때문에, 품위값과 모드부피의 상대적 비가 중요한 분야에서는 오히려 요긴하게 활용될 수 있다. 하지만, 곡률이 있는 원형 구조에서 일어나는 전반사 효과의 특성상 공진기의 크기가 빛의 파장과 비슷한 영역에 도달하게 되면, 광손실이 급격하게 증가하게 되며, 이는 최소 크기의 레이저 제작을 어렵게 하는 원인이다. 하지만, 광자결정의 출현은 그동안 인간이 접근하지 못했던, 빛의 파장과 견줄 수 있는 크기의 공진기 설계를 가능하게 만들었다.

광자결정 공진기는 박막구조의 경우 2차원 광자결정 구조체의 중앙에 위치한 공기구멍을 원래의 유전체 물질로 대치하면서 만들어진다(정확히 말하자면, 전자빔이 단일결함(single defect)에 해당하는 부분만 건너뛰는 과정이다). 빛을 낼 수 있는 반도체 매질 내에 광자결정을 도입하게 되면, 반도체로부터 발생된 빛이 수평방향으로는 광밴드갭 효과, 수직방향으로는 전반사 효과에 의해 단일세포 내에 갇혀 있게 된다. 이때, 공진기의 품위값이 충분히 크다면 이득과 손실 관계에 의해 광자결정 단일세포 레이저가 만들어진다.

단일세포 레이저 설계에 있어서 먼저 파악할 사항들은 단일세포 공진기가 가질 수 있는 공진모드와 각 공진모드의 성질을 규명하는 일이다. 비록, 단일세포 공진기의 크기가 빛의 반파장 정도에 이를 정도로 매우 작기는 하지만, 구조가 가지는 회전대칭성(rotational symmetry)으로 인해 다양한 모드가 존재하게 된다. 각 모드들은 근접장(near field), 먼장(far field), 품위값(quality factor) 등에 있어서 서로 다른 특성을 가지고 있다. 가령, 삼각격자(triangular lattice)의 경우 60° 대칭을 가지는 구조적 성질로 인해 총 네 종류의 기본 모드를 가지고 있다([그림 4.11], [그림 4.12]). 각 모드들은 회전대칭성에 따라 홀극모드(monopole mode), 이중극자모드(dipole mode), 사중극자모드(quadrupole mode), 육각모드(hexapole ode) 등으로 명명한다. 각 모드의 회전대칭성은 자기장의 z-방향(박막에 대해 수직방향) 성분을 나타낸 [그림 4.11]에서 잘 드러난다. 모드의 자기장 분포에 관한 대칭 정보는 홀-짝(parity)을 고려해야 하는 결합(coupling) 문제나

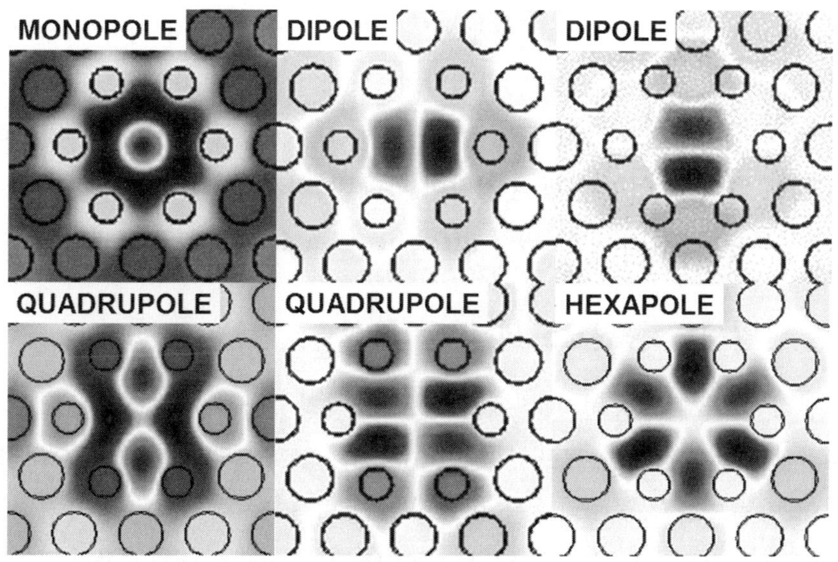

[그림 4.11] 삼각격자 광자결정 단일세포 구조에서 발견되는 기본 모드. z-방향의 자기장 성분(H_z)을 나타내며, 적색과 청색은 π의 위상 차이를 의미한다.

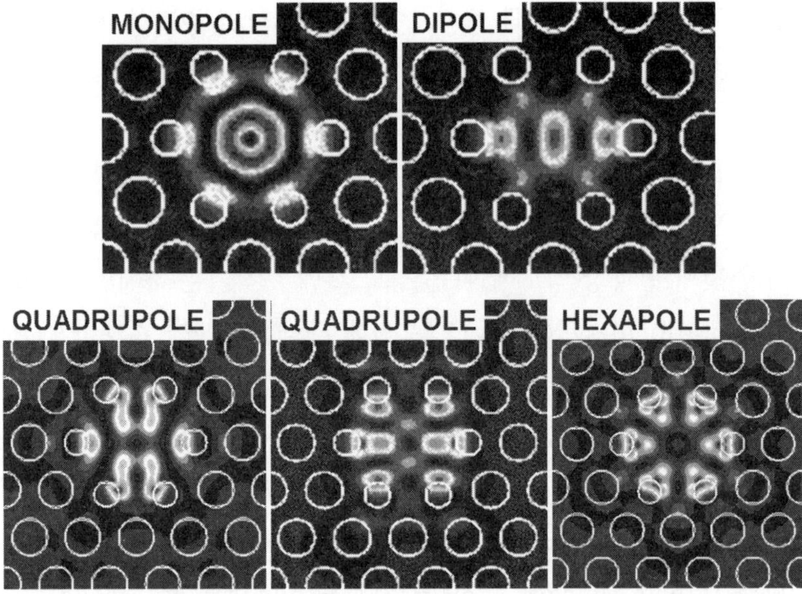

[그림 4.12] 각 모드의 전기장세기 분포를 나타낸 그림. 적색 부분이 전기장이 강하게 분포된 영역을 가리킨다. 육각모드의 경우 전기장이 공기구멍 주위에 집중되어 있어 공기구멍의 변형 정도에 모드의 물리적 성질들이 큰 영향을 받을 것으로 예상할 수 있다.

먼장 영역에서 방향성을 유추하는 데 있어서 유용하다. 이에 반해, 각 모드의 전기장세기(electric-field intensity) 분포는 [그림 4.12] 레이저 제작에 있어서 이득매질과 모드 사이의 중첩 정도를 판별할 때 필요하다. 일반적으로, 공기구멍 근처에 전기장의 세기가 강하게 분포할수록 공진주파수, 품위값, 먼장 등이 제작의 미세한 오차에 의해 큰 영향을 받는 경향이 있다. 따라서, 전기장 분포에 관한 정보를 통해 각 모드의 '제작에 대한 민감성(fabrication tolerance)'을 파악할 수 있다.

3.3 단일세포 공진모드의 먼장 특성

광자결정 단일세포 공진기 내에는 구조의 대칭성에 따라 다양한 모드가 존재하므로, 실험에서 관찰한 모드를 확인(identification)하는 일이 필요하다. 가장 고전적인 방법으로 공진주파수를 비교하는 방법을 들 수 있다. 광자결정 공진모드의 경우, 각 모드의 공진주파수는 주기(lattice constant), 공기구멍의 크기 등에 의해 결정되므로 [그림 4.13(a)] 실험과 이론의 상호 비교를 통해 실험에서 관찰한 모드가 실제로 어떤 모드에 해당하는지 말할 수 있다. 하지만 공기구멍 크기와 같은 구조적 인자를 정확하게 측정하는 것에 한계가 있고, 제작 시 발생하는 공기구멍의 불균일함 등을 있는 그대로 고려하는 것이 어렵기 때문에 이 방법은 오차가 따르기 마련이다. 이는 그만큼 광자결정 공진모드가 주위 환경에 대해 민감하게 반응한다는 사실을 역으로 입증한다. 또한, 특정 구조에서는 서로 다른 두 모드의 주파수가 매우 가까이 있거나 혹은 겹치는 상황까지 발생하기 때문에 공진주파수의 상호 비교가 필요 충분한 방법은 될 수 없다. 모드를 확인하는 다른 방법으로 근접장 주사현미경(NSOM: Near Field Scanning Optical Microscope)을 이용한 근접장 조사가 있다. 실례로, K. Okamoto는 이중극자모드 레이저의 근접장을 측정한 바 있다. [그림 4.13(b)] 근접장 실험을 통해 가운데 밝은 점(antinode)을 중심으로 두 개의 어두운 점(node)이 대칭적으로 나타나는 전기장 분포를 관찰하였다.

이 장에서는 광자결정 단일세포 공진모드를 검증하기 위한 다른 방법으로 먼장(far field) 측정을 제안한다. 먼장 결과가 근접장을 이루는 전기장과 자기장의 벡터 성분에 의해 구성될 수 있다는 점을 상기한다면, 각 모드마다 상이한 먼장 패턴을 가질 것으로 예상할 수 있다. 먼장 측정은 각 모드의 정체를 밝히는 데 도움을 줄 뿐 아니라, 각 모드의 방향성을 알 수 있다는 이점이 있다.

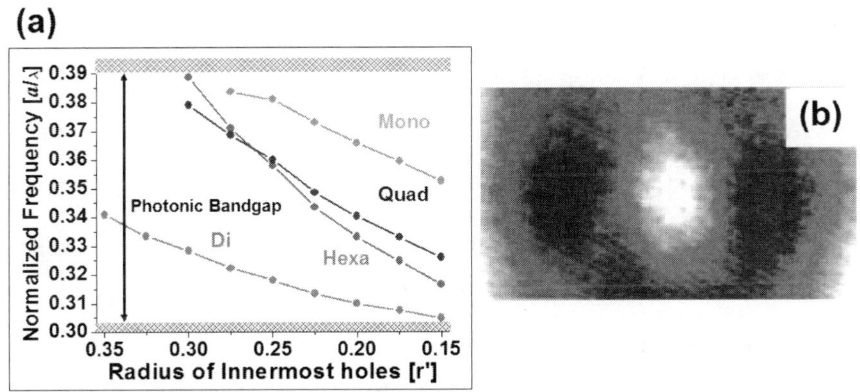

[그림 4.13] (a) 단일세포에서 가장 가까운 위치에 있는 여섯 개의 공기구멍(r′)의 크기에 따른 각 기본모드의 공진주파수 변화
(b) 이중극자모드 레이저의 근접장 무늬

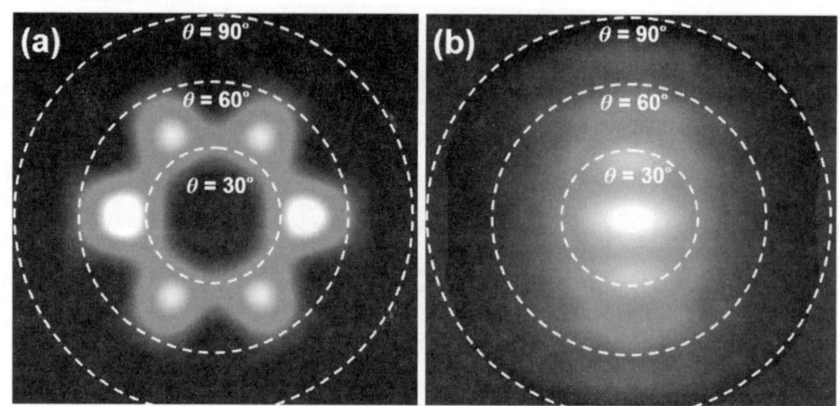

[그림 4.14] FDTD 전산모사를 통해 구한 육각모드(a)와 이증극자모드(b)의 먼장 결과. 육각모드의 경우 수직방향의 방사가 존재하지 않으나, 이중극자모드의 경우 수직방향으로 강한 방사가 일어남을 알 수 있다.

FDTD 전산모사를 통해 구한 기본 단일세포 모드의 먼장 결과를 살펴보면, 크게 수직방향의 방사가 없는 모드와 수직방향에서 가장 강한 방사가 이루어지는 모드로 나눌 수 있다([그림 4.14(a), (b)]). 전자의 대표적인 예로 육각모드를 들 수 있는데, 방사가 전혀 이루어지지 않는 수직방향을 중심으로, 여섯 개의 밝은 점이 $\theta \sim 45°$ 근처에 위치하고 있음을 알 수 있다. 반면, 이중극자모드의 경우, $\theta = 0°$ 즉, 정확히 수직방향에서 가장 강한 방사가 관찰된다. 서로 다른 양상을 띠는 두 모드의 먼장 결과는 기본적으로 전기장 배치의 대칭성 분포에서 기인한다. 박막 중간 부분에서 자른 면의 전기장 분포(E_x, E_y)에 대해 벡터 합을 취한 결과를 살펴보면, [그림 4.15(a), (b)] 육각모드의 경우 전기장의 편광이 대칭적으로 배열되어, 수직방향에서 서로 상쇄간섭을 이루게 되나, 이중극자모드의 경우 편광의 합이 한 방향으로 치우치게 되므로, 수직방향의 강한 방출을 기대할 수 있다. 이와 같은 결과는 수직단면의 전기장세기 분포로부터 다시 확인할 수 있다. [그림 4.15(c), (d)]

기타 다른 공진모드에 대해서도 FDTD 전산모사를 통해 먼장 결과를 산출하였다. [그림 4.16] 각 모드에 따라 구별되는 먼장 무늬를 가지고 있음을 알 수 있다. 하지만, 한 가지 공통점을 발견할 수 있는데, 이중극자모드를 제외한 모든 모드에 대해, 먼장 영역에서의 수직방향의 방사가 없다는 사실이다. 이는 앞서 밝힌 대로, 이중극자모드만이 전기장 분포의 균형이 이루어지지 않기 때문이다.

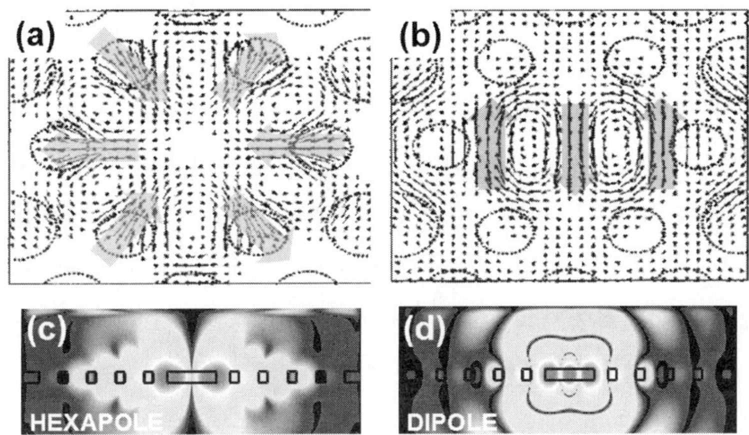

[그림 4.15] 박막 수평 단면에서의 전기장 분포의 벡터 합과(a, b) 수직 단면에서의 전기장세기를 나타낸 그래프(c, d). 육각모드의 경우 전기장 분포를 여섯 개의 벡터로 나타냈을 때 서로 상쇄간섭을 이루는 반면에, 이중극자모드의 경우 세 벡터의 합이 하나의 방향을 가리키게 된다.

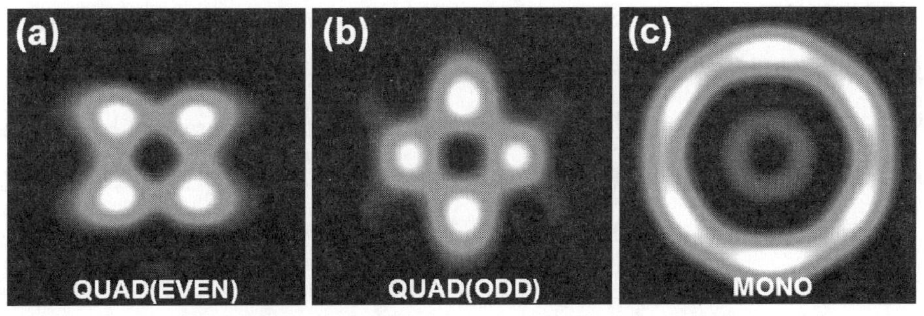

[그림 4.16] 기타 다른 모드(사중극자모드, 홀극모드)의 먼장 결과. 이중축퇴 되어 있는 사중극자모드의 경우 편의상 자기장 분포의 대칭성에 따라 짝모드와 홀모드로 나누었다.

결론적으로, 먼장 측정은 모드를 구별하는 하나의 도구가 된다. 이를 확인하기 위해, 광자결정 단일세포 모드의 먼장을 측정할 수 있다. 광자결정 공진기는 제작 과정 중 공기구멍의 주기, 반지름, 총 열(列)수, 단일세포로부터 가장 가까운 위치에 있는 공기구멍의 반지름과 위치 등이 중요하게 고려해야 할 사항이다. 주기는 이득매질의 스펙트럼과 FDTD 전산모사로부터 구한 각 단일모드의 공진주파수를 토대로 설정한다. 공기구멍의 크기는 일반적으로 $0.35a$로 맞추며, 단일세포를 중심으로 각각 10~15줄의 공기구멍들이 양 방향으로 배치된다. 계산에 의하면, 양 방향으로 각각 7줄 이상의 공기구멍들이 놓이게 되면, 대부분의 모드들에 대한 수평방향의 손실은 사라지게 되나, 신뢰성을 위해 여분의 열을 더 두게 두는 것이 보편적이다. 마지막으로, 단일세포 주위를 둘러싸고 있는 여섯 개의 공기구멍의 크기와 위치를 결정하는 일이 남아 있다. 단일세포 모드의 경우 대부분의 전자기장 성분이 단일세포 근처에 분포하고 있으므로, 주위의 공기구멍들은 각 모드의 품위값, 공진주파수, 먼장을 결정하는 데 있어 중요한 역할을 한다. 여기서 소개할 실험에서는 각 모드의 품위값을 높이기 위해 공기구멍의 크기를 0.25a로 설정하였으며, 공기구멍의 위치를 공진기의 중심으로부터 멀어지는 방향으로 조금 이동하였다.

먼장 측정을 통해 얻은 육각모드와 이중극자모드의 결과는 [그림 4.17]에서 찾을 수 있다. 먼저, 육각모드의 경우 전산모사에서 예상했던 것처럼, 수직방향의 방출은 매우 약하며, 이를 중심으로 여섯 개의 밝은 점이 50° 부근에서 관찰된다. [그림 4.17(a)] 이상적으로는 수직방향에서 어떠한 방출도 관찰되어서는 안되나, 실제 구조의 불균일로 인해 대칭성이 깨지게 되어 소량의 빛은 위로 방출할 수 있게 된다. 대칭적으로 존재하는 여섯 개의 밝은 부위는 관찰된 모드가 육각모드임을 확신시켜 준다. 먼장 결과 옆의 그래프는 먼장 측정 전에 얻은 스펙트럼과 2차원 InGaAs 검출기로 관찰한 모드상(mode image)이다. 스펙트럼을 살펴보면, 육각모드 옆에 상대적으로 크기가 작은 사중극자모드가 위치함을 알 수 있는데, 이 때문에 육각모드의 먼장 결과에서 아래위로 위치한 밝은 부분들이 다소 겹쳐진 형상처럼 보인다. InGaAs 검출기로 관찰한 모드상은 근접장과 먼장의 중간 영역 정도를 관찰한 것으로 판단되며, 먼장 결과와 유사한, 여섯 개의 밝은 무늬가 공진기를 중심으로 위치해 있다.

반면에, 이중극자모드의 먼장 결과를 살펴보면, 수직방향으로 가장 강한 방출이 일어나며, 가운데를 중심으로 양 방향으로 갈라진 무늬를 관찰할 수 있다([그림 4.17(b)). 이는 [그림 4.15(b)]에서 이해할 수 있듯이, 이중극자모드의 근접장을 구성하고 있는 세 개의 주요한 편광(같은 방향의 편광 두 개와 다른 방향의 편광 한 개)들이 서로 간섭을 일으킨 결과이다. 먼장 측정 전의 스펙트럼을 살펴보면, 레이저 발진에 성공한 모드 바로 옆에 레이저로 성장하지 못한 또 하나의 모드를 발견할 수 있는데, 이는 이중축퇴 되어 있는 이중극자모드 중 다른 진동 방향을 가지는 모드를 나타낸다. InGaAs 검출기로 관찰한 모드상은 뚜렷

하지는

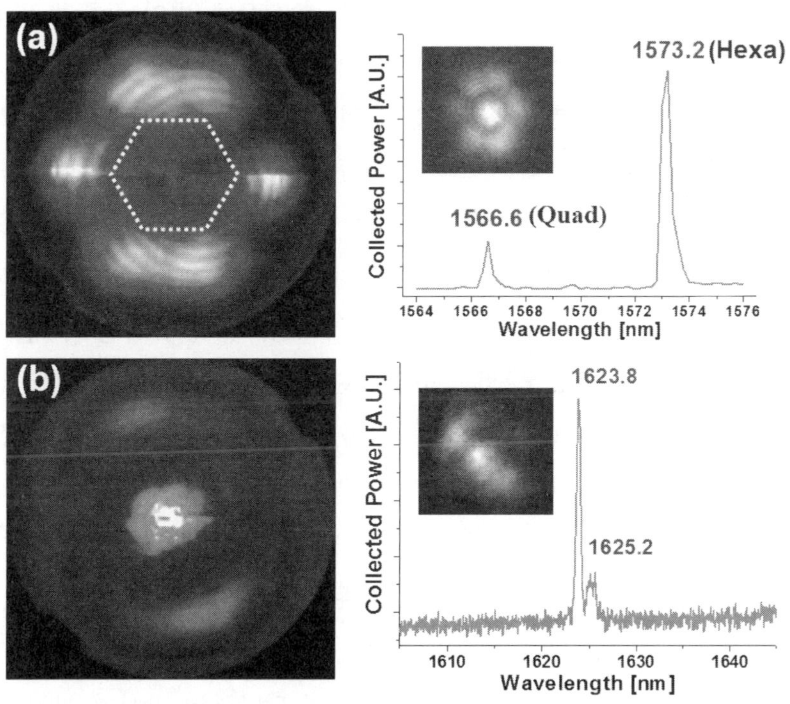

[그림 4.17] 육각모드(a)와 이중극자모드(b)에 대한 먼장 결과와 측정 전에 얻은 스펙트럼. 그래프 안의 사진은 2차원 InGaAs 검출기를 통해 얻은 것이다.

않지만, 먼장 결과와 비슷한 형태를 지니고 있음을 알 수 있다. 수직방향으로 강한 방출이 일어나는 이중극자모드는 효율적으로 빛을 더하거나(add) 빼는(drop) 파장선택 여과기(wavelength selective filter)에서 활용될 수 있다. 하지만, 강한 방사가 일어나는 수직방향 주위의 측면 무늬(side lobe)들은 분명히 수집 효율을 저하하는 원인이 된다.

지금까지 논의한 바에 따르면, 원리상 이중극자모드를 제외한 단일세포 공진모드에 대해 수직방향의 강한 방사를 얻는 것은 불가능하다. 하지만, 변형된 미소원반에서의 방향성을 얻는 일과 마찬가지로 광자결정 공진모드에 대해서도 구조의 변형을 통해 방향성 조종이 가능할 것으로 예상할 수 있다. 특히, 전기장세기가 강하게 분포한 단일세포 주위의 공기구멍의 크기와 위치 조절은 가장 중요한 변수가 될 것이다. 예를 들어, 육각모드의 경우 단일세포 주위의 여섯 개의 구멍($r' = 0.25a$) 중 x축에 위치한 두 개의 구멍의 크기(r_x)를 다르게 설정하면,

기존의 면장과 매우 다른 결과를 얻을 수 있을 것으로 예상할 수 있다([그림 4.18]). 특히, $r_x = 0.30a$인 경우, 수직방향을 중심으로 빛이 강하게 밀집되어 있음을 알 수 있다. 기존의 육각모드에서 수직방향으로 방사가 일어나지 않는다는 사실이 전기장의 대칭적 분포에서 기인한 것임을 생각할 때, 반대로 일부의 공기구멍의 크기를 다르게 설정하여 그 대칭성을 깨뜨리게 되면 수직방향의 방사가 일어날 것으로 짐작할 수 있다. 이를 자세히 논증하기 위해, 박막을 수평으로 자른 면에서의 육각모드 전기장 분포를 E_x 성분과 E_y 성분으로 나누어서 생각해보자([그림 4.19(a), (b)]). 실제로 먼장 영역에서, 편광이 다른 두 전기장 성분 사이의 간섭은 일어나지 않으므로 편광을 분리해서 생각하는 이러한 접근은 타당하다고 할 수 있다. 구조체에 변형을 가하기 전, E_x 성분과 E_y 성분은 스스로 전기장 분포의 균형(balance)을 이루고 있으나, x축 위에 위치한 공기구멍의 크기를 나머지 것과 다르게 설정하면, 구조적 변형에 대해 영향을 받지 않는 E_y 성분과는 달리 E_x 성분은 그 균형이 깨지게 된다. 그 이유는 x축 방향에 대해 E_x는 짝대칭(even-parity), E_y 성분은 홀대칭(odd-parity)을 유지하고 있기 때문이다. 따라서, E_x에 해당하는 전기장 성분은 수직방향의 방사가 가능하며, 먼장 영역에서 편광을 측정하면, x축 방향으로 나란한 편광상태가 관찰된다([그림 4.19(c)]).

앞서 밝힌 대로, 이중극자모드 역시 수직방향으로 강한 방사가 일어나지만, Young의 이중슬릿과 같은 간섭 실험처럼 수직방향의 극대점(maxima)을 중심으로 두 번째(때로는 세 번째까지) 극대점(second maximum)이 양옆에 나란히 위치하여, 방향성을 저하하는 요인이 된다. 반면에, 육각모드의 변형을 통해 얻은 먼장 결과는 수직방향을 중심으로 Gaussian 형태의 세기분포를 나타내어 광섬유와 같은 도파로에 집속하기가 보다 용이하다. 또한, 육각모드의 기본적인 품위값은 이중극자에 비해 훨씬 높기 때문에, 변형을 통해 품위값이 다소 감소한다 하더라도 여전히 더 높은 품위값을 유지할 것으로 기대한다. 변형된 육각모드의 품위값 변화는 [그림 4.19(d)]에 나타나 있으며, 최대 방향성을 나타내는 조건인 $r_x = 0.30a$일 때, 품위값은 약 10000에 이른다.

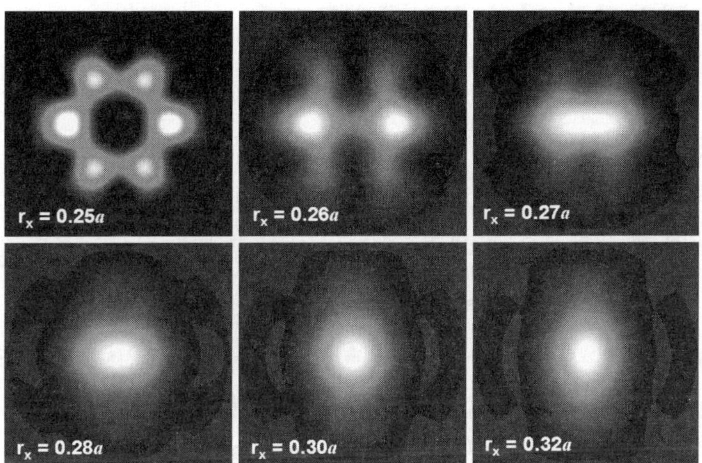

[그림 4.18] 점결함 주위의 공기구멍들(r') 중 x축 위에 위치한 공기구멍의 크기(r_x)를 조절하면서 계산한 육각모드의 먼장 결과. $r_x = 0.30a$일 때, 수직으로 강한 방사가 일어남을 알 수 있다. 이때, 점결함 주위의 나머지 공기구멍의 크기는 $0.25a$로 동일하였다.

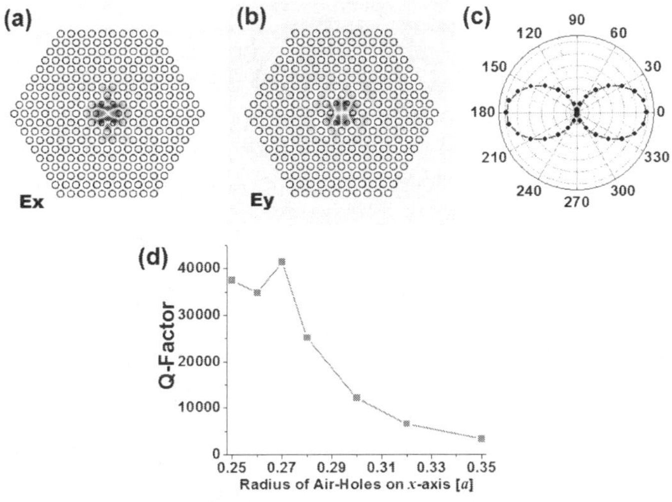

[그림 4.19] 박막 수평면에서의 육각모드 전기장 분포 중에 E_x 성분(a)과 E_y 성분(b)을 각각 나타낸 그림. E_y 성분은 x축에 위치한 공기구멍의 변화에 대해 균형(위상을 고려해 전기장 성분을 공간에 대해 적분한 값)을 유지할 수 있으나, E_x 성분의 경우 그 균형이 무너지게 된다.

(c) 변형된 육각모드의 먼장 영역에서 측정한 대표적인 편광 결과. E_x 성분이 주로 방사하므로, x 방향과 나란한 편광상태를 보인다.

(d) r_x의 크기에 따른 품위값의 변화. 공기구멍의 위치를 조절하게 되면, 품위값은 더 높아지게 된다.

3.4 준광자결정 단일세포 공진모드

광자결정은 빛을 인간의 의지대로 조절하고, 제어할 수 있는 하나의 새로운 물질로 간주할 수 있다. 광밴드갭 효과를 이용하면, 빛을 작은 공간 내에 가두는 것이 가능하다. 또한, 하나의 굴절률로 이루어진 정상적인 물질에서는 기대하기 힘들었던 분산곡선 특성을 통해 빛을 여러 갈래로 가르거나, 혹은 특정 지점에서 다시 빛을 모을 수 있는 렌즈의 역할도 수행할 수 있다. 광자결정의 중요한 특징인 광밴드갭 효과나 분산특성 등은 모두 구조의 주기성이라는 단순한 명제에서부터 출발한다. 가령, 광밴드갭이 형성되는 원리를 광학적인 관점에서 살펴보면, 단위세포마다 반사하는 빛들이 모두 같은 위상을 가지게 될 때, 특정 주파수에 대해 거울처럼 행동하는 영역이 바로 광밴드갭이다. 만약, 굴절률의 배치가 주기성이 없이 무작위적으로 이루어진 구조라면, 모든 각도에 대한 광밴드갭을 형성하는 것은 원리적으로 불가능하다.

광밴드갭의 형성 원리를 파수벡터 공간(k-space)에서 다시 살펴보면, 광자결정의 주기성이 주는 의미는 더욱 명확해진다. 구조가 주기적일 때, 우리는 Bloch 원리(Bloch's theorem)의 도움을 받을 수 있다. 또한, 분산곡선 내에서 소위 브릴루앙 영역(Brillouin zone)을 정의 내릴 수 있으므로, 고려해야 할 파수벡터의 영역을 제한할 수 있다. 밴드 가장자리(band edge)에서는 Bragg 산란(Bragg scattering) 조건을 항상 만족하므로 정상파가 형성된다. 광밴드갭은 굴절률 배치에 대한 상대적 위치에 따라 정상파의 기대 에너지(expectation energy)가 둘로 나누어지게 되는 것으로 해석할 수 있다. 광밴드갭을 설명하는 어떠한 해석을 인용하든, 주기성은 광자결정과 관련 있는 물리적 성질들의 핵심임을 분명하게 한다.

하지만, 최근 주기성이 성립하지 않는 준광자결정(photonic quasicrystal) 구조에서 광자결정 구조에서나 볼 수 있던 광밴드갭 혹은 밴드 가장자리 효과를 발견한 흥미 있는 보고들이 나오고 있다. 예를 들어, C. Chan은 팔각(eightfold) 회전대칭이 존재하는 준광자결정 구조에서 광밴드갭이 존재함을 보였다. [그림 4.20(a)] M. Notomi는 비슷한 구조에서 유기화합물을 이득매질로 하는 밴드 가장자리 레이저를 실현하였다([그림 4.20(b)]). 준광자결정 구조는 엄밀한 의미에서 주기성이 없는 구조에 해당하지만, 일정한 규칙하에 공기구멍의 위치가 결정된다는 점에

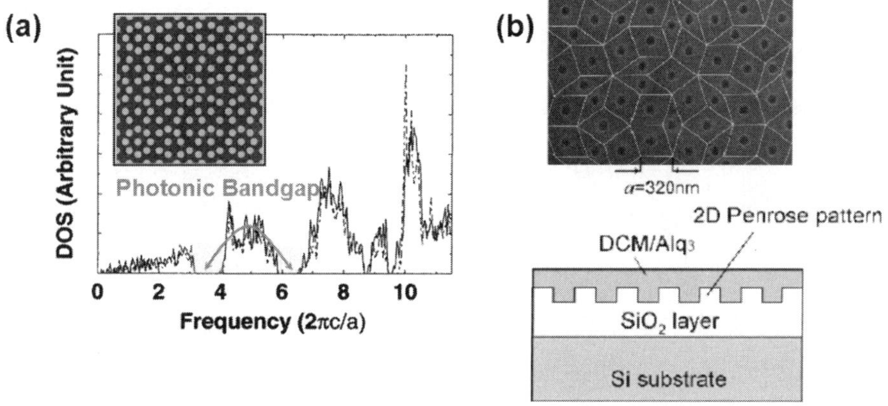

[그림 4.20] (a) 상태밀도 함수(density of states)의 도출을 통해 준광자결정(dodecagonal lattice) 구조 내에서 광밴드갭의 존재를 입증한 최초의 계산
(b) 준광자결정 구조에서 밴드 가장자리 레이저를 실현한 예

서 무작위적인 구조와 차별성을 둘 수 있다. 또한, 병진대칭성(translational symmetry)이 성립하지 않는 대신, 근사적으로 회전대칭성을 만족한다는 점에서 구조의 등방성(isotropy)이 증가한다는 특징을 가지고 있다. 주기성이 성립하는 2차원 광자결정의 경우 기하학적으로 60°의 회전대칭성을 가지는 삼각격자(triangular lattice) 구조와 90°의 회전대칭성을 가지는 사각격자(square lattice) 구조만이 가능하지만, 준광자결정의 경우 기존의 광자결정 구조에서는 찾을 수 없는 팔각격자(octagonal lattice) 혹은 십이각격자(dodecagoal lattice)까지 가능하다. 이러한 구조적 등방성은 빛의 전방향에 대해 비슷한 효과를 얻어야 하는 LED 구조나 구부러짐이 있는 도파로 등에서 그 응용 가능성을 발견할 수 있다.

지금까지 준광자결정에 관한 연구는 단일세포 공진기를 도입하지 않는 LED, 도파로, 밴드 가장자리 레이저 등에 국한되었다. 이 장에서는 준광자결정에 단일세포를 두었을 때 등장하는 공진모드를 분석하고, 이 분석을 바탕으로 최초로 준광자결정 단일세포 레이저를 실현하는 과정을 담고자 한다.

준광자결정은 2차원 평면을 채우는 기본구조(basic cell)들의 조합에 따라 다양한 모습이 가능하다. 이 장에서는 높은 대칭성을 가지는 12각 준광자결정(dodecagonal photonic quasicrystal)을 대상으로 삼는다. 이 12각 준광자결정 구조는 삼각격자 광자결정 구조와 유사한 형태를 지니고 있으므로, 삼각격자 광자결정 구조에서 발견했던 기본모드를 이 구조 내에서도 찾을 수 있을 것으로 예상할 수 있다.

[그림 4.21(a)]에서 12각 준광자결정 구조는 기본적으로 변의 길이가 동일한 정삼각형과 정사각형의 조합이 평면을 채우면서, 각 도형들의 꼭짓점에 기본단위(basis)에 해당하는 공기구멍들이 배치되어 있는 모습이다. 그림에서 보듯이, 구조 내의 병진대칭성은 분명히 성립하지 않으나, 근사적으로 12각의 회전대칭성이 존재함을 알 수 있다. 12각의 회전대칭성이 존재한다는 사실은 실구조(real structure)의 Fourier 변환을 통해 명확하게 알 수 있다. [그림 4.21(b)] Fourier 결과를 살펴보면, 원점을 중심으로 12개의 밝은 점이 일정한 반지름을 가진 원주 위에 균일하게 배치함을 알 수 있다. 이는 이 구조가 12각의 회전대칭성을 가지고 있음을 알려준다. 첫 번째 원주에 위치한 밝은 점 사이의 거리는 $2\pi/a$이고, 여기서 a는 공기구멍 사이의 거리를 나타낸다. 12개의 밝은 점 사이사이에 세기가 보다 약한 점들이 군데군데 존재하는데, 이는 이 구조가 완벽한 대칭성을 가지고 있는 구조는 아니라는 점을 알려준다.

앞서 강조한 대로 준광자결정 구조는 병진대칭성이 존재하지 않으므로 Bloch 정리를 적용할 수 없다. 따라서, 광밴드갭의 위치를 산출하기 위해 기존의 평면파 전개 방식(plane wave expansion method)을 이용하는 것이 불가능하다.

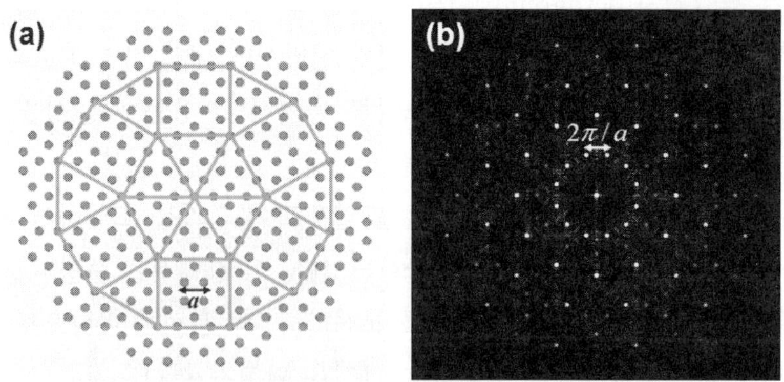

[그림 4.21] (a) 12각 대칭을 가진 준광자결정 구조의 형성 원리를 담은 그림. 기본적으로 같은 변의 길이를 가진 정삼각형과 정사각형의 조합으로 구성되어 있다.
(b) (a) 구조의 Fourier 변환 결과. 12개의 밝은 점이 원점을 중심으로 원주 상에 균일하게 위치함을 알 수 있다.

이를 대체하는 방법으로 상태밀도 함수(density of states)나 투과율 조사를 생각할 수 있다. 광밴드갭의 물리적 의미를 고찰하면, 표면적으로는 광밴드갭 영역에 속한 모든 파장과 모든 빛의 방향에 대해 반사체로서 행동하는 영역이나, 이를 다른 말로 풀이하면, 주어진 입사각, 파장에 대해 빛과 결합할 수 있는 모드가 존재하지 않는 영역이라고도 할 수 있다. 이런 해석에 입각하면, 빛의 투과율 조사를 통해 간접적으로 광밴드갭을 결정할 수 있다. FDTD 전산모사에서 구조체의 한쪽 끝에 빛을 발생하는 쌍극자(dipole source)를 인가하고, 다른 쪽 끝에서 투과율을 측정한다. 이때, 투과율이 다른 영역에 비해 현저하게 낮은 부분을 광밴드갭으로 정의 내릴 수 있다.

부가하여, 광밴드갭은 이상적으로 상태밀도 함수가 0에 해당하는 구간이므로, 투과율 그래프에서 연속적이며, 평평한 구간으로 나타나야 한다. 이 두 조건을 만족하는 영역을 찾아보면(규격주파수(normalized frequency)로 표현하면), 12각 준광자결정의 경우 0.24~0.27[a/λ]이며, 삼각격자 광자결정의 경우 0.27~0.40

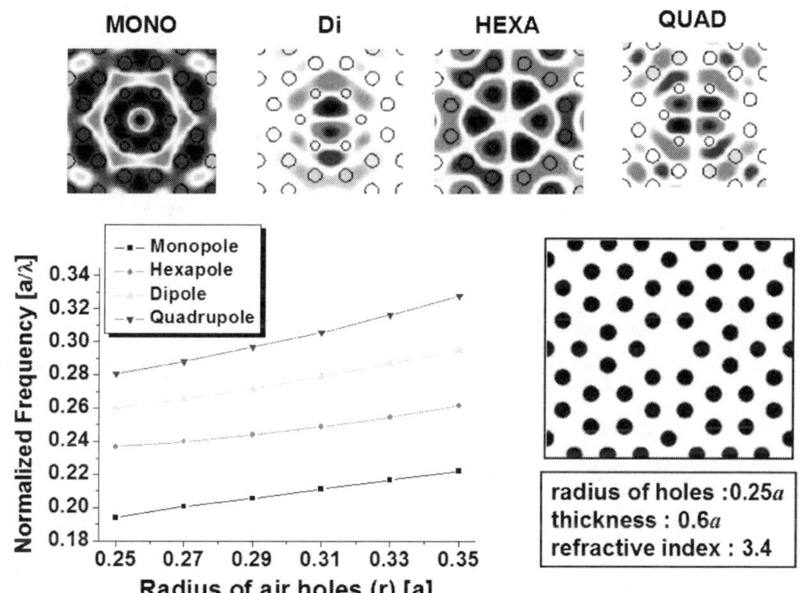

[그림 4.22] 공기구멍의 크기에 따른 각 공진모드의 주파수 변화를 나타낸 그래프. 각 공진모드는 삼각격자 광자결정 구조와 마찬가지로 회전대칭성에 따라 홀극, 이중극자, 육각, 사중극자모드로 나눌 수 있다.

임을 알 수 있다. 삼각격자 광자결정의 광밴드갭 위치는 평면파 전개 방식으로 구한 값과 유사하다. 엄밀한 의미에서, 12각 준광자결정의 광밴드갭 폭은 삼각격자 광자결정에 비해 작지만, 넓은 주파수 범위에 걸쳐 낮은 투과율을 나타내므로, 광밴드갭을 벗어난 영역에서도 공진모드를 찾을 수 있다.

준광자결정의 단일세포는 공기구멍을 제거하는 위치에 따라 다른 환경에 의해 둘러싸이게 된다. 이는 준광자결정의 병진대칭성 부재에 의해 나타나는 특징이다. 이 장에서는 12각이라는 높은 대칭성을 활용하기 위해, 구조체의 중앙에 단일세포를 두어 공진기를 구성한다.

먼저, FDTD 전산모사를 이용해 12각 준광자결정 단일세포 공진기 내에 존재할 수 있는 공진모드를 조사하였다([그림 4.22]). 12각 준광자결정 구조 역시 근사적으로 육각 회전대칭을 가지고 있으므로, 삼각격자 구조에서 발견했던 모드를 그대로 찾을 수 있다. 각 모드의 규격주파수를 공기구멍의 크기에 따라 산출해 보면, 각 모드별로 주파수가 띄엄띄엄 위치해 있는 것을 알 수 있다. 이는 단일모드 발진에 있어 매우 유리한 조건이라 할 수 있다. 삼각격자 광자결정 구조에 비해 공진모드들이 주파수 영역에서 산재해 있는 이유는 모드가 차지하고 있는 부피가 다소 넓은 것과 관련이 있다. 준광자결정 구조는 광자결정 구조에 비해 공기구멍의 각 층이 주는 되먹임 효과(feedback effect)가 약할 수밖에 없다. 따라서 공진모드가 작은 공간 내에 강하게 속박하는 것이 어렵게 된다. 모드가 존재하는 유효 영역이 단일세포를 중심으로 두 번째, 세 번째 공기구멍의 층까지 퍼져 있으므로, 모드부피가 그만큼 커지게 된다. variational theorem에 따르면, 공진모드의 주파수는 유전체를 차지하고 있는 모드부피의 비율에 따라 결정되므로, 모드부피가 커질수록 각 모드는 서로 겹치지 않고 띄엄띄엄 놓여 있을 확률이 커지게 되는 것이다.

12각 준광자결정 구조 내에 여러 모드들 중 '속삭이는 회랑모드'류의 육각모드에 관심을 집중하기로 한다. FDTD 전산모사 결과에 따르면, 다른 어떤 모드들보다 육각모드가 더 큰 품위값을 가지고 있다. 이는 육각모드의 높은 대칭성이 수직방향의 손실을 줄이는 데 기여한 것으로 해석할 수 있다. 육각모드에 대해 구조체 단일세포부터 가장 가까이 위치한 공기구멍의 크기(r′)를 조절하면서 품위값을 높이는 노력을 시행하였다([그림 4.23]). 육각모드의 품위값은 r′의 크기에

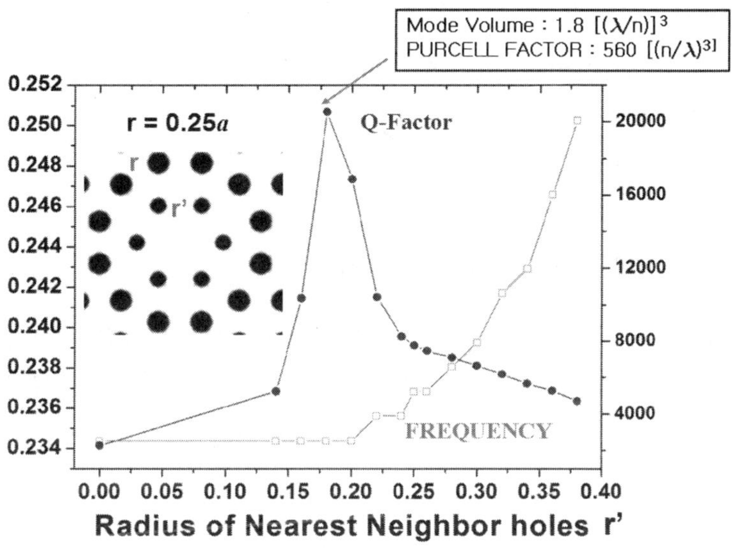

[그림 4.23] 단일세포에서 가장 가까이 위치한 공기구멍의 크기에 따른 품위값 및 주파수의 변화를 나타낸 그래프

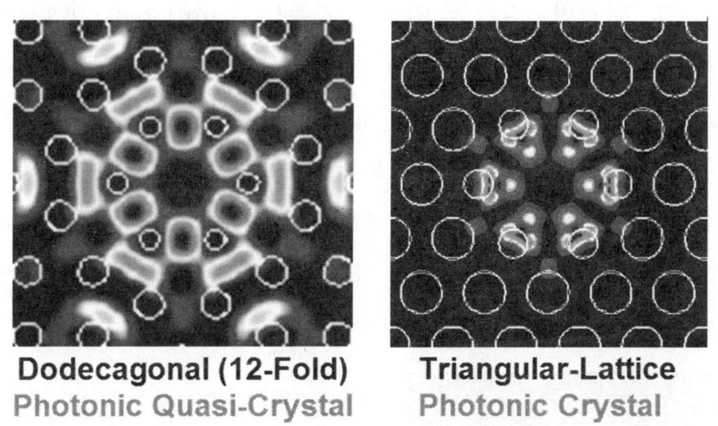

[그림 4.24] 12각 준광자결정 구조와 삼각격자 광자결정 구조의 육각모드의 전기장 분포 비교. 두 육각모드의 전기장 분포는 서로에 대해 30°만큼 회전한 형태이다.

강하게 의존하는 경향을 나타내며, $r'=0.18a$일 때, 최대 약 20000의 품위값에 이르렀다. 공진주파수의 경우 r'이 $0.20a$보다 커질 때부터 증가하였다. 이는 12각 준광자결정의 육각모드의 전기장세기가 주로 공기구멍의 사이사이에 분포하기 때문이다. 이는 삼각격자 광자결정의 육각모드 결과와는 완전히 상반된 것으로, 전기장 분포가 삼각격자 구조에 대해 정확히 30°만큼 회전한 형태이다([그림

4.24]). 전기장 분포가 대부분 유전체 위에 놓여 있다는 사실은 레이저 발진과 관련하여, 이득매질을 효율적으로 취할 수 있다는 장점이 된다. 또한, 반도체 물질을 이득매질로 이용하는 경우 표면 비발광(non-radiative surface recombination) 효과를 줄일 수 있는 추가적인 이점이 있다.

3.5 12각 Archimedean 격자구조

12각 준광자결정 단일세포 공진기 내에는 삼각격자 광자결정과 유사한 공진모드를 발견할 수 있다. 하지만, 각 기본 공진모드들이 주파수 영역에서 띄엄띄엄 분포하며, 육각모드의 경우 대부분의 전기장세기가 유전체 영역을 차지하고 있다. 이처럼, 두 구조 내에서 공진모드들이 유사한 성질과 다른 성질이 함께 보이는 이유는 무엇일까? 그 실마리를 찾기 위해 두 구조의 중간 정도의 구조에 해당하는 12각 Archimedan 격자구조를 연구하기로 한다.

[그림 4.25(a)]에서 12각 Archimedean 격자구조는 기본적으로 삼각격자 구조를 따르고 있다. 하지만, 격자를 이루는 기본단위(unit cell)가 하나의 공기구멍으로 이루어진 것이 아니라, 두 층에 걸쳐 등방적으로 배열된, 19개(1+6+12)의 공기구멍들로 이루어져 있다. 원점을 중심으로 두 번째 층까지의 공기구멍 배열은 12각 준광자결정과 동일하며, 기본단위가 삼각격자를 만족한다는 점에서는 일반적인 삼각격자 광자결정과 닮아 있다. 따라서, 12각 Archimedean 구조는 준광자결정과 광자결정을 잇는 가교 역할을 수행할 것으로 기대할 수 있다.

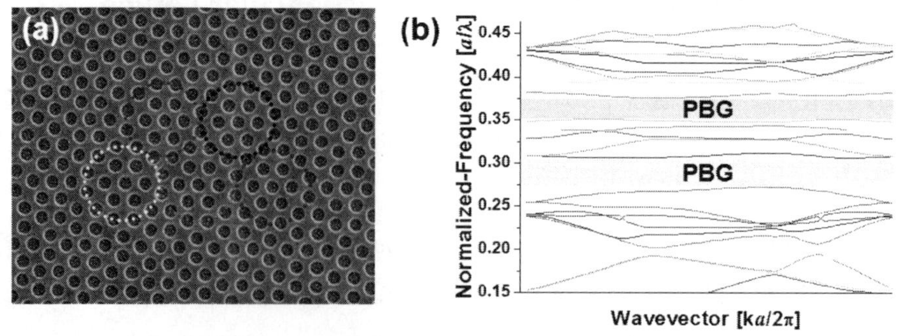

[그림 4.25] (a) 12각 Archimedean 격자구조의 전자현미경 사진 (b) 평면파 전개 방식으로 구한 12각 Archimedean 격자구조의 분산곡선. 일반적으로 Archimedean 구조는 두 영역에 걸쳐 광밴드갭이 존재한다.

12각 Archimedean 격자구조는 병진대칭성이 성립하므로, [그림 4.25(b)]와 같이 평면파 전개 방식으로 분산곡선을 정의 내릴 수 있으며, 분산곡선으로부터 광밴드갭을 도출할 수 있다. Archimedean 격자구조의 분산곡선은 일반적으로 두 가지 특징을 가지고 있다. 하나는 밴드 가장자리 근처의 분산곡선이 다른 구조에 비해 평평하다는 것이다. 이는 밴드 가장자리 레이저와 같이 천천히 진행하는 빛의 특성을 살려야 하는 응용에 적합하다. 다른 하나는 광밴드갭이 두 주파수 영역에 걸쳐 존재한다는 것이다.

다음으로, 2차원 평면파 전개 방식을 이용해 12각 Archimedean 격자의 단일세포 공진모드를 조사하여 [그림 4.26]에 나타내었다. 평면파 전개 방식을 통해 공진모드를 찾을 때 유의해야 할 사항은 공진모드의 진위를 알아내는 것이다. 다시 말해, 결합에 의해 생기는 인위적인 모드를 구조가 가지고 있는 고유한 모드와 분리할 필요가 있다. 따라서, 공진모드를 찾아내는 가장 정확한 방법은 평면파 전개 방식으로 모드 양상을 근사적으로 알아낸 뒤, 이를 다시 FDTD 전산모사를 통해 확인하는 것이다. 평면파 전개 방식의 결과를 살펴보면, 광밴드갭 근처에 다양한 모드들이 존재함을 알 수 있다. 같은 회전대칭성을 가지고 있더라도,

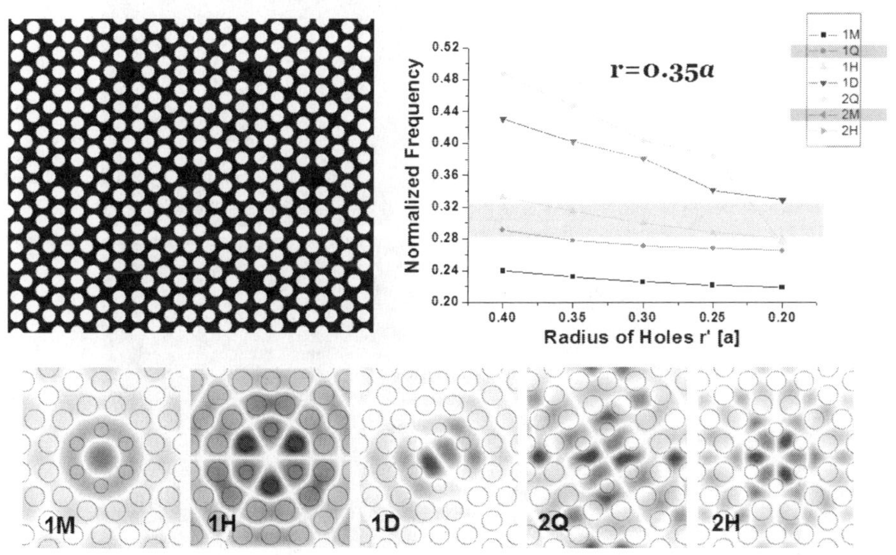

[그림 4.26] 2차원 평면파 전개 방식으로 구한 12각 Archimedean 격자구조의 단일세포 공진모드. 전체 공기구멍의 크기(r)를 0.35a로 고정하고, 단일세포에서 가장 가까운 위치에 있는 공기구멍의 크기(r′)를 조절하면서 각 모드의 공진주파수를 결정하였다. 그래프 내의 두 부분의 띠는 광밴드갭 영역을 나타낸다.

모드를 전·자기장 분포의 대칭성에 따라 다시 나눌 수 있다. 가령, 육각모드의 경우(규격주파수의 입장에서) 낮은 주파수에 위치한, 자기장이 공기구멍 내에 주로 모여 있는 모드(1H)와 자기장이 공기구멍 사이에 모여 있는 모드(2H)가 각각 광밴드갭 내에서 관찰된다.

평면파 전개 방식을 통해 발견한 두 종류의 육각모드의 실제 존재여부를 가리기 위해 FDTD 전산모사를 실시하였다. [그림 4.27]에서 FDTD 전산모사 결과를 통해 두 종류의 모드가 고유한 공진모드임을 확인하였다. 한 가지 주목할 점은, 1H 모드의 경우 단일세포에서 가장 가까운 위치에 있는 공기구멍의 크기(r′)가 전체 공기구멍의 크기(r)보다 커질 때, 품위값이 커지면서 단일세포 주위에 모드가 속박되는 경향을 보이는 반면 [그림 4.27(a), (b)], 2H 모드의 경우 반대로 r′이 r보다 작을 때 그와 같은 양상이 일어나게 된다([그림 4.27(a), (b)]). 이는 공진모드의 기원이 밴드의 성질로부터 출발한다는 사실을 상기하면 이해할 수 있다. 즉, 1H 모드는 유전체 밴드(dielectric band)에서 출발하여 광밴드갭 내에 속한 경우에 해당한다.

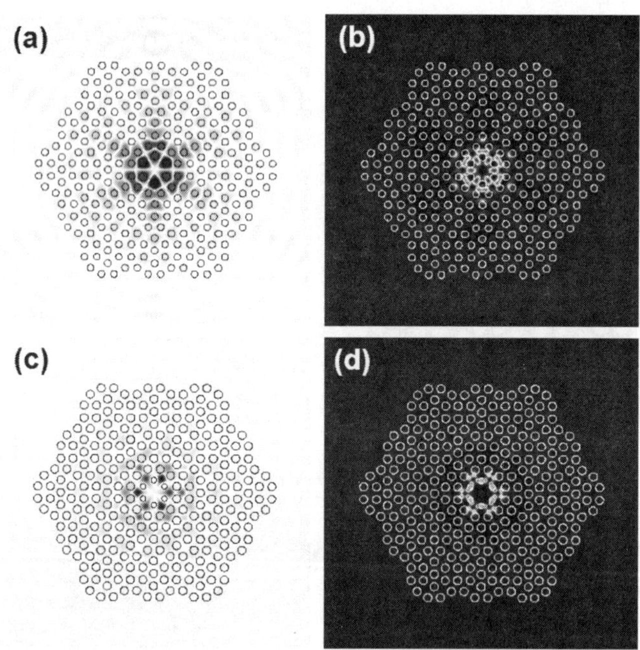

[그림 4.27] (a), (b) FDTD 전산모사를 통해 구한 1H 모드의 자기장 분포(a)와 전기장 분포(b). 여기서, $r = 0.25a$이고, $r' = 0.30a$이다. $(r < r')$

(c), (d) 마찬가지의 방법으로 구한 자기장 분포(c)와 전기장 분포(d). 여기서, $r = 0.25a$이고, $r' = 0.20a$이다. $(r > r')$

따라서, r′이 커지게 될수록 모드의 주파수가 광밴드갭의 중앙으로 향하게 된다. 이와 반대로, 2H 모드는 공기 밴드(air band)에서 출발하여 광밴드갭 내에 속하게 되므로, 반대로 r′이 작아지는 조건이 필요하게 된다.

모드의 전기장 분포가 그 출발점이 되는 밴드 가장자리와 닮아있다는 원리가 참이라면, 일반적인 삼각격자 구조에서도 전기장의 세기가 공기구멍 사이, 즉 유전체에 집중되어 있는 육각모드를 찾을 수 있어야 한다. [그림 4.28(a)]를 보면, 일반적으로 삼각격자 구조의 광밴드갭은 첫 번째 유전체 밴드의 K 가장자리와 두 번째 공기 밴드의 M 가장자리 사이에 존재함을 알수 있다. 따라서, 육각모드의 전기장 분포가 유전체에 집중되어 있는, 기존의 육각 모드에 대해 30°만큼 회전된 모드가 발견된다면, 필수적으로 첫 번째 유전체 밴드로부터 출발해야 한다. [그림 4.28(b)]를 통해 실제로, 3차원 평면 전개파 방식으로 구한 K 가장자리에서의 모드 분포를 살펴보면, 자기장이 공기구멍 내에 위치한, 바꾸어 말하면, 전기장이 공기구멍 사이를 채우는 두 가지 형태의 이중축퇴 된 모드를 찾을 수 있다. 두 가지 형태로 축퇴된 모드 중 그림에서 위에 위치한 모드가 이전에 준광자결정과 Archimedean 격자구조에서 발견했던 유전체에 집중된 육각모드의 모습이다.

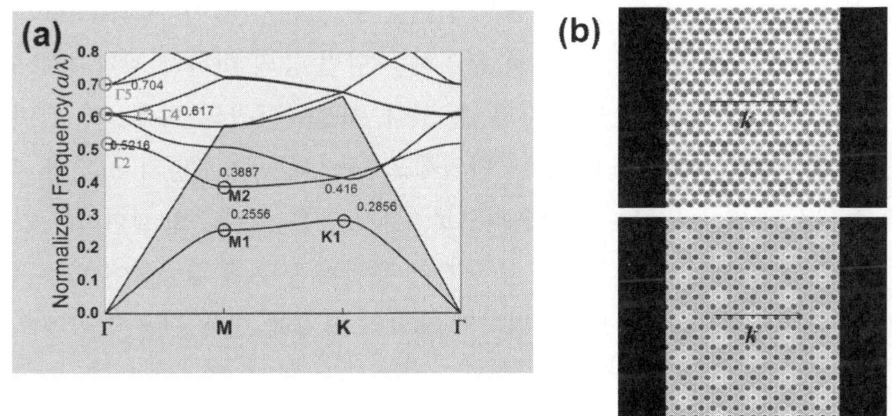

[그림 4.28] (a) 3차원 평면파 전개 방식으로 구한 일반적인 삼각격자 구조의 분산곡선. 여기서, 공기구멍의 크기는 $0.35a$이고, 박막의 두께는 $0.4a$이다. 광밴드갭은 유전체 밴드의 K 가장자리($K1$)와 공기 밴드의 M 가장자리($M2$)에 의해 결정된다.
(b) $K1$ 지점에서 이중축퇴 된 모드의 자기장 분포. K 방향을 따라 공기구멍을 지나면서, 위상이 π만큼 변함을 알 수 있다.

유전체 밴드의 K 가장자리에서 발견한 모드를 단일세포 공진기 내에서 국소화(localization)하기 위해서는, 모드의 주파수를 광밴드갭 내로 이동하는 작업이 필요하다. K 가장자리는 광밴드갭 아래에 위치해 있으므로, 주파수가 밴드갭 내에 포함되기 위해서는 단일세포로부터 가장 가까이 위치한 공기구멍(r′)의 크기를 크게 해야 한다. 하지만, K 가장자리의 모드 분포 자체가 공기구멍 사이의 유전체 부분을 정확하게 차지하고 있다. 따라서, 단일세포 근처의 공기구멍 크기를 전체 공기구멍에 비해 크게 늘린다 하더라도 공진모드의 주파수는 밴드 가장자리로부터 그리 멀리 떨어질 수 없게 된다. 그러므로, 대부분의 손실은 오히려 수평방향(horizontal loss)으로 이루어진다. 이와 같은 모드는 높은 품위값의 구현을 위해 수평방향의 손실을 줄이는 장치가 필요하다.

[그림 4.29(a)]는 단일세포 근처의 공기구멍을 크게 하는 것 외에 외곽 부분을 더 작은 공기구멍들로 채워 수평방향의 손실을 줄이는 방법을 나타낸다. [그림 4.29(b)]의 구조는 단일세포 근처의 공기구멍부터 외곽까지 점차적으로 구멍의 크기를 줄인 것이다. [그림 4.29]의 양 구조 모두 수평방향의 손실을 완전히 차단하는 것에는 실패하였지만, 최대 90만(9×10^5)의 높은 품위값을 관찰할 수 있었다(즉, 품위값은 크지만 손실의 대부분은 수평방향으로 이루어진다는 것이다).

현재 이 구조와 관련된 화제들로는 이중축퇴 된 두 모드를 분리하는 방법, 계산을 통해 구한 품위값을 실험상에서 구현할 수 있는지의 여부(tolerance) 등을 들 수 있다. 이중축퇴 된 두 모드를 분리하는 방법 중의 하나로 광자결정 도파로를 특정 방향으로 두는 것을 생각할 수 있다. 또한, 제작의 허용성과 관련하여, 이전에 발견했던 육각모드의 경우 단일세포 근처의 공기구멍의 크기와 위치에 따라 품위값이 매우 민감하게 반응하므로, 실제 높은 품위값을 실현하는 것이 매우 어려운 것이 사실이나, 전기장의 세기가 유전체 부분에 집중되어 있는 육각모드의 경우 상대적으로 품위값의 변화가 제작의 오차에 대해 관용적일 것으로 기대한다.

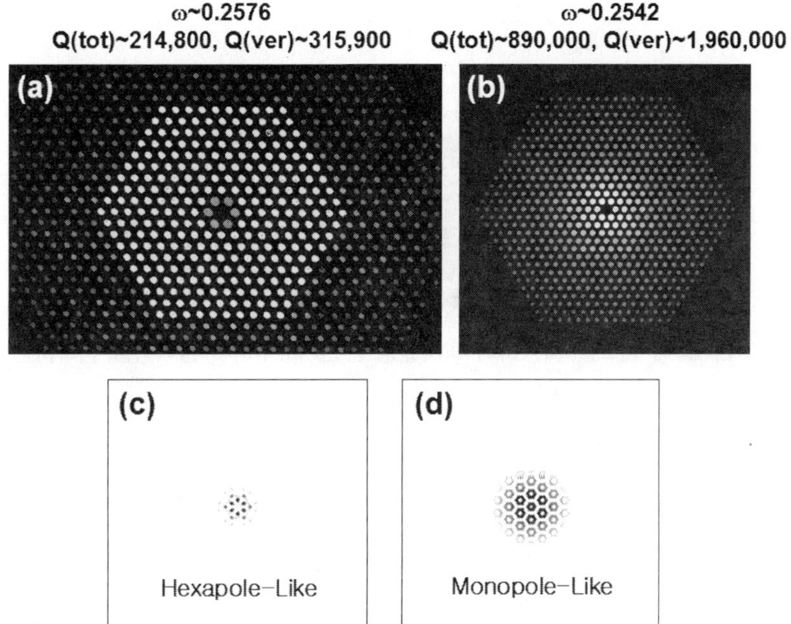

[그림 4.29] (a), (b) 수평방향의 손실을 줄이기 위해 새롭게 도입한 구조. 세 가지 크기를 가진 공기구멍(0.40a, 0.35a, 0.20a)을 적당히 배열하거나(a), 단위세포 근처(0.35 a)에서부터 외곽 부분(0.20a)까지 점진적으로 구멍 크기를 줄여나간다. 여기서, 각 구조체에는 공기구멍의 변화를 뚜렷하게 확인하기 위해 구멍 크기에 따라 다른 색깔을 채용하였다.
(c), (d) 유전체 밴드에서 연유 된 공진모드들의 전기장 분포. 두 모드는 이중축퇴 되어 있다.

4 외부와의 광결합

4.1 광결합의 중요성

광자결정 공진기나 도파로를 이용하여 광소자나 광회로를 구현할 때, 그 설계에 있어서 중요한 요소 중 하나가 외부와의 광결합이다. 즉, 외부 광학계와 광자결정 광학계 간에 효율적으로 광을 입력/출력할 수 있는 interface가 필요한 것이다. 특히, 광자결정 공진기에 있어서는 앞 절에서 보았듯이, 광손실을 최소화하는 방향으로 공진기가 설계되므로, 이는 동시에 상대적으로 외부와의 광 교환이 용이하지 않다는 점을 의미한다.

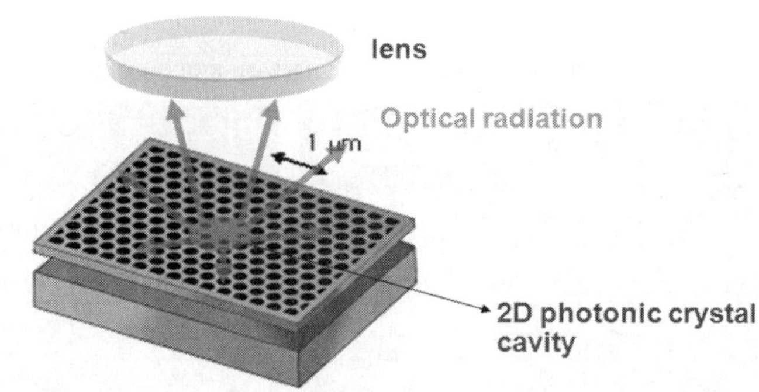

[그림 4.30] 렌즈를 사용하여 광자결정 공진기로부터의 출력광을 집속하는 경우

2차원 광자결정 공진기에서 방출되는 빛을 검출하는 가장 간단한 방법은 [그림 4.30]에서 나타낸 바와 같이 렌즈를 사용하는 것이다. 그러나 광자결정 공진기에서 전반사 조건을 만족하지 못하고 밖으로 새어 나오는 빛은 대부분 전면 방출되지 않고, 복잡한 방출 패턴을 가진 채 여러 방향으로 방사된다. 이때 렌즈를 통해 집속할 수 있는 광량은 전체 방출 광량의 수 % 정도밖에 되지 않으며, 특히, 광세기가 가우시안 분포를 갖지 않으므로 단일모드 광섬유로의 결합률은 이보다 훨씬 낮다. 그러므로 렌즈를 통한 광 집속은 실제적인 응용소자에서는 거의 사용하기 힘들다고 할 수 있다.

최근에는, 광자결정 공진기의 모드 중 전면 방출되는 모드를 선택하여 사용하거나, 공진기의 구조를 일부 변경하여 전면 방출량을 극대화하려는 연구가 진행되었으며 이 경우 50% 이상의 광결합률을 얻을 수 있었다. 하지만, 이러한 방법은 광자결정 공진기의 설계의 자유도에 상당한 제약을 가한다는 단점이 있다.

4.2 광자결정 공진기와 도파로의 광결합

광자결정 공진기에 광을 입출력하는 방법으로 지금까지 가장 널리 사용된 방법은 도파로와의 광결합을 이용한 것이다. [그림 4.31]과 같이 광자결정 slab 위에 공진기와 도파로를 함께 제작하면, 공진모드와 도파모드 사이에는 감쇠파 결합(evanescent coupling)이 생겨난다. 이 결합의 세기는 한쪽 모드의 감쇠파가 다른 쪽 모드와 얼마나 중첩이 많이 되어 있느냐에 의해 결정되는데, 이러한 모드 중첩(mode overlap)은 공진기와 도파로 사이의 거리뿐만 아니라 공진모드와 도파로의 전기장 분포 형태와 밀접한 관련이 있다.

[그림 4.32]는 공진모드와 도파로 모드 사이의 결합을 계산한 예를 보여준다. 도파로 모드로 결합이 일어난 만큼, 공진기는 광손실을 겪게 되므로, 공진기의 품위값을 계산하면 광결합의 세기를 알 수 있다. [그림 4.32(b)]의 그래프는 공진기와 도파로의 거리가 가까워질수록 전체 품위값(Q_T)이 지수적으로 감소하고 있음을 보여준다. 하지만, 품위값에 기여하는 성분 중, 공기 중으로 방출되는 광손실($1/Q_V$)과 slab(또는 도파로)을 따라 빠져나가는 광손실($1/Q_H$)의 성분을 따로 계산해 보면, 이러한 구조에서 대부분의 광손실은 도파로가 아닌 공기 중으로의 방출임을 알 수 있다. 즉, 공진기와 도파로 사이의 결합 세기는 극히 미미한 것이다.

그 원인은 공진기 모드와 도파모드의 전자기장 분포 패턴으로 설명할 수 있다. [그림 4.32(a)]에서 볼 수 있듯이, 도파로 근처에서 hexapole 모드의 자기장 성분의 k-vector는 도파로의 방향과 수직이다. 이러한 형태의 감쇠파는 도파로 모드의 k 성분과 상이하게 다르며, 따라서 비록 강한 세기의 전자기장이 겹친다 하더라도 vector특성을 고려한 실제 모드 겹침은 매우 작다. 달리 말해서, 이러한 hexapole 모드의 광결합을 유도하기 위해서는 도파로의 끝이 공진기를 향하도록 배치해야 한다.

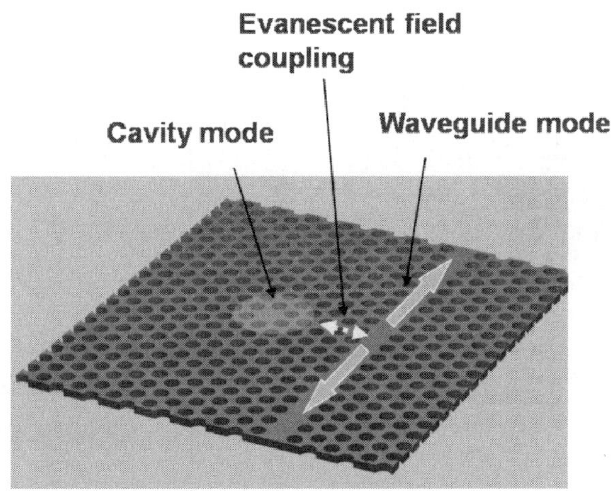

[그림 4.31] 광자결정 공진기 모드와 도파모드와의 감쇠파 결합

[그림 4.33]에서는 이러한 점을 고려하여 한쪽 끝이 막힌 도파로를 공진기 근처에 두었다. [그림 4.32]와는 달리 여기서는 도파로를 통해 빠져나가는 빛이 직접 확인된다. 도파로와 공진기 간의 거리에 따른 품위값 변화도 그 양상이 다르다. 수직방향 품위값은 거의 변함이 없는데 반하여, 수평방향 품위값은 지수함수 형태로 변화되고 있으며, 이는 공진기 광손실이 대부분 도파로 모드로 변환되었음을 보여준다.

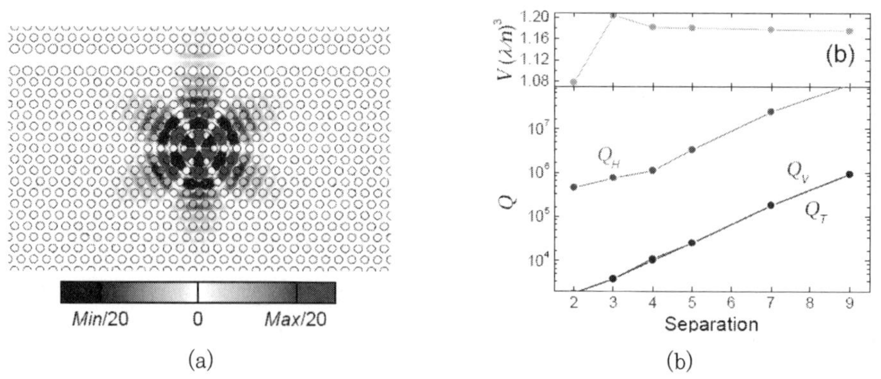

[그림 4.32] (a) hexapole 공진모드의 자기장 분포
(b) 도파로와 공진기 거리에 따른 품위값 변화[Guk-Hyun Kim et al., Opt. Express .12, 6624 (2004)]

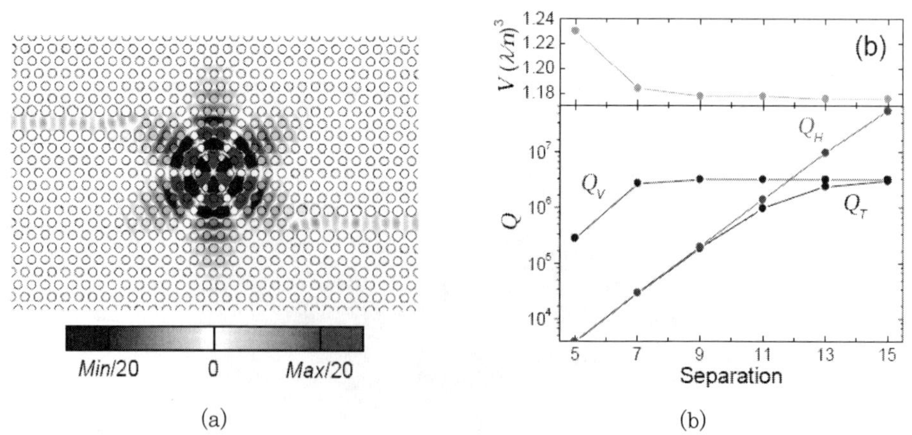

[그림 4.33] (a) 한쪽 끝이 막힌 도파로를 위치시킨 경우의 자기장 분포
(b) 도파로와 공진기 거리에 따른 품위값 변화

4.3 도파로와 외부와의 광결합

앞에서 광자결정 도파로를 통해 공진기로 빛을 결합시키거나, 공진기 내부의 빛을 꺼낼 수 있다는 것을 알 수 있었다. 그렇다면 이제는 도파로와 외부 광학계 간의 빛의 결합을 다룰 차례이다.

광자결정을 사용하지 않는 일반적인 도파로의 경우에는 도파로의 끝(기판의 절단면)에 직접 광섬유 코어를 접합시켜 광결합을 유도한다. 하지만, 3~7 μm 정도의 크기를 갖는 일반적인 도파로에 비해, 광자결정 도파로는 그 크기가 1 μm 이하이다. [그림 4.34]에 나타낸 것과 같이 이는 약 10 μm 의 직경을 갖는 단일모드 광섬유의 코어에 비해 매우 작다. 이렇게 모드 크기가 서로 다른 두 두파로 사이의 광결합율은 매우 낮을 수밖에 없으며, 이를 모드 부정합(mode mismatching)이라고 한다. 게다가 광자결정 도파로의 절단면에는 공기와 도파로 물질의 굴절률 차로 인한 반사가 존재하는데, 공기-Si의 경우 그 반사율이 30% 이상이다. 즉, 완벽한 모드 정합(mode matching)이 이루어졌다 하더라도, 광결합률은 70% 이하에 머물게 된다.

이러한 문제를 해결하기 위해 [그림 4.35]와 같은 구조가 제안되었다. 광자결정 도파로와 광섬유 사이에 모드 크기 변환기(mode size converter)를 삽입하는 것이다. 광자결정 도파로에서 나온 빛은 같은 크기의 Si wire(전반사에 의해 도파)로 연결되고, 이 Si wire가 점점 가늘어짐에 따라 빛이 바깥으로 빠져나와 다음 코어층인 polymer 층 내부로 도파된다. 이 polymer 도파로의 크기는 광섬유의 크기와 비슷하므로 큰 손실 없이 광섬유로 결합된다. 이러한 구조는 광결합을 상당히 높일 수 있다는 점에서 의의가 있지만, 구조가 너무 복잡하고 제작비용이 많이 요구될 것이므로 현실적인 대안으로서는 부족하다.

외부와의 광결합과 관련된 또 다른 아이디어는 표면 모드를 이용하는 것이다. 2차원 광자결정 slab의 절단면은 그 자체가 광자결정의 주기를 깨뜨리는 결함(defect)이 된다. 즉, 절단면의 안쪽으로는 광밴드갭에 의해 빛의 전파가 제한되며, 절단면의 바깥쪽은 공기-Si의 굴절률 차이에 의한 전반사에 의해 빛의 전파가 제한된다. 따라서 절단면을 따라 진행하는 빛의 형태가 존재하게 되는데 이를 표면 모드라고 부른다. 이 표면 모드에는 전반사를 만족시키지 못하는 성분이 많이 포함되어 있으므로 수 μm 이상 멀리 진행하지는 못하고, 결국 절단면 바깥쪽으로 방출된다.

[그림 4.36]은 도파로를 통해 진행하던 빛이 절단면을 만났을 때 어떻게 반응하는가를 FDTD 전산모사 기법을 통해 계산한 결과이다. 절단면을 따라 진행하는 표면 모드를 관찰할 수 있다. 도파로 끝에서만 빛이 방사되는 되는 경우엔, 작은 모드 크기로 인해 빛의 방사각이 매우 크게(> 45deg) 된다. 하지만, 이 경우엔 빛의 일부가 표면 모드로 바뀌어 진행하다가 점차적으로 빛을 방출하게 되므로, 실제 빛이 방사되는 영역이 수 μm로 확대되는 효과가 있다. 이는 방사각을 줄이는 효과를 가져오므로, 이 표면 모드를 적절하게 활용하면 거의 수직한 형태의 방사 패턴을 얻을 수 있게 된다. 이는 결국 외부광 과의 결합을 용이하게 해준다(모드 크기를 크게 하는 것과 방사각을 작게 하는 것은 물리적으로 동일한 의미를 갖는다).

이 표면 모드는 절단면에 위치한 공기구멍의 패턴에 의해 많은 영향을 받는다. 즉, 광자결정 slab에서의 절단면의 위치를 다르게 함으로써 표면 모드의 분산을 바꿀 수 있고, 이 방사 패턴을 어느 정도 설계할 수 있다. 표면 모드의 존재는 유효 모드 크기를 확장하고 방사각을 줄이는 효과 외에, 도파로 끝단에서의 반사율을 줄이는 역할도 한다. 적절한 조건에서는 대부분의 도파로 광이 되반사되는 대신 표면 모드로 결합되게 할 수 있다. 그러나 이러한 특성은 공진 결합(resonant coupling)의 원리에 바탕을 두고 있으므로, 좁은 파장영역 내에서만 효과적으로 일어난다는 단점이 있다.

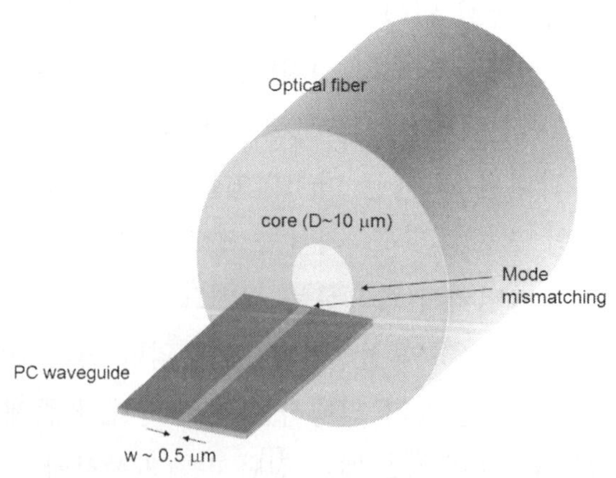

[그림 4.34] 광자결정 도파로와 일반 단일모드 광섬유와 크기 비교(실제 광섬유의 외경은 125 μm로서, 그림에서 나타낸 것보다 2배 이상 크다.)

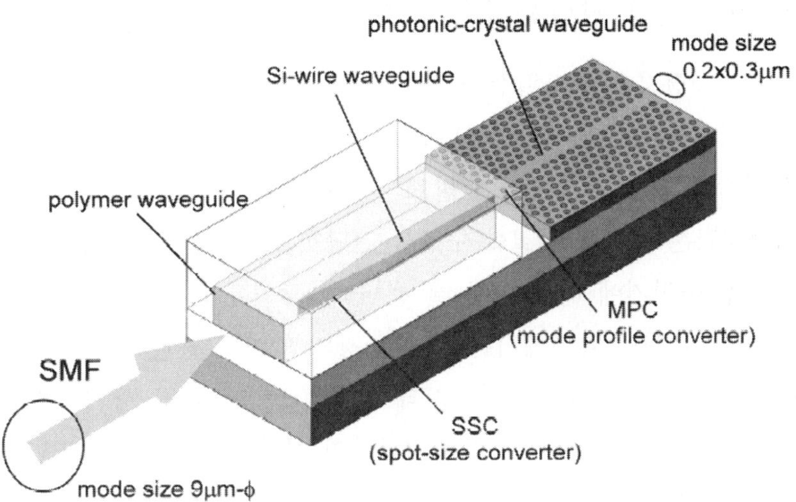

[그림 4.35] 광자결정 도파로와 단일모드 광섬유와의 효율적인 광결합을 위해 설계된 모드 크기 변환기의 구조[M. Notomi et al., Optics Express, Vol. 12, 1551 (2004)]

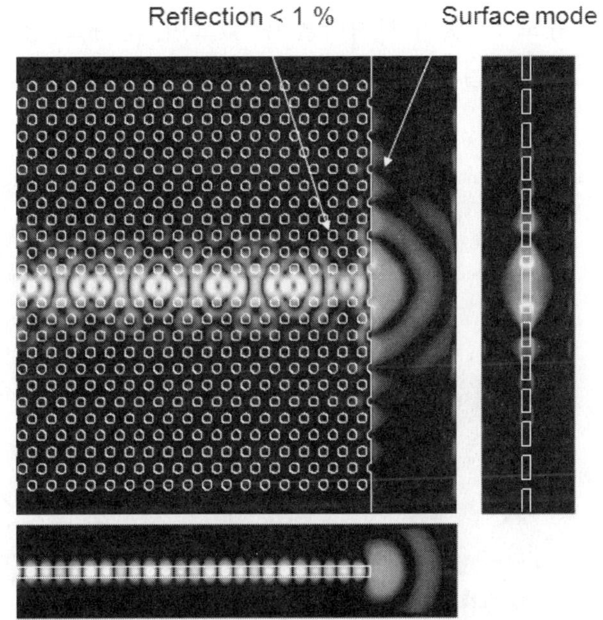

[그림 4.36] 광자결정 도파로의 끝단에서 나오는 출력광의 패턴을 조절하기 위해 광자결정 slab의 표면 모드를 사용한 예. 각각은 평면도(위), 측면도(오른쪽), 정면도(아래)를 보여준다.

4.4 공진기와 광섬유와의 직접 결합

광자결정 공진기를 광자결정 도파로와 결합하고, 이 도파로를 다시 외부의 광학계와 결합하는 기존의 접근 방법들과 달리, 광자결정 공진기와 광섬유와의 직접적인 결합을 시도한 연구들이 발표되었다.

[그림 4.37]은 이러한 광결합 구조를 간단히 보여준다. 일반 광섬유는 그 굵기가 광자결정 공진기에 비해 너무 클 뿐더러, 광섬유 모드가 코어에만 갇혀 있으므로, 광섬유 클래딩 옆면에서는 어떠한 광의 입출력도 기대할 수 없다. 그러나, 광섬유를 수 micron 수준의 굵기로 테이퍼링(tapering)을 하게 되면, 광섬유 코어에 갇혀 있던 빛이 클래딩으로 빠져나오기 시작해서 코어-클래딩 경계가 아닌 클래딩-공기 경계에서의 전반사 조건에 의해 빛이 전파된다. 클래딩의 굵기가 1 μm 근처에 이르면, 그 감쇠파가 클래딩 바깥 공기 중에서도 충분히 커서 감쇠파 결합을 일으키기에 충분한 수준이 된다.

따라서 [그림 4.37]과 같은 경우에는, 광자결정 공진기 모드가 광섬유 모드로 결합되어 광섬유로 그 빛이 빠져나올 수 있으며, 반대로 광섬유를 통해 입사시킨 빛은 그 일부가 광자결정 공진기 내부로 들어가게 된다.

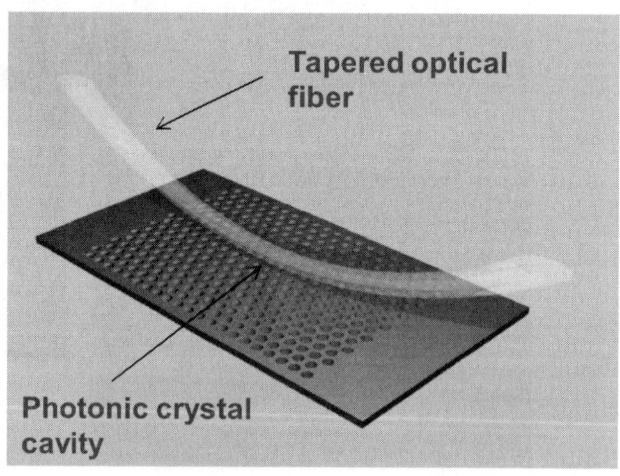

[그림 4.37] 광자결정 공진기 위에 광섬유 테이퍼를 접근시켜 공진기와 광섬유 간에 감쇠파 결합 (evanescent coupling)을 유도한 예

실제 광결합의 효율을 구하기 위해, FDTD 전산모사 방법을 사용하여 광자결정 모드의 방출 특성을 관찰하였으며, 그 결과를 [그림 4.38]에 나타내었다. 1 μm 굵기의 광섬유를 가정하였고, 구부림 반경은 50 μm이다. 광자결정 공진기 모드 손실의 대부분은 광섬유 모드로의 결합에 의한 것이며, 그 외 일부는 공기 중으로, 또 다른 일부는 slab을 통해 빠져나가는 것을 보여준다. 이때 전체 계산 구조의 바깥 면을 통해 빠져나가는 빛의 포인팅 벡터를 적분하면, 각 영역에 대한 빛의 방출 비율을 유추해 낼 수 있다.

광섬유 결합효율이란 전체 방출량에 대해 광섬유 단면을 통해 빠져나가는 방출량의 비율로 정의할 수 있으며, 이를 [그림 4.39]에 사각형으로 나타내었다. 광섬유와 공진기 사이의 거리가 100 μm일 때, 최대 84%의 결합효율을 얻었다.

거리가 이보다 더 가까워지면, 그 효율이 오히려 감소하였는데, 이는 slab을 통해 빠져나가는 방출량이 급격히 증가하기 때문이다. Slab을 통해 빠져나가는

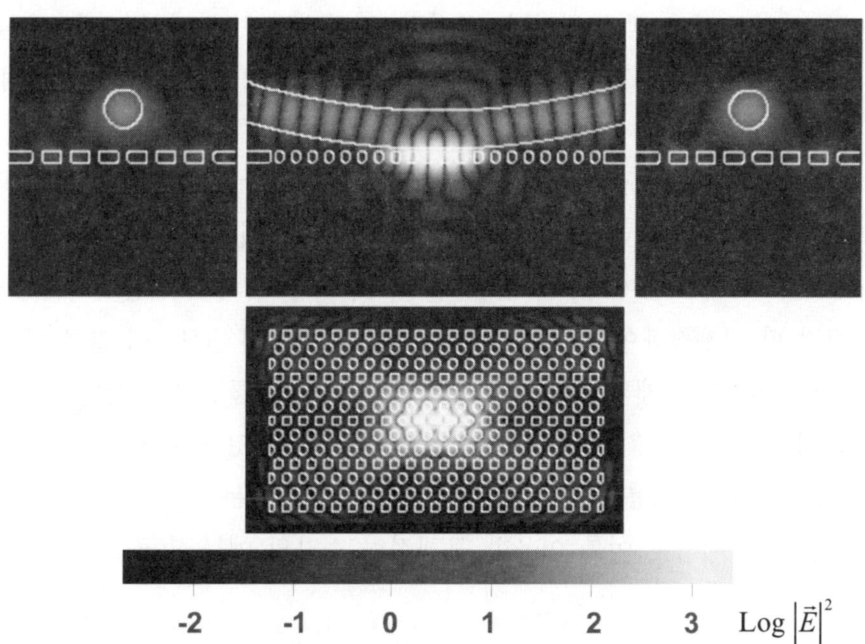

[그림 4.38] [그림 4.27]의 광자결정 공진기 모드가 광섬유 테이퍼로 결합된 경우를 계산한 FDTD 전산모사 결과. 공진기의 중심 좌표를 원점, 공진기의 길이방향을 x축이라고 정의할 때, 각 그림은 x=−L(왼쪽 위), y=0(중앙 위), x=+L(오른쪽 위), z=0(아래) 평면을 나타낸다. 광세기는 log scale로 표현되었다.

빛은 다음의 사실로써 설명할 수 있다. 앞에서 언급한 바와 같이 광자결정 slab이 만드는 광밴드갭은 TE-like mode에 대한 밴드갭이며, TM-like mode에 대해서는 완전한 밴드갭이 존재하지 않는다. 본래 공진모드는 TE-like mode로 구성되어 있었으나, 광섬유 테이퍼가 공진기에 접근함에 따라 slab의 상하 대칭성이 깨어지고, TE-like mode와 TM-like mode 간에 에너지 교환이 일어난다. 따라서 공진모드의 일부가 TM-like mode 성분을 갖게 되며, 이에 대한 광밴드갭이 완전하지 않으므로 slab을 통해 빠져나가게 되는 것이다.

그래프에서 원으로 나타낸 데이터는 공진기의 품위값을 나타내는데, 원래 23,000이던 품위값이 광섬유가 공진기에 접근할수록 낮아져, 최대 결합에서는 1,700에 이르게 된다. 비록 1/10 이하로 낮아지긴 했지만, 대부분의 광자결정 공진기 응용에서는 충분히 높은 값이다.

광섬유 테이퍼는 일반 통신용 광섬유에 torch나 CO_2 레이저 등으로 열을 가하면서 인장을 가함으로써 제작된다. 1 μm 굵기의 테이퍼를 제작하더라도 광손실은 5% 이하로 매우 작은 편이다. 하지만, 광자결정 위에 광섬유 테이퍼를 영구적으로 고정하는 것이 그리 수월하지 않아 실제적인 응용을 위해서 해결해야 할 문제로 남아 있다.

그럼에도 불구하고, 광섬유와 공진기와의 직접 결합을 사용하는 방법의 최대 장점은 하나의 광섬유 테이퍼를 이용해서 어느 때든 원하는 공진기로의 결합을 유도하는 'probe' 역할에 있다. 앞에서 논의한 대부분의 방법들이 각 공진기에 대해 각각 따로 제작해야 하는 영구적인 결합 장치임에 반해, 이 결합 방법은 하나의 테이퍼로 여러 개의 공진기를 시험하고 최적의 공진기를 찾아내거나 결합 조건을 바꾸어가면서 최적의 결합 상태를 찾아낼 수 있다는 장점이 있다. 이는 광자결정 공진기를 이용한 연구 단계나 개발 단계에서는 매우 강력한 도구가 될 수 있다. 제6장에서는 이를 이용한 구체적인 소자의 예를 언급할 것이다.

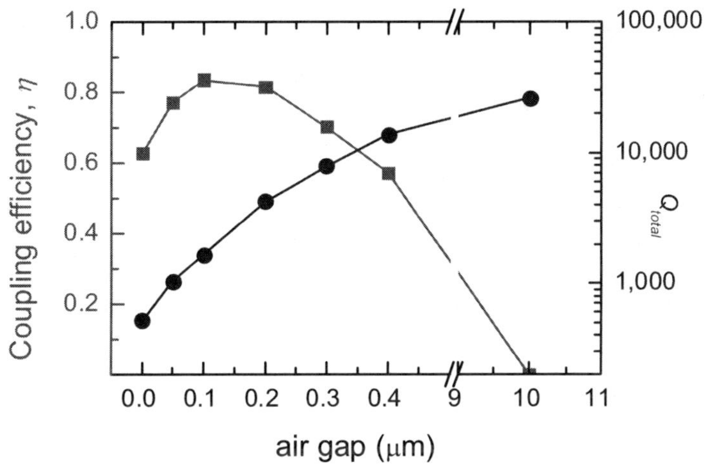

[그림 4.39] [그림 4.28]의 전산모사 결과로부터 얻은, 광섬유 테이퍼와 광자결정 공진기 사이의 간격에 따른 광결합 효율 및 품위값 변화 그래프

5 2차원 광자결정 광부품

5.1 서론

광자결정에서는 종래의 광재료에서는 찾아볼 수 없었던 새로운 효과가 얻어지고 있어 통신용 광회로 부품을 시작으로 폭넓은 분야에서 응용이 기대되고 있다.

현재까지 광전-집적회로기술은 PLC(planar lightwave circuits)에 기반을 두고 발전해 왔으나, 도파로의 고유한 특성으로 곡률반경을 줄이는 것이 불가능하기 때문에 집적화에는 한계가 있다. 이를 해결하기 위한 방법으로 제시된 기술이 광자결정기술이다. 1, 2, 3차원 광자결정에 대한 개별 설계 및 디자인 기술을 확보하고, 기존 PLC 기술과 융합함으로 한 단계 발전된 집적기술을 확보하는 것이 가능하다. 이 분야의 연구는 궁극적으로 나노-포토닉스의 응용분야인 광통신, 정보저장, 환경, 배터리, 바이오, 디스플레이 기술에 이용 가능한 초고집적형 nano-photonics platform을 개발하는 데 있을 것이다. [그림 4.40]은 2차원 광자결정을 이용하여 구현 가능한 광 수동부품의 개념도이다.

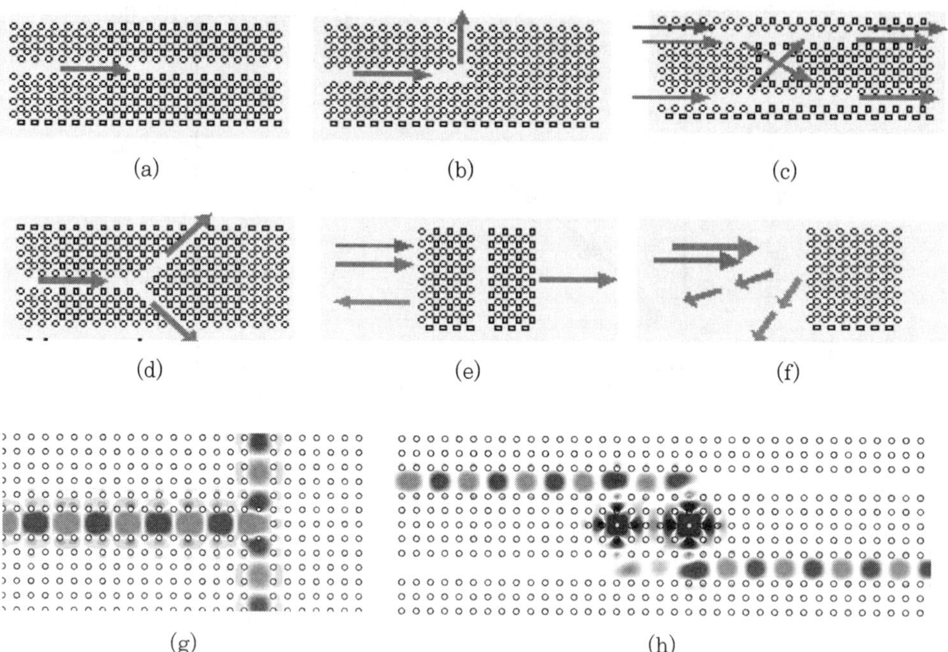

[그림 4.40] 2차원 광자결정 배열을 이용하여 구현 가능한 광 수동부품의 예
(a) 직선도파로
(b) 90° 곡선 도파로
(c) add/drop
(d) Y-branch(coupler)
(e) filter (f) high dispersive element
(g) wide-angle splitter
(h) channel-drop micro-filter

본 장에서는 광자결정에 의해 실현 가능한 새로운 광부품 기능에 대하여 기술한다. 따라서, 여기서 소개하는 광자결정 광부품이나 기능은 아직 제안되고 있는 수준임을 감안하기 바라며 구체적 구조나 제작방법의 확립을 시작으로 실용화까지는 아직 시간과 노력이 필요하다.

5.2 광자결정의 특수효과

광부품으로 이용이 가능한 광자결정의 특수 효과는 크게 세 가지로 분류가 가능하다. 광구속 효과, 특수 분산/군속도 효과, 이방성이 그것이다.

광구속 효과는 지금까지 살펴본 바와 같이 PBG 내에 점, 선, 면결함을 삽입시킴으로 광을 그 결함 내에 구속시키는 것을 말한다. 이것에 의해 매우 높은 Q-값의 광 공진기를 실현할 수 있고, 선결함을 이용하므로 광을 도파시키는 것이 가능하다는 것을 알고 있다. 점결함 매질에 발광물질을 도입시키면 극소 전력소모 레이저를 실현할 수 있으며, 선결함에 의한 도파로를 이용하므로 극저손실 90° 곡선 도파로를 실현하는 것이 가능하다. 특히, 2차 광자결정 배열에 선결함을 공기로 가질 수 있기 때문에 일반 PLC나 광섬유에 비하여 흡수손실이 무시될 수 있으며, 높은 파워의 광도파가 가능하며 비선형성이 무시될 수 있는 장점이 있다.

또한 광도파로를 기본으로 하는 Y-분기(branch), 방향성 결합기(directional coupler), 도파로 내에 점결함을 삽입하므로 파장 필터, 채널 add/drop 필터 등도 가능할 것이다. 광자결정이 갖는 특수 분산/군속도 특성을 이용한 소자로써는 분산보상기나 수퍼프리즘을 이용한 파장필터나 분파기(splitter) 등이 실현 가능하다.

이와 같이 광자결정의 어떤 특성을 이용하는가에 따른 분류와는 별개로 광자밴드 구조에 의해 PBG 내의 어느 파장대를 이용하는가, 또는 밴드 내의 어느 파장대를 이용하는가에 따른 분류법도 생각될 수 있다. PBG에 의한 광구속을 이용한 소자는 전자에 해당하며 슈퍼프리즘 효과를 이용한 소자나, 분산보상기, 편파분리소자 등은 후자에 속한다. PBG 내의 파장대를 이용하는 경우는 그 자체로는 밴드갭에 의해 광이 존재할 수 없기 때문에 결정 내에 결함을 만들어 줌으로 광을 국재화(loaclization)시키거나 도파시키는 것이 가능한 전자계 모드구속을 이용한다. 이에 반하여 밴드 내 파장을 이용하는 경우는 소위 벌크-적으로 광자결정을 이용하는 것이 특징이다.

이와 같은 소자는 레이저를 제외하고는 모두 수동소자(passive devices)이지만 비선형 증폭매질과 결합하므로 광 스위치 등의 소자로 이용이 가능하다. 이와 같은 능·수동 광부품을 집적화하므로 위에서 말한 미소 크기의 광자 플랫폼이 개발될 수 있다. 광자결정이 갖는 이와 같은 다양한 특수 성질 중에서 무엇보다 중요한 것은 광자결정 광부품의 사이즈가 특히 작다는 것이다. 종래의 광부품과 비교하여 수백분의 1 크기로 보다 나은 광부품 특성을 얻을 수 있다. 이상과 같은 광부품을 광자결정 효과로 분리하여 [그림 4.41]에 나타내었다.

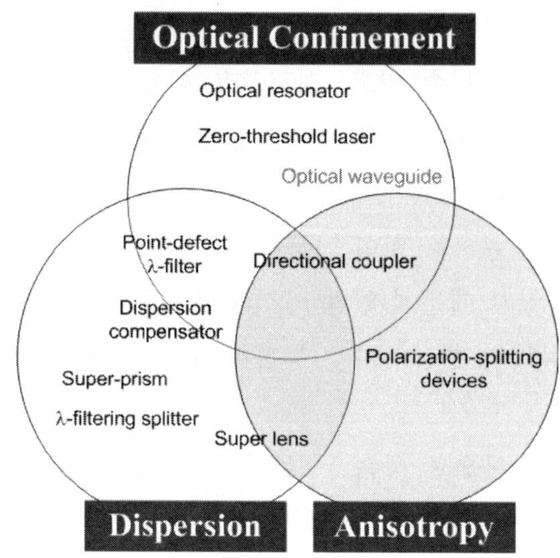

[그림 4.41] 광자결정이 갖는 특수효과와 그의 응용 광부품

2차원 광자결정 배열을 기반으로 이 위에 광도파로를 시작으로 일련의 각종 부품을 집적화함으로 다양한 기능이 결합된 신개념의 광집적회로를 제작할 수 있다. 완전 PBG를 갖는 광자결정 중에 선결함을 도입하여 이 선결함을 따라 생긴 도파모드는 급격한 굴곡에 대하여도 손실이 극히 적다는 것이 예측되고 있어서 이를 소위 "광배선"으로 이용하고 이 안에 광 합/분파(add/drop)기 및 광자결정 광원 등을 집적시킴으로 다양한 기능의 광집적 platform이 설계될 수 있다.

5.3 방향성 결합기

완전 PBG 결정 내에 형성된 선결함 광도파로는 광구속이 강하여 2개의 도파로 사이가 3격자 정도 이상으로 떨어져 존재할 경우, 상호작용이 발생하지 않는다. 그러나, 도파로 간 폭이 2격자 이하로 근접될 경우 결합(coupling)이 생기게 된다. 이 경우, 선결함 도파로에 의한 방향성 결합기(directional coupler)가 실현될 수 있다. [그림 4.42]는 Koshiba 등이 2차원 광자결정($n=3.4$)을 이용하여 제작한 방향성 결합기(1격자 간격)의 특성이다.

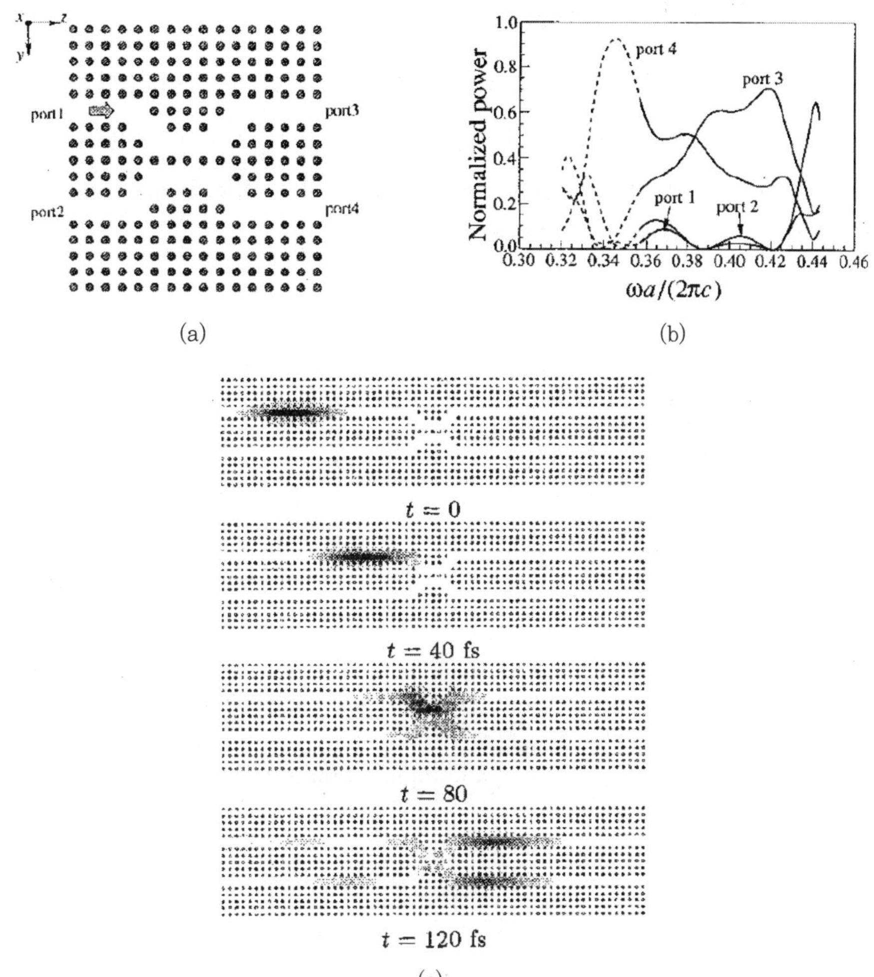

[그림 4.42] (a) 방향성 결합기 구조 (b) 전파특성 (c) 전계 패턴(파장 1.45 μm) 특성. 여기서 r=0.18Λ, Λ=0.58μm (M. Koshiba et al., J. Lightwave Tech. 18, 102, 2000).

그림에서 저손실 방향성 결합기는 규격화주파수 $\Lambda/\lambda=0.383$의 조건에 대해 얻어질 수 있음을 알 수 있다. 특히 이러한 방향성 결합기는 결합 길이 및 충진율을 포함하는 광자결정 매개변수에 의존한다. 특히 이 방향성 결합기는 PLC-형 결합기에 비하여 2배 이상 작다는 것이 특징이다.

5.4 Y-브랜치/T-브랜치

[그림 4.43]과 [그림 4.44]는 Koshiba 등이 보고한 T-branch와 Y-branch에 대한 특성이다. T-branch에 대하여 규격화주파수가 0.386-0.403의 범위에 대해 높은 투과를 얻었으며, 반면에 Y-branch의 경우 비교적 높은 return 손실로 인해 좋은 특성을 보이지는 않는다.

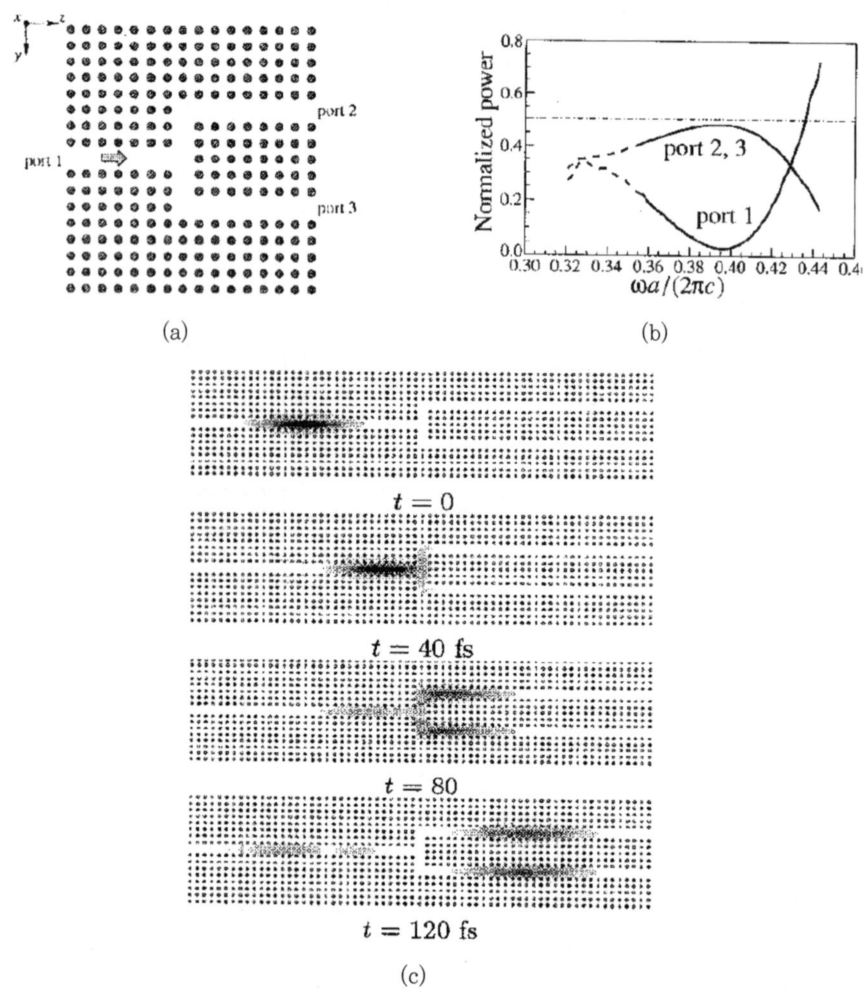

[그림 4.43] T-branch 구조, 전파특성 및 전계분포(M.Koshba et al)

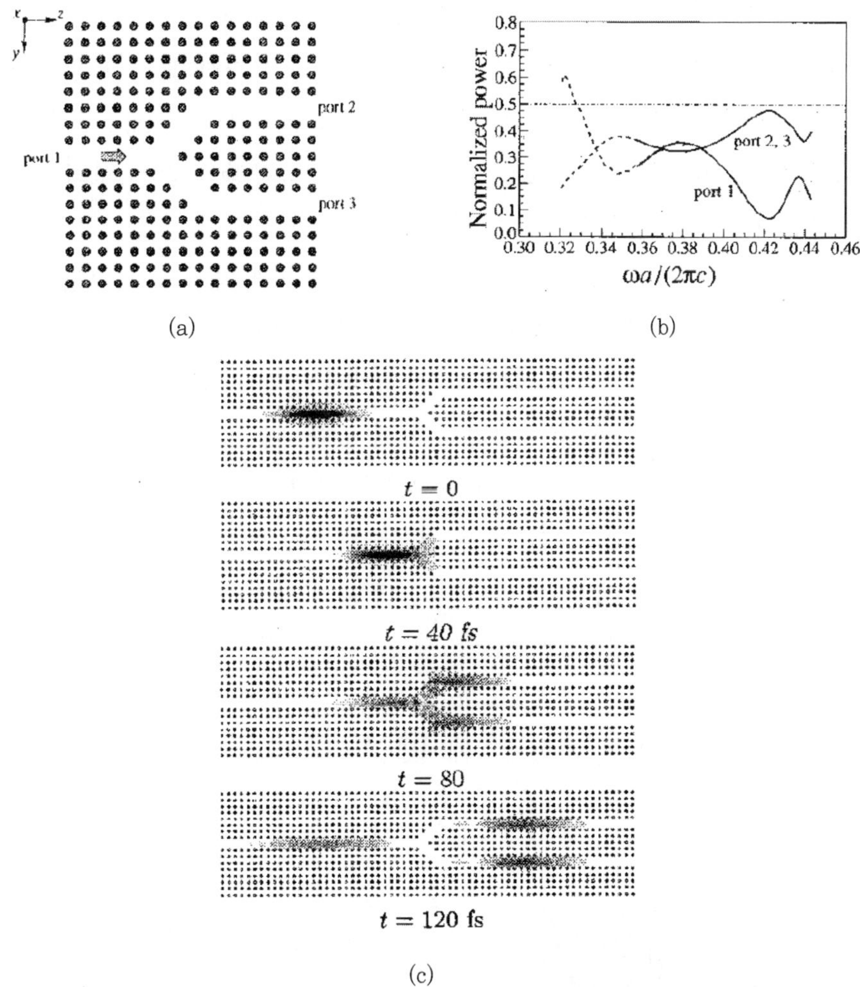

[그림 4.44] Y-branch의 구조, 전파특성 및 전계분포(M. Koshiba et al)

앞에서 보인 광자결정 결합기나 branch 등은 완전한 2차원 광자결정을 기반으로 만들어지는 광부품이다. 그러나 순수한 2차원 광자결정은 그 실효성이 매우 약하므로 결국 2차원 광자결정 slab을 기반으로 부품이 설계되어야 한다.

2차원 광자결정에서는 되반사만 광손실을 야기하는데 반하여 2차원 slab 구조에서는 전반사 조건을 만족하지 못하는 모든 성분이 광손실에 기여하게 되므로, 그 설계가 훨씬 까다로워진다.

[그림 4.45]에는 어느 정도 광손실을 최소화한 120° 구부림의 제작 사진 및 손실 스펙트럼이 나타나 있다. 완전한 2차원 구조에서 본 것과 같이 단순히 도파로

를 꺾는 것만으로는 광손실을 낮추기가 힘들다. 때문에 구부림 주변의 공기구멍의 크기들에 많은 변화를 가하였음을 알 수 있다. 이러한 복잡한 구조를 도입한 경우에도, 1 dB 이하의 광손실을 갖는 파장영역은 1370~1405 nm에 불과했다. WDM 통신 시스템에서와 같이 50 nm 이상의 동작파장을 갖는 도파로 구부림은 거의 구현이 불가능하다고 할 수 있다.

[그림 4.45(a)]의 구조는 어떤 특정한 설계 원리에 따라 설계되었다기보다는, 최상의 결과가 나올 때까지 계속 구조를 바꾸어가며 반복된 전산모사를 수행함으로써 이루어지는 것이 보통이다. 이런 3차원 전산모사는 상당한 계산 시간을 요구하므로, 설계방법이 비효율적일 수밖에 없다. 계산 시간을 단축시키기 위해, 완전한 2차원 구조에 대해 먼저 최적 구조를 찾고 나서, slab 구조로 변환한 다음 추가로 구조의 미세 조정을 하는 경우도 있다.

[그림 4.46]은 [그림 4.45]의 구부림 구조를 응용하여 Y-branch를 구현한 예이다. Y-branch와 하나의 구부림을 지나 각 포트에서 측정된 투과 스펙트럼을 (b)에 나타내었다. 이상적인 Y-branch라면 각 포트에서 각각 3 dB의 광손실이 측정되어야 하지만, 1575 nm 근처에서만 3~4 dB의 손실을 나타내고, 그 외의 파장에서는 손실이 매우 커짐을 알 수 있다.

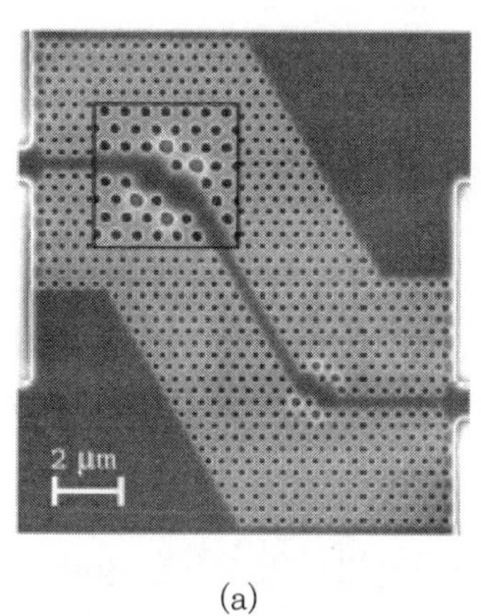

(a)

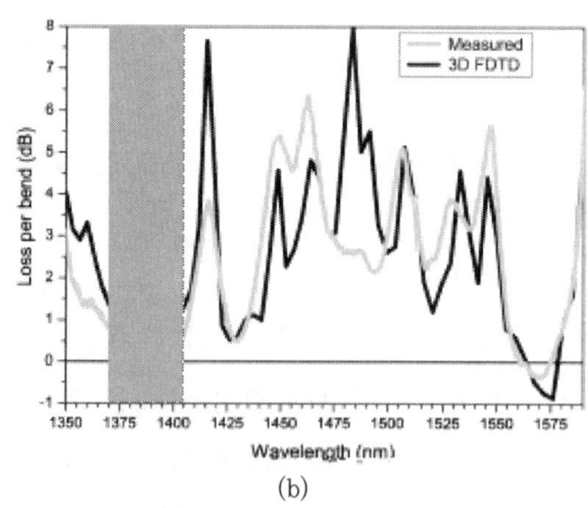

(b)

[그림 4.45] 광자결정 slab에서의 광손실을 최소화한 120° 구부림.
(a) 제작된 구조의 전자현미경 사진. 왼쪽 위의 구부림은 확대해서 나타내었다.
(b) 구부림 하나에 대한 광손실 스펙트럼. 1 dB 손실을 기준으로 보았을 때, 동작 가능 파장영역은 약 30 nm이다(L. H. Frandsen et al, Optics Letters (2004)).

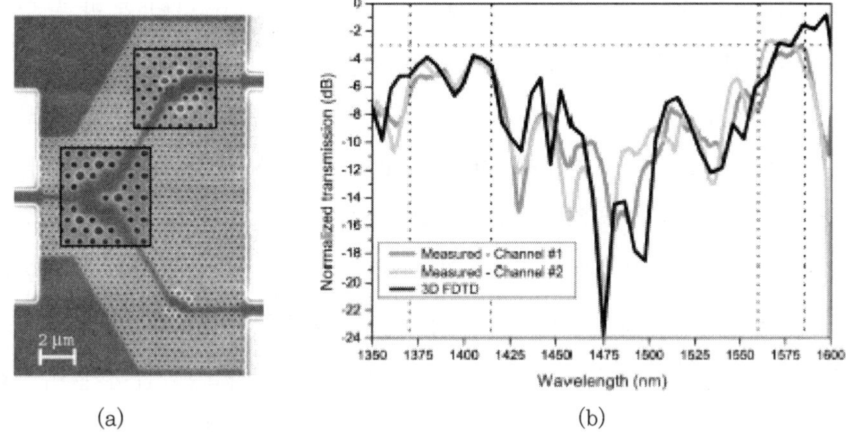

(a) (b)

[그림 4.46] 광자결정 slab에서 최적화된 Y-branch.
(a) 제작된 구조의 전자현미경 사진
(b) 각 채널에서 측정한 투과 스펙트럼(L. H. Frandsen et al, Optics Letters (2004)).

이러한 연구결과는 광자결정 slab에서 광회로를 자유자재로 구사한다는 것이 쉽지 않음을 보여준다. 2차원 광자결정에서는 원천적으로 광손실이 0인 반면, slab 구조로 변환되면서 광손실은 매우 큰 이슈로 등장한다. 이는 전반사를 이용한 일반적인 planar lightwave circuit에서는 존재하지 않았던 문제로서, 과연 광자결정 slab 구조가 photonic intergrated circuit에 적합한 platform인가 하는 의문을 갖게 만드는 결과이다.

현재의 기술 수준에서 본다면, 광자결정 slab에서 복잡한 광회로를 구현하는 것은 무리이며, 우선 다른 측면에서의 응용을 고려하는 것이 옳다고 판단된다.

5.5 광 지연 소자

그 위치를 비교적 자유자재로 조작할 수 있는 전자나 전하와 달리, 광자는 원하는 시간 동안 한 곳에 저장하는 것이 어렵다. 그렇기 때문에, 광자를 저장하는 대신 특정한 시간 동안 광자를 다른 곳으로 멀리 보냈다가 되받는 긴 길이의 광선로가 필요하다. 이러한 광 지연 장치는 서로 다른 광펄스 간의 동기화나, 간섭계의 신호처리, 광통신에서의 분산 조절 등에 필수적인 요소이다.

자유공간에서는 거울을 적절히 배치함으로써 원하는 길이의 광경로를 삽입할 수 있지만, 1 m 이상의 긴 길이의 광 지연 경로가 필요할 때는 주로 광섬유를 사용하게 된다. 하지만 긴 길이의 광섬유가 감겨 있는 spool의 부피를 고려할 때, 이는 집적화된 광 시스템에는 적합하지 않은 방법이다.

앞서 광자결정 도파로의 큰 특징 중의 하나가 특이한 분산특성이라고 언급하였으며, 이 분산은 곧 도파로를 지나는 빛의 속도를 결정한다. 따라서, 빛의 속도가 느린 도파로를 사용하면, 짧은 길이에서도 긴 지연시간을 얻을 수 있어 효과적이다. 여기서는 말하는 속도는 위상속도가 아닌 펄스 중심의 속도이며, 이는 군속도에 해당된다. 대부분의 경우 광자결정 도파로는 $k \sim 0.5$인 영역 근처에서 군속도가 0에 접근하게 된다. 그러나 파장에 따라 군속도가 급하게 바뀌게 되면, 이를 군속도의 분산이라고 부르며 진행거리에 따른 광펄스 폭의 퍼짐을 야기한다. 따라서 바람직한 지연 도파로는 군속도가 0에 가까울 뿐 아니라, 파장에 따라 군속도가 크게 변하지 않아야 한다. 역시 광자결정 도파로 구조를 적절히 설계함으로써, 광펄스의 퍼짐을 어느 정도 제어할 수 있다.

[그림 4.47]은 적절히 설계된 광자결정 slab 도파로에서 실제 빛의 속도를 측정한 실험을 보여주고 있다. 일반적으로 한 줄의 공기구멍이 막힌 도파로와 달리, 여기서는 공기구멍 3줄로 이루어진 도파로(이를 W3 waveguide라고 한다.)를 사용하였다. 1 mm 이하의 짧은 거리에서 광펄스의 시간지연을 측정하는 것은 쉽지 않으므로 그림과 같은 특별한 기술을 사용하였다. 하나의 광 입력펄스를 둘로 나누어 하나는 도파로를 통해 보내고, 다른 하나는 공기 중으로 보낸 후 두 펄스의 간섭 신호로부터, 두 광의 시간지연을 비교하게 된다. 도파로 위의 특정 위치에 광섬유 probe를 위치시키고, 공기 중의 광 지연거리를 스캔함으로써, 펄스가 어느 순간에 광섬유 probe 아래를 지나가는지 측정한다. 각각의 광섬유 probe 위치에 대해 이 측정을 반복하면, 특정 시간에 펄스가 어떻게 분포해 있는지 snap shot을 구성할 수 있게 되며, 이로부터 펄스의 속도와 퍼짐 정도를 알게 된다.

실험결과 이 도파로 내에서의 펄스의 평균 속도는 진공 중의 빛의 속도의 약 1/1000에 해당함을 알아내었다. 고체 도파로 내에서 이렇게 작은 빛의 속도를 구현한 최초의 실험으로서, 광자결정 기술의 놀라운 특징을 보여준 주목 받는 결과였다.

다음에서 상세한 언급을 하겠지만, 이렇게 작은 군속도를 갖는 빛의 파장영역은 극히 제한적이다. 중심파장에서 조금이라도 벗어난 빛은 그 군속도가 매우 크거나, 이 도파로 내에서 진행을 하지 못하고 처음부터 되반사된다.

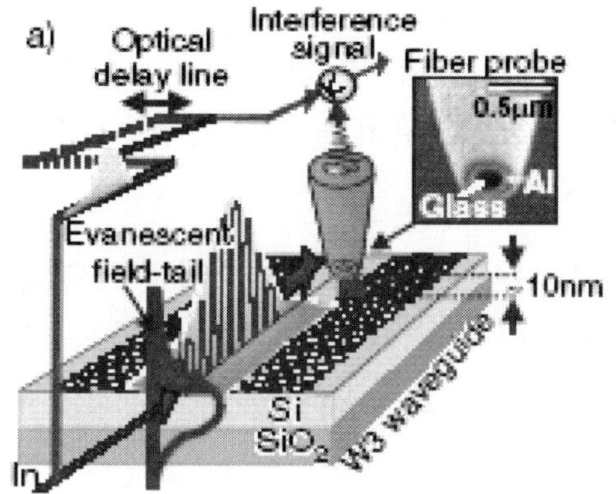

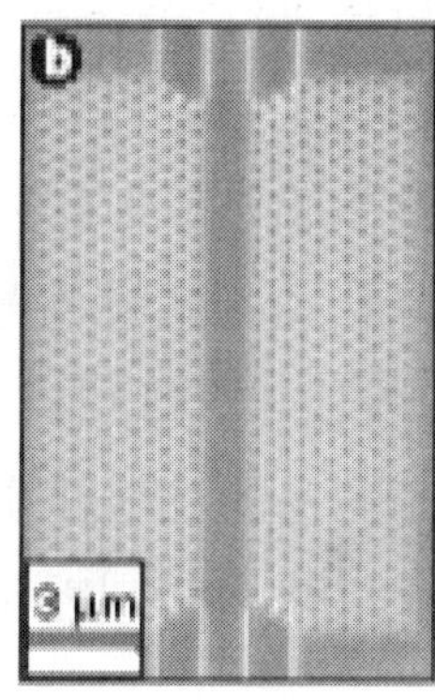

[그림 4.47] (a) 광자결정 도파로를 진행하는 빛의 속도를 측정하기 위한 장치
(b) 빛의 속도를 최소화하기 위해 설계된 광자결정 도파로. 3줄의 결함(막힌 공기구멍)으로 구성되었다(H. Gersen et. al. Phys. Rev. Lett. (2005)).

광 지연장치의 이러한 현실적인 면을 고려하여 새롭게 제안된 구조가 [그림 4.48]에 나타나 있다. 이 도파로는 왼쪽에서 오른쪽으로 갈수록 도파로 매질의 굴절률이 점차 작아지거나, 공기구멍 크기가 점차 커지는 구조로 되어 있다. 이 때는 도파로의 매 위치마다 서로 다른 분산을 갖게 되는데, (a)에 그 분산곡선의 변화를 간략히 나타내었다. 오른쪽으로 이동할수록 도파모드의 분산곡선은 높은 주파수 쪽으로 이동한다.

왼쪽에서 특정 주파수((a)에서 점선으로 표시됨)의 광펄스가 입력되었을 때, 그 빛은 분산곡선의 기울기에 해당하는 군속도로 진행한다. 광펄스가 도파로의 중앙쯤에 이르렀을 때는 분산곡선의 기울기가 0에 근접하여 순간적으로 광펄스가 정지한다. 도파로의 오른쪽에서는 해당 주파수에 해당하는 도파모드가 존재하지 않으므로 진행할 수 없는 구역이 된다. 따라서 입력된 광펄스는 더 이상 진행하지 못하고 되돌아오게 된다.

이러한 현상을 확인하기 위해, FDTD 전산모사 방법을 사용했으며 그 결과를 [그림 4.48(b)]에 나타내었다. 매 0.1 ps마다 펄스의 형태를 저장하여 이를 chart로 나타낸 것이다. 왼쪽에서 오른쪽으로 이동하던 펄스가 t=1.5 ps에서 정지하였다가 그 이후로는 다시 왼쪽으로 이동하고 있다. 이 방법을 사용하면 1 mm 길이의 도파로에서 약 1 ns의 시간지연을 유도할 수 있으며, 이는 평균속도 10^6 m/sec=(1/300)c에 해당한다.

약간 다른 파장(혹은 주파수)을 갖는 빛이 입사되는 경우엔, 그 반사 위치가 달라져서 그에 따른 지연시간에도 변화가 생긴다. 하지만, [그림 4.47]에 비해서 파장에 따른 지연시간의 차이가 훨씬 작다. 이런 특성은 실제적인 광소자의 측면에서 중요한 장점으로 작용할 것이다.

도파로에서 파장에 따라 군속도가 다름으로써 생기는 효과는 군속도 분산이라고 불리며, 도파로를 진행함에 따라 펄스의 폭이 변화하는 결과를 낳는다. 즉, [그림 4.48]의 소자에서도 되반사된 펄스의 폭은 원래 입력된 펄스의 폭과 달라진다.

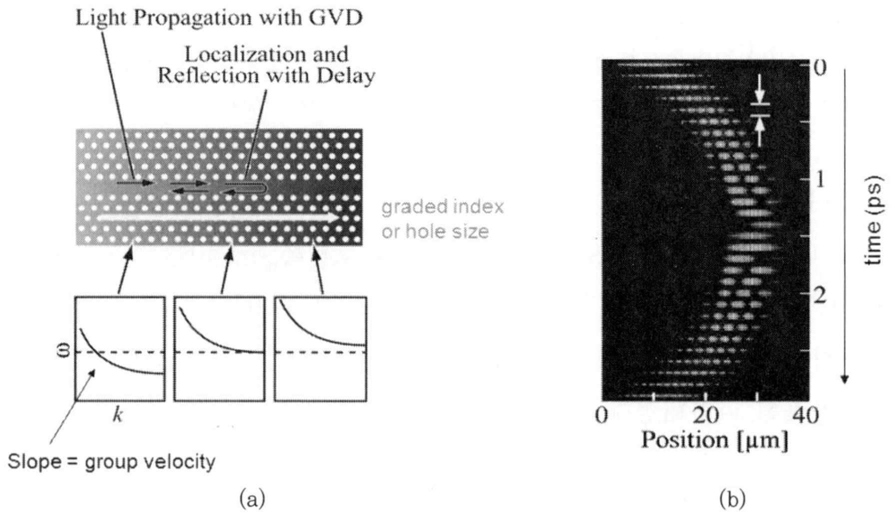

[그림 4.48] (a) 광자결정 도파로를 응용한 광 지연소자. 도파로의 길이방향으로 매질의 굴절률 또는 공기구멍의 크기가 점차적으로 변화되도록 설계되었다.
(b) FDTD 전산모사 결과. 왼쪽에서 입사된 빛은 그 군속도가 점점 느려지다가 결국 0이 되어 되반사된다. 이러한 구조에서는 1 mm 길이의 도파로를 가지고 1 ns의 시간지연을 유도할 수 있다(D. Mori et al. Appl. Phys. Lett. (2004)).

이러한 군속도 분산 문제를 해결하기 위해 제안된 구조가 [그림 4.49]에 나타나 있다. 이번에는 아래쪽에 또 하나의 도파로를 배치하였는데, 이 도파로는 내부에 작은 공기구멍을 갖고 있어, 그 분산곡선이 위의 도파로와 크게 다르다. 두 분산곡선은 서로 완전히 대칭이어야 하며, 동시에 군속도가 0이 되는 주파수도 일치해야 한다. 이론적으로는 세밀한 설계를 통해 이러한 조건을 계산해 낼 수는 있지만, 현실적으로 얼마나 잘 구현할 수 있는가에 대해서는 세밀한 조사가 필요하다.

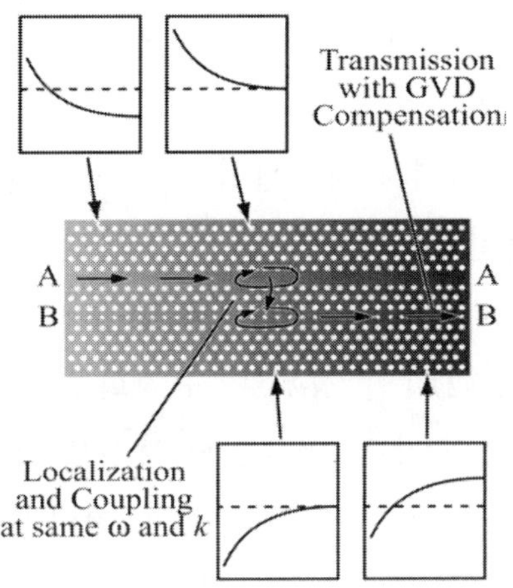

[그림 4.49] (a) 군속도 분산을 보상하기 위해 설계된 광 지연소자.
아래 도파로는 작은 공기구멍을 가지고 있으며, 그 분산곡선이 위 도파로와 반대 형태가 된다. 두 도파로는 중앙에서 위상정합 조건이 만족되어 광결합이 일어난다(D. Mori et al. Appl. Phys. Lett. (2004)).

어쨌든, 특정 주파수를 갖고 위쪽 도파로로 입력된 광은 오른쪽으로 이동할수록 점차 속력이 느려지다가 군속도가 0이 되는 지점에 이르는데, 이때 아래쪽 도파로와 위상정합조건(phase matching condition)이 만족되므로, 두 도파로 사이에 결합이 발생한다. 역시 적절한 설계를 통해 거의 모든 광 에너지가 아래 도파로로 이동했다고 가정했을 때, 이 펄스는 이제 계속 오른쪽 방향으로 진행하게 되면서, 속력이 증가한다. 위의 도파로에서 경험한 군속도 분산과 아래 도파로에서 경험한 군속도 분산이 정확히 반대가 되어 결국 상쇄된다. 즉, 아래 오른쪽으로 출력되는 펄스는 처음에 입력된 펄스와 그 형태가 정확히 일치한다.

비록 현실적으로 구현하기에는 까다로운 조건들이 많지만, 광자결정의 독특한 분산을 이용해 어떤 응용들을 할 수 있는가를 보여주는 흥미로운 예라고 할 수 있다.

5.6 λ-필터/채널 Drop 필터

선결함 도파로 기반의 소자로서 파장 필터 및 채널 Drop 필터가 고려되고 있다. 선결함 도파로와 그의 근접한 부근에 주위는 공동의 직경 또는 굴절률이 다른 점결함을 갖게 하면 점결함은 어떤 고유의 공진주파수(f_i)를 갖게 되어 도파로를 전파하는 광자 중에서 공진주파수에 상응하는 파장 성분의 광만이 점결함에 포획(trapping)되어 결합(coupling)된다. 이 점결함은 f_i의 공진주파수를 갖는 광 공진기처럼 행동한다.

[그림 4.50]은 2차원 삼각격자 광자결정 Slab과 선결함 도파구조를 갖는 광자결정(PBG 존재) 내에 단일 점결함($r_i = 0.56\Lambda$)을 갖는 도파로 구조에 대한 광자의 포획 및 방출 특성을 나타낸다. 점결함의 반경 및 점결함-도파로 사이의 거리가 각각 0.56Λ, $(3\sqrt{2}/2)\Lambda$인 경우로, 규격화주파수 f_i는 $0.2729(c/\Lambda)$이고 Q(계산 치)는 약 500 정도의 값을 갖는 필터 특성을 얻을 수 있다. $\Lambda = 0.42\,\mu m$일 때, 파장이 약 $1.539\,\mu m$에 대응하는 f_i가 얻어진다. [그림 4.51]은 [그림 4.50]에 보인 단일 점결함에 추가적으로 점결함(점결함 간에 상호작용은 무시할 정도의 거리)을 넣었을 경우에 대한 방출특성과 SEM 이미지이다.

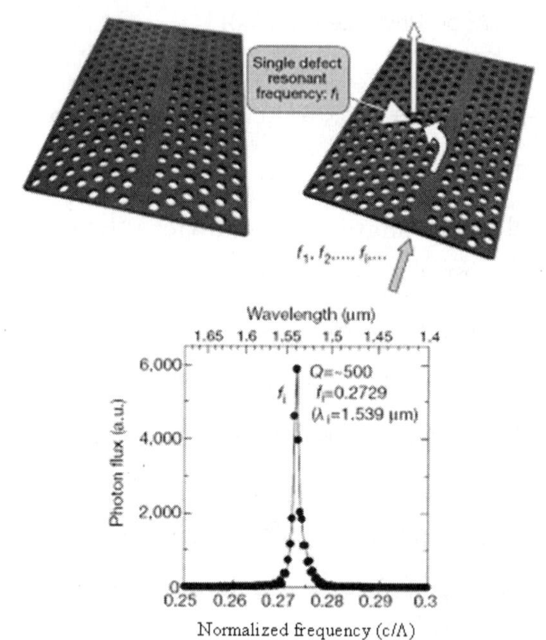

[그림 4.50] 2차원 삼각격자 광자결정 Slab과 내부에 선결함 도파로 구조를 갖는 광자결정(PBG 존재) 내에 단일 점결함이 존재할 때의 광자의 포획 및 방출 특성. 기반 삼각격자 광자결정 구조는 $r=0.29\Lambda$, $t=0.6\Lambda$의 매개변수를 가지며 내부에 직선 도파로를 가질 경우$(0.27-0.28)c/\Lambda$의 주파수에 대해 손실 없는 투과특성을 보인다. 도파로 부근에 단일결함을 가지는 경우($r=0.56\Lambda$)에 0.2729의 주파수가 공진 빛을 발생시킨다. $\Lambda = 0.42\,\mu m$ (S.Noda et al., Nature 407, 608, 2000).

이 점결함은 처음의 것에 비하여 약 3.5% 정도 큰 경우($r_i = 0.58\Lambda$)로서 이에 대한 공진주파수는 $f_i = 0.2769(c/\Lambda)$에서 얻어지며 이는 $\Lambda = 0.42\ \mu m$일 때, 약 1.517 μm의 공진파장에 대응한다.

이상과 같이 직선 도파로를 갖는 2차원 광자결정 slab에 서로 다른 크기 r_1, r_2의 점결함을 만들어 줌으로 그에 대응한 광자(다른 주파수 f_i, f_j)를 포획하고 자유공간으로 방출이 가능하다. 즉, 이것은 광자의 drop 또는 add 역할을 한다.

[그림 4.52]는 2개의 광자결정 도파로와 2개의 동일한 점결함을 결합하고 이 점 결합의 대칭성을 적당히 이용할 경우 공진주파수에 해당하는 광만이 출력 도파로와 coupling 시키는 것이 가능하다. 즉, 2개의 점결함(단일-모드 high-Q microcavity)을 이용하므로 채널-drop 필터를 제작할 수 있다. 국재상태(even, odd 상태)들은 두 점결함의 선형 결합(linear combination)에 의해 구성될 수 있다.

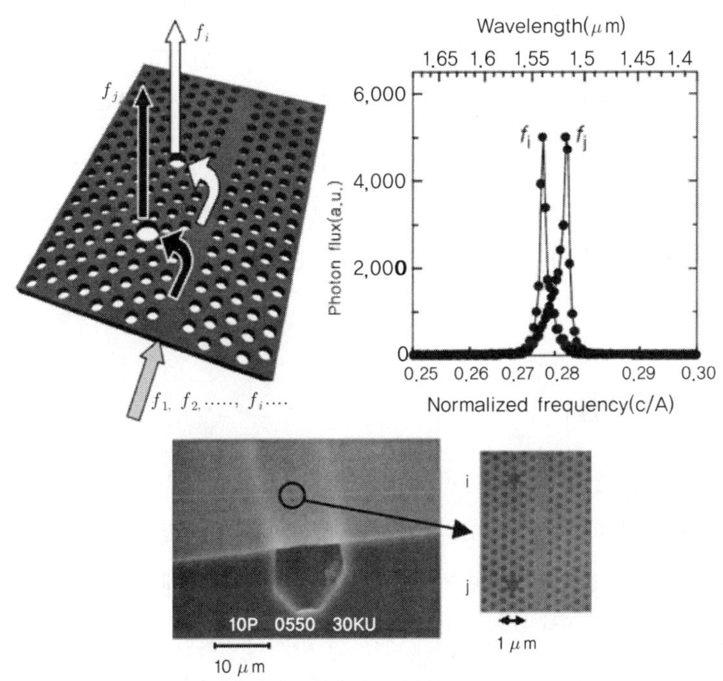

[그림 4.51] 이중 점결함이 존재할 때의 광자의 포획 및 방출 특성으로 두 점결함의 사이즈에 차이가 있다. 새로운 점결함은 $r=0.58\Lambda$으로 $f_j=0.2769(c/\Lambda)$로 $\Lambda=0.42\ \mu m$에 대해 1.517μm의 파장에 대응한다. 아래 그림은 이에 대한 SEM 이미지이다. (S.Noda et al., Nature 407, 608, 2000)

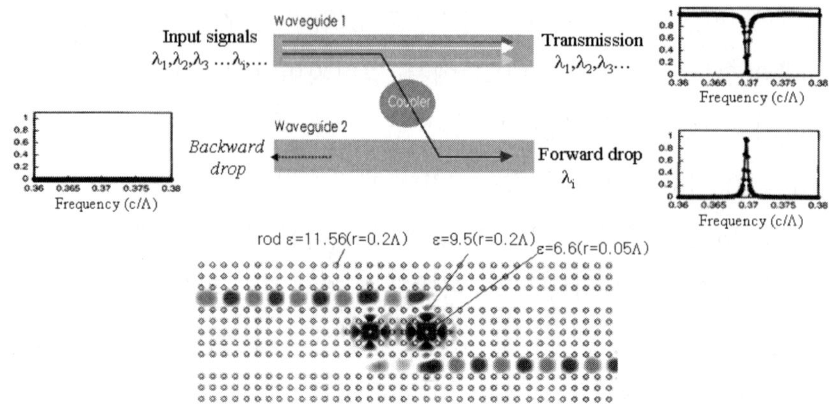

[그림 4.52] 2개의 직선결함을 갖는 2차원 광자결정 slab 내에 동일한 2개의 점결함을 삽입함으로써 얻을 수 있는 채널 Drop 필터의 개념도, 측정 스펙트럼 및 전계분포. (S.Fan et al, Phys. Rev. Lett. 80, 960, 1988)

각 점결함에 의해 만들어지는 공진파장에서의 두 Q-factor는 전파모드의 파수 k가 다음 조건을 만족하는 경우 동일하게 된다. 즉, $kd = n\pi + \pi/2 = \pi$(n+1/2)의 phase, 또는 $d = \lambda/2$(n+1/2)의 path. 여기서 n은 integer이고 d는 두 점결함 사이의 거리이다. [그림 4.52]의 결과는 두 점결함이 $d = 5\Lambda$ 떨어져 있는 경우로 단일 공진주파수 값을 갖는다. 투과도는 공진주파수를 제외(투과-0)하고 전체스펙트럼에 대해 거의 1에 가까운 값을 보이며, Q-factor>1000이다. 적절히 매개변수를 변동시키므로 forward 대신에 backward drop이 야기될 수 있다.

5.7 기타 광부품

[그림 4.53]과 같은 T-형 광 파워 분배기를 생각해보자. 도파로의 한쪽 방향을 임의의 주파수에 대해 완전 2차원 광자결정 배열을 갖게 하고 입력단 광 주파수에 대해 coupling 효율이 50%가 되도록(즉, 반사에 대한 손실을 zero) 양단에 점결함을 넣어줌으로 이론적으로는 100%의 splitting이 가능한 이상적인 소자를 얻을 수 있다. 물론 이는 완전한 2차원 광자결정일 경우에 가능한 이야기이다. 2차원 슬랩 구조에서는 앞의 분배기 예에서 보는 것과 같이 특정 파장영역에서만 높은 효율(작은 손실)을 얻을 수 있게 된다.

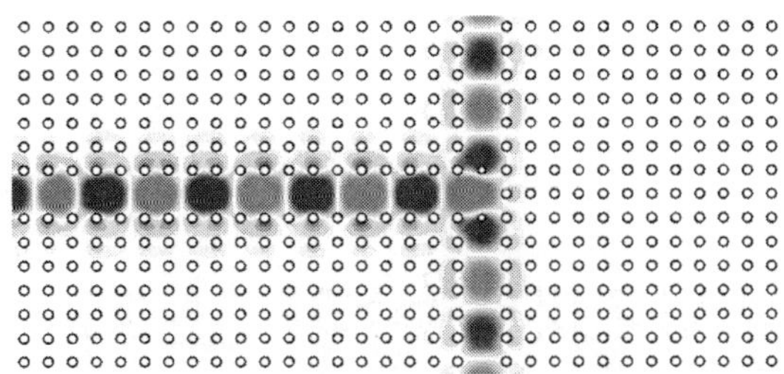

[그림 4.53] 계산으로 얻어진 100% T-형 광 파워 Splitter의 전계분포

광자결정의 특징의 하나로서 앞에서 설명한 바와 같이 군속도의 이상(異常)특성이 있다. 즉, 광자밴드의 기울기($d\omega/dk$)는 광의 군속도를 표시하며, 밴드의 끝단이 겹쳐지는 부근은 군속도가 늦어지는 모드가 존재한다. 이를 적절히 이용함으로써 분산보상기나 광펄스 압축기에 응용이 가능하다.

광자결정에 결함을 넣지 않고 bulk적으로 이용할 수 있는 것 중에 광자결정의 수퍼프리즘 효과를 이용한 소자들이 고려되고 있다. 슈퍼프리즘 효과(super prism effect)란, 광자결정 외부로부터 입사된 광에 대해서 결정의 구조, 파장, 입사각에 대해서 강한 파장분산 특성을 보이는 것을 말한다. 슈퍼프리즘 효과는 주로 3차 또는 4차 밴드구조의 주파수에서 동작하며 [그림 4.54]는 일반 프리즘과 광자결정 슈퍼프리즘에 대한 극단적인 비교를 나타내고 있다. 이러한 슈퍼프리즘은 통상적으로 3차원 광자결정의 응용분야로 생각되고 있다. 또한 광자결정은 negative refraction 효과를 보일 수 있다.

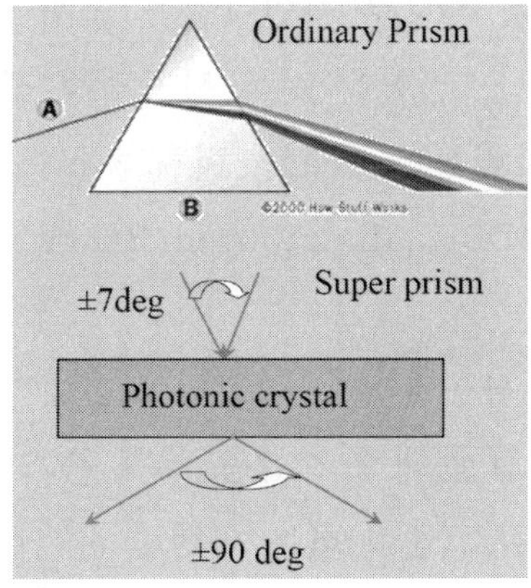

[그림 4.54] 광자결정의 super prism 효과

Chapter

05 광자결정 발광 소자

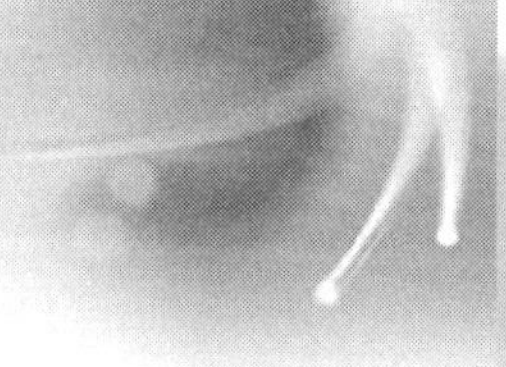

이현용, 황인각, 김선경

1 광자결정 레이저의 개념

1.1 서론

광자결정에는 여러 공학적 응용성이 있지만, 역사적으로 처음에 논의된 것은 고성능 발광 소자였다. 1987년 Yablonovitch(*Phys. Rev. Lett.* 58, 2059)는 발광 다이오드(LED: light emiting diode) 주위 매질이 발광 주파수에 대해 PBG를 갖는 광자결정일 경우 LED의 자연방출(spontaneous emission)을 극히 줄일 수 있기 때문에 고효율 LED가 가능하다는 보고를 하였으며, 이것이 실제적인 광자결정 연구의 시작이었다. 즉, 균일한 광자결정 내에 결함체로서 불균일한 요소 발광체를 삽입하면 그 결함을 중심으로 광이 강하게 구속되어 실질적 극히 작은 공동(cavity) 역할을 하므로 자연방출을 억제할 수 있다는 것이다. 이것이 [그림 5.1(a)]에 나타난, 결함을 갖는 광자결정 레이저이다. 관점을 달리하면 결함, 즉 공동이 다차원적인 Bragg 반사경에 둘러싸인 것으로 생각할 수 있기 때문에 분포반사경(DBR: distributed Bragg reflector) 레이저라고 볼 수 있다.

특히, 결함을 발광체로 사용할 경우 결함의 크기에 따라 공진파장이 변하게 되는데, 이는 1차원 광자결정에 대해 결함층 두께 증가에 따라 PBG 내의 규격화 공진주파수(공진파장)가 감소(증가)하는 특성과 유사한 결과를 보일 것이다.

[그림 5.1(b)]와 같이 결함을 갖지 않고 전체 광자결정이 발광부인 경우는 발진

조건 및 레이저 모드의 제어성을 크게 증가시킬 수 있는 분포귀환형(DFB: distributed feeback) 레이저로서 이용이 가능하다. 또한, [그림 5.1(c)]와 같이 1차원 광자결정에 발광층을 삽입한 구조인 표면발광 다이오드(SED: surface emitting diode) 또는 고효율 LED 등이 광자결정을 이용한 기본 발광 소자이다.

본 절에서는 이와 같은 세 종류의 광자결정 발광 소자에 대해 간단히 설명한다. 이 밖의 광자결정 내의 광의 다중산란효과를 자유전자와의 상호작용에 이용함으로 강력한 방사를 일으키게 하는 스미스-파셀 방사의 기초에 대하여 다음 절에서 설명한다.

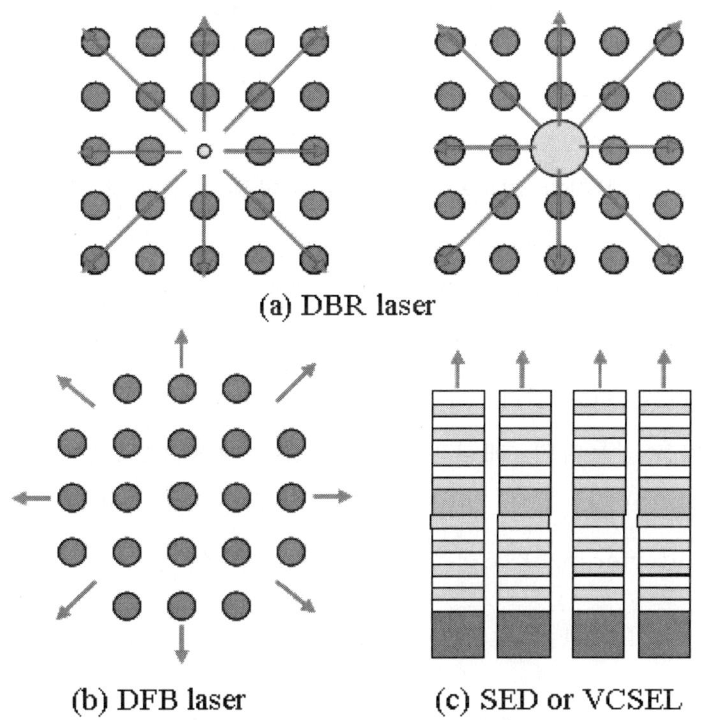

[그림 5.1] 광자결정을 이용한 발광 소자들의 개략도

1.2 반도체에서의 DBR, DFB 레이저

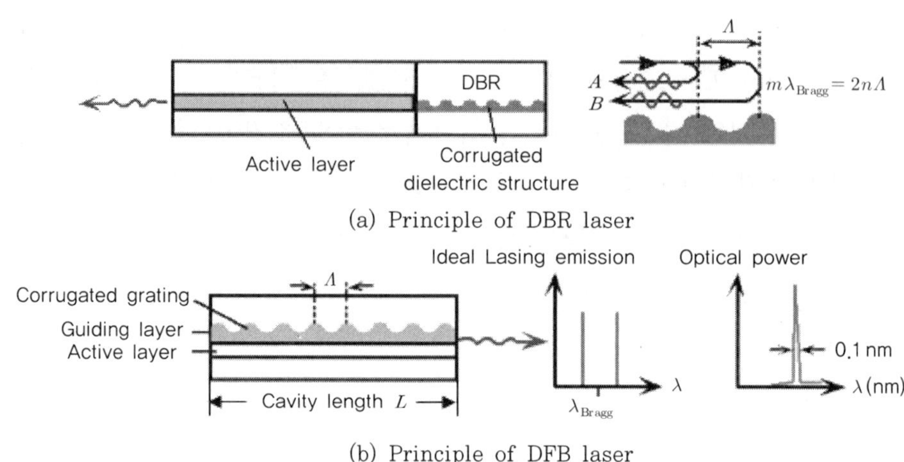

(a) Principle of DBR laser

(b) Principle of DFB laser

반도체 레이저 공진기 내에서 단일모드를 만들기 위한 하나의 방법이 반도체 절개면 쪽에 주파수 선택 반사 유전층을 만들어 주는 것이다. DBR은 반사형 회절격자처럼 작용하는 반사기이다. 이것은 일종의 1차원 corrugated 광자결정 구조이다. 이 주름으로부터 파동의 부분 반사는 파장이 주름의 주기(Λ)의 두 배가 될 때 보강간섭을 하게 된다. 예를 들면, 매질 내 A, B의 부분적 두 반사파가 2Λ의 광경로 차를 갖는다면, 매질 내 파장의 정수 배가 2Λ와 같은 경우는 항상 보강간섭이 이루어진다. 각 파장을 Bragg 파장(λ_{Bragg})이라 하며, 동상간섭(in-plane interference) 조건은 식 (5.1)로 주어진다.

$$m\lambda = m\frac{\lambda_{Bragg}}{n} = 2\Lambda \tag{5.1}$$

여기서 n은 DBR 구성 매질의 굴절률이고 λ는 매질 내의 파장이며, λ_{Bragg}는 Λ에 대응하는 공기 중 파장이다. m=1, 2, 3…인 정수로 회절 차수(diffraction order)를 나타낸다. 그러므로 DBR의 경우 λ_{Bragg} 주위의 파장에서는 높은 반사를 갖지만 이로부터 벗어나면 낮은 값을 갖는다. 정상적인 레이저에서 양 끝 결정면들은 cavity 안으로의 광학적 귀환을 제공한다. DFB 레이저에서는 도파층(guiding layer)으로서 corrugating layer를 갖고 다음에 활성층을 갖는다. 굴절률의 corrugation이 cavity 길이 L에 걸쳐서 광학적 귀환을 야기, 부분적인 반사를 일으킨다. 즉, L 전체에 걸쳐서 귀환이 분포된다(distributed). 따라서 식 (5.1)과 같은 상태의 간섭을 일으킨다. 그러나 DFB 레이저의 동작은 전체적으로는 DBR과 다르다. 빛의 방사가 활성층으로부터 cavity 전체에 걸쳐 분포되어 있는 도파층으로 제공되므로 corrugated 매질이 광이득을 갖는 것처럼 생각될 수 있다. 부분적 반사파는 이득을 발생시키므로 위의 DBR처럼 광이득이나 가능한 위상변화의 고려 없이 단순화될 수 없다. 허용 DFB 모드는 λ_{Bragg}와 일치하지 않지만 이를 중심으로 대칭성을 갖는다. 허용 DFB 레이저 모드 λ_m은 식 (5.2)로 주어진다.

$$\lambda_m = \lambda_{\mathrm{Bragg}} \pm \frac{\lambda_{\mathrm{Bragg}}^2}{2nL}(m+1) \tag{5.2}$$

여기서, m은 0, 1, 2, 3…으로 주어지는 mode 정수이고 L은 회절격자의 유효 길이 또는 corrugation 길이이다.

예를 들어, $\Lambda=0.22\,\mu\mathrm{m}$, $L=400\,\mu\mathrm{m}$, $n=3.5$인 DFB 구조에서 1차 회절격자를 가정하면, $\lambda_{\mathrm{Bragg}}=1.540\,\mu\mathrm{m}$이고 $\lambda_0=1.539\,\mu\mathrm{m}$ 또는 $1.541\,\mu\mathrm{m}$이다. 두 모드는 약 1.7 nm 분리되어 존재한다.

1.3 광자결정 DBR 레이저

일반적으로 레이저 cavity를 작게 하면 공진모드의 수가 감소하여, 1개 모드에 대해 자연방출 에너지의 결합효율이 증가한다. 이 결합효율을 자연방출 광계수(spontaneous emission rate) C라고 하며 C=1인 경우는 자연방출이 완전히 공진기에 의해 제어되는 상태를 의미한다.

또한, 공진모드가 줄어들면 특정 모드의 Q값이 커지게 된다. 작은 cavity는 모드부피 V를 줄일 수 있음을 의미하므로 Q/V 비를 크게 증가시킬 수 있다. 따라서 자연방출 증가소자, 예를 들면 resonant-cavity LED로 사용이 가능하다. 이와 같은 자연방출 제어는 광출력을 증가시킨다거나 LED 구조의 선폭을 줄이고 반도체 레이저의 임계전압을 줄이는 데 유용하게 작용한다. 광 투과를 마이크로 공진기의 공진파장과 결합시키므로 자연방출률은 cavity가 없는 경우에 비교하여 인자 β만큼 증가된다.

$$\beta = \frac{Q}{4\pi V}\left(\frac{c}{n\nu}\right)^3 = \frac{Q}{4\pi V}\left(\frac{\lambda}{n}\right)^3 \tag{5.3}$$

제2장 4.5절의 1차원 광자결정 도파로의 경우, β는 약 35 정도로 매우 큰 자연방출률이 예상된다. 자연방출률이 증가하므로 우리는 0-threshold 레이저 소자를 실현할 수 있게 된다. 식 (5.3)에서 예견된 바와 같이 높은 Q를 갖는 공진기의 경우 자연방출률이 크게 증가(고속화)하는 소위 Purcell 효과가 생긴다. 매우 큰 Purcell 효과를 야기할 수 있다면, 유도방출에 관계없이 고효율, 고속, 높은 코히런트를 갖는 발광현상을 얻을 수 있다. 이와 같은 효과를 현실화하기 위한 방법으로 cavity의 체적이 레이저 발진파장의 3승보다 작을 필요가 있다. 굴절률이 3 이상의 반도체를 진공 중에 놓으면 약 $2\lambda^3$의 미소체적에서도 전반사에 의해 광을 내부에 가둘 수 있다.

미소 발광반도체 주위를 PBG를 갖는 광자결정으로 에워싸면 유사한 효과가 얻어지는데 이것이 광자결정 DBR 레이저이다. 미소 반도체가 광자결정의 주기배열의 1 cell(1Λ) 정도로 작게 되면 이를 단일결함 레이저라 한다. 1, 2, 3차원 광자결정 내부에 단일결함을 갖도록 설계하면 Purcell 효과가 기대되는데 그 정도는 다차원으로 갈수록 커지게 되며 3차원의 경우 자연방출을 수천 배까지 고속화시키는 것이 가능하다.

이와 같은 초소형 레이저를 실현시키기 위해서는 넓은 주파수 범위에 대해 PBG를 갖는 3차원 광자결정에 발광재료의 단일결함을 집어넣는 것이 필요하다. 여기서 일반적으로 광대역 PBG를 갖기 위해서는 가능한 높은 굴절률을 갖는 재료가 필요하게 된다. 따라서 재료는 직접천이(direct transition)형 반도체에 거의 한정된다. PBG를 갖는 구체적인 3차원 광자결정 구조에 대해서 계산적으로는 많은 양이 제안되어 있으나 제작이 쉽고 효과가 큰 점을 고려한다면 [그림 5.2]와 같은 층상구조(layer-by-layer)가 유망하다.

[그림 5.2]에서 충진율 $w/d=0.28$이다. 계산된 광자 상태밀도(photonic DOS)는 3차원 격자구조에 대해 전체 Brillouin 영역에 걸쳐 합해진 결과로 광대역 PBG가 $0.46c/\Lambda - 0.56c/\Lambda$에 걸쳐 존재함을 알 수 있다($c$=진공에서의 광속이고 Λ는 $d\sqrt{2}$).

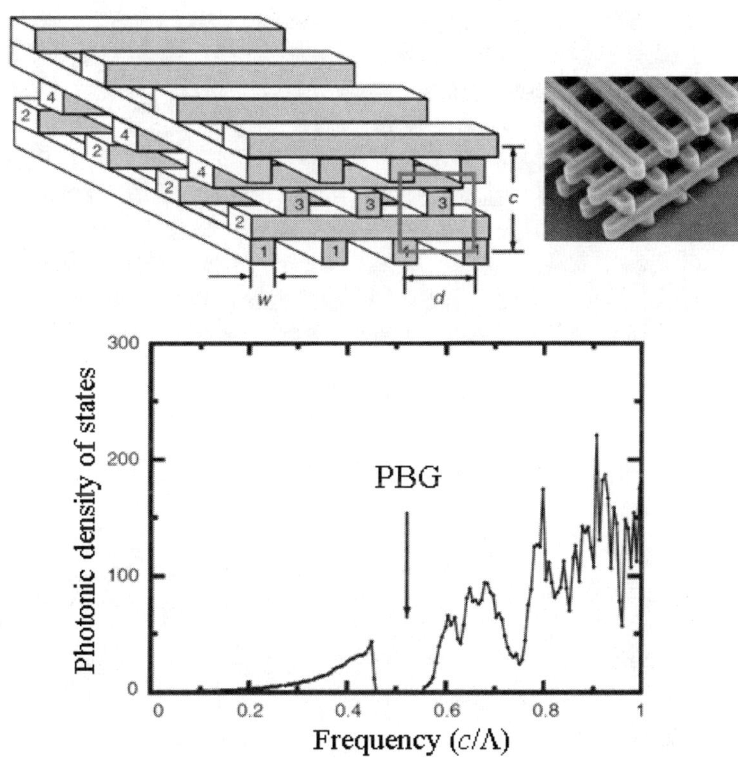

[그림 5.2] layer-by-layer 3차원 광자결정 구조 및 계산 특성(S.Y.Lin et al., Nature 394, 251, 1998). 단위세포는 4층 구조(c의 반복). Si(n_H =3.6), Air(n_L =1)로 구성.

이러한 층상구조는 이미 반도체 융착기술에 의한 submicron 주기구조가 형성 가능하고 이론에 가까운 PBG가 관찰되었다. 가까운 장래에 이 구조에 결함을 도입시킨 레이저 발진이 가능할 것이다.

보다 제작이 쉬운 구조로서 2차원 광자결정이 주목 받고 있다. 일반적으로 2차원 광자결정은 3차원에 비하여 효과가 작다고 하지만 이것은 2차원 면에 수직한 방향에 대해서 광을 가두는 것이 불가능하기 때문이다. 최근 [그림 5.3]과 같은 2차원 광자결정 slab 박막구조에 대한 연구결과들이 발표되고 있다.

이것은 박막의 면 방향에는 PBG(또는 Bragg reflection)에 의해서 수직방향에 대해서는 내부전반사(TIR)에 의해 광을 가둘 수 있기 때문에 3차원 광자결정에 가까운 효과를 얻는 것이 가능하다. 또한 박막이 얇기 때문에 가공이 비교적 쉽다. InGaAsP/InP/InGaAsP의 양자 구조 반도체에 동공배열을 만들고 중앙에

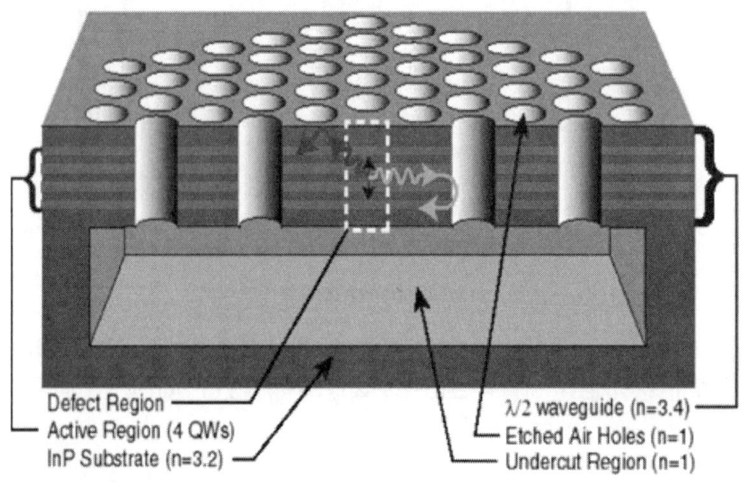

[그림 5.3] 단일결함을 갖는 2차원 광자결정 slab. 발진 광은 위 그림과 같이 광자결정 면으로부터, 또는 표면으로부터 얻을 수 있다.

단일결함을 갖도록 한 광자결정 slab을 펄스 광여기에 의해 레이저 발진을 얻을 수 있다. 이때, 발진 레이저 파장은 동공 사이의 거리 및 주기함수에 의해 결정되므로 다중-파장 레이저 배열을 쉽게 얻을 수 있다.

이것은 박막의 면 방향에는 PBG(또는 Bragg reflection)에 의해서 수직방향에 대해서는 내부전반사(TIR)에 의해 광을 가둘 수 있기 때문에 3차원 광자결정에 가까운 효과를 얻는 것이 가능하다. 또한 박막이 얇기 때문에 가공이 비교적 쉽다. InGaAsP/InP/InGaAsP의 양자 구조 반도체에 동공배열을 만들고 중앙에 단일결함을 갖도록 한 광자결정 slab을 펄스 광여기에 의해 레이저 발진을 얻을 수 있다. 이때, 발진 레이저 파장은 동공 사이의 거리 및 주기함수에 의해 결정되므로 다중-파장 레이저 배열을 쉽게 얻을 수 있다.

단지 발광층에 동공을 직접 형성하여야 하므로 반도체의 가공손실 및 표면준위에 의해 비발광 과정을 피할 수 없기 때문에 아직 발진 파워가 크지 못하다(수백 μW 이하). 하지만 이 역시 공정을 최적화함으로 개선될 수 있을 것이다.

또한, 광자결정 slab의 수직방향에 대해 내부전반사로 광을 가두는 것이 한계가 있기 때문에 이 구조에서 이상적인 레이저 발진이나 큰 Purcell 효과를 얻을 수 있을지에 대해서는 아직 미지수이다. 더욱이 전류 주입식으로 동작시키기 위해서는 p-n 접합이나 전극을 만들어 주는 것이 필요하다. 이때는 수 마이크로미터의 두꺼운 층구조에 동공배열을 형성시켜야 하므로 가공에 어려움이 존재한다. 또한, 응용 면에서 볼 때, 효율이 우수한 광 생성법을 검토하는 것이 필요하다. [그림 5.3]의 위 그림에서처럼 동공으로부터의 광 방사를 이용한 표면발광법, 도파로를 근접시켜 결합시키는 방법, 단순히 1방향에 광자결정의 주기수를 작게 함으로써 그 방향으로 광을 방사시키는 방법 등이 있다.

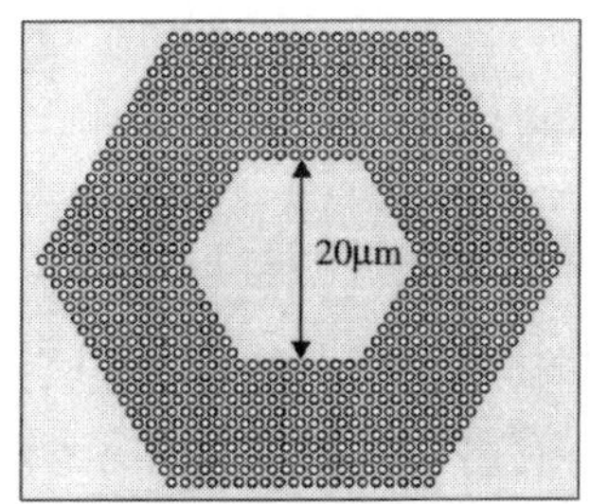

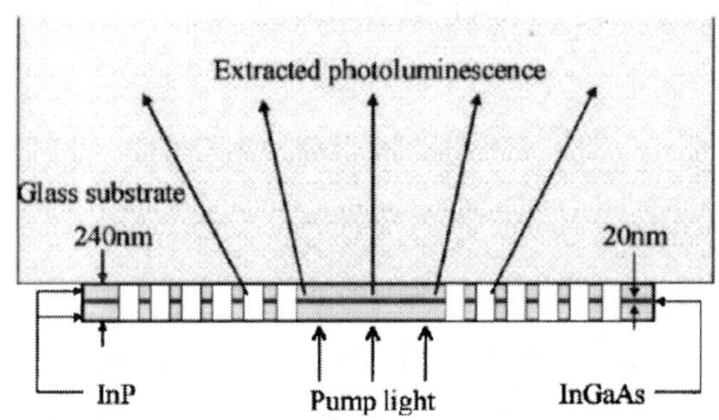

[그림 5.4] 2차원 광자결정 slab형 LED의 개략도. 자연방출은 박막 중심의 unpatterned 영역(결함)에서 방출되며 광자결정으로부터의 코히런트 산란(Bragg 반사)에 의해 추출된다.

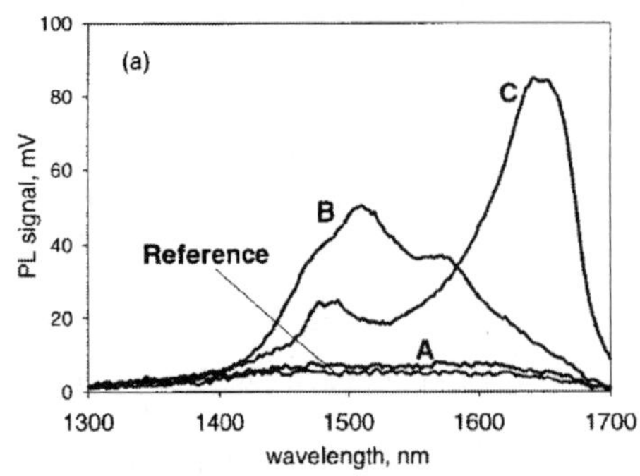

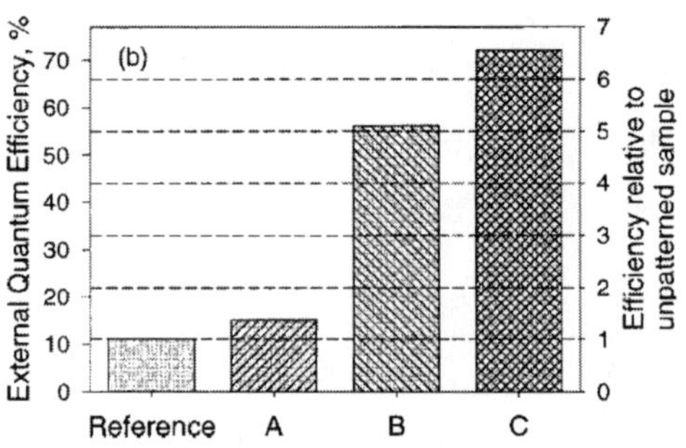

[그림 5.5] 시료 A, B, C는 각각 격자상수(또는 주기) Λ=600 nm, 760 nm, 900 nm에 대응한다. 외부 양자효율(external quantum efficiency)은 격자상수, 즉 주기에 의존성을 보이며, PL 피크는 격자상수가 증가함에 따라 장파장으로 변이한다. 여기서 reference는 2차 광자결정 패턴이 없을 경우에 대한 PL 효율이다.

[그림 5.4] 및 [그림 5.5]는 M. Boroditsky 등(*Appl. Phys. Lett.* 75, 1036, 1999)이 연구한 이종접합 InGaAs/InP 반도체에 단일결함이 아닌 상대적으로 매우 큰 결함을 갖는 광자결정 슬랩에 의한 LED 생성을 보여주는 개략도와 그로부터 얻어지는 PL 특성을 보여준다.

1.4 광자결정 DFB 레이저

DBR 레이저에 대한 연구가 역사적으로는 먼저이지만, 레이저로서 최초로 발진된 것은 2차원 DFB형이다. 이것은 2차원 광자결정 전체를 여기 시킬 때에 발생하는 광이 광자결정 내에서 회절(diffraction), 귀환(feedback)을 일으켜 레이저 발진하는 것이다. 요컨대, 1차원 회절격자를 갖는 기존의 DFB 레이저를 확장한 것으로 생각해도 좋다. [그림 5.6]은 삼각격자 2차원 광자결정에 대응하는 광자밴드구조의 개략도 및 각 규격화주파수에 대응하여 발진하는 방향을 보이고 있다. 이것은 Brillouin 영역 내에 존재할 수 있는 여러 개의 1차원적인 파수 k가 모아진 것이다.

단지 2차원 회절을 보다 자세히 알기 위해서는 Brillouin 영역 전체를 포함하는 파수공간을 2차원적으로 그려 볼 필요가 있다. 이 그림에 의해 2차원적인 Bragg 조건을 구하면, 발진은 [그림 5.6]과 같이 Brillouin 영역의 중앙과 끝단(edges)에서 일어나는 것을 알 수 있으며 또한, 각각의 규격화주파수($\omega\Lambda/2\pi c = \Lambda/\lambda$)에서의

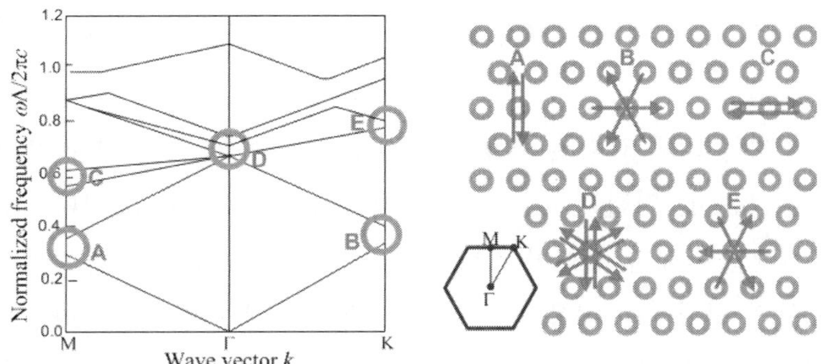

[그림 5.6] 삼각격자 2차원 광자결정에 대응하는 광자밴드구조의 개략도와 각 규격화주파수에 대응한 발진 방향

레이저 발진 방향을 볼 수 있다. 반도체의 종류가 결정된다면 발광 주파수는 대략 고정되기 때문에 광자결정의 주기를 변경시키므로 각 모드에서의 발진을 선택하는 것이 가능하다.

규격화주파수가 낮은 A 발진의 경우, 1차원 회절격자를 갖는 DFB 레이저와 같은 동상에서 진행파와 반사파가 결합하는 회절조건(이것은 일종의 정상파 모드)을 나타낸다. 단지, 광자결정이 대칭성으로 인해 이것과 동상의 모드가 총 3개 존재할 경우 독립적으로 발진하는 것이 가능하다(B 또는 E). 특히, D의 경우에는 6방향의 파가 결합하고 있으며 이것은 1차원 회절격자를 갖는 DFB 레이저에서의 2차원 회절조건에 대응하며 발진 광을 1차 회절조건에 의해 표면 수직방향으로 얻는 것이 가능하다.

이상은 삼각격자에 해당하지만, 정사각격자의 경우도 같은 형태로 해석이 가능하다. 단지 이 경우에서 A와 같은 모드는 모두 2개가 존재하며 D는 4개의 파가 결합한 모드가 된다.

1차원 회절격자를 갖는 DFB 레이저에서는 회절격자의 결합계수 κ(Δn, corrugated thickness d)와 cavity 길이 L에 의해 발진조건을 적절히 선택할 수 있다. 같은 형태로 생각할 때 2차원 광자결정 DFB 레이저에서도 2차원적 회절격자의 굴절률 차를 크게 하거나, corrugated 두께를 깊게 하고 공진기 전체를 크게 하므로 Q-값이나 광이득을 증가시킬 수 있다. 결합이 없는 반도체 광자결정 Slab는 본디부터 큰 굴절률 차와 깊은 d를 갖기 때문에 20주기 이하의 비교적 작은 광자결정에 대해서도 광 여기에 의한 발진이 관찰되는 것으로 보고되고 있다. 이것은 동일한 광자결정 slab에 형성시킨 단일결함 레이저보다 훨씬 용이하다.

또한 DFB형은 PBG 효과를 필요로 하지 않기 때문에 큰 굴절률 차이를 반드시 요구하지는 않는다. 따라서 κ의 부족한 점은 L로 보충될 수 있다. 때문에 재료나 구조, 제작법에 대한 제약이 적다. 유리기판에 동공배열을 형성시키고 그것에 형광색소 등의 발광체를 적용한 구조에 대해서도 발진이 가능하다. 또한 반도체 활성층 가까이 작은 공기 동공을 생성시키고 2차원 광자결정을 둘러싼 형태의 구조에서 D의 조건에 의해 표면발광 레이저가 보고되었다. 이 레이저에서는 직경 수 마이크론의 발광면적에도 불구하고 6개(또는 4개)의 파가 면 내에서 결합한 코히런트 발진을 생성, 방출되는 광의 방사각이 수 도 이내에서 이루어지는 것이 지적되었다. 이것은 고출력 광을 미소 영역에 집속시킬 필요가 있는 응용분야의 예를 들면 광디스크의 판독용 광원이나 광섬유 증폭기의 여기용 광원 등에 유효하리라 판단된다.

2 광자결정 레이저의 구현

2.1 서론

본 절에서는 앞에서 설명한 광자결정 레이저가 실제로 어떻게 구현되는가에 대한 실제적인 예와 그 결과들을 보여주고자 한다. 광자결정 레이저는 기본적으로 미세 레이저(micro-laser), 또는 나노 레이저(nano-laser)의 범주에 들어간다. 지금까지 주로 연구되어온 미세 레이저 중에는 [그림 5.7]과 같이 mciro-disk와 VCSEL 등이 있다. micro-disk는 전반사만을 이용하여 광을 포획하고, VCSEL은 1차원 광밴드갭과 2차원적인 전반사를 이용해서 공진기를 형성하는 반면, 여기서 다룰 광자결정 레이저에서는 2차원적인 광밴드갭과 1차원적인(z-방향의) 전반사를 이용한다는 특징이 있다. 일반적으로 광자결정 레이저는 앞의 두 경우에 비해 공진기의 크기를 더 작게 구현할 수 있으며, 높은 Q(품위값)로 인해 공진기 손실이 최소화되며, 따라서 문턱전류가 매우 낮아진다.

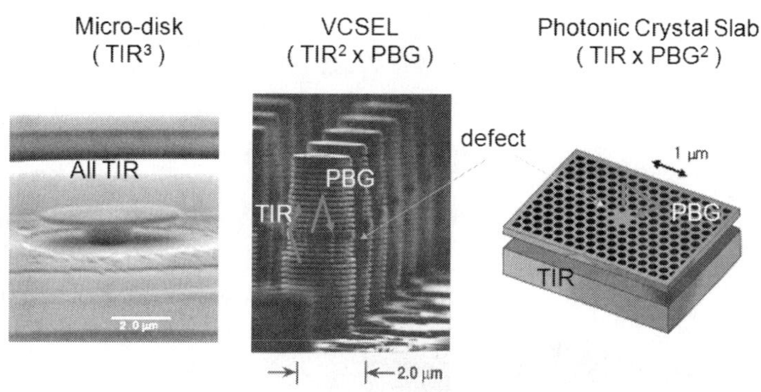

[그림 5.7] 미세 레이저의 대표적인 예들

이는 수백, 수천 개의 미세 레이저 배열을 사용하는 응용에 있어서 전력소모 문제를 해결할 수 있는 중요한 장점이 된다.

또한 광자결정 레이저는 레이저 자체로서 사용되는 목적 외에, 해당 광자결정 공진기의 다양한 광학적 특성을 조사하는 데 효과적인 도구가 된다. 공진기의 각 공진모드가 갖는 주파수나, 먼장 특성, 근장 특성, Q 값 등을 효율적으로 예측할 수 있다. 앞으로 나올 내용들에서 그 사실을 확인할 수 있다.

[그림 5.8]에 광자결정 레이저의 개념도가 나타나 있다. 양자우물 또는 양자점을 갖는 반도체 웨이퍼에 2차원 슬랩 광자결정 공진기를 제작하고, 위로부터 펌프광을 주입한다. 펌프광은 양자우물 또는 양자점 내의 캐리어를 만들게 되고, 캐리어와 홀의 결합에 의해 여기서 특정 파장영역의 발광이 발생하며 이 중 공진기의 파장과 일치하는 파장의 빛만 내부에 갇히게 되어 레이저 동작이 일어난다.

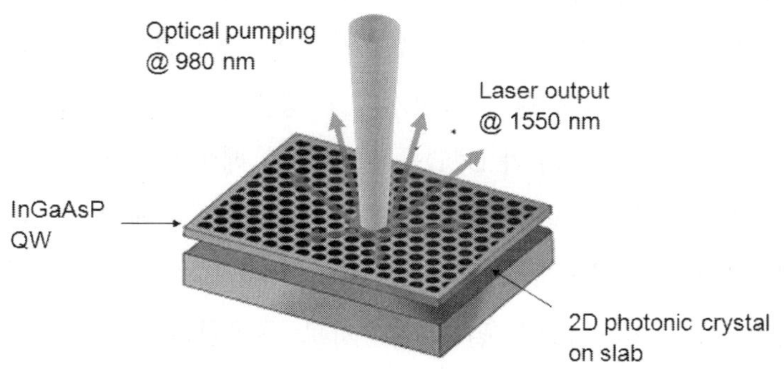

[그림 5.8] 광자결정 레이저의 개념도

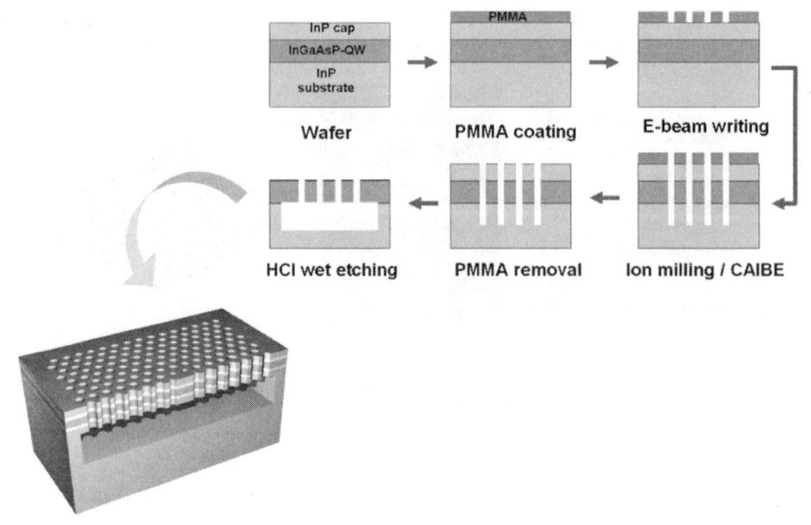

[그림 5.9] 2차원 슬랩 광자결정 레이저의 제작공정

공진기의 형태에 의해 특징지어지는 특정 방향으로만 레이저 광이 방출된다. 이 레이저 방출 방향은 제4장 3.3절의 먼장 특성을 참조하기 바란다.

[그림 5.9]에 광자결정 레이저의 제작공정을 나타내었다. 이는 2차원 슬랩 소자의 제작방법과 원칙적으로 같다. 내부에 양자우물을 갖는 웨이퍼 위에 PMMA를 코팅하고 전자빔 리소그래피를 이용하여 원하는 패턴형태로 전자빔을 주사한다. 이를 현상액에 담그면 원하는 패턴이 PMMA에 나타난다. 여기에 ion milling을 가하면 PMMA의 강도가 증가하며 CAIBE를 통해 PMMA의 패턴을 wafer로 전사한다. 플라스마 식각방법으로 PMMA를 제거한 뒤 염산에 담그면 맨 윗면의 InP 층과 양자우물 아래의 InP 층만 선택적으로 제거된다. 따라서 마지막 그림과 같이 공기 중에 떠 있는 2차원 슬랩 광자결정 공진기가 형성된다.

[그림 5.10]은 제작된 광자결정 레이저의 측정을 위한 전형적인 장치를 나타낸다. 먼저, illumination lamp와 CCD를 이용하여 레이저의 위치를 찾고, 여기에 펌프광을 주입한다. 대부분의 광자결정 레이저는 공기 중에 떠 있는데다가, 냉각 효율이 좋지 못하므로 연속 발진이 어렵다. 따라서 펄스 동작을 주로 하게 되는데, 이를 위해 일반 펌프 LD를 펄스 발생기로 구동한다. CCD에서 레이저 발진 상태를 확인하고, 광선 분할기를 제거함으로써 레이저 출력을 monochromator로 보낸다. 그리고 파장 스캔을 통해 출력 스펙트럼을 측정하게 된다.

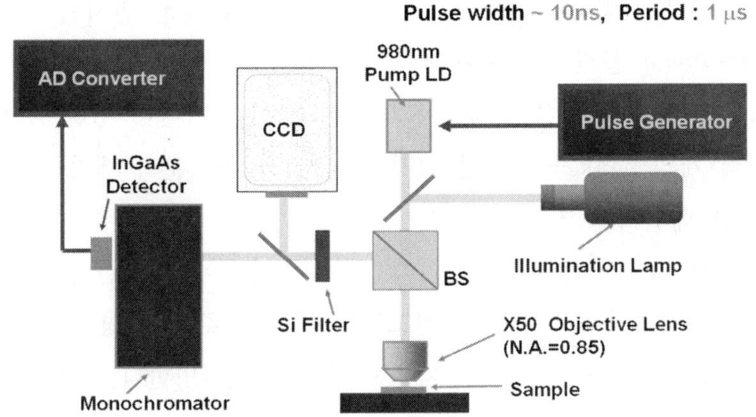

[그림 5.10] 광자결정 레이저 측정 장치

2.2 도파로 기반 레이저

2차원 슬랩 광자결정 내에서 다양한 형태의 공진기가 구현가능하며 이들은 모두 각각 레이저로서 동작할 수 있다. 이 절에서는 먼저 광자결정 도파로를 기본 형태로 하는 레이저를 설명한다. [그림 5.11(a)]에 제작된 레이저의 SEM 사진이 나타나 있다. 광자결정 패턴에서 원하는 길이만큼 공기구멍을 제거한 구조이다.

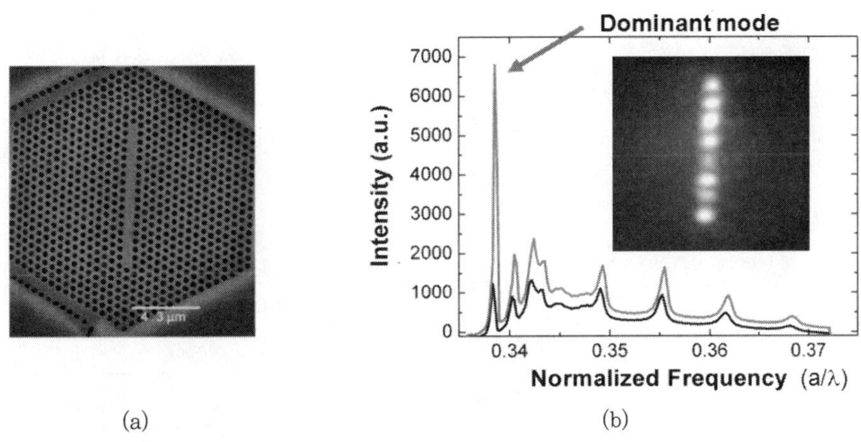

(a) (b)

[그림 5.11] 도파로 형태의 광자결정 레이저
(a) 제작된 레이저의 SEM 사진
(b) 레이저 발광 스펙트럼. 검은색 진한 선은 문턱 세기 아래에서의 결과이다(삽입그림: 레이저의 근장 특성). (S. H. Kim et al., J. Appl. Phys. 95 411 (2004))

도파로를 따라 진행하는 모드는 도파로의 끝에서 높은 반사율로 되반사되어 일반 Fabri-Perot 공진기와 유사한 공진기가 된다. 여기에 광펌핑을 가하여 레이저 출력 스펙트럼을 얻은 결과가 [그림 5.11(b)]에 나타나 있다. 문턱 세기 아래에서 여러 개의 peak가 비슷한 크기로 나타나다가, 문턱 세기를 넘어서면 첫 번째 peak만 레이저로 발진함을 볼 수 있다.

여기서의 각 peak들은 공진기의 각 모드 주파수에 해당한다. 일반 Fabri-Perot 형태의 레이저에서는 각 공진모드의 간격이 주파수 영역에서 일정한 반면, 이 경우에는 그렇지 않다. 그 이유는 아래에서 설명한다. 삽입된 그림은 레이저 정면으로 나오는 빛을 렌즈를 통해 IR camera로 촬영한 결과이다. 일렬로 늘어선 밝은 점은 실제 공진모드의 antinode에 해당한다. 따라서 여기서 레이저 발진된 모드는 상당히 고차모드임을 알 수 있다.

[그림 5.12]는 측정된 스펙트럼을 도파로 분산 그래프와 비교해 본 결과이다. 주파수 영역을 참조하여 스펙트럼을 도파로 분산곡선 위에 올려놓으면 다음과 같다. 고주파수에 위치한 세 개의 peak를 even mode의 분산곡선에 투영하고, 저주파수에 위치한 세 개의 peak를 odd mode의 분산곡선에 투영하면, 각 모드에 해당하는 파수벡터를 얻을 수 있다. 이들 파수벡터가 일정한 간격을 가지고 배열된 것을 볼 수 있다.

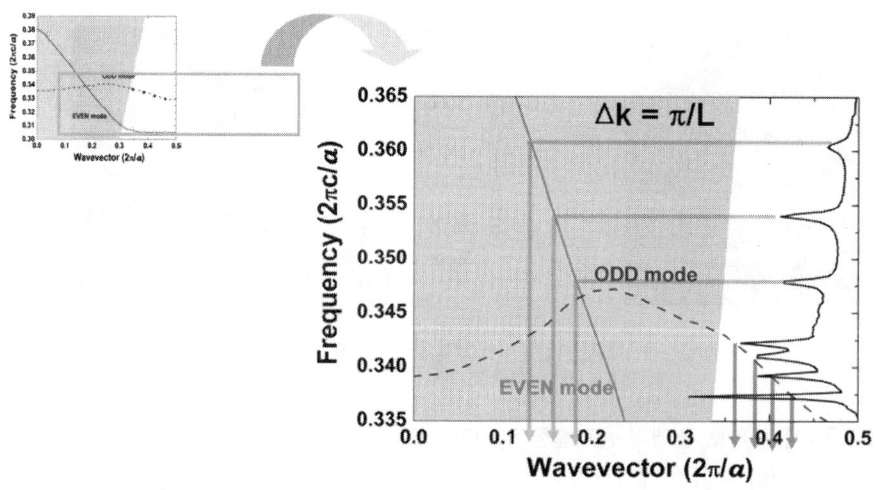

[그림 5.12] 도파로 레이저의 스펙트럼 분석. 측정된 스펙트럼의 저주파수 peak 세 개는 odd mode, 고주파수 peak 세 개는 even mode의 도파로 분산과 잘 맞아떨어진다.

이는 길이 L을 갖는 Fabri-Perot 형태의 레이저에서 공진조건 $k_n = n\pi/L$을 만족해야 하는 것으로부터 설명된다. 일반 레이저에서는 파장에 따라 매질의 굴절률이 크게 변하지 않으므로 주파수 영역에서도 일정한 모드 간격을 갖게 되나, 광자결정 도파로에서는 파장에 따라 군 굴절률이 크게 바뀌므로 주파수 영역에서 그 간격이 크게 달라질 수 있다.

이 실험결과는 도파로 레이저가 도파로 분산 자체를 구하거나 확인하는 데 있어서 유용한 도구가 될 수 있음을 보여준다.

2.3 표면 모드 레이저

2차원 슬랩 광자결정에서 광자결정의 주기가 깨어지는 결함 내에서는 특정한 모드가 존재할 수 있음을 알았다. 공기구멍이 막혀 있는 도파로도 결함의 일종이다. 또 다른 결함(주기의 깨어짐)은 광자결정 슬랩의 맨 끝에서 발견된다. 광자결정 슬랩에 일부를 [그림 5.13(a)]와 같이 잘라내면 그러한 결함이 생겨나며, 이 모서리를 따라 진행할 수 있는 특정한 모드가 생겨난다. 이를 통상, 표면 모드라고 부른다.

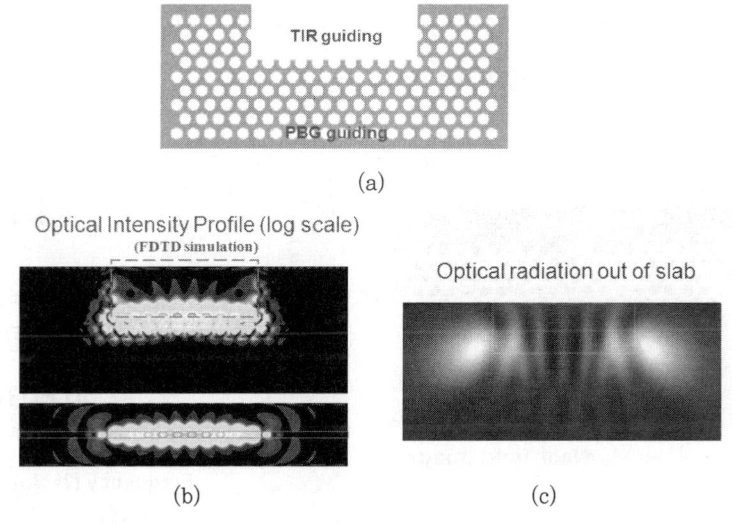

[그림 5.13] 광자결정 슬랩의 표면 모드를 이용한 공진기.
(a) 개략도
(b) FDTD를 사용한 공진모드 계산
(c) 슬랩 바깥으로 방사되는 광세기 분포 계산 결과. (J. K. Yang et al., Appl. Phys. Lett. 84 3016 (2004))

이 모드는 전반사에 의해 공기 중으로 빠져나가지 못하며, 광밴드갭에 의해 광자결정 내부로 들어오지 못하므로 광자결정의 모서리 부분에 존재하게 된다. 경계의 양 끝에서도 광밴드갭에 의해 더 이상 진행을 못하므로 대부분의 빛이 되반사되며, 따라서 선형 공진기가 형성된다. 공진모드의 형성을 확인하기 위해 FDTD 계산을 수행하였고, 특정 공진모드의 광세기 분포를 [그림 5.13(b)]에 나타내었다. 앞의 도파로 공진기와 비슷한 형태를 갖는 모드가 형성됨을 알 수 있다. 이 공진모드 중 바깥으로 방사되는 양만을 따로 취하여 그 방사세기를 나타낸 결과가 [그림 5.13(c)]와 같다. 길이방향을 따라 명암이 나타나는 것은 공진모드의 마디와 배를 의미하며, 양 끝에 밝게 빛나는 두 점은 공진기의 끝에서 반사할 때 광손실이 비교적 크게 발생함을 보여준다.

[그림 5.14]에는 제작된 레이저의 SEM 사진을 보여준다. 이런 공진기를 제작하려면 일반적인 경우와 같이 주기적인 광자결정 패턴을 그린 후, ㅁ자 모양으로 한 번 더 전자빔을 그려준다. 그리고 나중에 습식 에칭을 하고 나면, ㅁ자 부분은 그것을 아래에서 지탱해 주는 부분이 없으므로 전체 wafer에서 떨어져 나오게 된다. 실험결과 (a)와 같은 근장을 얻었으며, 이는 [그림 5.13]과 유사한 결과이다. 레이저 방출 스펙트럼을 보더라도 각 peak의 위치에 있어서 FDTD 계산값과 상당히 잘 일치함을 볼 수 있다. 역시 가장 작은 손실(또는 가장 높은 Q)을 갖는 모드가 레이저로 발진하였다.

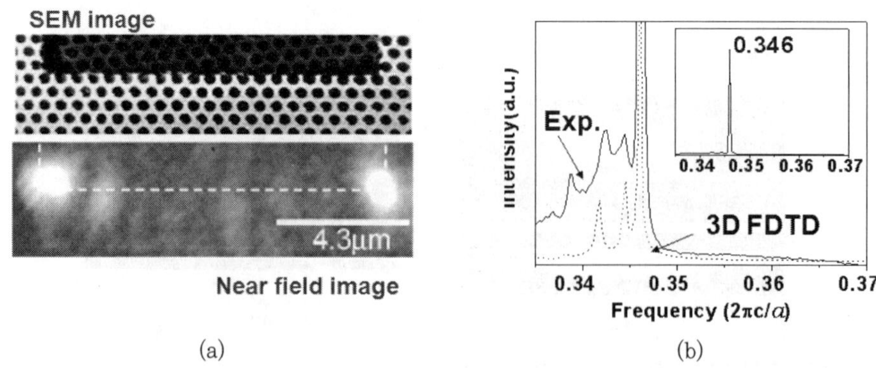

[그림 5.14] (a) 표면 모드 레이저의 SEM 사진 및 레이저 발진 시 근장 측정 결과
(b) 모드 스펙트럼(실험결과와 FDTD 결과를 비교하였다.)

2.4 단일세포(결함) 레이저

광자결정의 구멍 중 단 하나만 막힌 상태로 공진기가 형성된 경우 이를 단일세포 공진기 또는 단일결함 공진기라고 한다. 이는 2차원 광자결정 슬랩에서 구현 가능한 가장 작은 공진기라고 할 수 있다. 이 공진기 내에서는 빛의 진행방향이 잘 정의되지 않으며, 따라서 오직 FDTD 등의 수치적 분석방법으로만 그 모드를 구할 수 있다. [그림 5.15]에 단일세포 공진기에 존재하는 여러 공진모드들의 광세기 분포를 나타내었다. 각각의 모드들은 서로 다른 공진주파수와 편장 특성, 품위값(Q), 그리고 축퇴 양상을 갖는다. 특히 hexapole 모드와 monopole 모드는 그 대칭성상 축퇴되어 있지 않은 모드들이다.

[그림 5.16]은 실제 제작된 레이저 공진기와 그 레이저 특성을 보여주고 있다. (a)에서 보면, 첫 번째 공기구멍들은 다른 구멍들에 비해 그 크기가 작은데, 이는 공진기의 품위값을 높이기 위해 구조상 변형을 가한 결과이다. 광펌핑을 통해 펌핑광 세기에 따라 출력광의 세기를 측정한 결과가 (b)이다. 레이저의 문턱 광세기가 약 0.5 mW임을 알 수 있다. 문턱 광세기 근처의 그래프를 확대해 보면, 그 선이 직선이 아닌 곡선으로 이루어진 것을 볼 수 있는데, 이는 높은 Q값을 갖는 레이저에서 흔히 나타나는 현상이다. 레이저 발진 후 근접장을 CCD로 촬영한 (c)의 결과를 보면, [그림 5.15]의 monopole mode의 광세기 분포와 유사함을 알 수 있다. (d)의 레이저 스펙트럼에서도 역시 하나의 모드, 즉 monopole mode만이 발진했음을 확인할 수 있다.

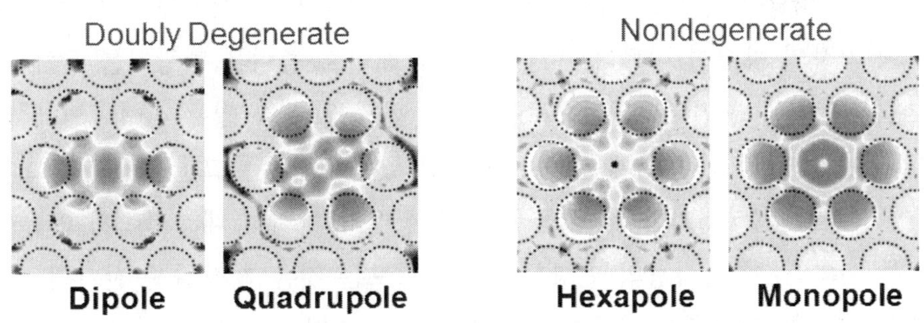

[그림 5.15] 단일세포 공진기 내에 존재하는 서로 다른 공진모드들

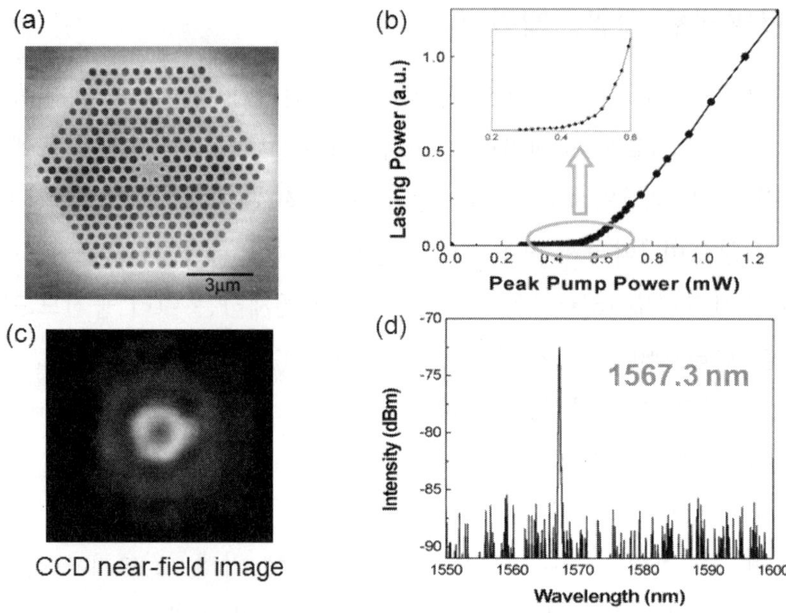

[그림 5.16] 단일세포 레이저

(a) SEM 사진

(b) L-L curve

(c) CCD로 촬영한 근접장

(d) 레이저 발진 스펙트럼(H.-G. Park et al., IEEE Photon. Technol. Lett. 15 1327 (2003))

Monopole 모드의 전기장 분포를 FDTD 방법을 이용해 계산하였고 그 결과를 [그림 5.17]에 나타내었다. 원점을 중심으로 회전하는 전기장 분포를 갖고 있으며, 이 모드가 공기 중으로 방출해서 광 검출기에 다다를 때에도 역시 매 부분마다 그 전기장의 방향이 다르다. 따라서 전체 레이저 출력을 편광기를 통해 그 편광상태를 검출해 보면, 평균적으로는 특정 편광을 갖지 않는다. [그림 5.17]의 실험결과는 약간의 선편광 성분을 보여주고 있는데, 이는 그만큼 공진모드의 대칭성이 깨어졌음을 의미하며, 결국 공진기 형태가 완전히 대칭적이지 않음을 알려준다. 이와 같이 출력광의 편광상태를 살펴보는 것은 제작된 공진기의 대칭성에 대한 정보를 알려주는 유용한 기술이 될 수 있다.

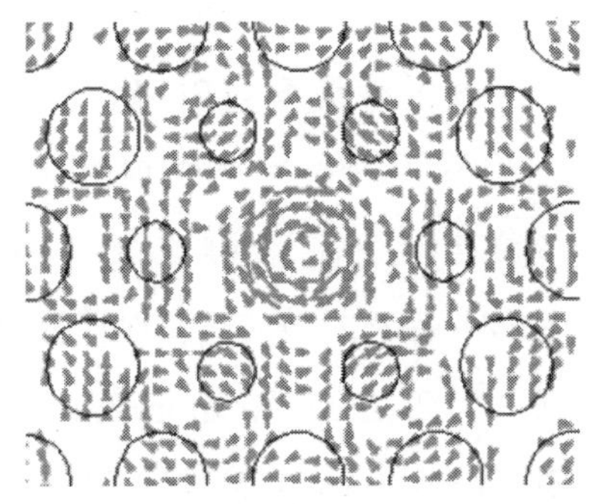

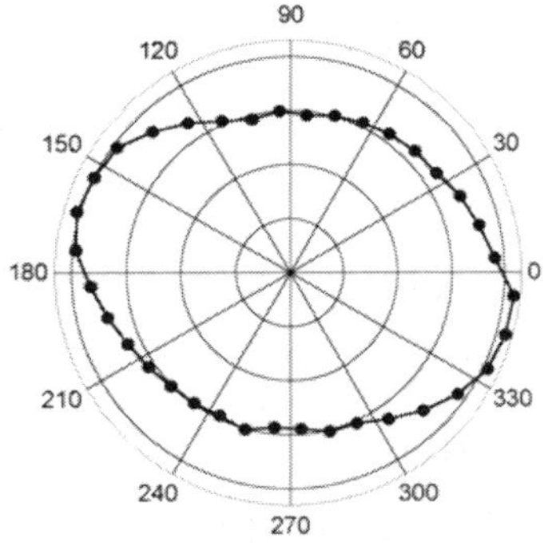

(a) (b)

[그림 5.17] (a) FDTD로 계산한 monopole 모드의 전기장 분포
(b) 레이저 출력의 편광 특성 측정 결과

2.5 전류 구동 광자결정 레이저

지금까지 소개한 광자결정 레이저는 모두 광펌핑에 의해 구동된 것이다. 그러나 레이저가 실제 산업체에서 사용되기 위해서는 일반 반도체 레이저처럼 전류 구동이 가능해야 한다. 광자결정 레이저는 주변 공기구멍들로 인해, 두 개의 전극을 따로 마련하는 것이 거의 불가능해 보인다. 특히 단일세포 공진기의 경우에는 더 그러하다.

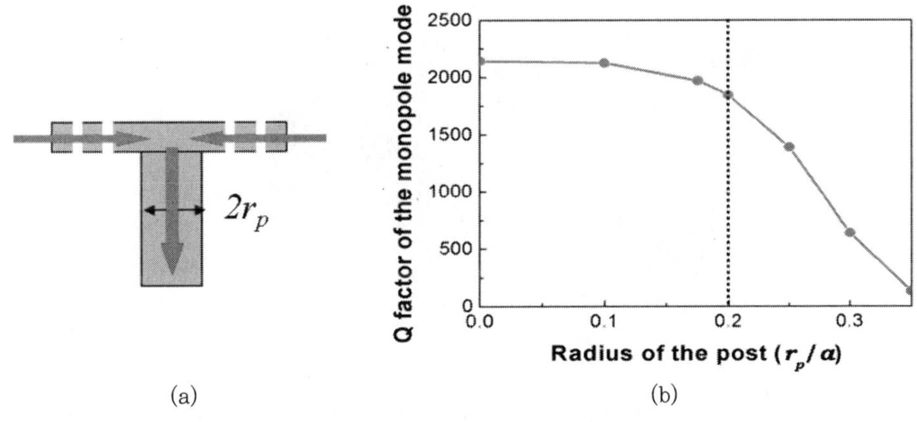

(a) (b)

[그림 5.18] 전류를 보내기 위한 공진기 아래 중앙 기둥의 설계
(a) 중앙 기둥의 위치 및 전자의 이동경로
(b) 기둥 반경에 따른 모드의 품위값 변화

그러나 최근 전류 구동 광자결정 레이저를 실험적으로 구현한 연구결과가 발표되었고, 여기서 이를 소개하고자 한다. 먼저, 레이저에 하나의 전극을 제공하기 위해, 단일세포 공진기 아래에 가느다란 기둥을 부착하는 아이디어로 시작되었다. [그림 5.18]을 참고하기 바란다. 일반적으로는, 공진기에 그런 기둥이 존재할 경우, 매우 큰 광손실을 발생시키고, 따라서 공진기의 품위값이 크게 떨어진다고 생각되나, 반드시 그렇지만은 않다. 공진기의 모드 중 monopole 모드는 공진기 중앙에서의 광세기 값이 0이 된다. 광세기가 0인 지점에는 공진기 구조에 어떠한 변형이 오더라도 빛은 알아차리지 못한다. 실제로 [그림 5.18(a)]와 같은 공진기 구조에 대해 품위값을 계산한 결과를 (b)에 나타내었다. 기둥의 반경이 $0.2a$ 이하인 경우에는 monopole 모드의 품위값에 거의 영향이 없음을 알 수 있다.

이 결과를 바탕으로, [그림 5.19]와 같은 전류 구동 레이저의 개략도를 그려볼 수 있다. 단일세포 공진기 아래에 적당한 크기의 기둥을 배치하였다. 그리고 wafer의 바닥면과 윗면을 각각 하나의 전극으로 사용하게 된다. 구조상, 윗면으로부터 이동하는 전하가 많은 수의 공기구멍에 의해 훨씬 더 큰 저항을 겪게 되므로, 전자를 윗면에서부터 보내고, 정공을 바닥에서 공급하는 것으로 설계한다. 그렇게 되면, 양자우물은 위에서부터 n-i-p의 구조가 된다.

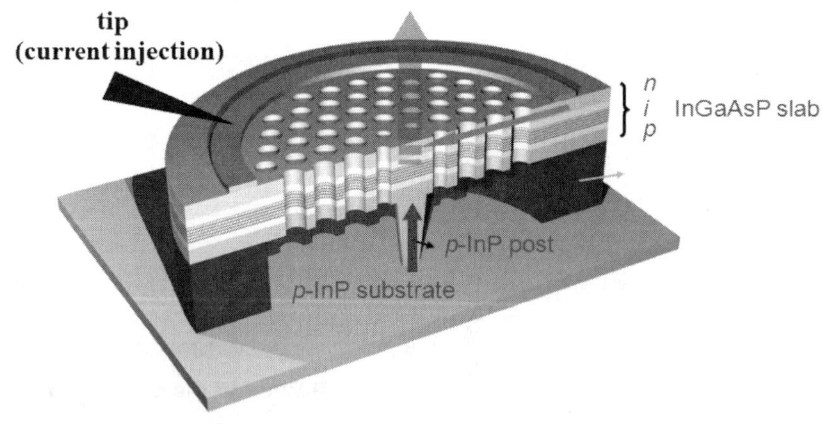

[그림 5.19] 전류 구동 레이저의 개략도 윗면 전극을 통해 전자가 주입되며, 중앙의 기둥을 통해 정공이 이동하여 중앙의 양자우물에서 결합되고 빛이 발생한다.

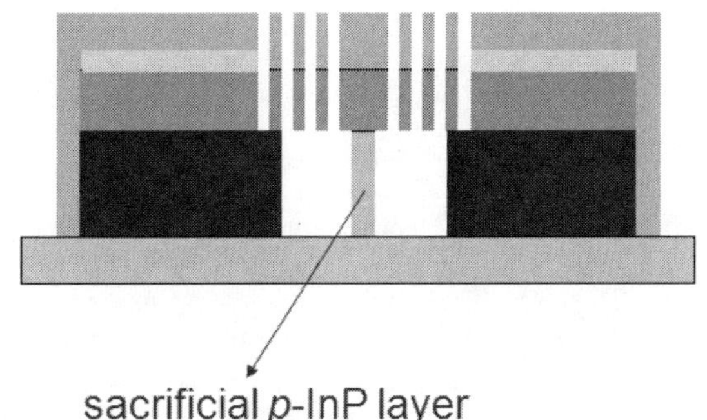

[그림 5.20] 중앙 기둥의 제작 방법. 광자결정 구멍이 완성된 후, 습식 에칭 공정 시, 에칭시간에 따라 남아 있는 기둥의 반지름이 결정된다. 정밀한 에칭시간 조절이 요구된다.

여기서 중요한 것은, 어떻게 그렇게 가느다란 기둥을 제작할 수 있느냐 하는 것이다. [그림 5.20]에서 보듯이, 광자결정 패턴을 제작한 후 염산 등을 이용해 습식 에칭을 진행할 경우 공기구멍을 통해 염산이 주입되어 슬랩 아래의 InP 층을 제거하게 되는데, 적당한 시점에 이 습식 에칭을 중단하면, 그림과 같은 기둥이 남아 있게 된다. 원하는 반지름을 갖는 기둥을 제작하기 위해서는 이 습식 에칭을 매우 정밀하게 조작해야 한다.

[그림 5.21]에는 제작된 레이저의 SEM 사진이 나타나 있다. 위에서 볼 때, 공진기의 중심에서 멀어질수록 공기구멍의 크기에 변화가 있음을 볼 수 있다. 이러한 공기구멍 변화는 습식 에칭 시, 기둥과 그 외의 다른 부분의 에칭 속도에 차이를 주는 데에 유리하다. 왼쪽 사진에서 공진기의 중앙 부분에 밝은 점을 볼 수 있는데, 이는 공진기 아래의 기둥의 존재에 의한 것이다. 공진기의 가장 자리를 FIB(focused ion beam)를 이용해 절단해 보았을 때, 오른쪽 그림과 같이 기둥의 존재를 확인할 수 있었다.

제작된 레이저에 전류를 흘려보내면서 레이저 출력을 측정한 결과가 [그림 5.22]와 같다. 전형적인 L-I curve를 얻을 수 있었으며 문턱전류는 약 250 mA로 측정되었다. 스펙트럼 상으로도 깨끗한 단일모드를 얻을 수 있었다. 기둥의 존재로 인해, monopole 모드 외의 다른 모드들의 품위값이 크게 감소하였으므로, 단일모드로 발진하는 데 있어서 더욱 유리하게 작용하였으리라고 예측된다.

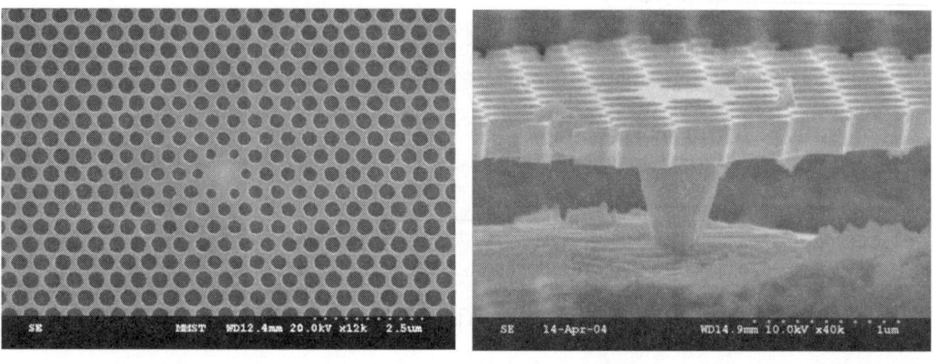

Top view　　　　Cross-sectional view

[그림 5.21] 제작된 전류 구동 레이저의 SEM 사진. 오른쪽 사진에서 기둥의 형태를 확인할 수 있다. (H. G. Park et al., Science, 305 1444 (2004))

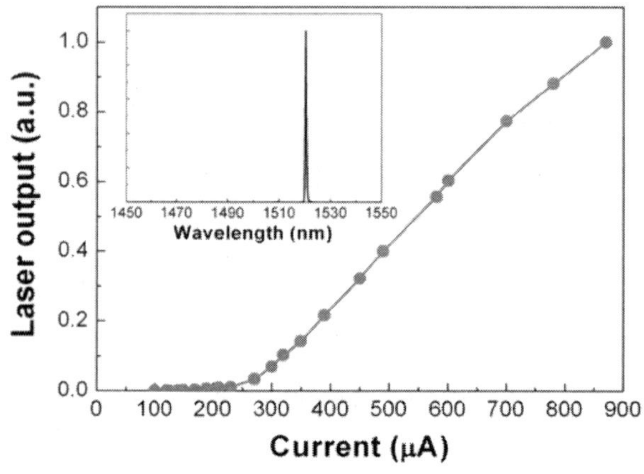

[그림 5.22] 전류 구동 레이저의 L–I curve

발진된 레이저 모드가 monopole 모드임을 확인하기 위하여 [그림 5.23]과 같이 근접장을 촬영하였다. 이는 monopole 모드의 광세기 분포와 유사하나 대칭성이 많이 깨어져 있다. 그 차이가 제작된 공진기 구조의 오차라고 생각하여, [그림 5.21]에서 본 공진기 구조 사진을 직접 FDTD 계산에 집어넣어 이 공진기 구조에 대해 모드 계산을 다시 수행하였다. [그림 5.23]의 오른쪽이 바로 그 계산결과이다. 여기에도 비대칭적인 광세기 형태가 나타나 있으며, 왼쪽의 실험결과를 잘 설명해 준다.

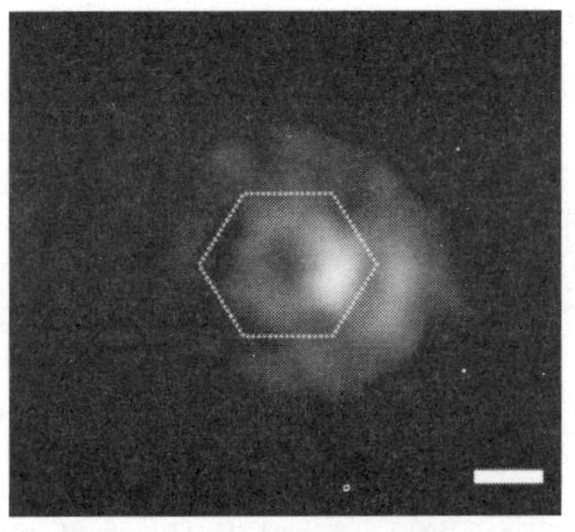

<CCD near-field image>

(a)

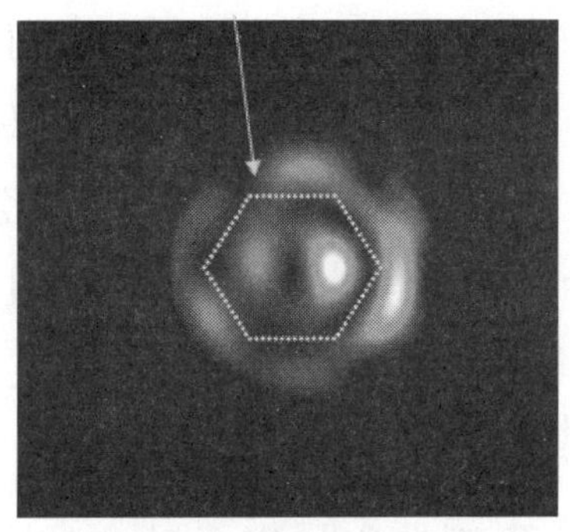

<simulation>

(b)

[그림 5.23] 레이저 발진 모드의 (a) 근접장 촬영 및 (b) FDTD 계산 결과(흰 육각형은 공진기의 크기 및 위치를 가리킨다.)

[그림 5.22]에서 볼 때, 문턱전류 근처에서 L-I curve가 곡선 형태를 띠고 있음을 확인할 수 있다. 이러한 문턱전류의 모호성은 레이저의 자발방출계수와 연관되어 있다고 알려져 있다. 자발방출계수란, 레이저 발진 이전에 자발방출된 광자가 레이저 공진모드로 결합되는 확률을 말하는 것으로, 흔히 β로 표시한다.

[그림 5.24]에서는 이 L-I curve를 log scale로 다시 나타내었으며, 여러 가지 자발방출계수에 대한 이론적인 curve와 비교해 보았다. 그 결과, $\beta=0.25$의 곡선과 가장 잘 일치함을 알 수 있었다. 이는 자발방출된 전자가 25%의 확률로

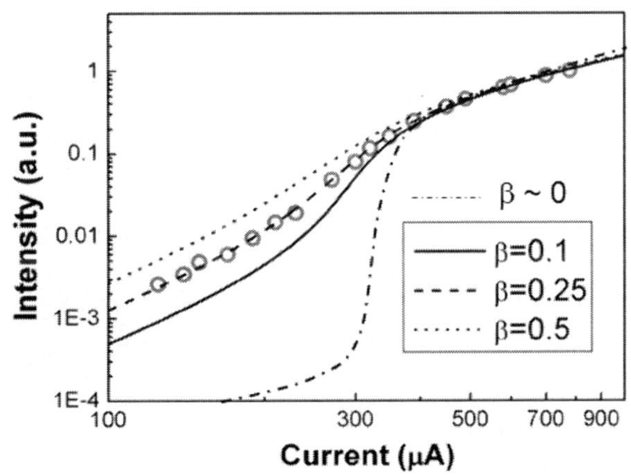

[그림 5.24] 레이저의 L-I curve로부터 구한 자발방출계수(β)

공진기 모드로 직접 주입됨을 말하는 것으로, 매우 높은 수치이다. 이는 공진기의 크기가 작고 품위값이 높을수록 그 값이 증가하게 된다. 자발방출계수가 1이 되면, 레이저의 문턱전류가 따로 정의되지 않으며(혹은 문턱전류값이 0이 되며) thresholdless laser(문턱 없는 레이저)라고 불린다.

2.6 밴드끝 레이저

밴드끝 레이저란 본 장의 1.4절에서 언급된 바 있는 광자결정 DFB 레이저를 가리킨다. 2차원 광자결정 밴드 다이어그램에서, 밴드의 최고점 또는 최저점에서 공진모드가 형성됨을 의미한다. 밴드 다이어그램을 변형시켜, 각 주파수에 대한 상태밀도 함수를 나타내보면 [그림 5.25(a)]와 같은 그림을 얻을 수가 있다.

밴드갭 좌우에서는 상태밀도(density of states) 함수의 수치가 갑자기 증가하는데, 상태밀도는 빛의 군속도와 역비례하게 되므로 빛의 군속도가 0에 가까워진다. 빛의 이동이 없으므로, 특별한 광자결정 결함이 없이도 광손실을 최소화할 수 있으며 따라서 레이저 발진이 가능해진다. [그림 5.25(b)]는 평면파전개방식으로 계산된 하나의 밴드끝 모드를 보여준다. 자기장 분포가 공기구멍의 주기와 일치하게 배열되어 있음을 볼 수 있다.

광자결정 구조가 무한히 펼쳐 있다고 가정하면 광손실 자체가 존재하지 않으나, 실제로는 유한한 크기를 갖게 되므로 밴드끝 모드라고 하더라도 광손실을 갖게 된다.

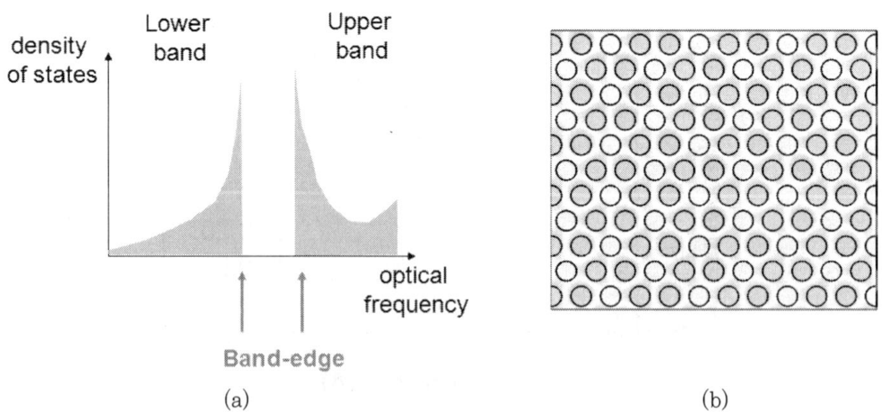

[그림 5.25] (a) Band-edge의 정의 및 (b) Band-edge mode의 자기장 분포

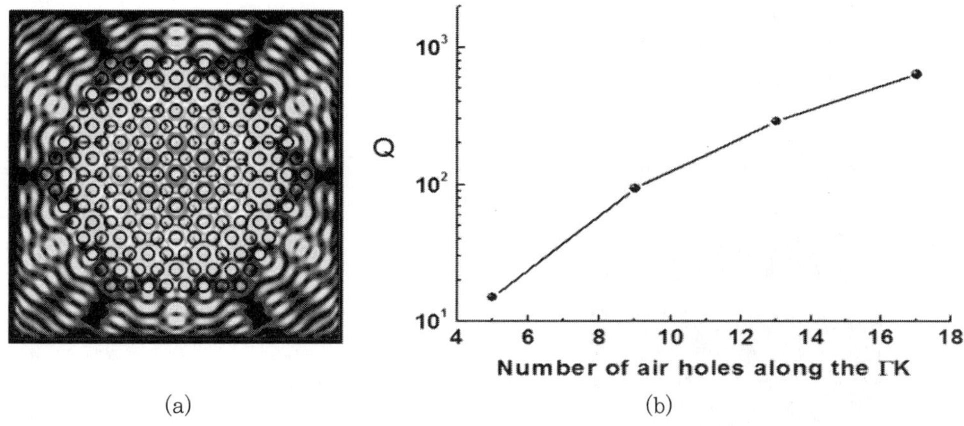

[그림 5.26] (a) 유한한 크기의 공진기에서의 band-edge mode의 광세기 분포
(b) 공진기 크기에 따른 품위값 변화

[그림 5.26(a)]에는 유한한 크기의 광자결정에 대해 밴드끝 모드의 광세기 분포를 계산한 결과를 보여준다. 광자결정 바깥 영역에서는 밴드갭이 존재하지 않으므로 슬랩을 따라 사방으로 빛이 퍼져나감을 알 수 있다. [그림 5.26(b)]는 광자결정의 크기에 대해 밴드끝 공진모드의 품위값을 계산한 결과이다. 품위값이 1000 이상이 되기 위해서는 한 축에 대해 공기구멍의 개수가 20개 이상이어야 한다.

[그림 5.27] (a)에는 제작된 공진기의 SEM 사진이, (b)에는 레이저 발진 시 근접장의 모습이 나타나 있다. 광펌핑이 주어진 중앙 부분에 넓은 범위에 걸쳐 레이저 광이 출력됨을 알 수 있다. (c)는 광펌핑에 의한 L-L curve를 보여준다. 문턱 파워는 0.62 mW로서, 다른 단일세포 레이저에 비해 높은 수치이지만, 이는 펌핑광의 면적을 생각해 볼 때, 당연한 결과이다.

밴드끝 레이저의 가장 큰 장점은 넓은 면적의 공진기에서 단일모드를 얻기가 쉽다는 것이다. 모드의 크기가 크면 상대적으로 국소 발열량이 적고, 높은 출력을 얻을 수 있으므로, 어느 정도 큰 출력이 요구되는 응용에서는 주요한 장점으로 작용한다.

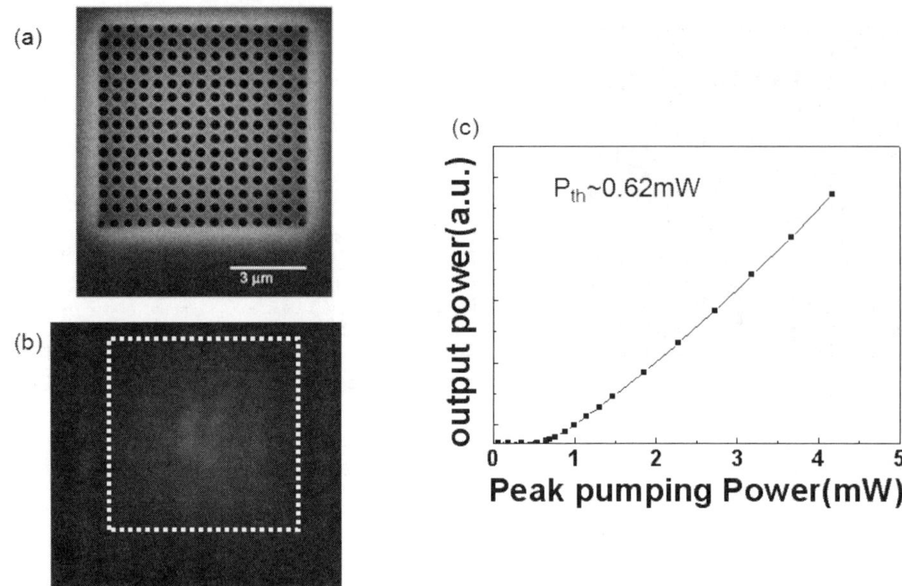

[그림 5.27] Bandedge 레이저의 측정결과
(a) SEM 사진
(b) 레이저 발진 모드의 근접장 촬영
(c) L-L curve(S. H. Kwon et al., Appl. Phys. Lett. , 83 3870 (2003))

광자결정 레이저의 등장은 지금까지 구현된 가장 작은 레이저라는 점, 그리고 높은 품위값의 공진기를 활용하여 문턱 파워를 낮추고 매질과 빛 간의 강한 상호작용을 얻을 수 있다는 면에서 큰 의의를 갖는다. 또한 레이저 실험을 통해 광자결정 공진모드의 여러 가지 특성을 분석, 측정할 수 있어 공진기 특성 분석의 유용한 도구로 사용되어 왔다.

하지만, 아직 광자결정 레이저는 아직 특정한 산업적 응용분야를 찾지 못했다. 그러한 이유 중에는 아직 전류 구동이 용이하지 않다는 점과, 공기 중에 떠 있는 슬랩 구조로 인해 열 문제 해소가 어렵다는 점 등이 있다. 또한 레이저 응용에서는 출력 파장의 정확한 조절이 필수적인데, 광자결정의 제작 시 작은 오차로도 큰 파장의 변화를 가져온다는 단점도 있다. 하지만, 분명 광자결정은 미세 레이저 분야에 있어서 크나큰 잠재성을 부여해주고 있으며, 앞으로 이를 바탕으로 한 어떠한 기술적 혁신이 등장할지 알 수 없다.

3 Smith–Purcell 방사

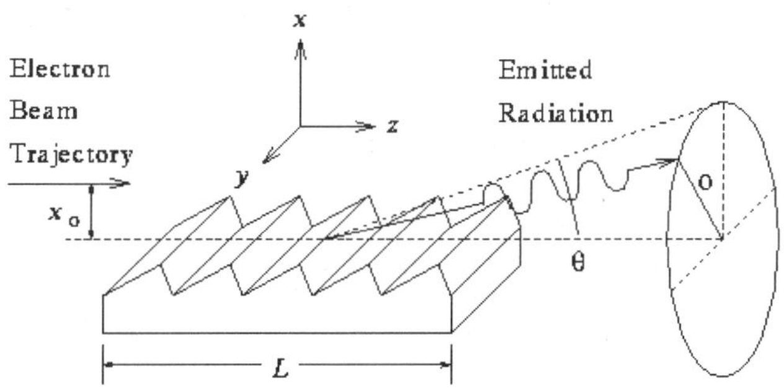

[그림 5.28] Smith–Purcell 방사의 원리. 이 방사는 원리적으로 주기구조의 금속표면을 어떤 전하를 가진 입자가 근접하여 지날 때 발생하며, 가장 간단하게는 빔입자와 금속표면에 생기는 그것의 이미지로부터 전기 쌍극자(electric dipole)가 형성되는 것이라 생각할 수 있다. 표면이 주기적이기 때문에 쌍극자가 진동을 하게 되고 그 진동주기는 표면 주기와 관련되게 된다. 즉, 이 방사의 파장은 주기 Λ, 입자 속도, 방사 각도에 의해 결정된다.

전자 등의 하전입자를 주기적으로 형상이 변하고 있는 매질 표면을 근접하여 지나가게 함으로써, 입자가 등속운동을 하여 가속도=0의 경우라도(속도 제한이 없음) 방사 광자가 관측되는 현상을 Smith–Purcell 방사라고 한다.

소위 싱크로트론 방사광(포항 가속기, 일본의 Spring–8 등)은 가속도를 받은 하전입자로부터 방출되는 광자라는 점에서 가속도를 받지 않는 경우에도 발생하는 S–P 방사와는 다른 점이다.

S–P 방사에 대한 실험은 종래 100 keV 정도의 전자선과 금속회절격자를 이용해서 이루어져 왔다. 관측된 광의 파장은 전방산란에서는 거의 준비된 금속회절격자의 주기와 동일하게 된다. 얻어진 광은 약하기 때문에 단순히 물리적인 흥미로서 연구되어 왔다.

최근에는 광원으로 얻기 어려운 밀리파–영역(원적외선 또는 THz 영역)의 신광원으로서의 개발 및 여기전류의 증가에 따라 레이저 발진과 유사하게 급격한 발광강도의 증가 등이 보고되고 있으며, 파장관점에서 광원으로서의 실용화 가능성도 기대되고 있다.

이와 같이 주기구조로서 회절격자를 이용한 종래의 연구에 대하여 광자결정 개념을 이용한다면 물질표면, 혹은 내부생성 모드가 광자밴드라는 명백한 것에 더불어 공명모드 광자방출이 기대된다. 여기에서는 광자결정을 이용함으로 기대되는 방사-스펙트라와 광자결정 밴드구조와의 관계를 포함하는 기초적인 내용을 소개한다.

Smith-Purcell 방사는 Cerenkov 방사와 유사성을 갖는다. 통상적인 재료에서 Cerenkov 방사는 세 종류의 중요 특성을 갖는다. 즉, 입자의 속도가 매질의 위상속도(phase velocity)를 초과할 때 일어나며 에너지는 단지 순방향으로만 전파하고 원추형 파수면(conical wavefront)을 갖는다. 광자결정에 대해서 역방향 원추형 파수면이 관찰될 수 있다는 것이 최근 발표 보고되었다. (C.Luo *et al.*, Science 299, 368, 2003)

광자결정 표면을 xy-평면으로 선택, 한 개의 하전입자가 속도 v를 가지고 축 방향으로 움직이고 있다고 가정하자. 시간 t, 위치 r=(x, y, z)에 있어서의 입자에 의한 전류밀도 J(t=0에서 x=0를 통과하는 것으로 가정하면)는 식 (5.4)와 같다.

$$J(r,t) = qv\hat{i}\,\delta(x - vt)\delta(y)\delta(z) \tag{5.4}$$

여기서 q는 입자의 전하량, i는 x-축 방향 단위벡터이다. 각주파수 ω의 광자방출을 계산하려면 시간과 위치함수 $J(r,\ t)$를 t에 관해 푸리에변환(Fourier transformation)하여 $J(r,\ \omega)$를 구하면 된다.

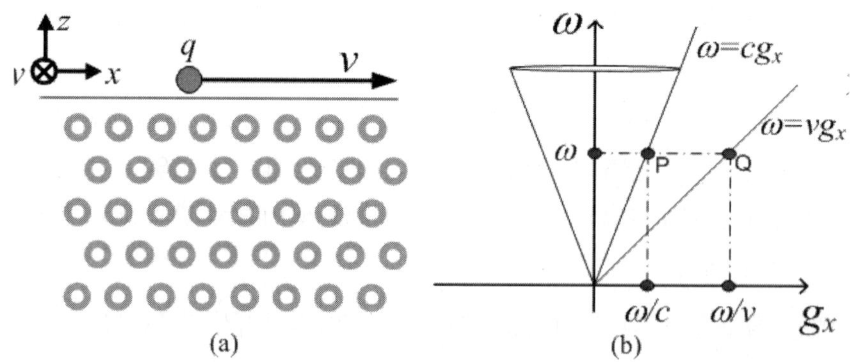

[그림 5.29] (a) 전하량 q의 하전입자가 광자결정 표면 부근을 속도 v를 가지고 움직이는 개략도
(b) 하전입자로부터 방사되는 감쇠장과 광 원추

$$J(r,\omega)=\int_{-\infty}^{\infty}dt J(r,t)e^{jwt}=q\hat{i}e^{j\frac{\omega}{v}x}\delta(y)\delta(z) \tag{5.5}$$

전류밀도의 ω의 푸리에 성분은 $k_x=\omega/v$로 결정되는 x-의존성을 갖고 있다는 것에 주의해야 한다. 이것이 광자방출 과정을 지배한다. ω로 진동하는 전하(요컨대 진동쌍극자)가 광자를 방출하는 것과 동일한 원리로 이 전류밀도가 ω의 광자를 방출한다. 방출되는 전자장을 계산하려면 전계 $E(r,\ \omega)$를 벡터 퍼텐셜 $A(r,\ \omega)$와 스칼라 퍼텐셜 $V(r,\ \omega)$로 나타내고 벡터 퍼텐셜을 로렌츠-게이지로 계산하면 된다.

$$\Delta A(r,\omega)+(\omega/c)^2A(r,\omega)=\mu_0 q\hat{i}e^{j\frac{\omega}{v}x}\delta(y)\delta(z) \tag{5.6}$$

식 (5.6)을 풀어서 $A(r,\ \omega)$를 구한다. 이 단계에서는 광자결정의 존재가 무시된다. 우변은 하전입자에 의한 전류밀도의 μ_0 배이다. A가 결정되면 로렌츠 조건으로부터 V가 결정된다. 우변의 지수 항은 x-의존성을 갖고 있기 때문에 해의 A도 전체가 동일한 x-의존성을 갖는다. 즉, 전류밀도에 의한 방출광자의 파수벡터를 $g=g_xi+g_yj+g_zk$로 놓으면 $g_x=\omega/v$로 결정된다. g_y, g_z는 광자의 분산(진공 중의 움직임이라 가정)특성 $\omega=cg$로부터 식 (5.7)을 만족한다.

$$g_z^2=\left(\frac{\omega}{c}\right)^2-\left(\frac{\omega}{v}\right)^2-g_y^2 \tag{5.7}$$

이 결과 방출광자의 $A(r,\ \omega)$는 식 (5.8)과 같이 평면파의 g_y를 포함하여 표시된다.

$$e^{j\left(\frac{\omega}{v}x+g_y\pm\Gamma_v z\right)}\quad\left(\Gamma_v=\sqrt{(\omega/c)^2-(\omega/v)^2-g_y^2}\right) \tag{5.8}$$

스칼라 퍼텐셜을 고려하여, 이동전하 입자로부터 방출전계를 계산하면 식 (5.9)와 같다. 여기서 $\kappa=\omega/c$, $\beta=v/c$이다.

$$E(r,\omega)=-\frac{q}{2c^2\epsilon_0}w\left[\int\frac{dg_y}{2\pi}\left(-1+\frac{1}{\beta^2}\hat{i}+\frac{g_y}{\kappa\beta}\hat{j}+\frac{j\Gamma}{\kappa\beta}\hat{k}\right)e^{j\left(\frac{w}{v}x+g_yy\pm\Gamma_yz\right)}\right]/\Gamma_v \tag{5.9}$$

여기서 지수함수 내의 $\Gamma_v z$의 부호에 대해 +는 [그림 5.29(a)]의 +z 방향(광

자결정의 반대방향)으로의 광자방출을, −는 광자결정 내로 향하는 방출을 나타낸다. 식 (5.8), (5.9)에서 중요한 것은 상대성이론에 의해 항상 $v<c$가 성립하는 것이다. 이 때문에 Γ_v는 순수 허수값이 된다. 따라서 방출전자장은 궤도로부터 벗어남에 따라 감쇠한다. 감쇠정수 $|\Gamma_v|$는 ω/c와 ω/v의 차가 크면 클수록 또는 g_y가 클수록 커지게 된다. [그림 5.29(b)]에는 원추형 광 $\omega = cg_x$과 방출광자에 대응하는 분산 $\omega = vg_x$를 실선과 점선으로 각각 나타내고 있다. 또한 ω의 광자에 대해 ω/c, ω/v의 값을 그림에 포함시키고 있다. 2점 P와 Q가 벌어진 정도 $|\Gamma_v|$가 커지게 되어 입자궤도로부터 멀어질수록 방사광 강도의 감쇠가 커지게 된다. 입자 속도 v를 크게 하여 광속 c에 근접된 값을 갖는다면 Q가 P에 근접하게 되어 $|\Gamma_v|$는 작아진다.

이상에서 본 바와 같이 일정 속도의 하전입자로부터는 단지 감쇠파만이 방출되지 못하기 때문에 far field에서는 광자를 검출할 수 없다. Cerenkov 방사는 굴절률 $\epsilon^{1/2}$의 액체 중을 이동하는 하전입자로부터 광자방출이다. 이 경우는 식 (5.7)에서 ω/c가 $\omega/(c/\epsilon^{1/2})$로 되기 때문에 $v>(c/\epsilon^{1/2})$ 조건을 만족하는 입자 속도(단지 $g_y=0$인 경우)에 대해 Γ_v가 실수가 되어 감쇠하지 않으므로 원거리에서도 광자가 도달된다. 특히, $v>(c/\epsilon^{1/2})$의 조건은 실현 가능하다(더 자세한 것은 참고문헌을 참조바람).

4 광자결정 LED

4.1 서론

21세기 과학기술은 정보통신, 디스플레이, 위성통신 시스템 등을 중심으로 급격하게 변화하고 있어, 반도체 분야에서는 기존의 실리콘 소재의 한계를 극복하는 새로운 반도체 소재를 요구하고 있다. 이에 부응하는 소재로서 질화갈륨(GaN)을 이용한 질화물 반도체와 유기물(organic) 반도체 등과 같은 새로운 화합물 반도체가 부상하고 있으며, 이를 이용한 가장 대표적인 응용소자로서 발광다이오드(LED: light emitting diodes)를 들 수 있다. 현재 LED는 고휘도화 및 다색화라는 과제를 어느 정도 달성하여, 기기의 On, Off 표시 소자 및 정보표시판 등 다양한 용도로 사용 중이며, 향후 액정용 Backlight 광원 및 대형 디스플레이 분야로 시장을 넓히고 있다. 앞으로는 현재 기술의 연장으로 더 우수한 고휘도화와 다색화 그리고 내열성의 개선 및 고정밀화 등의 기술 개발이 진행 중이며, 백색 발광을 포함하는 다색 발광 및 이의 집적화에 대한 기술 개발이 요구된다. 이 중에서도 우수한 고휘도와 다색화의 기능을 갖춘 LED는 다원색 디스플레이와 자동차, 교통 표시 등의 분야에 대한 새로운 응용분야를 창출함으로써 크게 각광을 받고 있다. 여기서, 반도체 LED는 영상매체의 광원으로서 핵심적인 역할을 수행할 뿐만 아니라 자동차와 휴대전화기의 정보 표시판, 거리의 조형물 등 다양한 분야에 적용될 수 있다. 따라서 고효율 반도체 LED의 개발은 빛과 연관되어 있는 모든 산업과 연결 고리를 가지고 있는 중요한 과제이다.

이와 같은 동향에 힘입어, 최근 질화물 반도체를 이용한 고휘도, 고품위의 가시광 및 자외선 발광 다이오드(UV-LED)의 개발 움직임이 활발히 진행되고 있다. 특히 백색 발광 다이오드 램프를 구현하기 위해 청색 LED 및 UV-LED를 사용하여 형광체를 여기 시키는 방식 등이 개발 중이며, 고휘도화에 성공할 경우 다양한 응용분야가 기대된다. 현재 국내외 다수의 LED 제작회사들은 LED 전구(light bulb)를 상용화하기 위해 많은 투자를 하고 있으며, 향후 세계 고휘도 LED 시장은 전체 LED 시장의 절반에 달할 것으로 예측하고 있다. 질화물 반도체는 사파이어 기판과의 격자 부정합과 열팽창 계수의 차이로 고품위 LED 개발에 장애를 겪고 있으나 이종박막성장(Heteroepitaxy) 기술과 나노 패턴을 이용한 에피성장 기술의 개발 등으로 이를 극복해 나가고 있다.

일반적으로, 반도체 LED의 발광효율은 내부발광효율(internal quantum efficiency)과 추출효율(extraction efficiency)로 나눌 수 있다. 내부발광효율은 LED 소자를 구성하고 있는 발광층 특성에 의해 결정되는 양으로, 반도체 물질 내의 결함 여부라든지 효율적인 전류 주입 등과 연관되어 있다. 이에 반해, 추출효율은 반도체 내에서 생성된 빛이 실제로 관찰하고자 하는 외부 매질까지 빠져나오는 효율을 일컫는 것으로, 아무런 구조적 변화가 도입되지 않는 경우 반도체와 외부 매질 사이의 굴절률 차이로 결정된다. 요약하면, 반도체 LED의 총효율은 내부발광효율과 추출효율의 곱으로 나타날 수 있으며, 고효율 반도체

LED를 개발하기 위해서는 위에서 언급한 두 종류의 효율을 동시에 고려해야 한다. 하지만, 최근 들어 내부발광효율은 성장 기술의 발달에 힘입어 이론적인 한계 값에 접근하고 있다. 반면에, 추출효율의 경우 상대적으로 아직 개선의 여지가 많이 남아 있는 실정이며, 효율적인 광 추출구조의 개발을 필요로 하고 있다. 이 장에서는 반도체 LED의 추출효율 향상을 위한 대표적인 방법 중의 하나인 광결정의 동작 원리 및 설계 방법에 관해 현재 산업계에서 널리 연구되고 있는 청색 GaN LED와 적색 AlGaInP LED를 예제를 통해 살펴볼 것이다. 또한, 광결정 구조를 통한 추출효율 향상 정도가 물질 내부의 흡수율과 거울의 반사율 등에 밀접하게 연관되어 있음을 설명할 것이다.

4.2 LED의 추출효율 향상

반도체 LED의 추출효율은 최종적으로 빛을 관측하는 매질인 공기(혹은 Epoxy)와 반도체 사이의 높은 굴절률 차이로 인해 대개 수 %에 지나지 않는 값을 가진다. 가령, GaP(n=3.32) 기반의 적색 LED의 경우, 상층부에 위치한 GaP와 표면 보호를 위해 도입한 Epoxy의 굴절률에 의해 임계각이 약 25°로 결정된다. 이때, 물질 내의 흡수 손실이 전혀 없어 다중 반사(multiple reflection)를 허용할 수 있고, 하층부에 반사거울을 두지 않았다고 가정한 경우, Epoxy 영역에서 검출할 수 있는 추출효율은 약 4.7% 정도이다([그림 5.30]). 이를 제외한 나머지 빛들은, 전반사 과정에 의해 LED 내부에 갇혀 있다가 하층부의 GaAs 기판에 흡수되거나 양자우물(quantum well) 층 내의 흡수 손실로 인해 소자 내부에서 열에너지로 변환되어 사라진다.

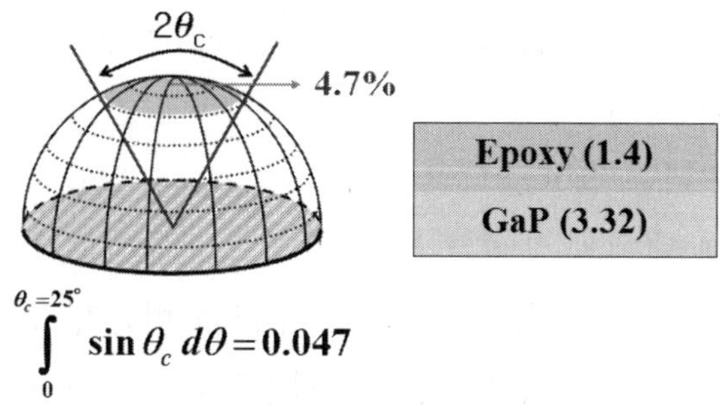

[그림 5.30] 적색 LED의 추출효율을 산출하는 그림. Epoxy와 GaP의 굴절률에 의해 임계각은 25°로 결정되며, 이 임계각 내에 포함되는 추출 비율은 ~4.7%이다.

1 밀봉재 활용

따라서 추출효율 향상을 이끌어 내기 위해서는 임계각 밖에 포함되어 있는, 다시 말해, 전반사 각도에 해당하는 성분들을 외부로 추출해야 한다는 결론에 이른다. 이를 위해 가장 쉽게 생각할 수 있는 방법은 굴절률이 높은 반구(hemisphere)를 LED 상층부에 씌우는 것이다. 입사각이라는 것이 빛과 입사면 사이의 각도라는 점을 상기하면, 반구 면에서는 빛의 출발 각도에 관계없이 항상 수직의 입사각도를 이루게 된다. 투과율은 입사각이 수직일 때 가장 높으며, 모든 방향에 대해 전반사 각도는 더 이상 존재하지 않게 된다. 실제로, 반도체 LED의 경우 종류에 관계없이 Epoxy로 이루어진 밀봉재(encapsulation)를 도입하는데, 이는 표면 보호의 역할뿐만 아니라 추출효율 향상에도 역할을 담당하게 된다. 이 효과를 보다 극명하게 하기 위해서는 Epoxy 층과 반도체 층 사이에, 굴절률이 반도체 층과 비슷한 반구를 하나 더 도입하는 것이다([그림 5.31(a)]). [그림 5.31(b)]의 결과에서 보듯이, 추가로 도입한 반구의 굴절률이 반도체 물질에 접근할수록 추출효율은 점점 향상되고 있음을 알 수 있다. 그 이유는 반도체 층과 추가 도입 층 사이의 임계각이 증가하기 때문이다.

굴절률이 높은 반구를 도입하는 방법은 기하학적으로 단순한 구조이지만, 아주 효율적이다. 이상적으로 원하는 굴절률을 가진 물질만 찾을 수만 있다면, 이론적으로 반도체에서 생성된 모든 빛을 완전하게 외부로 이끌어낼 수 있다.

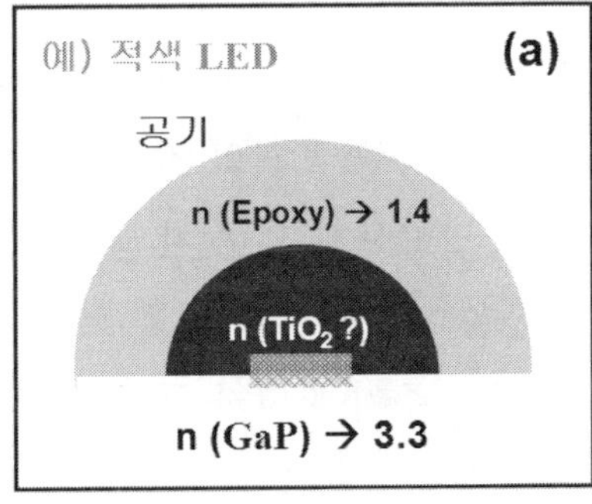

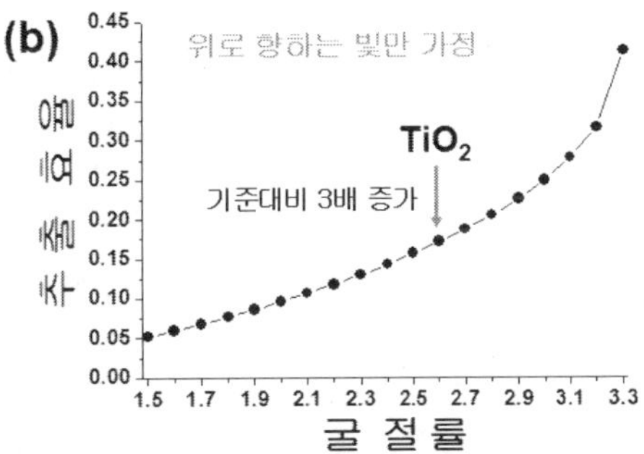

[그림 5.31] (a) 광 추출효율 향상을 위해 Epoxy 이외에 추가적인 반구를 도입한 경우. 반구는 모든 빛이 그 면과 수직으로 만나도록 하는 역할을 한다.
(b) 추가적으로 도입한 반구의 굴절률 크기에 대한 추출효율을 계산한 그래프. 이 계산에서 추출효율은 소자의 상방을 향하는 빛만 가정하였다.

하지만, 이 방법을 적용하기 위해서는 높은 굴절률을 가지며, 흡수가 없는 투명한 물질을 찾아야 한다. 또한, LED 소자를 덮을 수 있는 만큼의 크기를 가진 반구를 제작하고, 씌우는 일 또한 난제가 될 수 있다. 가시광선 영역에서 흡수가 없고, 투명한 물질의 한 예로 TiO_2를 제안할 수 있다. 실제로, Epoxy 밀봉재 내에 굴절률이 높은 물질을 첨가하여 전체 굴절률을 증가시키려는 노력이 활발하게 진행 중에 있다. 현재 단계에서 추출효율에 영향을 줄 만큼 밀봉재의 획기적인 굴절률 증가가 보고된 바는 없으나, 이 방법이 가지는 효과와 가치를 생각할 때 분명히 앞으로도 꾸준히 연구될 방안임은 틀림없다.

2 광자결정 패턴 활용

광결정을 통한 LED 추출효율 개선은 광결정이 발광층의 자발방출률(spontaneous emission rate)을 조절할 수 있다는 Yablonovitch의 연구에서 출발한다[E. Yablonovitch et. al, PRL. V 58, 2059,1987]. 이후, MIT 그룹에서는 굴절률 대비가($\Delta n \gg 2$) 뚜렷한 얇은 ($t \sim \lambda/2n$) 박막구조 내에 광결정을 도입하면, LED의 추출효율 향상에 기여할 수 있음을 분산곡선을 활용해 이론적으로 증명하였다[S. Fan, PRL, V.78, 3294, 1997]. 이 연구에서는 광결정이 추출효율 향상에 기여하는 원리를 크게 두 가지로 나누었다([그림 5.32]). 첫째, 광밴드갭(photonic bandgap) 효과를 이용해 평면 방향의 빛 이동을 차단하여 수직방향으로 추출하는 것이다. 광밴드갭은 평면 방향으로 진행하는 빛에 대해 완전한 거울로 작용하므로, 빛이 이동할 수 있는 경로는 수직방향만 존재한다. 둘째, 분산곡선에서 light cone 외부에 위치한, 상태밀도가 높은 모드와 결합하여 외부로 추출하는 것이다. light cone은 빛이 외부로 탈출할 수 있는 운동량 조건의 경계선을 나타낸 것으로, 빛이 light cone 외부에 존재하는 모드와 결합하게 되면 자연스럽게 외부로 빠져나올 수 있게 된다. 이 때, 상태밀도가 높은 모드일수록 빛과 모드 사이의 결합효율이 높아진다. 상기 두 가지 원리는 광결정의 주기에 따라 독립적으로 작용한다. 하지만, 광밴드갭 거울 효과나 분산곡선의 상태밀도가 잘 정의되기 위해서는, 반파장 정도의 두께를 가지는 얇은 박막이 상하로 높은 굴절률 대비가 있는 구조 내에 광결정을 도입해야 한다. 더군다나, 광결정의 공기구멍이 발광층을 관통해야 하므로, 필연적으로 이득매질의 손실을 가져오며, 추가적으로 표면 비발광

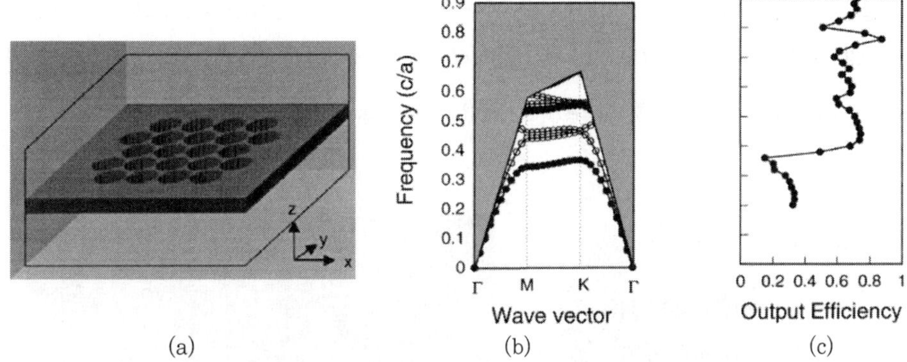

[그림 5.32] (a) 강한 굴절률 대비의 얇은 박막 내 광결정을 도입한 구조
(b) 분산곡선 특성
(c) 규격주파수에 따른 추출효율을 나타낸 그래프. 광밴드갭 영역과 상태밀도가 높은 영역에서 추출효율이 최대가 됨을 알 수 있다.

결합(non-radiative recombination)에 의한 내부양자효율의 감소를 피할 수 없다. 광밴드갭 거울 효과나 강한 분산특성은 일반적인 LED 구조에서는 구현하기 어렵기 때문에 특수한 구조 영역에 한해 적용되는 방법이라 할 수 있다.

특히, 발광층을 관통하지 않고 광결정을 도입하기 위해서는 광결정의 식각 깊이를 표면에 국한되도록 설정하여야 한다. 이 경우, 높은 굴절률 대비가 있는 박막에 광결정을 도입하는 경우처럼 강한 분산특성을 활용할 수는 없지만, 일반적인 회절 이론에 따라 전반사에 해당하는 빛이 주기적인 구조와 결합하여 외부로 추출할 수 있다. 현재는 광결정과 발광층을 공간적으로 분리하여, 발광층의 특성을 저하시키지 않으면서 추출효율을 개선하고자 하는 노력이 활발하게 진행되고 있다[H. Ichikawa, APL, V.84, 457, 2004]. 유사한 방법으로, InGaAs 양자우물을 채택한 LED 구조에 대해서도 추출효율 향상을 꾀한 예가 있으며[A. Erchak, APPL, V.78, 563, 2001] [그림 5.33(a)], KAIST 연구실에서는 유기 LED 내 유리기판 상에 형성된 광결정을 이용하여 추출효율을 1.5배 이상 끌어올린 결과를 보고하였다[Y.J. Lee. APPL, V.82, 3779, 2003] [그림 5.33(b), (c)].

GaN LED의 추출효율을 개선하기 위한 노력들은 비교적 최근에 이르러 산학계에서 두루 시도되고 있으며, 연구 기간에 비해 상당히 고무적인 결과들을 보고하고 있다. 대표적인 예로, UCSB의 Nakamura 그룹에서는 전기화학 식각(electrochemical etching)을 통해 빛의 파장 정도의 거칠기를 표면에 형성하여 추출효율을 개선하였으며[T. Fujii, APPL, V.84, 855, 2004] [그림 5.34(a)], 브라운 대학에서는 마이크로 링을 표면에 도입하여 추출효율 향상을 꾀하였다 [H.W. Choi, APPL, V.83, 4483, 2003], [그림 5.34(b)].

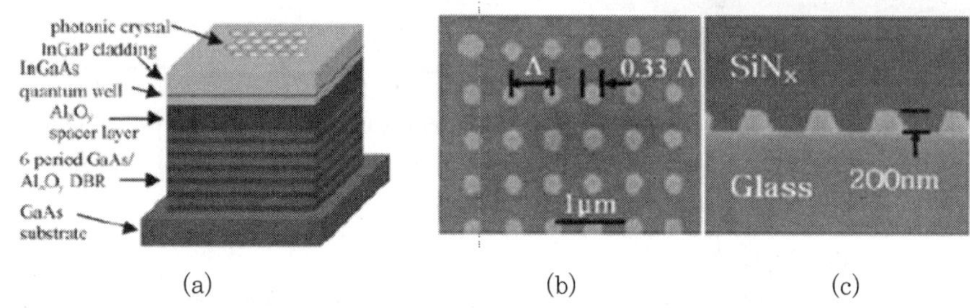

[그림 5.33] (a) 광결정과 동작매질 영역을 분리한 구조
(b, c) 유기 LED 내 광결정의 표면(b)과 단면(c) 전자현미경 사진

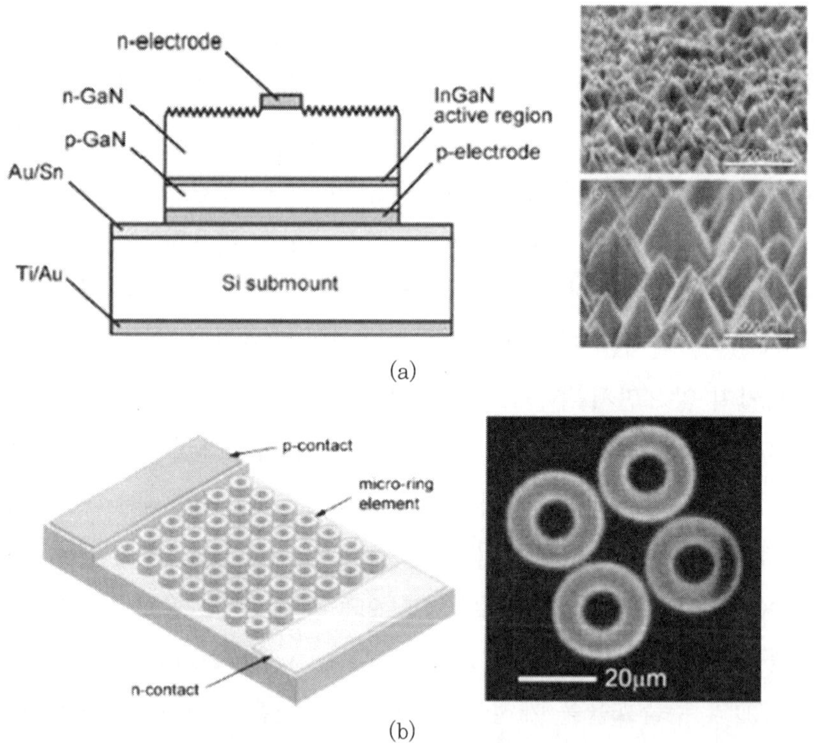

[그림 5.34] (a) 전기화학 식각을 통해 표면 거칠기를 도입한 방법
(b) 마이크로 링을 발광 표면 내에 도입한 구조

앞에서 언급한 것처럼, 주기적인 광결정 구조를 GaN LED 표면에 도입하는 방법 또한 시도되었다. 가령, T. Oder는 200 nm의 주기를 가지는 광결정을 p-GaN 표면에 형성하여 추출효율 증가를 보고하였다[T. N. Oder, APPL, V.83, 1231, 2003]. 이외에, GaN-LED의 능동매질 영역까지 광결정을 제작한 뒤, 광밴드갭 효과를 이용하여 높은 추출효율 향상 효과를 보고한 연구도 있었지만[L. Chen, APL, V.85, 3663, 2004], 입력 전류가 증가하면 추출효율이 낮아지는 단점이 나타났다. 이는 앞서 지적한 대로, 발광층까지 식각하여 광결정을 도입하게 되면, 비발광 결합에 의해 내부발광효율 특성이 저하되기 때문이다. 이상을 종합하면, LED의 추출효율 개선 원리는 구조의 변형을 통해 전반사 조건을 완화하는 방법, 표면에 거친 면을 도입하는 방법, 굴절률 대비가 큰 박막 내에 광결정을 형성하여 광밴드갭 효과를 이용하는 방법, 광결정과 발광층을 분리하여 전반사에 의해 갇혀 있는 빛을 회절 과정을 통해 외부로 추출하는 방법 등으로 요약할 수 있다. 이 방법들 중 LED의 구조의 현실성과 효율의 증대를 감안할 때, LED 표면에 주기적인 광결정 구조를 도입하여 추출효율을 개선하는 방법이 가장 우수하다고 볼 수 있다.

3 추출효율 향상을 위한 다른 방법들

광결정 도입 외에 추출효율을 개선하는 대표적인 방법으로 LED 구조의 옆면을 역 피라미드 모양으로 변형하는 것을 들 수 있다[M.R. Krames, APL, V. 75, 2365, 1999][그림 5.35(a)]. 이는 LED 소자 내에서 전반사되면서 측면으로 진행하는 빛이 기울어진 피라미드 면에서 반사되어 상층부로 추출되는 경로를 따른다. 하지만 이 방법은 소자의 크기가 커질수록 향상 효과가 감소하는 단점이 있다. 이는 빛이 옆으로 진행하면서 필연적으로 동반되는 흡수 손실 때문이다. 따라서 흡수가 있는 실제 구조에서 높은 향상효과를 얻기 위해서는, 빛이 되도록 짧은 경로를 겪은 뒤 외부로 방출되는 것이 중요하다. 이를 위해 전반사 조건을 완화할 수 있는 구조를 LED 내에 도입하는 연구들이 진행되었다. 대표적으로 LED 구조를 공진기 형태로 설계해 초기부터 특정 방향의 출력을 이끄는 방법[E. F. Schubert, APL, V. 60, 921, 1992], 수 마이크론 크기 이상의 반구형 렌즈를 상층부에 배열하여 임계각을 크게 하는 방법을 들 수 있다. 하지만 이 방법들은 제작상의 난점 등으로 인해 실용화에 이르지는 못하고 있다.

AlGaInP/GaP Truncated-Inverted-Pyramid (TIP) LED

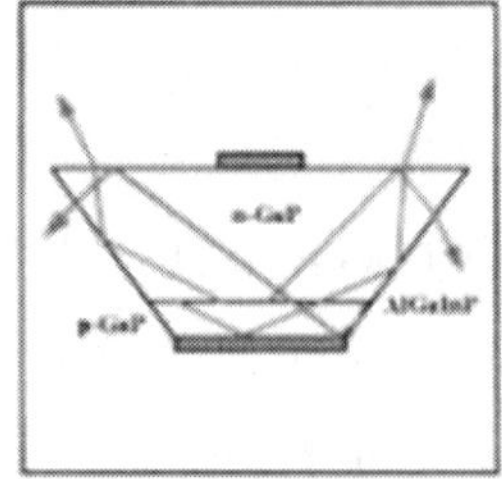

(a)

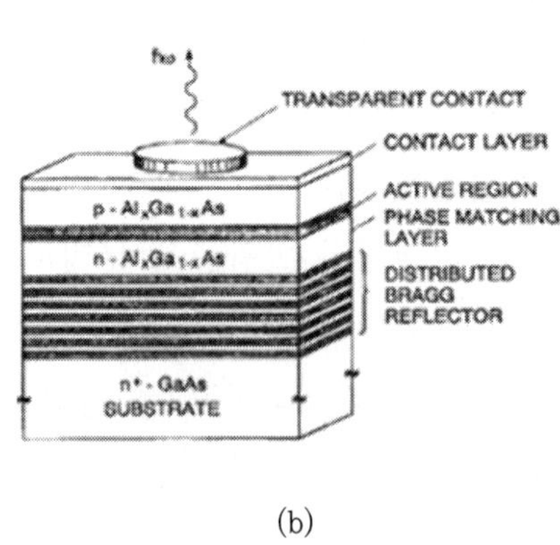

(b)

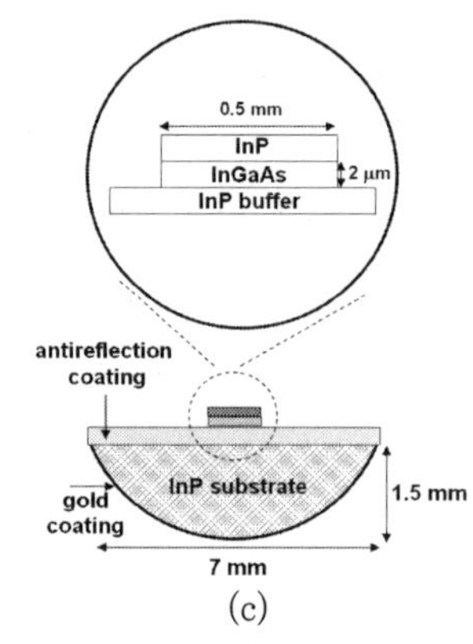

(c)

[그림 5.35] (a) 역 피라미드 구조를 채택한 적색 LED
(b) 고반사율 거울의 마이크로 공진기 효과를 이용한 LED
(c) 기판을 포물선 형태로 만든 구조

4.3 광자결정 청색 GaN LED의 설계

1 광자결정의 추출효율 증가 원리

앞선 밝힌 대로, 반도체 LED의 추출효율은 빛이 발생하는 반도체 발광층과 최종적으로 빛을 관측하는 매질(공기 또는 Epoxy) 사이의 굴절률 차이로 정해진다. 반도체 매질은 통상적으로 높은 굴절률($n>2$)을 가지므로, 광 추출구조를 도입하지 않은 LED의 추출효율은 수 % 안팎이다. 예를 들어, 질화갈륨(n=2.46) 기반의 청색 LED의 경우, 외부 물질을 Epoxy(n=1.4)로 가정했을 때 소자의 상층부를 통한 추출효율은 약 9% 정도에 지나지 않는다. 이를 제외한 나머지 빛들은, 소자 내부에 전반사 과정에 의해 갇혀 있으면서, 양자우물 층과 같은 흡수층에 의해 소실된다.

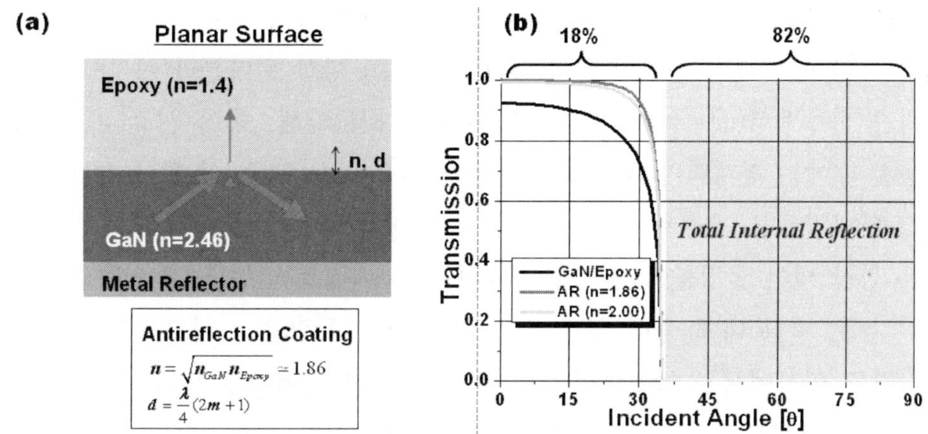

[그림 5.36] (a) GaN LED 상층부에 무반사 코팅 조건을 만족하는 유전 물질을 도포한 구조도 (b) 무반사 코팅 유무에 따른 투과율 변화. 입사각도가 전반사 각도보다 작은 영역에 대해서는 투과도 증가 현상이 발견되나, 전반사 조건은 그대로 유지된다.

반도체 LED의 추출효율 증가를 위해 가장 먼저 생각할 수 있는 방법은 구조 최상단부에 무반사 코팅층(antireflection coating layer)을 도입하는 것이다. [그림 5.36(a)]에 나타난 것처럼, 굴절률이 외부 배경 물질과 반도체 층의 기하 평균 정도에 해당하는 물질을 quarter-wave stack으로 쌓게 되면, 수직방향으로 입사하는 빛에 대한 투과도가 증가한다. [그림 5.36(b)]는 무반사 코팅층 유무에 따라 입사각도와 투과도의 상관관계를 묘사하고 있다. 입사각도를 임계각을 기준으로 두 영역으로 나누어 생각하면, 입사각도가 임계각보다 작은 경우 무반사 코팅층에 의한 투과도가 증가하는 양상을 보인다. 반면에, 입사각도가 임계각보다 큰, 즉 전반사 영역에 해당하는 빛은 박막의 유무에 관계없이 여전히 투과율이 0을 나타내고 있다. 결론적으로, 무반사 코팅은 임계각보다 작은 입사각도에 해당하는 빛에 대한 추출효율 향상에는 기여할 수 있지만, 전반사 현상은 여전히 교란할 수 없다. 입사각도에 대한 빛의 방출비율을 살펴볼 때, 전반사 각도에 해당하는 빛이 전체 광량의 80% 이상을 차지한다는 점을 감안하면, 이 영역에 속해 있는 빛을 추출하지 못한다면 추출효율 향상 효과는 사실상 기대할 수 없다.

그렇다면, LED의 추출효율 향상을 위해서는 필연적으로 전반사 각도에 해당하는 빛을 추출할 수 있는 구조적 장치가 필요하다는 결론에 이른다. 이 역할을 하는 것이 바로 '광결정'이다. 빛의 투과라는 현상을 운동학 관점에서 보자면, 빛

이 굴절률이 서로 다른 물질을 이동하는 것이다. 역학에서의 물체 이동과 마찬가지로 빛의 이동에도 '운동량 보존'이라는 법칙이 항상 뒤따른다(여기서, 빛의 운동량은 파수벡터($|k| = 2\pi n/\lambda$)로 표현된다.) 다시 말해, 빛이 서로 다른 매질을 이동할 때에는 경계면의 평면 방향 운동량 성분이 보존되어야 한다. 이를 전반사 현상에 대입하면, 운동량 보존 현상을 보다 명확하게 이해할 수 있다. 전반사 현상은 항상 빛이 굴절률이 높은 매질에서 낮은 매질로 이동할 때 일어난다. 굴절률이 높은 매질 내에 속해 있는 빛은 이미 큰 운동량을 지니고 있으므로, 특정 입사각도 이상에서는 굴절률이 낮은 매질 내에서 어떠한 각도를 가지더라도 가질 수 없는 평면 성분의 운동량을 가지게 된다. 빛의 투과를 위해서는 평면 성분의 운동량이 보존되어야 하므로, 빛이 선택할 수 있는 길은 반사 경로밖에 남아있지 않다. 여기서, 평면 성분의 운동량을 보존할 수 없는 최소의 입사각도가 바로 임계각에 해당하는 것이다. 광결정은 운동량을 보존할 수 없는 전반사 각도의 빛에 대해 자신의 주기성(periodicity)이 생성하는 운동량 성분을 더하거나 빼, 외부로 추출할 수 있도록 도와준다([그림 5.37(a)]).

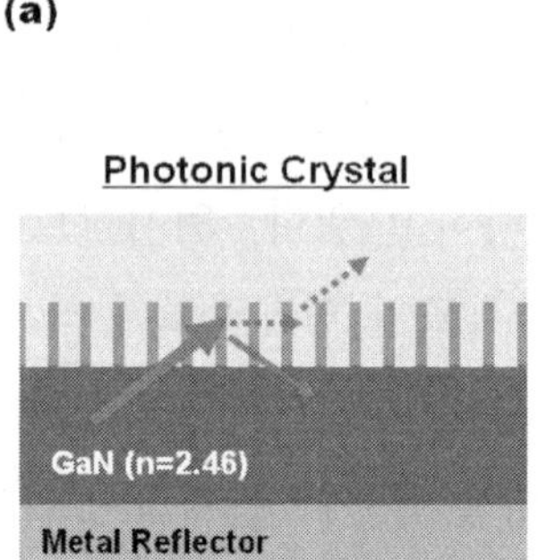

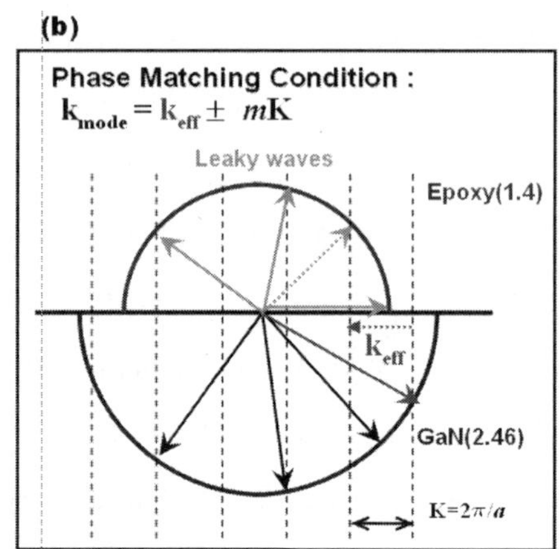

[그림 5.37] (a) GaN LED 상층부에 광결정을 도입한 구조도. 광결정이 도입된 구조에서는 전반사에 해당되는 빛이라도 외부로 추출될 수 있는 확률을 가진다.
(b) 광결정이 전반사에 해당되는 빛을 추출할 수 있는 원리를 담은 k-space diagram. 이 diagram에서 보듯이, 전반사에 해당하는 빛이라도 광결정과 결합하여 phase matching 조건을 만족하게 되어 외부(Epoxy)로 추출될 수 있다.

이것이 광결정을 통한 LED의 추출효율 향상 원리이다. 이는, 분광기(spectrometer)에서 활용하는 빛의 '회절' 원리와 동일한 개념이다. 광결정의 주기에 따라 운동량의 크기가 달라지고, 이에 따라 전반사 각도에 해당하는 빛의 회절 효율이 달라진다([그림 5.37(b)]).

광결정에 의한 빛의 추출효율은 광결정의 주기 외에도 식각 깊이, 공극률(filling factor), 격자구조 등과 같은 구조 변수와도 밀접한 상관관계가 있다. 따라서 반도체 LED 내에서 높은 추출효율 향상 효과를 얻기 위해서는 최적의 광결정 구조를 고안하고 적용하는 것이 매우 중요하다.

광결정에 의한 추출효율 향상 정도는 광결정과 관련된 내부 구조 변수 외에도 LED 소자를 채우고 있는 배경 물질의 굴절률과 LED 소자 내 반사거울의 반사율 특성에도 영향을 받는다. Snell's law에 따르면, 반도체 물질의 굴절률이 높아질수록 임계각이 커지게 되어 소자 내부에 전반사 과정에 의해 갇혀 있는 빛의 양이 많아짐을 뜻한다. [그림 5.38(a)]는 외부 배경 물질을 공기로 가정했을 때, 반도체 발광 영역의 굴절률에 따른 추출효율을 나타낸 그래프이다. 이때, 표면은 어떠한 추출구조도 도입되지 않은 평면을 나타낸다. 그래프를 살펴보면, 발광층의 굴절률과 추출효율이 반비례 관계에 놓여 있음을 알 수 있다. 이는 추출구조를 소자 표면에 도입했을 때, 상대적 추출효율 증대비가 늘어날 수 있다는 것을 의미한다. 또한, 추출구조에 의한 회절 효과는 굴절률 대비에 비례하므로, 높은 굴절률 층의 소자 표면에 추출구조를 도입하는 것이 더욱 강한 추출효과를 얻을 수 있다. 이를 요약하면, 추출구조를 통한 발광 다이오드의 상대적 추출효율 향상 정도는 굴절률이 낮은 유기 LED 또는 GaN보다는 굴절률이 높은 GaAs, GaP 계열에서 보다 두드러질 것임을 예상할 수 있다.

광 추출구조에 의한 추출효율 향상 정도는 소자 하단의 반사거울 특성과도 밀접한 관련이 있다. 광 추출구조는 전반사의 입사각도를 가진 빛이라도 운동량 전달 과정을 통해 외부로 추출될 수 있음을 앞서 밝힌 바 있다. 하지만, 한 번의 회절 과정에 의한 효율이 100%가 될 수 없으므로, 반드시 상당량의 빛은 다시 반사되어 소자 내부로 진입한다. 따라서, 하단의 반사거울 특성에 따라 추출효율 향상 정도가 좌우된다. 하단의 반사거울은 크게 세 종류로 나눌 수 있다. 즉, 발광층의 굴절률보다 낮은 굴절률 층을 도입하는 방법(측면형 GaN LED), 금속거울을 도입하는 방법(수직형 GaN LED, 금속접합 적색 LED), 굴절률이 다른 유전체의 조합으로 반사율을 높이는 방법(적색 DBRs LED) 등이 이에 해당한다. 각 반사거울은 입사각도에 따른 고유한 특성을 가지고 있다. 낮은 굴절률 층을 도입하는 반사거울 방식은 수직방향의 입사각도에 대해 낮은 반사율을 나타내지만, 임계 각도 이상에서는 전반사 과정에 의해 100%의 이상적인 반사율을 나타낸다. 금속거울은 모든 입사각도에 대해 전반적으로 우수한 반사율을 나타내지만, 금속 물질 고율의 흡수율로 인해 100%의 반사율에는 접근할 수 없다. 일반적인 DBR 거울의 경우에는 수직방향의 입사각도 근처에서는 매우 우수한 반사율 특성을 나타내지만, 이를 벗어나게 되면 반사율이 급격하게 떨어지게 된다.

광결정을 통해 높은 추출효율 향상 효과를 얻기 위해서는 하단의 반사거울이 수직방향뿐만 아니라 이를 벗어난 입사각도에서도 높은 반사율을 유지하여야 한다. [그림 5.38(b)]에서 거울 종류에 따라 입사각도와 반사율 특성의 그래프를 살펴보면, 금속거울 또는 낮은 굴절률 층의 반사거울이 광 추출구조 도입을 통한 추출효율 향상에 유리하다는 것을 알 수 있다.

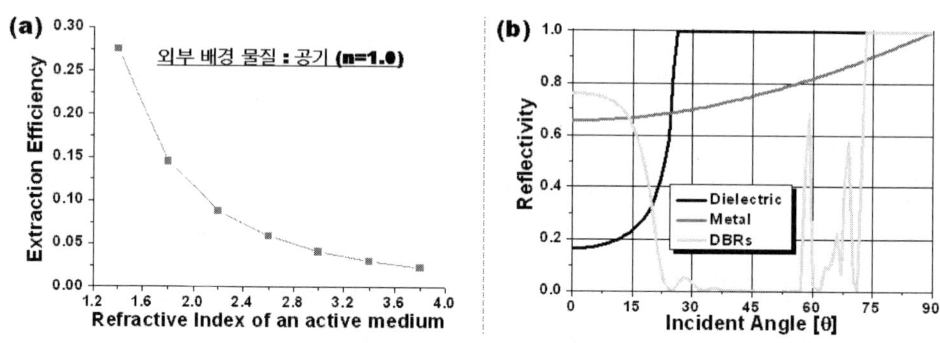

[그림 5.38] (a) LED 발광 소자의 굴절률에 따라 상층부를 통해 추출되는 빛의 양을 계산한 그래프. 발광 소자의 굴절률이 커질수록 내부에 갇혀 있는 빛의 양이 많다는 것을 알 수 있다.
(b) 반사거울의 종류에 따라 입각각도와 반사율을 나타낸 그래프

2 청색 LED 구조

청색 LED는 기판의 종류에 따라 측면형과 수직형으로 나눌 수 있다. 먼저, 측면형 GaN LED는 GaN에 비해 굴절률이 상대적으로 낮은 사파이어(n=1.76) 기판 위에 성장한 구조이다([그림 5.39(a)]). GaN 층의 전체 두께는 ~5 μm 에 이르므로, 측면형 구조는 다양한 고차모드가 존재하는 도파로 구조로 간주할 수 있다. GaN의 상층부는 p-GaN 층부터 출발하며, p-GaN 층 바로 아래에 발광 영역에 해당하는 다중양자우물(multiple quantum wells) 층이 위치한다. InGaN과 GaN으로 이루어진 다중양자우물과 사파이어 기판 사이의 격자 부정합 문제를 해소하기 위해 u-GaN 층과 n-GaN 층은 도합 ~5μm 정도로 두껍게 쌓아야 하며, 따라서 청색 LED의 대부분의 두께는 이 두 층들에 의해 결정이 된다. 다중양자우물 위에는 p-GaN 층과 투명전극으로 ITO 층이 나란히 쌓여 있으며, 각각의 두께는 100~300 nm로 상대적으로 매우 얇다. 측면형 GaN LED는 p-GaN 층 전체 영역에 걸쳐 고르게 전류를 공급하기 위해, 대개 ITO와 같은 투명전극 층을 p-GaN 층 위에 도포 한다. 추출효율은 ITO 층을 통과해 외부 물질인 epoxy 층으로 도달하는 수직방향 방사와 GaN 층 또는 기판인 사파이어 측면을 통해 탈출하는 수평방향 방사로 나눌 수 있다. 두 방향의 방사 비율은 물질의 흡수, 광결정의 종류 등에 의해 결정된다. 측면형 GaN LED에 광결정을 도입할 때 식각 가능한 최대 범위는 상층부의 p-GaN 층 두께(100~300 nm)에 의해 결정되므로, 일반적으로 전기적 성질을 보존하면서 최대의 추출효율을 구현하는 것에 제약이 있다.

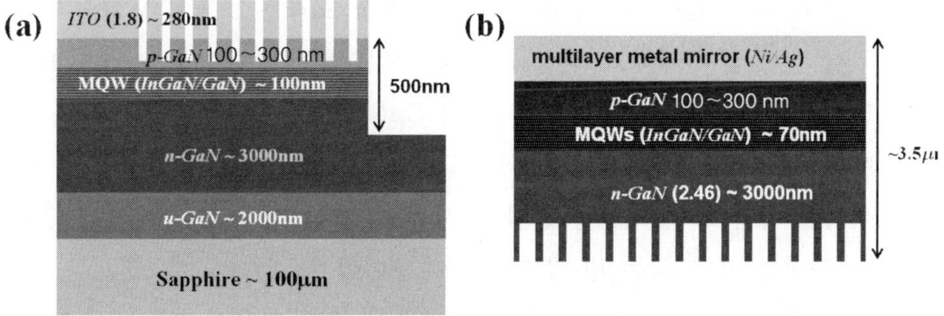

[그림 5.39] (a) 측면형 GaN LED의 구조. 광결정은 ITO 층과 p-GaN 층에 걸쳐 형성된다.
(b) 사파이어 기판이 제거된 수직형 GaN LED 구조. 광결정은 상대적으로 두껍게 성장된 n-GaN 층 내에 형성된다.

반면에, [그림 5.39(b)]의 수직형 청색 LED 구조는 GaN 시편 성장 과정 중에 기판으로 활용하는 사파이어를 레이저 흡수법으로 제거하고, p-GaN 층 위에 거울과 전극의 역할을 동시에 수행하는 다층 금속 박막을 증착한 것이다. 측면형 소자와 구별되는 수직형 소자의 차이점은 절연체인 사파이어 제거를 통해 전류가 수직방향으로 흐른다는 점과 출력 면이 n-GaN 층이라는 점을 들 수 있다. 소자 내에서 전류가 수직방향으로 흐른다는 사실은 공급된 전류가 발광 영역인 양자우물 층까지 이탈 없이 도달할 수 있는 확률이 커진다는 것을 의미한다. 이는 곧, 내부양자효율의 향상에 기여하게 된다. 또한, 수직형 구조는 절연체인 사파이어를 제거하고 p-GaN 층 위에 도체에 해당하는 반사전극을 증착하였기 때문에, 열 배출이 용이하다는 특성을 가진다. 이는 특히, 고출력 GaN LED를 설계할 때, 매우 유리한 측면으로 작용한다. 실제로, 사파이어 기판이 있는 통상적인 GaN LED의 경우 공급 전류 값이 수백 mA를 상회하게 되면, 오히려 출력이 감소하는 현상이 벌어진다. 이는 사파이어 기판의 취약한 열전도율로 인해 소자 내부의 온도가 상승하여 양자우물의 내부양자효율의 열화가 발생하기 때문이다.

상기의 수직형 GaN LED의 우수한 열적/전기적 특성으로 인해 최근 들어 이에 관한 연구가 활발하게 진행되고 있다. 수직형 GaN LED 구조는 전류의 흐름과 열 배출이 용이하다는 물리적 특성 이외에도 추출효율 향상과 관련하여 광학적으로도 주의 깊게 고려할 만한 특징을 가지고 있다. 이를 정리하면 다음과 같다.

① 수직형 구조의 상층부는 n-GaN 층이므로, p-GaN 층보다 상대적으로 두꺼운 n-GaN 층 내에 광 추출구조를 도입할 수 있다는 장점이 있다. 일반적으로, 광 추출구조를 통한 추출효율 향상 효과는 효율이 포화되기 전까지 식각 깊이에 비례하는 특성을 가지고 있다[H. K. Cho, Optics Express 14, 8654 (2006)]. 따라서, 측면형 GaN LED 소자에서 광결정을 도입할 때의 난점 중의 하나인 p-GaN 층 식각에 따른 저항 증가나 양자우물 층 식각에 따른 표면 비발광 결합 효과 등에 대한 제약 없이 수직형 구조에서는 사실상 제약 없는 광 추출구조를 구현할 수 있다.

② 발광 영역인 양자우물 층과 높은 반사율을 가진 거울이 파장보다 작은 위치 내에 놓여 있다. 수직형 구조는 p-GaN 층 위에 거울과 전극의 역할을 동시에 수행하는 다층 금속 박막을 증착한다. 따라서, p-GaN 층의 두께가

LED의 발광층과 금속거울 사이의 거리에 해당한다. 일반적으로, 발광층으로부터 가까운 위치 내에 높은 반사율을 가진 거울이 존재하게 되면, 발광 특성이 거울이 없는 경우와 비교하여 확연하게 달라진다. 발광층과 거울 사이의 거리에 따라 발광율(decay rate)이 달라지기도 하며, 방사 패턴(radiation pattern)을 조절할 수도 있다. 이 특성들을 잘 이용하게 되면, LED의 추출효율을 획기적으로 개선할 수 있다[Y. C. Shen, APL 82, 2221 (2003)].

3 측면형 청색 GaN LED의 방사 경로

측면형 GaN LED의 광결정 설계를 다루기 앞서, 측면형 구조 내의 방사 경로를 다시 숙지할 필요가 있다. 측면형 구조는 투명하고, 두꺼운 사파이어 기판을 포함하고 있으므로, p-GaN 상층부를 통과하는 수직 방사 외에도 GaN 층 또는 사파이어 측면을 통과하는 수평 방사 또한 상당량 존재한다. 광선 추적 방식(ray tracing method)을 통해 측면형 소자의 경로별 방사량을 예측하면 [그림 5.40]과 같다.

광선 추적 모델에서 사파이어 기판 하단부에는 80%의 반사율을 설정하였다. 또한, GaN 층 내부에 흡수를 도입하여, 흡수에 따른 추출효율을 비교하였다. 우선, GaN 층 내부에 흡수를 도입하지 않을 때의 결과를 살펴보면, 대부분의 빛은 수평 방향으로 방사되고 있음을 알 수 있다. 수평 방사 중에서도 굴절률이 높은 GaN 층 내부로 전파하다가 GaN 측면을 통해 빠져나가는 빛이 대부분을 차지한다.

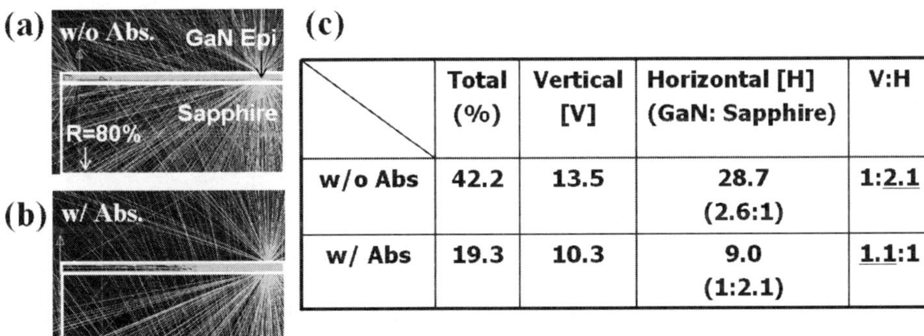

	Total (%)	Vertical [V]	Horizontal [H] (GaN: Sapphire)	V:H
w/o Abs	42.2	13.5	28.7 (2.6:1)	1:2.1
w/ Abs	19.3	10.3	9.0 (1:2.1)	1.1:1

[그림 5.40] (a) GaN 층 내부 흡수가 없을 때, 측면형 구조 내 광선 추적 경로
(b) GaN 층 내부 흡수가 있을 때, 측면형 구조 내 광선 추적 경로
(c) 측면형 구조 내 방사 경로에 따른 에너지 비율을 나타낸 표

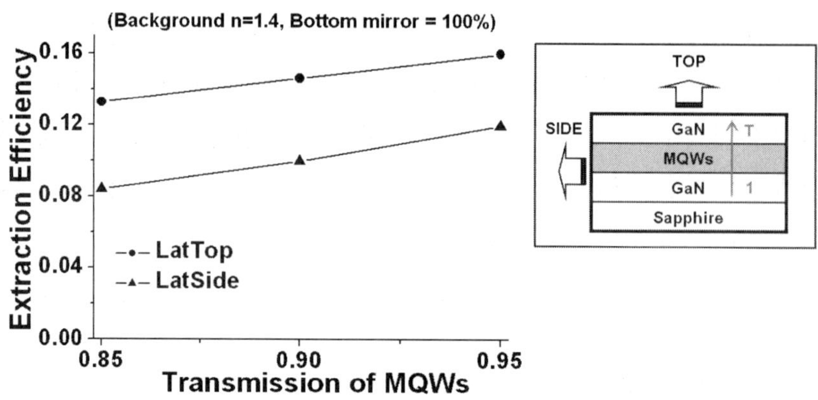

[그림 5.41] GaN 층 내부 양자우물 구조의 흡수율에 따른 측면형 구조의 수직/수평 방사량

하지만, 실제 소자에서처럼 GaN 층 내부에 흡수를 도입하면, 상황이 완전히 달라진다. 특히, GaN 층 내부로 전파되는 빛은 다중 반사 과정에 의한 상당한 흡수 손실을 피할 수 없게 되므로, 그 비율이 현저하게 줄어든다. 대신, 수직 방사와 사파이어 측면을 통한 수평 방사가 비슷한 양으로 존재한다. 즉, 측면형 소자의 수평 방사는 소자의 내부 흡수율과 밀접한 관련이 있다. 이는, 수평 방사가 수직 방사에 비해 상대적 광경로가 길기 때문이다. 이를 다시 확인할 수 있는 결과가 [그림 5.41]에 나타나 있다. [그림 5.41]에서는 GaN 층 내부 흡수율(또는 투과율)에 따른 측면형 소자의 수직/수평 방사량을 나타내고 있다. 결과를 살펴보면, GaN 층이 투명할수록 상대적으로 수평 방사의 증가가 두드러짐을 알 수 있다. 따라서 측면형 GaN LED 구조에 광결정 구조를 도입하는 경우, 수직 방사의 증대를 주로 일으켜, 전체적인 추출 향상 효과는 크지 않음을 미루어 짐작할 수 있다.

• 측면형 GaN LED 광결정 설계

다음으로 FDTD(finite difference time domain) 전산모사를 통한 측면형 소자의 최적 광결정 구조 설계에 다루기로 한다. FDTD는 시간과 공간 영역을 유한 요소로 나눈 뒤, 맥스웰 전자기학 방정식을 푸는 것으로 빛의 진행을 가정 없이 정확하게 묘사하는 방법이다. FDTD 전산모사를 통해 가장 높은 추출효율을 얻을 수 있는 광결정의 주기, 공기구멍의 크기, 식각 깊이 등을 결정할 수 있다. 추출효율 계산을 위해 FDTD 공간 내에 도입한 측면형 소자의 구조는 [그림 5.42(a)]과 같다.

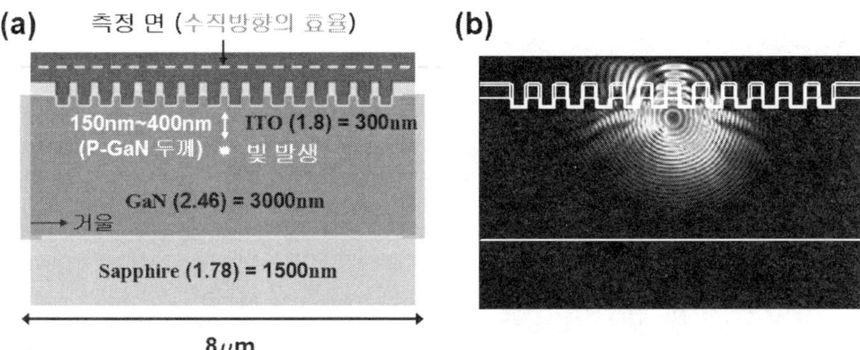

[그림 5.42] (a) FDTD 상에서 청색 LED의 구조도. 측면 방향의 길이는 8 μm로 설정하였으나, 무한의 효과를 주기 위해 양 측면에 거울을 설치하였다.
(b) 특정 시간에서 빛이 진행하는 모습을 담은 전기장 분포도

측면형 구조에서 사파이어 기판은 실제로는 수백 μm에 이를 정도로 매우 두껍지만, FDTD 공간 내에서는 컴퓨터의 메모리 한계를 고려하여 그 두께를 1.5 μm까지 줄였다.

사파이어의 두께에 관계없이 광학적으로는 GaN보다 낮은 굴절률에 따른 반사체의 역할을 수행하는 역할은 변화가 없다. 다만, 이와 같은 모델에서는 사파이어 측면을 통해 탈출하는 측면 방사는 고려되지 않는다. 따라서 이론적으로 예측하는 광결정 구조에 의한 추출효과가 다소 과장되게 해석될 가능성이 존재한다. GaN 층의 총 두께는 컴퓨터의 메모리 문제를 고려하여 실제 크기(~5000 nm)보다 작은 3000 nm로 설정하였으나, 이러한 두께의 차이는 추출효율의 변화에는 영향을 크게 주지 않는 것으로 판단된다. 측면 방향의 길이는 ~8 μm로 설정하였으며, 양 측면에는 모든 각도에 대해 반사율이 100%인 거울을 두어 GaN 층에 갇혀 있는 빛이 계속해서 광결정과 회절 과정을 겪을 수 있도록 하였다. 추출효율을 측정하는 면은 ITO 층으로부터 약 반파장만큼 떨어져 있으며, 이 측정면을 통과하는 빛의 양이 계산상에서 산출하는 추출효율이 된다. 즉, FDTD 상에서의 추출효율은 수직방향의 방사만을 다루는 것임을 다시 한 번 유의해야 한다. 추출효율 향상을 위한 최적의 광결정 구조를 결정하기 위해 주기, 식각 깊이, 공기구멍 크기 및 격자구조 등을 변화시켜 가며, 광결정을 도입하지 않는 기준 구조에 대한 증대 비율을 계산할 수 있다([그림 5.43]).

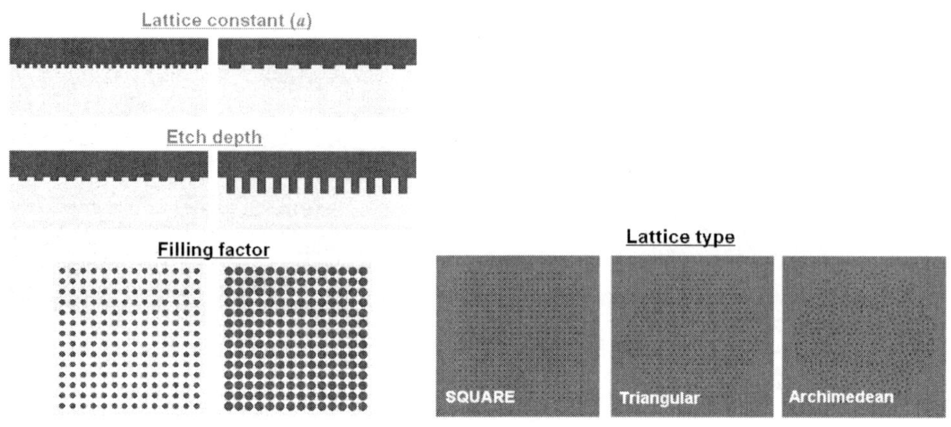

[그림 5.43] 광결정의 추출효율을 결정하는 다양한 구조인자들의 예

LED 소자 상층부에 광결정을 도입했을 때, FDTD 공간에서 측정되는 추출효율의 변화 양상이 [그림 5.44(a)]에 잘 나타나 있다. 먼저, 패턴을 도입하지 않은 기준 구조의 경우 빛의 진행 거리에 대해 두 번의 급격한 효율 증가 이후 평형 상태에 이르게 된다. 여기서, 빛의 진행 거리는 발광층에서 발생한 빛이 외부로 빠져나갈 때까지 내부에서 이동하는 거리를 말한다. 두 번의 효율 증가는 초기에 상방으로 향하는 빛과 하방으로 향하는 빛이 사파이어 기판 또는 하단 거울에 의해 반사되어 다시 되돌아오는 빛이 소자의 상층부 경계면을 통해 빠져나오는 양을 각각 나타낸다. 기준 구조 내에서는 전반사 내 입사각도에 해당하는 빛의 성분들이 소자 외부로 탈출한 이후로는 더 이상의 추출효율 증가가 발견되지 않는다. 이에 반해, 광결정을 도입한 구조의 경우 두 번의 회절 과정 이후에도 효율이 꾸준하게 증가하고 있음을 알 수 있다. 이는, 광결정 구조가 전반사 각도에 해당하는 빛이라도 추출 가능함을 알 수 있다. 또한, 회절 효율이 모든 입사각도에 대해 100%가 아니므로, 빛과 광결정의 매 결합 과정마다 추출효율이 상승한다. 광결정을 도입한 구조라도 추출효율이 100%가 되지 않고, 일정한 값에서 포화되는 이유는 GaN 층 내부에 설정된 흡수율 때문이다. 따라서 효율적인 광결정 구조를 설계하는 것은 최단 경로 내에 최대 추출효율을 획득할 수 있는 구조를 찾는 일이라고 할 수 있다.

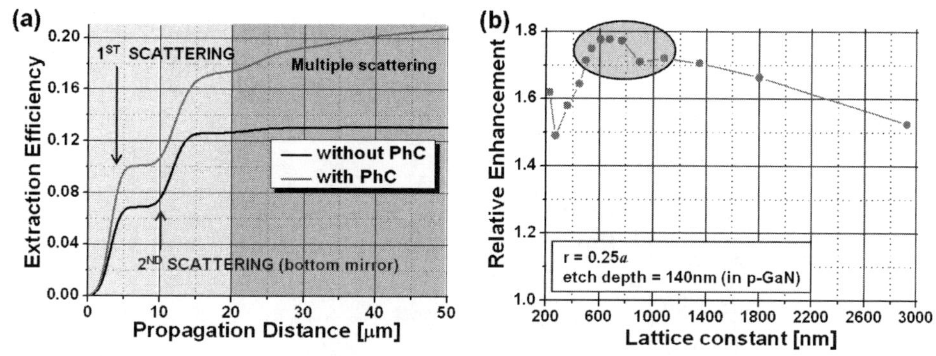

[그림 5.44] (a) 광결정 도입 유무에 따른 빛의 진행거리와 추출효율의 상관관계
(b) 광결정의 주기에 따른 추출효율 증대비

광결정 구조의 여러 구조적 인자들 중 실험적으로 가장 먼저 결정해야 하는 것은 주기(lattice constant)이다. 주기는 추출효율 증대 이외에도 소자의 발광 분포(far field pattern)와도 밀접한 관련이 있는 인자이다. 추출효율이 최대가 되는 최적 주기는 광결정을 구성하는 굴절률 대비, 식각 깊이, 매질의 두께 등에 따라 다르게 나타나며, 일반적으로 굴절률 대비가 작고, 식각 깊이가 크며, 매질이 두꺼워질수록 최적 주기가 길어지는 현상이 발견된다. 측면형 GaN 소자의 경우, 식각을 ITO 층 포함 p-GaN 층 영역의 140 nm 깊이에 도달할 때까지 실행했을 때, 주기에 따른 효율변화는 [그림 5.44(b)]에 나타나 있다. 이때, 배경 물질은 Epoxy(n=1.4)로 가정하였다. 추출효율은 광결정의 주기에 민감하게 의존하며, 상기 소자에 대해서는 600 nm 근처의 주기에서 효율의 극대화가 나타난다. 최적 주기에 대한 물리적 고찰은 수직형 GaN LED를 다루는 제5장 4.7절에서 자세히 설명하기로 한다.

다음으로, 식각 깊이의 조건에 대해 살펴보자. 측면형 소자의 상층부에 광결정을 도입할 때, 식각 깊이는 ITO 층과 p-GaN 층 일부로 한정될 수밖에 없다. 그 이유는 발광층 내부로 식각할 때 발생하는 비발광 결합 과정으로 인한 내부양자효율 감소와 p-GaN 층 유실로 인한 저항 증가 때문이다. 따라서 최적의 식각 깊이를 결정하기 위해서는 상기의 전기적 효과와 식각 깊이에 따른 광학적 효과의 타협점을 찾아야 한다. 전기적 효과는 배제한 채, FDTD 계산을 통해 산출된 식각 깊이와 추출효율의 상관관계는 [그림 5.45]와 같다.

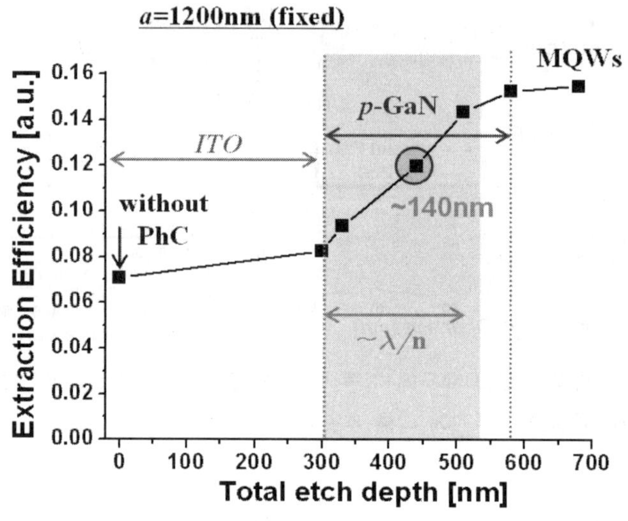

[그림 5.45] 총 식각 깊이와 추출효율의 상관관계

식각 깊이에 따른 추출효율의 결과를 살펴보면, 두 가지 특이 사항을 발견할 수 있다. 첫째, 추출효율이 광결정 식각 깊이에 비례하여 서서히 증가하다가, GaN 층을 식각하는 부분부터 급격하게 증가한다. 둘째, 어느 정도 이상의 식각 깊이를 넘어서면 추출효율이 서서히 포화되는 경향을 나타낸다. 이 두 가지 사항을 요약하면, 최대의 추출효율을 얻기 위해서는 GaN 층을 포함하는 영역을 특정 값 이상의 식각 깊이를 지닌 광결정을 도입하는 것이 필수적이다. 다행히, 추출효율이 포화되는 시점의 식각 깊이와 일반적인 p-GaN 층의 두께가 거의 비슷하므로, 발광층 영역을 식각하지 않고, 이론적인 추출효율의 포화 값에 도달하는 것이 가능하다. 하지만, 실제 실험에서는 광결정의 식각 깊이에 대해 광출력을 조사하면, 특정 깊이 이상 p-GaN 층을 식각하게 되었을 때, 오히려 광출력이 줄어드는 현상이 발견된다([그림 5.46]). 발광층인 양자우물 구조가 아직 노출되지 않았음에도 광출력이 감소하는 이유는 p-GaN 층의 부피 감소로 인한 저항 증가로 해석된다. 저항 증가는 고출력 LED를 요구하는 응용분야일수록 더욱 큰 문제의 소지가 될 수 있다. 광결정의 식각 깊이가 ITO 투명전극 층에서 GaN 층으로 넘어갈 때, 추출효율이 급격하게 상승하는 이유는 기본적으로 ITO의 굴절률(n=1.8)이 GaN 층보다 작기 때문이다. 바꾸어 말해, 굴절률이 작은 영역 내에 광결정을 도입하는 것은 추출효율 개선에 큰 도움을 주지 못한다. 이는 광결정이

전반사 과정을 일으키는 빛을 추출하는 역할을 수행한다는 점을 상기하면 이해할 수 있다. 추출효율 정도는 결국 빛이 얼마나 광결정 영역을 느낄 수 있는 지에 달려 있다. 일반적으로 전반사 현상이 일어날 때, 굴절률이 다른 두 면 사이에는 표면감쇠파(evanescent field)가 발생한다. 표면감쇠파는 두 경계면의 표면을 따라 존재하며, 경계면의 수직방향에 대해 그 크기가 지수적으로 감소하는 특성을 가진다. 가령, ITO 층만을 식각한 경우, 전반사에 해당하는 빛은 ITO 층 내에 형성되어 있는 광결정을 단지 표면감쇠파의 크기만큼만 인지할 수 있다. 따라서, 그리 큰 추출효율 향상은 기대할 수 없다. 결론적으로, 광결정을 통해 보다 많은 양의 빛을 추출하기 위해서는 광결정과 빛의 강한 상호작용이 요구되며, 물리적으로는 GaN LED 소자 내에 형성된 전반사 모드와 광결정 구조 사이의 공간적인 겹침이 주요한 인자가 된다. 즉, 전반사 과정 중에 발생하는 표면감쇠파를 교란하기 위해서는 GaN 층을 식각하는 것이 필수적이다. 그런데, GaN 층을 식각한다는 것을 다른 의미로 풀이하면, GaN 층과 유사하거나 더 큰 굴절률을 가진 물질을 식각한다는 뜻이 된다. 즉, p-GaN 층 위에 굴절률이 유사한 물질을 증착한 뒤, 광결정을 형성하면, p-GaN 층을 식각하지 않아도 추출효율 면에서 유사한 효과를 기대할 수 있다. 그리고 새롭게 증착하는 물질이 만약 GaN보다 굴절률이 더 큰 물질이라면, 기존의 광결정 효과보다 더 우수한 성질을 나타낼 가능성이 있다. 그 이유는 광결정의 효과가 기본적으로 구조를 구성하고 있는 두 물질의 굴절률 차이에 의해 좌우되기 때문이다.

측면형 GaN LED 내 광결정을 적용했을 때의 기존 평면 구조 대비 광량 상승에 관한 실험적 결과는 [그림 5.47(a)]에서 찾을 수 있다. 이 실험에서 광결정의 주기는 1200 nm, 식각 깊이는 p-GaN 층 내 140nm로 설정하였으며, 사각격자 구조를 이루고 있는 개별 구멍의 크기는 0.25a이다. 결과에서 알 수 있듯이, 표준 입력 전류 60 mA에서 광결정 도입에 의한 광량 상승은 ~30%이다. FDTD 계산에서 예측한 광량 상승과 실험적으로 얻은 값이 차이가 나는 이유는 계산 구조 내에서는 수직 방사만 가정했기 때문이다. 측면형 구조 내에는 광결정 유무에 관계없이 사파이어 기판 측면으로 탈출하는 빛이 상당량 존재하므로, 광결정에 의한 광량 상승 효과는 그만큼 약해질 수밖에 없다.

[그림 5.47(b)]에서 Epoxy를 채우기 전/후의 광량 상승 효과를 비교하면, 오히려 Epoxy를 채우기 전의 광결정에 의한 상대적 광량 상승 효과가 Epoxy를 채운 후보다 두드러짐을 알 수 있다. 이는, 배경 물질의 굴절률이 작을수록 광결정의 굴절률 대비 효과가 커져 광결정에 의한 회절 효과가 증대되기 때문이다.

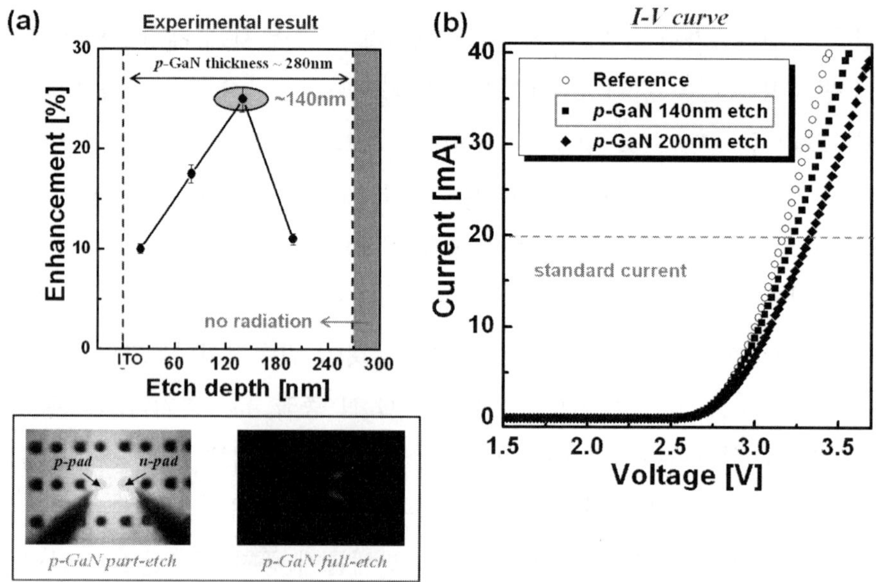

[그림 5.46] (a) 측면형 GaN LED에서 광결정의 식각 깊이에 따른 효율 상승에 관한 실험적 결과. 아래 그림은 p-GaN 층 식각 정도에 따른 발광 이미지를 촬영한 것이다.
(b) p-GaN 식각 정도에 따른 전류-전압 특성 곡선

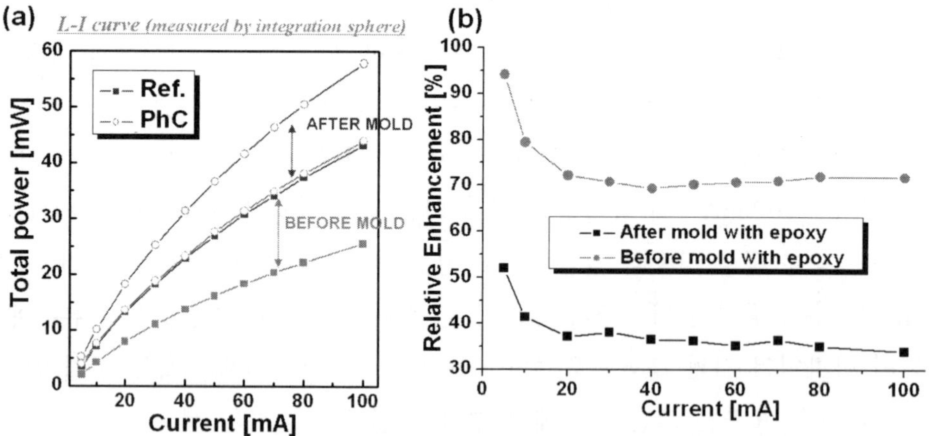

[그림 5.47] (a) Epoxy 채우기 전/후 광결정 구조와 평면 구조에 대한 전류-광량 특성 곡선
(b) Epoxy 채우기 전/후 전류에 따른 광결정에 의한 상대적 광량 상승 정도

측면형 GaN LED 내 p-GaN 층 식각을 통해 광결정을 도입하는 경우, p-GaN 층 부피 감소에 따른 저항 증가 및 p-GaN 층 내 전류 균일도 감소로 인해 실제 소자 적용에 있어서 어려움이 예상된다. p-GaN 층의 얇은 두께로 인해 광학적 추출효율이 최대가 되는 깊이까지 광결정을 식각하는 것 또한 쉽지 않은 일이다. 이를 극복할 수 있는 새로운 광결정을 제안할 수 있을까?

새로운 광결정 구조의 핵심은 결국 굴절률이 '높은' 층을 '깊게' 식각하는 것이다. 현재 청색 LED 구조의 경우, ITO의 굴절률이 1.8로 크지 않으며, 또한 p-GaN 층의 두께 또한 100~300 nm로 비교적 얇은 편이다. 따라서, 고굴절률 층의 깊은 식각을 위해 p-GaN 층의 두께를 성장 과정 중에 늘리는 방법[그림 5.48(a)], 처음부터 굴절률이 높은 투명전극 층을 선택하는 방법[그림 5.48(b)], 그리고 투명전극 층 사이에 굴절률이 높은 유전체를 중간에 끼워 넣는 방법 등을 제안할 수 있다([그림 5.48(c)]).

소자의 전기적인 성질에 영향을 주지 않기 위해 p-GaN 층을 부분 식각하는 경우 p-GaN 층의 두께가 500 nm까지 늘어나게 되면 부분 식각만으로도 최대의 추출효율에 도달할 수 있다. 하지만, p-GaN 층이 지나치게 두꺼워지면, p층 도핑이 어려워질 수 있으므로, 이 역시 전기적인 성질을 고려하여 적절한 두께를 찾는 일이 필요하다. 투명전극 층까지 식각하는 경우 ZnO와 같이 상대적으로 굴절률이 높은 물질을 투명전극 층으로 사용하거나 혹은 Si_3N_4나 TiO_2와 같이 굴절률이 높은 물질을 먼저 증착하여 식각한 뒤, ITO 층을 나중에 증착해 광결정을 형성하는 방법을 제안할 수 있다. ITO 층을 대체하여 ZnO를 도입하는 경우 ZnO의 전기적 특성을 파악하는 일이 필요하며, 굴절률이 높은 물질을 ITO 층에 도입하는 경우에는 상기 조건에 적합한 물질을 찾는 일이 중요한 일이 될 것이다.

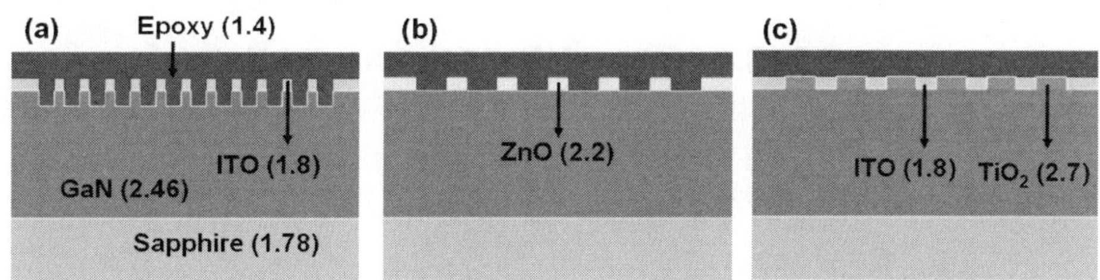

[그림 5.48] (a) 일반 측면형 GaN LED 구조에서 p-GaN 층의 두께를 늘리는 방법
(b) 투명전극 층으로 ITO 대신 상대적으로 굴절률이 높은 ZnO로 대체하는 방법
(c) ITO 사이에 높은 굴절률의 유전체를 삽입하는 방법

4 수직형 청색 LED 구조 특징 및 장점

수직형 청색 LED 구조는 GaN 시편 성장 과정 중에 기판으로 활용하는 사파이어를 레이저 흡수(Laser Lift-off)를 통해 제거하고, p-GaN 층 위에 거울과 전극의 역할을 동시에 수행하는 다층 금속 박막을 증착한 구조를 일컫는다. 앞에서 논의했던 수평형 구조와 구별되는 수직형 구조의 차이점으로 절연체인 사파이어 제거로 인해 전류의 방향이 수직이라는 것과 출력 면이 n-GaN 층이라는 점을 들 수 있다([그림 5.49]).

수직형 구조 내에서 전류가 수직방향으로 흐른다는 사실은 공급된 전류가 발광 영역인 양자우물 층까지 이탈 없이 도달할 수 있는 확률이 크다는 것을 의미한다. 이는 곧, 내부양자효율의 향상에 기여하게 된다. 또한, 수직형 구조는 절연체인 사파이어를 제거하고 p-GaN 층 위에 도체를 증착하기 때문에, 열 배출이 용이하다는 특성을 가진다. 이는 특히, 고출력 청색 LED를 설계할 때, 매우 유리한 측면으로 작용한다. 실제로, 사파이어 기판이 있는 통상적인 GaN 청색 LED의 경우 공급되는 전류 값이 수백 mA를 상회하게 되면, 오히려 출력이 감소하는 현상이 벌어진다. 이는 취약한 사파이어 기판의 열전도율로 인해 소자 내부의 온도가 상승하여 양자우물의 내부양자효율의 열화가 발생하기 때문이다([그림 5.50(a)]).

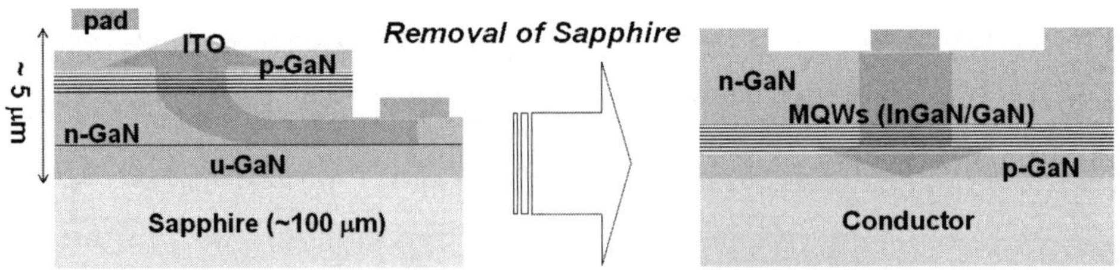

[그림 5.49] GaN LED 측면형 구조와 수직형 구조의 비교

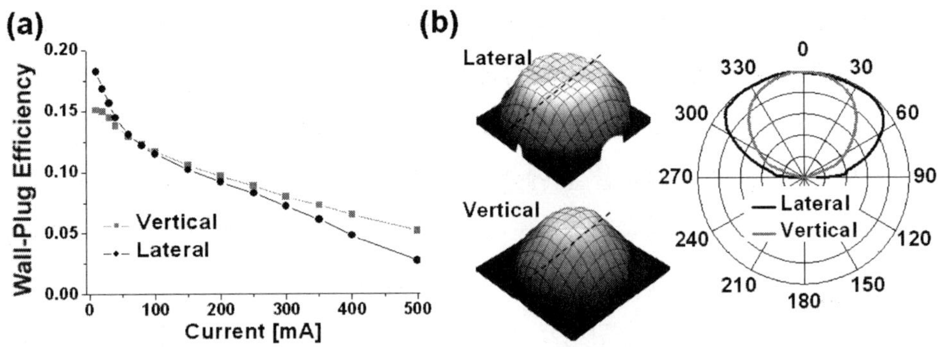

[그림 5.50] (a) GaN LED 측면형/수직형 구조의 입력 전류에 따른 효율 비교
(b) GaN LED 측면형/수직형 구조의 방사 패턴 비교

수직형 청색 LED 구조는 전류 균일도와 열 배출이 우수하다는 특성 이외에도 광 추출효율 향상과 관련하여 광학적으로도 주의 깊게 고려할 만한 특징을 가지고 있다. 이를 정리하면 다음과 같다.

① 수직형 구조의 상층부는 n-GaN 층이므로, p-GaN 층보다 상대적으로 두꺼운 n-GaN 층 내에 광결정을 도입할 수 있다는 장점이 있다. 앞서 밝힌 대로, 광결정을 통한 추출효율 향상 효과는－효율이 포화되기 전까지－식각 깊이에 비례하는 특성을 가지고 있다. 따라서 수평형 구조에서의 난점 중의 하나인 저항 증가나 양자우물 층의 식각 등에 대한 제약 없이 원하는 깊이의 광결정 구조를 형성할 수 있다. 또한, 식각 깊이에 따라 최대 추출효율을 제공하는 주기에 대한 연구도 병행할 수 있다.

② 발광 영역인 양자우물 층과 높은 반사율을 가진 거울이 파장보다 작은 위치 내에 놓여 있다. 수직형 구조는 p-GaN 층 위에 거울과 전극의 역할을 동시에 수행하는 다층 금속 박막을 증착한다. 따라서 p-GaN 층의 두께가 LED의 발광층과 금속거울 사이의 거리에 해당한다. 일반적으로, 발광층으로부터 가까운 위치 내에 높은 반사율을 가진 거울이 존재할 때의 발광 특성은 거울이 없는 경우와 비교하여 확연하게 달라진다. 발광층과 거울 사이의 거리에 따라 발광률(decay rate)이 달라지기도 하며, 때로는 방사 패턴(radiation pattern)을 조절할 수 있기도 하다. 이 특성들을 잘 이용하게 되면, LED의 추출효율을 획기적으로 개선할 수 있다.

③ 수직형 구조는 사파이어 기판을 제거하였기 때문에, 전산모사를 통해 전체 추출효율을 예측하는 것이 명확해진다. 수평형 구조의 경우 사파이어 기판을 통해 측면을 통해 추출되는 빛이 상당량 존재하므로(특히, 광결정을 도입할 때), 전체 추출효율을 예측하는 것이 어려웠다. 하지만 수직형 구조는 대부분의 추출이 상층부인 n-GaN 층을 통해 이루어지므로, 수직방향의 효율을 계산하는 FDTD 전산모사의 신뢰성이 높아진다. 한편, 사파이어를 제거한 수직형 구조의 광경로 특징은 방사 패턴 측정 결과에서도 확인할 수 있다([그림 5.50(b)]). 수직형 구조의 경우 사파이어 측면을 통한 방사 경로가 존재하지 않으므로, 방사 패턴에 있어 수직방향 근처로 집중되는 경향이 있다. 이는 LED를 광학계 내의 조명 부품으로 이용하고자 할 때, 설계의 용이성을 제공할 수 있다.

위에서 언급한 수직형 구조의 여러 특성을 바탕으로 추출효율을 향상시킬 수 있는 아이디어를 논의하고자 한다.

5 금속거울 효과를 이용한 발광 특성 제어

일반적으로 발광층과 고반사율의 금속거울 사이의 떨어진 거리가 발광층에서 발생하는 빛의 파장보다 작게 되면, 발광층의 특성을 조절할 수 있는 가능성이 열린다. [그림 5.51]은 FDTD 전산모사 내에서 빛을 생성하는 전기 쌍극자(electric dipole)가 100%의 반사율을 가지는 완전 거울(perfect mirror)로부터 매우 가까운 위치에 놓여 있을 때 발생하는 현상을 묘사하고 있다. 전기 쌍극자는 편광에 따라 특정 방향으로 진동하고 있는 전자로 간주할 수 있다. 안테나 이론에 따르면, 전기 쌍극자에서 발생하는 빛은 전자의 진동 방향에 대해 수직방향을 극대점으로 하는 방사 패턴을 가진다. 즉, 전기 쌍극자가 고반사율 거울이 존재하지 않는 단일 유전체 공간 내에 놓여 있는 경우, 방사 패턴은 각 편광 방향과 수직방향이 극대점이 되도록 분포하고 있음을 알 수 있다. 하지만, 전기 쌍극자 주변에 고반사율 거울이 가까이 위치하게 되면, 그 발광 특성이 극명하게 달라진다. 전기 쌍극자와 거울 사이의 거리에 따라 때로는 수직방향을 중심으로 빛이 집중되기도 하며, 때로는 거울의 표면을 따라 빛이 진행하기도 한다. 이에 착안하여 양자우물 층으로부터 발생하는 빛이 처음부터 수직방향의 성분을 가지는 조건을 적용하면, 추출효율 향

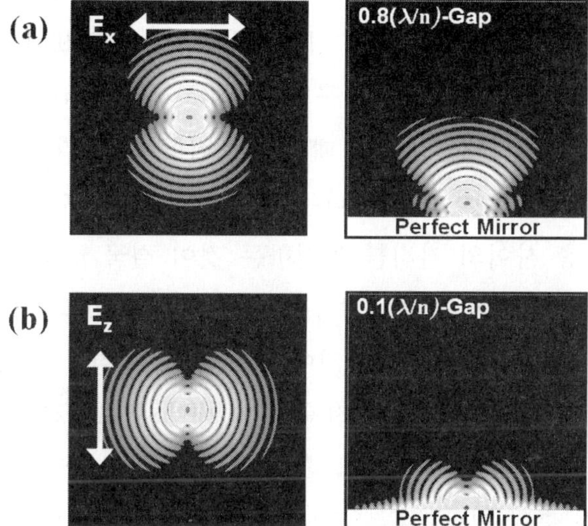

[그림 5.51] (a) x방향으로 진동하는 전기 쌍극자의 방사 패턴(왼쪽)과 완전 거울이 전기 쌍극자에 대해 가까운 위치에 놓여 있을 때의 방사 패턴(오른쪽). 완전 거울이 놓여 있는 위치는 수직방향 방사에 대해 보강간섭이 일어나는 조건에 해당된다.
(b) z방향으로 진동하는 전기 쌍극자의 방사 패턴(왼쪽)과 완전 거울이 전기 쌍극자에 대해 가까운 위치에 놓여 있을 때의 방사 패턴(오른쪽). 특히, 거울과 수직방향의 편광을 가지는 전기 쌍극자가 거울과 매우 가까운 위치에 있을 때, 거울 표면을 따라 존재하는 에너지 상태를 여기 한다.

상에 기여할 수 있을 것이다. 또한, 발광층이 여기 상태에서 바닥상태로 전이할 때까지 걸리는 시간(t, 감쇠율은 t의 역수에 해당됨) 역시 조절할 수 있다. 이는 공진기 양자전자 동역학(cavity quantum electrodynamics) 분야에서 예측한 Purcell 효과와 동일한 현상이다.

거울과 발광층 사이의 거리 조건을 통한 발광 특성 조절은 다음과 같이 요약할 수 있다.

① 발광층에서 발생하는 빛과 금속거울에서 반사된 빛 사이의 간섭 효과에 의해 방사 패턴을 조절할 수 있다.
② 발광층 내의 쌍극자(dipole)와 금속거울에 의해 생성되는 거울 쌍극자(image dipole) 사이의 상호작용으로 감쇠율을 조절할 수 있다.

첫 번째 특성은 고전적인 빛의 간섭현상으로 설명할 수 있는 부분이다. 발광층 주위에 거울이 존재하지 않거나 거울과 발광층 사이의 거리가 충분히 멀어 거울에 의한 간섭 효과를 무시할 수 있는 경우, 발광층에서 발생하는 빛은 모든 방향에 대해 동일한 계수를 가지고 있는 구면파(spherical wave)로 근사할 수 있다. 이때, 거울이 발광층에 근접해 방사 패턴을 조절할 수 있다면, 수직방향에 대해 보강간섭이 일어나는 조건이 유리하다는 것은 분명하다. 수직형 구조의 경우 발광층과 양자우물 층 사이의 거리를 조절하는 것이 결국 p-GaN 층의 두께이다. 따라서 전기적 성질을 해치지 않는 범위 내에서, 수직방향의 방사 패턴이 형성되도록 p-GaN 층의 두께를 결정하는 것이 필요하다. 또한, 발광층의 두께를 파장의 1/4보다 작게 성장하여, 발광층 전체 두께 내에서 보강간섭 조건이 동일하게 적용되도록 해야 한다. 즉, 이 특성을 활용하기 위해서는 doping 특성을 유지하면서 얇은 p-GaN 층의 성장, 내부양자효율을 유지하면서 얇은 양자우물 구조의 성장 등의 주제와 맞물려 있다.

발광 특성 조절과 관련하여 두 번째 특성은 앞서 언급한 대로, 공진기 양자전자 동역학 분야와 관련이 깊다. 하지만, 이 현상 역시 거울의 대칭성을 활용하면, 정성적으로 감쇠율을 조절하는 원리를 설명할 수 있다. [그림 5.52]는 거울 표면 주위에 수직방향과 수평방향의 편광을 가지는 전기 쌍극자가 놓여 있는 모습을 도식화한 것이다. 전자기장 이론에 따르면, 거울 표면에서의 전기장은 항상 0을 만족하여야 한다. 이 원리를 이용하면, 거울 주위에 전기 쌍극자가 놓여 있는 상황을 그 전기 쌍극자와 거울 쌍극자의 도입으로 동일하게 구현할 수 있다. 가령, z방향의 편광을 가지는 전기 쌍극자의 경우, 거울 표면에서의 전기장 조건을 만족하기 위해 쌍극자 모멘트(dipole moment) 방향이 일치해야 한다. 따라서 이 전기 쌍극자는 거울과의 거리가 가까워질수록 마치 두 개의 쌍극자가 겹쳐지는 효과가 발생해, 감쇠율이 두 배로 증가한다. 반면에, 수평방향의 편광을 가지는 전기 쌍극자는 마찬가지로 거울 표면에서의 전기장 조건을 적용하였을 때, 항상 반대방향의 거울 쌍극자를 유도한다. 따라서, 수평방향의 전기 쌍극자는 거울에 접근할수록, 감쇠율이 0에 접근하게 된다.

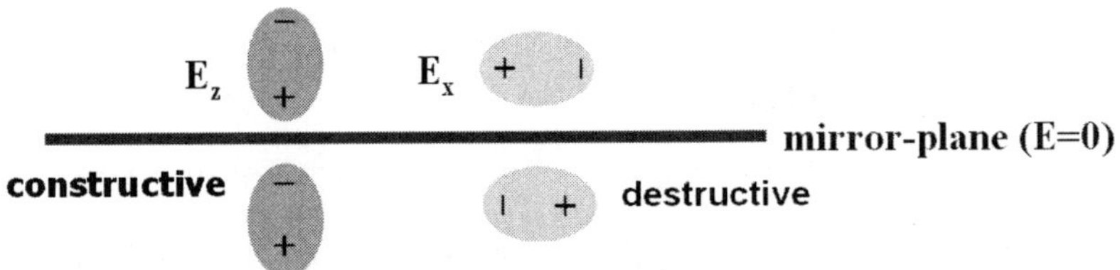

[그림 5.52] 거울 면에 대해 수직방향(z방향)과 수평방향(x방향)의 편광을 가지는 전기 쌍극자의 도식도. 완전 거울을 가정할 때, 거울 표면에서는 항상 전기장 성분이 0이 되어야 한다. 이 제약 조건을 적용하면, 거울이 있는 것과 똑같은 상황을 거울 쌍극자를 도입하여 구현할 수 있다.

다음으로 [그림 5.53(a)]에서, FDTD 전산모사 상에서 고반사율 거울과 발광층 사이의 거리를 조절하면서 발광 패턴 변화에 의한 추출효율 증가분과 감쇠율을 산술적으로 계산하였다. 이때, 거울은 100%의 반사율을 가지는 완전 거울로 대체하였으며, 발광층의 두께는 12.5 nm로 설정하였다. 발광층은 같은 위치에 놓여 있는 x, y, z 방향의 편광의 전기 쌍극자로 구성되어 있다.

먼저, 추출효율 증가분에 대한 결과를 살펴보면, 대략 빛의 1/4파장을 주기로 추출효율의 극대/극소점이 나타난다는 것을 알 수 있다. 이는 빛의 간섭 효과에 의해 방사 패턴이 조절된다는 것을 알려주는 증거이다. 실제로, 극대점과 극소점에서의 방사 패턴을 관찰하게 되면, 극대점인 경우 수직방향으로 강한 방출이 일어나고 있는 반면에 극소점인 경우 수직방향의 빛은 거의 존재하지 않고, 대부분의 빛이(임계각보다 큰) 특정 각도로 기울어진 채 방출한다. 추출효율이 극대가 되는 조건은 발광층과 거울 사이의 간격이 $3/4(\lambda/n)$일 때이며, 이때 기준 대비(거울 효과가 없는 경우) 약 1.6배의 추출효율 향상 효과가 있다.

다음으로, 감쇠율 변화에 대한 결과를 살펴보면, 거울과 발광층 사이의 간극이 줄어들수록 감쇠율이 커지는 특성을 가진다. 즉, 거울이 접근할수록, 발광층의 순환 과정이 빨라지게 된다. 하지만, 여기서 주목해야 할 점은 감쇠율 변화가 곧, 추출효율 증가로 이어진다는 것은 아니라는 점이다. 감쇠율은 단지, 발광층이 전자와 전공이 결합되었을 때, 얼마나 빠른 속도로 빛 에너지로 변환할 수 있는지를 나타내는 지표일 뿐이다. 따라서 이를 추출효율과 연관하기 위해서는 발광층의 비발광 결합의 감쇠율을 함께 고려해야 한다. 비록, 감쇠율 변화를 직접 효율 변화로 대입하는 것은 어렵지만, 감쇠율이 증가할수록 발광 결합 과정이 활발해져서(비발광 결합 확률이 줄어들어서) 효율 향상으로 이어질 것이라는 정성적인 관계는 유추할 수 있다.

금속거울 특성을 이용한 감쇠율의 조절은 최근 표면 플라즈몬(surface plasmon) 효과를 통해 유사한 연구가 진행 중이다. 금속과 유전체 경계면에 존재하는 표면 플라즈몬 상태 또한 발광층의 감쇠율을 가속화할 수 있다.

앞서 언급했던 것처럼, 거울에 의한 간섭 효과를 실제 수직형 GaN 청색 LED 구조에 적용하기 위해서는 전산모사 상에서 가정했던 사항을 해결해야 한다. 특히, 전산모사 상에서는 발광층이 매우 작은 부피를 가지고 있는 점광원(point source)처럼 취급하였지만, 실제 LED의 양자우물 층은 층수에 따라 50~100nm 정도의 두께를 가진다. 하지만, 발광층 두께가 $\lambda/4n$보다 커지게 되면, 거울에 의한 간섭 효과는 점점 사라지게 된다(여기서, n은 매질의 굴절률, λ는 빛의 중심파장). 따라서 내부양자효율은 유지하면서, 양자우물의 두께를 줄이는 성장 기술이 필수적이다.

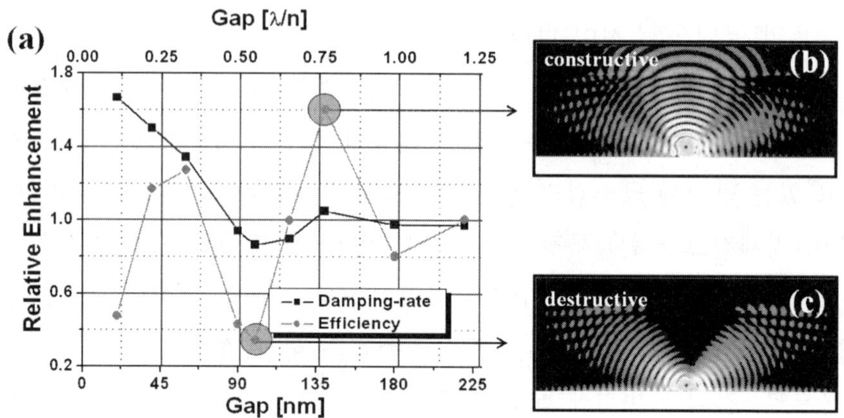

[그림 5.53] (a) FDTD 전산모사 상에서 거울과 발광층의 간극을 조절하면서 조사한 추출효율 증대분과 감쇠율
(b) 보강간섭 조건에 거울이 놓여 있을 때의 방사 패턴
(c) 상쇄간섭 조건에 거울이 놓여 있을 때의 방사 패턴

6 다층 금속거울의 반사율 측정

수직형 GaN 청색 LED 구조의 핵심 요소 중의 하나는 p-GaN 층 위에 증착되어 있는 다층 금속 박막이다. 이 금속 박막은 전류 인가를 위한 전극 역할을 수행할 뿐만 아니라 양자우물 층에서 발생한 빛을 반사하는 거울이 되기도 한다. 따라서 반사율의 금속 박막을 제작하는 것은 추출효율 향상에 직접적으로 연관되어 있다. 광결정에 의한 추출효율 향상은 상대적으로 긴 내부 광경로를 요구하므로, 내부의 흡수뿐만 아니라 반사거울의 반사율이 추출효율 향상 정도를 직접적으로 결정하는 인자가 된다. 즉, 거울의 반사율이 높을수록 광결정에 의한 추출효율 향상 정도는 증가하게 된다. 더불어, 거울에 의한 간섭 효과 또한 거울의 반사율에 의존하므로, 다층 금속 박막의 반사율을 조사하는 것이 필요하다.

수직형 구조에서의 다층 금속 박막의 대표적인 예로 Ni/Ag을 들 수 있다. 이 금속 박막이 GaN에 부착되어 있을 때의 반사율과 파장의 상관관계를 실험적으로 측정한 결과가 [그림 5.54]에 나타나 있다.

Ni과 Ag의 두께가 각 1 nm, 200 nm일 때, 다층 금속 박막의 반사율은 85%의 값을 기록한다. Ag의 투과 깊이(skin depth)는 수십 nm에 지나지 않으므로, Ag 뒤에 위치한 금속 물질은 다층 금속 박막의 반사율에 전혀 영향을 주지 않는다.

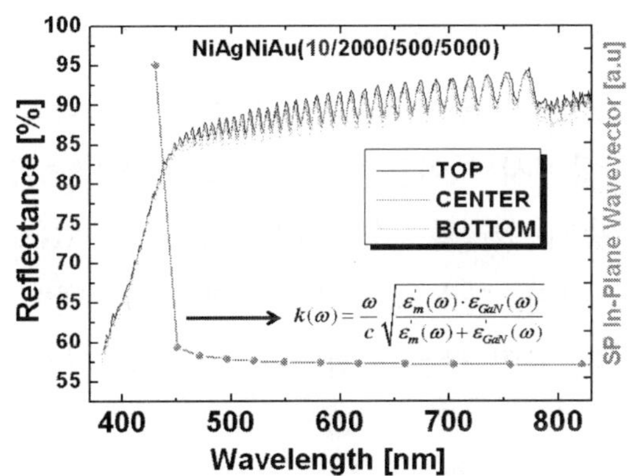

Position	%R @460nm
Top	86.3
Center	85.3
Bottom	84.4
Average	85.3

[그림 5.54] 수직형 구조의 다층 금속 박막의 반사율을 파장에 따라 실험적으로 측정한 그래프. 입사각은 15°로 고정하였으며, 측정은 시편의 위치에 따라 분리하여 측정하였다. 대부분의 파장에 대해 85% 이상의 반사율을 나타내며, 450 nm보다 짧은 파장에 대해 반사율이 급격하게 감소하는 이유는 surface plasmon의 영향으로 풀이된다.

이 측정 결과에서 한 가지 흥미로운 점은 파장이 450 nm보다 짧아질 때부터 반사율이 급격하게 감소한다는 점이다. 이 현상을 설명할 수 있는 하나의 해석은 Ag과 GaN 사이에 발생하는 surface plasmon이다(Ni의 두께는 1 nm로 매우 얇으므로 그 존재를 무시할 수 있다). 두 물질의 경계면에서 발생하는 surface plasmon의 상태밀도 함수를 파장에 대해 기록하면, 상태밀도가 최대가 되는 파장이 바로 400~450 nm이다. 따라서 이 파장에서 발생한 빛의 일부는 Ag 표면에서 반사 과정을 거치는 것이 아니라 Ag와 GaN 경계면에 surface plasmon 상태로 존재하다 흡수 손실에 의해 사라질 수 있다. 현재 GaN 청색 LED의 경우 사용하는 파장이 surface plasmon이 존재하는 파장대를 피해 가고 있지만, 파장이 더 짧은 자외선 영역을 다루는 GaN-LED의 경우 GaN과 Ag 사이에 발생하는 surface plasmon을 제거하는 것이 주요한 과제가 될 것이다.

[그림 5.55]에서 실험 관측한 다층 금속 박막의 반사율을 이론적으로 검증하기 위해서, 각 금속의 굴절률과 흡수율을 고려하여 반사율을 계산하였다. 반사율을 결정하는 주요 인자는 흡수율이 큰 Ni이므로, Ni의 두께를 바꾸면서 반사율을 계산하였다. 계산된 반사율은 동일한 조건에서 제작한 금속 박막의 측정값과 비교하였다. 반사율 계산 결과를 살펴보면, Ni의 두께가 줄어들수록 반사율이 향상되는 경향을 확인할 수 있다. 계산에 의한 예상 값과 실험에서 구한 측정값은 다소 차이가 나지만, Ni 두께에 의한 반사율 경향성은 동일하게 나타난다. 계산과 측정 사이의 오차의 원인으로 다층 금속 박막을 alloy 후 측정했다는 점과, 계산에 사용했던 금속 물질의 굴절률과 흡수율의 부정확성 등을 생각할 수 있다. Ni의 두께가 1 nm일 때, 수직방향에서의 이론적인 반사율은 약 88%이다. 다층 금속 박막의 반사율은 GaN 층과 Ni 층 사이에 굴절률이 GaN보다 작은 ITO(n=1.8, k=0.014) 층을 삽입하면, 다소 향상되는 결과를 나타낸다. 그 이유는 일반적으로 금속 경계면에 굴절률이 작은 유전체가 놓일수록 반사율이 증가하기 때문이다.

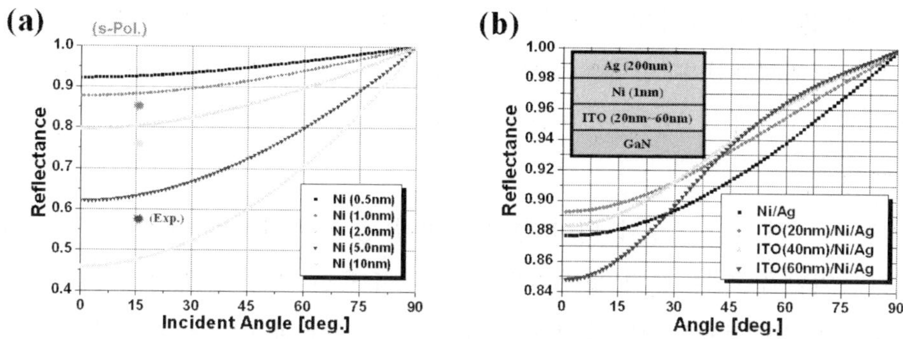

[그림 5.55] (a) Ni 두께를 바꾸면서, 다층 금속 박막의 반사율을 계산한 그래프. 입사각이 15° 일 때의 점은 같은 조건의 구조에서 측정한 반사율이다.
(b) GaN과 금속 박막 사이에 굴절률이 작은 ITO 층을 삽입했을 때의 반사율 변화 그래프. ITO 층 내에 흡수율이 존재하므로, 적절한 두께의 ITO가 삽입되었을 때, 가장 우수한 반사율 특성을 보인다.

7 수직형 GaN-LED 광결정 설계

FDTD 전산모사를 통해 수직형 GaN 청색 LED에 적용할 광결정의 구조적 인자를 결정하고, 각 구조적 인자에서 얻을 수 있는 상대적인 추출효율 증대 정도를 산출하는 과정을 살펴보기로 한다. 수직형 구조는 수평형 구조와는 다르게 사파이어 측면을 통한 방사가 존재하지 않으므로, 전체 효율이 곧 수직 방사에 의한 효율에 해당된다. 전산모사 상에 입력된 구조 모습은 [그림 5.56]과 같다.

앞선 수평형 구조를 분석할 때와 마찬가지로, 컴퓨터 메모리 제약에 의한 한계를 해결하기 위해 유한 크기(12 μm)의 구조 양 끝에 완전 거울을 설치하였다. 양자우물 층 내부에는 흡수율을 부여하였다. 다만, 구조의 하단부에는 해석의 편의

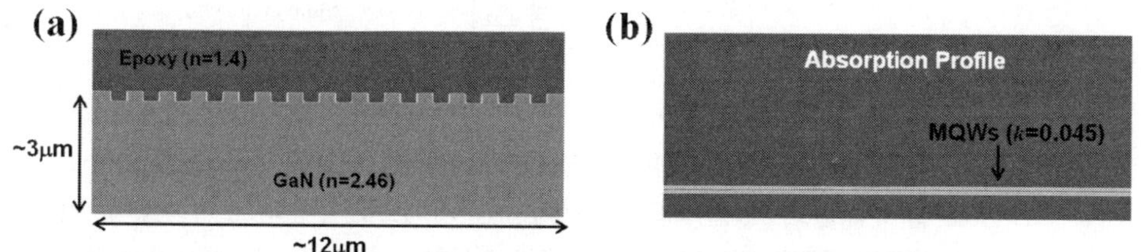

[그림 5.56] (a) FDTD 내에서 수직형 구조의 각 물질의 굴절률을 표시한 도식도
(b) (a)와 동일한 구조에 대해 각 물질의 흡수율을 표시한 도식도. 양자우물 층에 대해 흡수율을 부여했다.

성을 위해 흡수율이 존재하는 실제 금속거울 대신 역시 100%의 반사율을 가지는 완전 거울로 대체하였다. 발광층의 두께는 계산의 공간 분해능(spatial resolution)과 동일한 30 nm이며. 이 값은 거울에 의한 간섭 조건을 관찰할 수 있는 조건 내에 포함된다.

수직형 구조에서는 거울에 의한 간섭 효과를 항상 고려해야 하므로, 구조 내에 발광층의 역할을 하는 전기 쌍극자의 위치가 주요한 변수가 된다. 거울에 의한 간섭 효과에 의해 방사 패턴이 바뀌게 되면, 각 방사 패턴마다 효과적으로 작용하는 광결정 구조 인자가 달라질 가능성이 있기 때문이다. 즉, 광결정 주기에 따라 회절이 잘 일어나는 빛의 각도 성분이 다르기 때문이다.

먼저, 거울 효과가 거의 없는 상태에서 순수하게 광결정에 의한 효과를 산출하기로 하자. 거울이 있는 상태에서 간섭 효과를 거의 배제하기 위해서는 거울과 발광층 사이의 거리를 멀리 떨어지게 하든지, 간극을 보강 조건과 상쇄 조건의 중간 지점 정도에 위치시키면 된다. E_x, E_y, E_z로 이루어진 전기 쌍극자의 위치를 조금씩 바꾸면서, 구면파와 근사해지는 조건을 찾은 뒤, 그 조건에서 광결정 효과를 조사한다. 전기 쌍극자가 거울의 간섭 효과로부터 자유로울 때의 방사 패턴이 [그림 5.57(a)]에 나타나 있다. 방사 패턴을 자세히 살펴보면, 각도에 따라 미세한 간섭무늬가 여전히 보이나 근사적으로 구면파로 간주해도 무방할 수준이다.

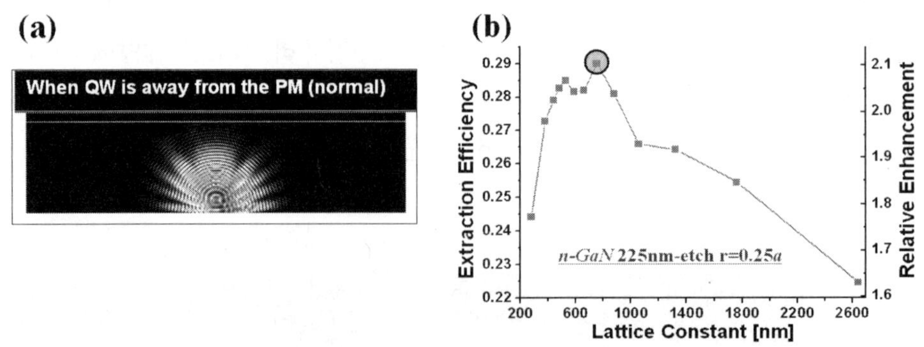

[그림 5.57] (a) 전기 쌍극자가 완전 거울로부터 충분히 멀리 떨어져 있어, 거울에 의한 간섭 효과를 무시할 수 있을 때의 방사 패턴. 근사적으로 구면파로 가정할 수 있다.
(b) 광결정 주기를 바꾸면서 추출효율을 조사한 그래프. 주기가 약 800 nm 일 때, 추출효율은 최대가 되며, 기준 대비 (광결정이 없는 경우) 상대적 증가분은 약 2.1배이다.

광결정 주기에 대한 효율 변화를 산출한 그래프를 [그림 5.57(b)]에서 볼 수 있다. 이때, 식각 깊이는 225 nm, 구멍의 반지름은 0.25a로 고정하였다. 최대의 광효율을 얻을 수 있는 광결정 주기는 수평형 구조와 유사한 800 nm 부근이다.

다음으로 [그림 5.58(a)]에서, 광결정을 이루는 공기구멍의 크기에 따른 추출 효율의 변화를 살펴보았다. 이때, 식각 깊이는 225 nm로 고정하였으며, 주기는 800 nm를 선택하였다. 결과를 살펴보면, 광결정 공기구멍 크기가 0.35a일 때, 추출효율은 최대가 된다.

이 절의 서두에서 밝힌 대로, 광결정을 도입할 때 수직형 구조의 장점은 식각 깊이를 제한 없이 늘릴 수 있다는 점이다. 수평형 구조의 경우 최대 식각 깊이는 p-GaN 층의 두께(실제로는 저항 증가를 고려하여 p-GaN 층 두께의 절반 정도)에 의해 결정되었으나, 수직형 구조는 상대적으로 훨씬 두꺼운 n-GaN(~3 μm) 층을 활용할 수 있다. 따라서 식각 깊이를 순차적으로 바꾸면서, 식각 깊이에 따른 최적 주기를 결정하였다([그림 5.58(b)]). 추출효율은 수평형 구조 연구에서 언급한 대로, 일정 수준 이상의 식각 깊이에 대해서 포화되는 경향이 나타난다. 하지만, 흥미로운 사실은 식각 깊이가 깊어질수록 주기가 큰 광결정 구조에 의한 추출효율은 꾸준히 상승하고 있다는 점이다. 이는 식각 깊이를 깊게 하면서 실제 기술적으로 구현이 용이한 주기가 큰 광결정 구조를 활용할 수 있는 여지가 생긴다는 점에서 주목할 만하다.

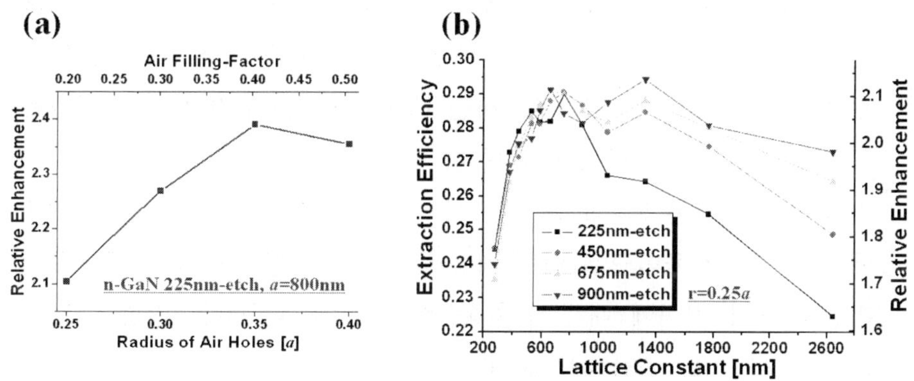

[그림 5.58] (a) 광결정 공기구멍 크기에 따른 추출효율의 변화. 주기가 800 nm인 경우, 공기구멍의 크기가 0.35a일 때, 최대의 추출효율을 나타낸다.
(b) 여러 식각 깊이에 따라 최적 주기의 변화를 조사한 그래프. 식각 깊이가 깊어질수록, 긴 주기의 광결정에 의한 추출효율은 꾸준히 상승하는 경향을 보인다.

식각 깊이가 커짐에 따라 주로 주기가 큰 광결정 구조에 대해 추출효율이 꾸준히 상승하는 이유를 다음과 같은 과정으로 풀이할 수 있다.

① 굴절률이 다른 두 매질을 빛이 투과하기 위해서는 평면 방향의 위상정합 조건(phase-matching condition)을 만족해야 한다.

② 빛이 굴절률이 높은 매질에서 낮은 매질로 진행할 때는, 특정 각도 이상에서 위상정합 조건을 만족할 수 없다. 이 특정 각도를 임계각이라 부르며, 임계각 이상에서는 전반사가 일어난다.

③ 광결정은 전반사 각도에 해당하는 빛을 외부로 추출할 수 있도록 도와준다. 즉, 광결정과 빛이 결합하면, 광결정의 운동량이 더해져서, 전반사에 해당하는 빛이 위상정합 조건을 만족할 수 있다.

④ 광결정의 운동량은 주기에 반비례한다. 즉, 주기가 작은 광결정은 큰 운동량을 만들 수 있으므로, 전반사에 해당하는 빛 중에서 임계각에서 멀리 떨어진, 수평방향에 가깝게 진행하는 빛을 효과적으로 추출할 수 있다. 반면에, 주기가 큰 광결정은 상대적으로 수직방향에 가깝게 진행하는 빛을 추출하는 데 효과적이다.

⑤ 파동 이론에 따르면, 도파로 구조 내의 전반사 과정을 모드에 대응하여 설명할 수 있다. 가령, 수평방향에 가까운 입사각도를 가진 빛은 기본 도파로 모드에 해당되며, 입사각도가 수직방향에 가까울수록 고차모드에 해당한다.

⑥ GaN-LED 소자 역시 수 마이크론 이상의 두께를 가진 도파로 구조로 간주할 수 있다. 따라서, GaN-LED에 광결정을 적용할 때, 주기가 짧은 광결정은 기본 도파로 모드를 추출하는 데 적합하며, 주기가 긴 광결정은 고차 도파로 모드를 추출하는 데 적합하다.

⑦ 일반적으로, 기본 도파로 모드는 어느 정도 이상의 광결정 식각 깊이(~l/n)에 대해 추출효율이 포화되는 경향을 나타내는 반면에, 고차모드로 갈수록 광결정 식각 깊이에 대해 추출효율이 꾸준히 상승하는 경향을 보인다[A. David, APL 88, 061124 (2006)].

⑧ 결론적으로 식각 깊이가 커질수록, 긴 주기를 가지고 있는 광결정 구조에 의한 고차모드의 추출효율이 계속 증가하게 된다.

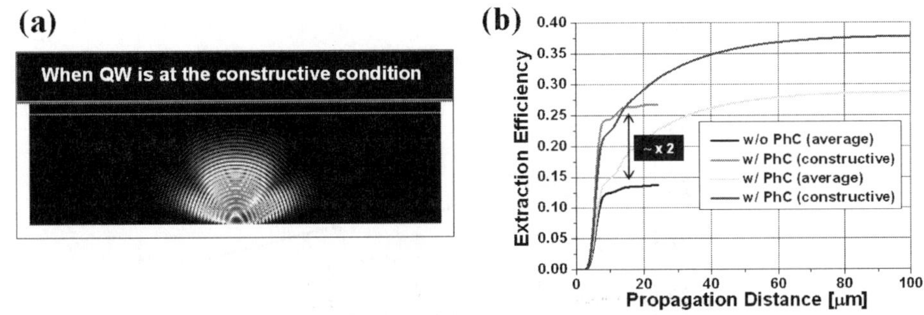

[그림 5.59] (a) 발광층과 거울 사이의 간극이 보강간섭 조건에 있을 때, 발광층의 방사 패턴. 주로 임계각 이내의 수직방향으로 대부분의 빛이 집중되고 있다.
(b) 보강간섭 조건과 거울에 의한 간섭 효과가 거의 없는 두 경우에 대해, 광결정 도입 전/후의 추출효율 향상 정도를 발생된 빛의 진행 거리에 따라 산출한 그래프. 보강간섭 조건의 경우 광결정을 도입하기 전 이미, 정상 조건에 대해 약 2배의 향상 효과를 나타낸다.

다음으로, 거울과 발광층 사이의 간극이 보강간섭 조건에 있을 때 광결정 효과에 대해 논하기로 하자. 보강간섭 조건은 간극이 약 3/4(λ/n)일 때이며, 이 경우의 방사 패턴은 [그림 5.59(a)]에 나타나 있다. [그림 5.57(a)]와 비교하면, 상대적으로 많은 양의 빛이 수직방향으로 진행하고 있음을 알 수 있다. [그림 5.59(b)]에서는 이 조건에서 광결정을 도입했을 때의 추출효율 향상 정도를 파악하였다. 먼저, 광결정을 적용하지 않는 구조에 대해 보강간섭 조건은 거울 효과가 거의 없는 구면파 조건에 비해 약 2배의 추출효율을 나타낸다. 이 값이 앞서 거울의 간섭 효과를 산출할 때(1.6배 증가)보다 더 큰 이유는 이번 구조에서는 흡수율을 고려하였기 때문이다. 광결정(a=800 nm, 식각 깊이=225 nm)을 도입한 그래프를 비교하면, 보강간섭 조건이 적용된 구조가 가장 우수한 특성을 나타낸다. 다만, 광결정 전/후의 상대적 증가비는 보강간섭 조건 구조의 경우에는 1.2배 정도이다. 그 이유는 발광층에서 발생한 빛이 처음부터 임계각 이내에 대부분 포함되어 광결정을 통해 추출되는 빛의 양이 그만큼 줄어들었기 때문이다.

마지막으로, [그림 5.60]에서 보강간섭 조건에 대해 광결정 주기에 따른 추출효율의 변화를 조사하였다. 이때, 광결정의 식각 깊이는 225 nm이며, 공기구멍의 크기는 0.25a이다. 보강간섭 조건과 정상 조건의 주기에 대한 효율의 의존성을 한눈에 알아보기 위해 두 결과를 한 그래프에 표시하였다. 결과를 살펴보면,

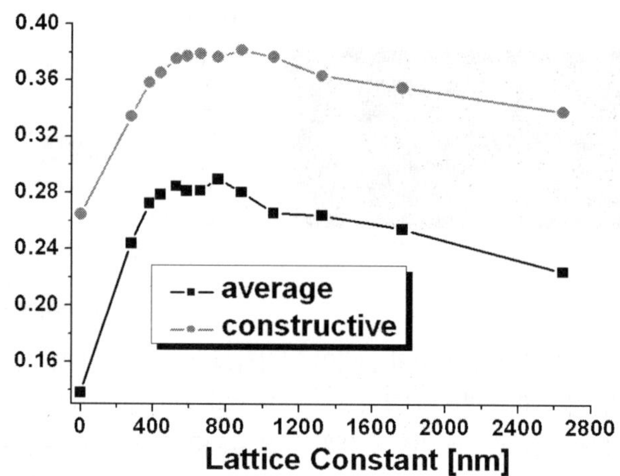

[그림 5.60] 식각 깊이가 225 nm인 동일한 광결정을 보강간섭 조건과 정상 조건에 대해 적용하였을 때, 주기에 따른 추출효율의 변화를 산출한 그래프. 두 조건 모두 800 nm 근처의 주기에서 최대의 추출효율을 나타낸다.

보강간섭 조건에 대한 최적 주기와 정상 조건에 대한 최적 주기는 눈에 띄는 차이를 나타내지 않는다. 최적 주기는 800 nm 근처에 형성되었으며, 절대 효율로 산출하였을 때, 총 추출효율은 약 40%가 된다. 물론, 이 값은 전산모사 상에 입력한 양자우물의 흡수계수에 따라 변동될 수 있는 여지가 있다.

8 새로운 광결정 수직형 GaN-LED 제안

수직형 GaN-LED 내 광결정 도입은 전기적 열화 없이 n-GaN 층 내 식각 깊이를 늘릴 수 있다는 성질로 인해 공정상에서 용이한 긴 주기를 최적 구조로 활용할 수 있다는 장점이 있다. 하지만, 여전히 수직형 GaN-LED의 추출효율은 개선될 필요가 있다. 이는 수직형 구조가 투명하고, 두꺼운 사파이어 층의 제거로 인해 측면 방사 경로를 잃어버렸기 때문이다. 앞서 언급한 적이 있는, 광선 추적 모델을 통해 사파이어 두께에 따른 추출효율을 산출하면, 이 논의를 보다 명확하게 이해할 수 있다([그림 5.61]). 이 모델 내에는 어떠한 광 추출구조도 도입하지 않은, 평면 구조의 추출효율을 나타낸다.

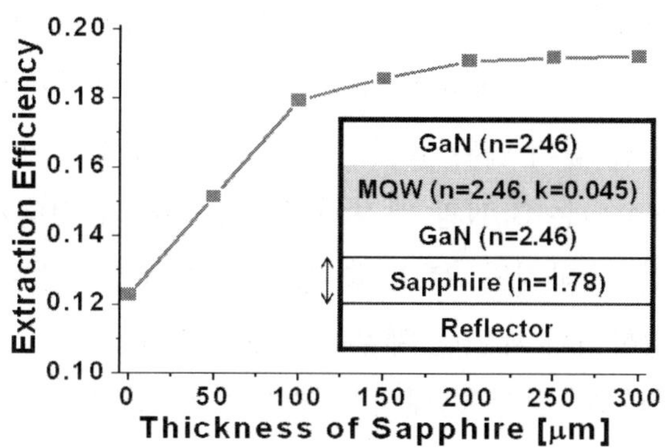

[그림 5.61] 사파이어 두께와 GaN-LED의 추출효율 상관관계. 구조 내에는 어떠한 광 추출구조도 도입하지 않았다.

결과를 살펴보면, 사파이어 두께가 증가함에 따라 총 추출효율이 증가하는 경향을 나타낸다. 여기서, 사파이어 두께가 0인 구조가 바로 수직형 GaN-LED를 나타낸다. 수직형 구조와 일반적으로 100 μm의 두께를 가지고 있는 측면형 구조의 추출효율을 비교하면, 측면형 구조가 1.5배 이상 추출효율 면에서 우위를 점하고 있다. 이 차이는 결국 사파이어 측면을 통한 수평 방사에 해당한다. 즉, 수직형 구조의 열적 우수성, 다시 말해 고전류 인가에서도 내부양자효율의 하락이 크지 않다는 성질을 차지한다면, 아무런 광 추출구조를 도입하지 않는 경우 수직형 GaN-LED는 측면형에 비해 열등한 추출효율을 나타낸다. 결론적으로, 수직형 구조로부터 크기의 측면형 구조에 비해 광학적으로 우수한 추출효율을 얻기 위해서는 사파이어 기판 제거로 인해 탈출하지 못하는 수평 방사까지 추출할 수 있는 장치가 필요하다.

먼저, 수직형 GaN-LED 최상층부에 고굴절률의 유전체 층을 증착하고, 상기 층 내에 광결정을 도입하는 방법을 알아보자. 광결정에 의한 회절 효율은 구조를 구성하는 굴절률 대비에 의해 좌우된다. 광결정은 용어의 정의상 서로 다른 굴절률의 공간적인 배치로 정의되는 것이므로, 구조를 구성하고 있는 각 층의 굴절률의 수치가 매우 중요하다. 예를 들어, GaN 층 내의 식각 과정을 통해 광결정 구조를 도입한 뒤 이를 Epoxy로 채우게 되면, 굴절률 대비는 GaN 물질과 Epoxy 물질의 개별 굴절률 값에 의해 정해진다. 이 경우 실제 굴절률 차이는 2.46(GaN)-1.4(Epoxy)~1.06 정도가 된다. 일반적으로 광결정 구조에 의한 추출효율 향상 정도는 굴절률 대비에 비례하게 된다. 즉, 패턴이 형성되는 내부 물질의 굴절률이 높을수록, 반대로 패턴 위를 채우게 되는 배경 물질의 굴절률이 작을수록 그 효과가 크다고 할 수 있다. 앞의 예와 같이 수직형 GaN-LED내 광결정 구조를 도입하는 경우, 패턴이 형성되는 GaN과 배경 물질인 Epoxy가 정해져 있으므로 굴절률 대비는 고정되어 있다. 하지만, GaN 층 상부에 GaN과 굴절률이 다른 물질을 증착하여 패턴을 형성하거나 패턴을 채우는 물질로 Epoxy와 굴절률이 다른 물질을 중간층으로 활용한다면, 굴절률 대비를 조절할 수 있게 된다.

[그림 5.62(a)]는 광결정 구조의 다른 인자(식각 깊이, 광결정 구멍 크기)들은 고정한 채, 식각되는 물질의 굴절률에 따른 추출효율을 산출한 그래프이다. 결과에서 보듯이, 식각되는 물질의 굴절률이 증가할수록 추출효율이 상승하는 경향을 나타낸다. 여기서, 한 가지 흥미로운 사실은 광결정의 굴절률 대비에 따라 최적 주기가 다르게 나타나는 점이다. 즉, 굴절률 대비가 큰 광결정은 최대 추출효율을 위해 작은 주기를 요구한다. 이는 굴절률 대비에 따라 효율적인 회절이 발생하는 도파로 모드의 종류가 다르기 때문이다. 일반적으로 굴절률 대비가 큰 광결정은 기본 모드(fundamental mode) 또는 저차 모드(lower order guided mode)들을 잘 회절하는 경향이 있으며, 따라서 작은 주기의 광결정이 최적 효율 조건에 위치한다.

GaN 층 상부에 GaN과 굴절률이 다른 물질을 증착하는 경우, 이들 물질이 갖추어야 할 성질로는 굴절률이 GaN과 유사하거나 그보다 커야 하며, 발광 파장의

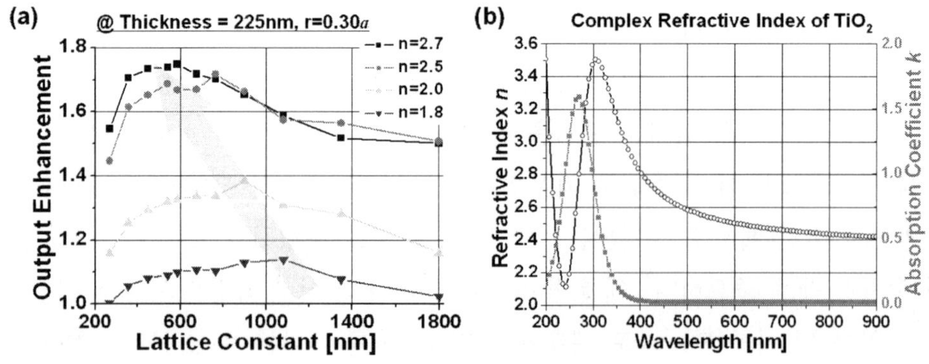

[그림 5.62] (a) 광결정 패턴의 굴절률과 추출효율 상승과의 상관관계
(b) Ellipsometer로 측정한 TiO_2 물질의 굴절률과 흡수율

범위 내에 흡수가 무시할 수 있을 정도로 작아야 한다. 상기 조건을 만족하는 대표적인 물질로 Si_3N_4, TiO_2 등이 있다([그림 5.62(b)]). 이와 같이 투명하고, 굴절률이 높은 물질을 GaN 상부에 증착한 뒤, 그 물질 내에 일반적인 식각 방법을 통해 광결정 구조를 형성하면, GaN 층 내에 광 추출구조를 도입한 것과 유사하거나 그 이상의 증대 효과를 취할 수 있다. 광결정을 채우는 물질의 경우도 마찬가지로 일반적인 Epoxy와 굴절률이 유사하거나 낮은 물질을 패턴 내부에 도입하면 보다 향상된 추출효과를 획득할 수 있는 가능성이 열린다. 이에 해당하는 물질로는 SiO_2, Spin-on-Glass 등을 들 수 있다. 상기 두 방식을 응용하면, TiO_2 층 내에 패턴을 형성한 뒤, SiO_2 층을 채운다든지, 일반 GaN 층 내에 패턴을 형성하고, Spin-On-Glass를 채운다든지 하는 조합이 얼마든지 가능하다. 또 구조를 확정하여, 가령, GaN 층 위에 TiO_2 층과 SiO_2 층을 차례로 증착하여 TiO_2 층 내부까지 식각하는 방식 또한 가능하다. 이렇게 형성된 추출구조는 기존의 GaN 층 식각 구조에 비해 향상된 추출효율을 보장할 뿐만 아니라, 패턴 내부에 다른 물질을 채우는 경우 시간이 지남에 따라 Epoxy의 굴절률 값이 다소 변하더라도 추출구조에 의한 회절 효과는 그대로 유지되는 장점이 있다. 또한, 다른 외부의 물질을 증착하여 패턴을 형성하는 경우 GaN 층 플라스마 식각에 의한 동작전압 상승 문제 또는 신뢰성 열화 문제를 방지할 수 있다.

가시광선 영역에서 투명하고, 굴절률이 높은(n~2.7) 대표적인 물질 중의 하나인 TiO_2를 활용하여, 수직형 GaN-LED의 추출효율을 향상시킨 실험 결과를 소개하고자 한다. TiO_2 광결정 제작 방법은 [그림 5.63]의 순서를 따른다. 먼저, sputter와 같은 증착 장비를 통해 TiO_2 박막을 GaN 표면에 증착한다. 증착 두께는 250 nm로 정하였다. 다음, 광결정 구조를 정의하기 위해 lithography를 실시한다. lithography 방법으로는 photolithography, holographic lithography, nano-imprinting 등이 대표적으로 쓰인다. lithography를 통해 패턴을 정의 내린 후, 해당되는 기체를 이용하여 플라스마 식각을 실시한다. 간혹, doping이 되어 있지 않은 u-GaN 층이 최상층인 경우 n-pad 전극 증착을 위해 추가로 일부 u-GaN 층 식각을 실시하여야 한다.

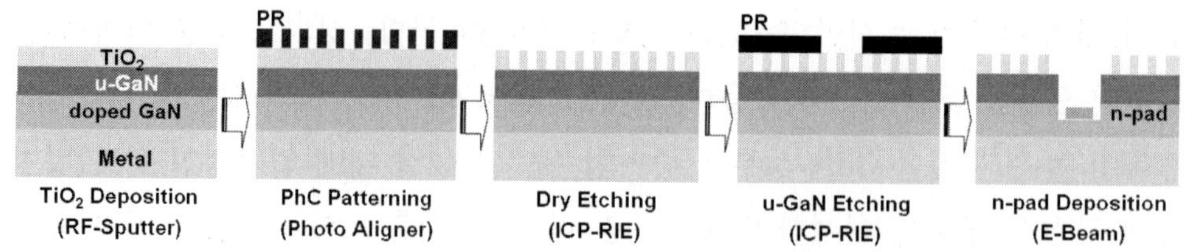

[그림 5.63] TiO_2 광결정을 탑재한 수직형 LED의 제작공정

제작된 소자의 전류-전압 측정 결과를 먼저 살펴보면, TiO_2 광결정 패턴이 도입된 소자의 경우 오히려 동작전압이 감소하는 특성을 나타낸다([그림 5.64(a)]). u-GaN 층 위에 존재하는 광결정 패턴은 n-pad 증착을 위해 일부의 u-GaN 층을 식각하더라도 그 흔적이 표면의 굴곡으로 남게 된다. 표면 굴곡은 n-GaN 층과 패드 금속 사이의 유효 면적을 넓혀주는 역할을 하여, 전류의 균일성 및 동작전압 강하에 기여를 할 수 있다. 다음으로, 입력 전류에 따른 출력을 측정한 결과를 살펴보면[그림 5.64(b)], 예상했던 대로 기준 평면 구조와 비교하여 TiO_2 광결정 구조는 50% 이상의 광 추출효과를 나타낸다.

마지막으로 GaN 매질의 두께와 추출효율의 상관관계를 살펴보자. GaN-LED는 광 도파로(waveguide)에 비유될 수 있으며, 굴절률이 상대적으로 높은 코어층은 GaN, 코어층을 감싸고 있는 클래딩 층은 Epoxy와 사파이어(또는 금속거울)에 해당한다. 따라서 GaN-LED 구조는 다양한 차수의 전파모드(guided mode)가 존재

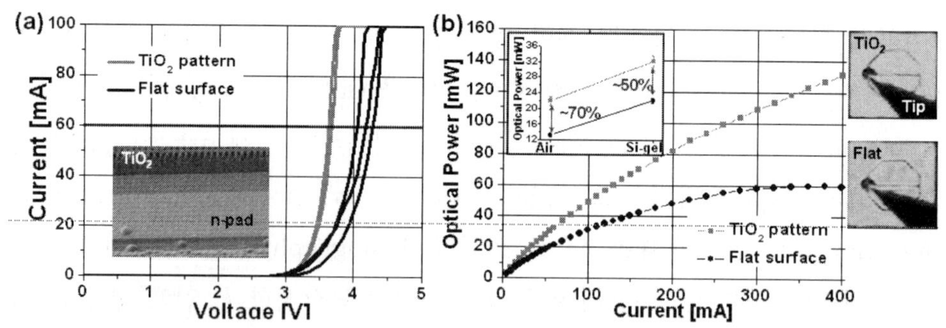

[그림 5.64] (a) TiO_2 광결정 유무에 따른 전류-전압 특성 비교
(b) TiO_2 광결정 유무에 따른 광출력 특성 비교. 오른쪽 사진은 낮은 입력 전류(~10 μA)에서 측정한 발광 이미지이다.

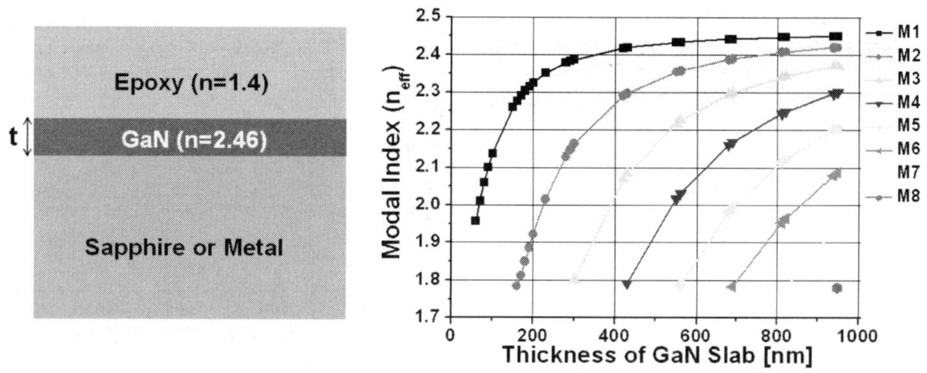

[그림 5.65] GaN의 두께에 따른 각 전파모드의 modal index

한다. 도파로 내에 존재 가능한 차수의 모드는 도파로 두께의 함수로 정해지며, 도파로 두께가 증가할수록 전파모드의 개수는 늘어난다. 각 전파모드는 코어층 내의 전기장 분포에 따라 고유한 modal index를 가지게 된다. [그림 5.65]에서 알 수 있듯이, 일반적으로 차수가 낮은 전파모드일수록 높은 modal index를 나타낸다. 이는 낮은 차수의 모드는 굴절률이 높은 코어층에 보다 속박되어 있기 때문이다. 이를 광선 광학의 입장에서 해석하면, 낮은 차수의 모드는 GaN 코어층 내를 거의 평행하게 진행하는, 즉 입사각도가 90°에 가까운 광선의 집합이다. 반대로, 높은 차수의 모드는 임계각 근처의 각도에 해당하는 광선들이라고 할 수 있다.

또한, 같은 차수의 모드라도 GaN 두께가 얇을수록 modal index가 작아지는 경향이 나타난다. 즉, 얇은 코어층 내에 존재하는 전파모드는 보다 많은 양의 전기장이 클래딩 영역으로 침투한다. 광결정이 회절 강도가 전파모드의 전기장 분포와 광결정 구조의 공간적인 겹침 정도에 비례한다는 점을 감안하면, modal index가 작게 분포하는 얇은 GaN-LED가 광결정에 의한 추출효율 향상에 보다 유리할 것임을 짐작할 수 있다. 게다가, GaN의 두께가 줄어들수록 전파모드의 개수가 줄어들므로, 특정 모드에 적합한 최적 광결정 설계가 가능해진다.

[그림 5.66]에서 FDTD 전사 모사를 통해 GaN 두께와 TiO_2 광결정 패턴에 의한 추출효율 상승 관계를 조사하였다. 앞서 예상했던 대로, GaN 두께가 얇을수록 추출효율이 증가하는 경향을 나타내었다. 실제 GaN-LED 구조에서는 사파이어와 GaN의 격자 부정합 문제로 인해 성장 과정 중에 충분한 u-GaN 또는 n-GaN 층의 두께를 필요로 한다. 또한, 전류의 원활한 공급을 위해 일정 두께

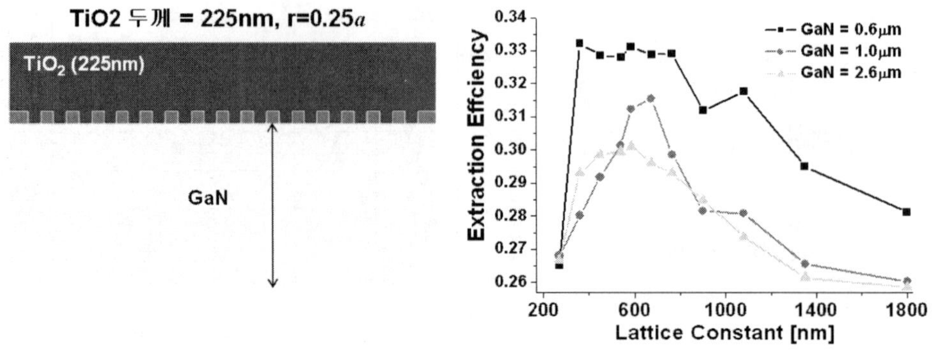

[그림 5.66] GaN의 두께와 TiO_2 광결정에 의한 추출효율 상승의 상관관계

이상의 n-GaN 층 역시 요구된다. 하지만, 성장 기술의 발전과 함께 얇은 두께의 에피 성장이 가능하다면 광결정 효과를 보다 극대화할 수 있는 얇은 GaN-LED의 출현도 기대할 만하다.

4.4 광자결정 적색 AlGaInP LED 설계

1 적색 LED 구조 특징

적색 LED는 LCD 패널 또는 조명 등에 쓰이는 백색광원 소자 구성을 위해 빼놓을 수 없는 요소 중의 하나이다. 여기서 소개할 적색 LED는 AlGaInP 양자우물($\lambda_c \sim 625$ nm, $\Delta\lambda \sim 20$ nm)을 이득매질로 선택한다. 적색 AlGaInP LED는 하단 반사거울의 종류에 따라 두 가지로 나눌 수 있다([그림 5.67]). 하나는 GaAs 기판 위에 AlAs/AlGaAs(혹은, AlGaInP/AlInP) 층을 quarter-wave 두께로 차례로 증착한 DBRs(Distributed Bragg Reflector) 거울 구조이고, 다른 하나는 GaAs 기판을 제거하고 대신 금속 반사거울과 Si 기판을 접합한 구조이다. DBRs 거울 구조는 한 번의 성장 과정으로 반사거울까지 포함할 수 있는 공정 상의 장점이 있는 반면에 반사율 특성이 금속거울에 비해 떨어진다는 단점이 있다. 반면에, 금속거울 접합 구조는 접합이라는 공정이 추가되지만, 금속거울의 우수한 반사 특성을 이용할 수 있다는 장점이 있다. 금속거울의 종류로는 주로 ITO를 포함하는 Ag을 활용하며, 고온에서의 열적 안정성 문제로 인해 Au를 활용한 예들도 있다. 특히, 금속거울을 이용하는 경우 광결정 구조에 의한 추출효율 향상 효

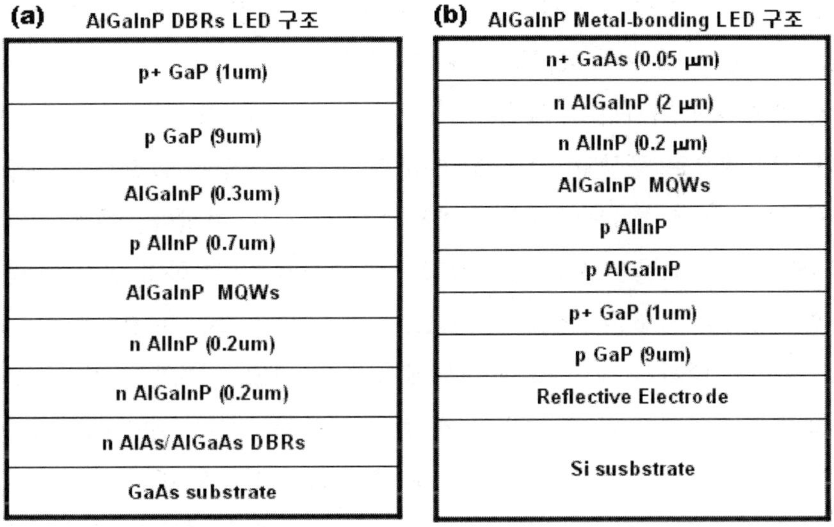

(a) AlGaInP DBRs LED 구조
p+ GaP (1um)
p GaP (9um)
AlGaInP (0.3um)
p AlInP (0.7um)
AlGaInP MQWs
n AlInP (0.2um)
n AlGaInP (0.2um)
n AlAs/AlGaAs DBRs
GaAs substrate

(b) AlGaInP Metal-bonding LED 구조
n+ GaAs (0.05 μm)
n AlGaInP (2 μm)
n AlInP (0.2 μm)
AlGaInP MQWs
p AlInP
p AlGaInP
p+ GaP (1um)
p GaP (9um)
Reflective Electrode
Si susbstrate

[그림 5.67] (a) AlAs/AlGaAs DBRs 거울을 채용한 AlGaInP 적색 LED 구조
(b) 금속 반사거울을 접합한 AlGaInP 적색 LED 구조(웨이퍼 접합 방식)

과를 크게 개선할 수 있다. 이는 광결정 구조에 의한 추출효율 상승이 주로 내부 광경로를 길게 겪는 전파모드의 회절 현상 때문이라는 것을 앞서 밝힌 바 있다. 광결정 구조가 도입되는 위치를 비교하면, DBRs 구조는 p형으로 doping 된 GaP 층 내에 형성되며, 금속 접합 구조는 n형으로 doping 된 AlGaInP 층 내에 형성된다. 내부양자효율의 저하를 방지하기 위해 광결정 식각 깊이는 양자우물층까지 확장되지 않는다는 점을 고려하면, DBRs 구조는 ~10 μm 깊이, 금속 접합 구조는 약 ~2 μm의 여유가 각각 있다. 하지만, 실질적으로는 두 구조 모두 식각 깊이에 대한 제한은 없다고 볼 수 있다.

2 적색 DBRs LED의 추출효율

적색 DBRs LED의 하층부는 반사거울의 역할을 수행하기 위해 AlAs 층과 AlGaAs 층이 quarter-wave의 두께를 가지고 순차적으로 적층되어 있다. DBRs는 1차원 광결정의 대표적인 예이며, LED에 적합한 DBRs 거울 설계를 통해 광결정에 대한 이해의 폭을 넓힐 수 있다.

적색 DBRs LED는 소자의 대부분이 10 μm 두께의 p-doped GaP 층이 차지하고 있다. 앞서 논의했던 청색 GaN-LED와 마찬가지로 적색 LED의 경우에도

GaP 상층부를 통과하는 수직방향 방사와 소자의 측면 방향을 따라 방사되는 수평방향 방사를 분리하여 취급할 필요가 있다.

먼저, 수직방향 방사는 직접 GaP 상층부에 도달하는 빛과 하단부의 DBR 거울에서 반사된 빛으로 구성된다. 이때, GaP를 둘러싸고 있는 물질을 Epoxy(n=1.4)로 가정하면, 양단 경계면에서의 임계각은 ~25°로 주어진다. 임계각 이내의 입사각도에 대한 투과율은 대부분 80%를 상회하므로, 2~3회의 반사/투과 과정을 겪은 후, 대부분의 빛은 Epoxy 영역으로 추출된다. 즉, 수직방향 방사의 경우 외부로 추출될 때까지 빛이 소자 내부에서 겪는 진행 거리가 길지 않으므로, 구성 물질의 흡수율에 의해 영향을 크게 받지 않는다. 가령, AlGaInP의 흡수율을 무시하고, DBR의 반사율을 80%라고 가정할 때, 수직방향 방사에 의한 양자효율은 약 8.5%에 이른다(이것이 의미하는 바는, 100개의 광자가 양자우물 층에서 발생했을 때, 평균적으로 8.5개의 광자가 수직방향 방사 경로를 따라 추출된다는 것이다). 수직방향 방사를 개선하기 위해서는 소자 내부에 존재하는 흡수 손실을 줄여야 하며, 이는 곧 DBR 거울의 개선으로 귀결된다. 하지만, 수직방향으로 진행하는 빛에 대해 DBR 거울은 이미 우수한 반사율(R≫50%)을 나타내고 있으므로, 개선의 폭이 그리 크지 않을 것임을 예측할 수 있다.

수직방향 방사와 비교하여, 수평방향 방사는 추출될 때까지 소자내부에서 겪는 진행 거리가 상대적으로 길다는 특징을 가지고 있다. 따라서, 흡수를 유발할 수 있는 양자우물 층을 수차례 이상 통과해야 하며, DBR 거울에서의 반사 역시 다수 발생한다. 기본적으로 DBR은 수직방향의 방사에 대해 최적의 반사율을 가지도록 설계하였으므로, 수평방향으로 진행하는 빛에 대해서는 마치 흡수체와 동일한 역할을 한다. 따라서 통상적인 DBR 거울을 적용한 적색 LED의 경우 수평방향 방사는 무시할 수 있는 수준에 이른다. 하지만, DBR 거울을 수평방향 방사에 대해서도 우수한 반사율을 가지도록 개량한다든지, 새로운 형태의 거울을 도입하게 되면, 그동안 흡수 손실에 의해 잃었던 수평방향 방사를 회복할 수 있는 가능성이 생긴다. 또는, GaP 상층부에 광결정 구조를 도입하여, 수평방향으로 진행하거나 소자 내에서 전반사에 의해 갇혀 있는 빛을 수직방향으로 추출할 수도 있다. 이러한 의미에서, 수평방향 방사는 수직방향 방사에 비해 개선의 여지가 크게 남아 있고, 향상 효과 또한 보다 극명할 것임을 짐작할 수 있다.

정리하면, 적색 LED의 추출효율 향상을 위한 최적 구조 개발은 DBR 거울의 개량과 GaP 상층부 영역의 광결정 도입으로 나누어 생각할 수 있다. 여기서 주목할 점은, 앞서 강조한 대로, LED 소자 하단부에 위치한 거울의 성능이 우수할수록, 광결정에 의한 추출효과 또한 향상된다는 점이다. 따라서 먼저 새로운 DBR 구조의 설계를 통해 우수한 반사 특성을 가지는 거울을 구현하는 일이 필요하다.

3 DBRs 거울 효과

AlGaInP 적색 LED 내 GaAs 기판 위에 성장한 DBR 거울은 하층부로 향하는 빛을 반사하는 역할을 담당한다. 이 빛 중 일부는 수직 또는 수평방향으로 방사되어 총 추출효율에 기여하게 된다. 일반적인 DBR은 수직공진표면광 레이저(VCSEL)의 예에서 확인할 수 있듯이 $\lambda/4n$(n은 각 DBR 층을 이루는 매질의 굴절률)의 두께를 지닌 AlAs와 $Al_{0.5}Ga_{0.5}As$의 조합으로 이루어져 있다. 이때, 이와 같은 DBR 거울 도입 전/후로 개선할 수 있는 추출효율은 어느 정도일까? 이 문제에 대한 해답을 찾는 과정 속에서 DBR 개선에 대한 아이디어를 창출할 수 있게 된다.

DBR 거울에 의한 추출효율 향상효과를 산출하기 위해서는, 전체 추출효율을 수직방향 방사에 의한 기여와 수평방향 방사에 의한 기여로 명확하게 분리할 필요가 있다. [그림 5.67]에서 수직방향의 추출효율은 GaP의 상층부를 통과해 Epoxy 영역에 도달하는 빛의 양이므로, 임계각 이내에 차지하고 있는 면적을 고려할 때, 4.7%라는 수치를 얻을 수 있다(하단에 거울이 없는 경우). 적색 LED 구조는 가시광선 영역에서 투명한 흡수 손실이 존재하지 않는 GaP가 대부분의 부피를 차지하고 있기 때문에, 측면을 통해 빠져나오는 수평방향의 효율 역시 상당한 값을 나타낼 것으로 예상할 수 있다. 만약, 하층부에 모든 빛을 100% 반사할 수 있는 이상적인 반사체가 있는 경우, 수직방향과 수평방향의 효율은 1:2의 비율이 될 것이다.

이 같은 논의를 기점으로, DBR 도입에 의한 수직방향과 수평방향의 추출효율 변화를 산출해 보자. 추출효율을 계산하기 위해 고려해야 할 변수들로, 측면 크기(transverse size), Epoxy와 GaP의 경계면에서의 투과율, 그리고 DBR의 평균 반사율 등을 들 수 있다. 더불어, 발광층인 양자우물 구조의 흡수율 또한 주요한 변수이나, 논의를 간단히 하기 위해 이는 무시하기로 한다.

먼저, 수직방향 방사는 상층부로 진행하는 빛이 GaP 상층부를 통과해 Epoxy로 도달하는 빛과 하층부로 진행한 빛이 DBR에서 반사한 뒤, Epoxy에 도달하는 빛으로 나눌 수 있다. 이 과정을 '첫 번째 산란(1st scattering)'에 의한 효율이라고 부르기로 하자. 첫 번째 산란에 의한 기여 이외에 LED 내부에서 반사 과정을 계속 겪는 다중 산란 효과 또한 포함해야 하나 두 번째 산란 이후의 값들은 점점 작아지므로 무시할 수 있다. 따라서 첫 번째 산란과 두 번째 산란의 경우에 대해 효율을 계산하면, 이것이 수직방향 방사에 의한 총 효율에 해당한다. GaP와 Epoxy 사이의 평균 투과율(~80%)과 DBR의 평균 반사율(~53%)을 고려하여 수직방향의 총 효율을 계산하면 ~6.3%가 된다. 여기서 평균 투과율과 반사율은 AlGaInP의 스펙트럼과 GaP과 Epoxy 경계면의 임계각을 고려해 산출한 값이다. 즉, 양자우물로부터 발생한 에너지 중 임계각 이내에 포함되는 에너지의 양을 1이라고 할 때, 경계면(DBR)에서의 투과율(반사율)을 각각 의미한다.

다음으로 수평방향의 방사를 생각하자. 이 경우 수직방향 방사와 구별되는 사항은 ① DBR의 평균 반사율이 훨씬 작아지고, ② 빛이 측면으로 나오기 위해 DBR을 거치는 횟수가 증가한다는 점이다. 따라서 수평방향의 효율은 소자 내부에 흡수가 전혀 존재하지 않는 이상적인 경우에 비해 크게 줄어들 것이라는 점을 예측할 수 있다. 수평방향 방사에 대한 DBR의 평균 반사율(~25%)이 낮은 이유는 DBR의 각 층을 이루는 두께가 수직방향($\theta=0°$)에 대해 최대의 반사율을 얻을 수 있도록 설정하였기 때문이다. 수평방향 방사에 해당하는 빛은 수직방향으로부터 크게 벗어난 입사각($\theta>65°$)을 가진다. 게다가, 논의하는 적색 LED 구조는 측면 방향의 크기가 수직방향의 크기보다 훨씬 크므로, 측면을 통해 빛이 방출되기 위해서는 DBR을 적어도 수회 이상 거쳐야 한다. 따라서 수평방향 방사에 의한 효율은 수직방향 방사에 비해 매우 낮게 된다. 실제로, 수평방향과 수직방향의 실제 크기를 대입하고, 방출 각도에 따라 DBR 거울을 겪는 횟수를 다르게 설정한 뒤, 수평 방사 효율을 산출하면 ~1.2%에 지나지 않는다.

수평방향으로 빠져나온 빛은 LED package 형태에 따라 때로는 금속거울에 의해 반사된 뒤 수직방향으로 진행한다. 금속거울의 반사율을 80%로 가정했을

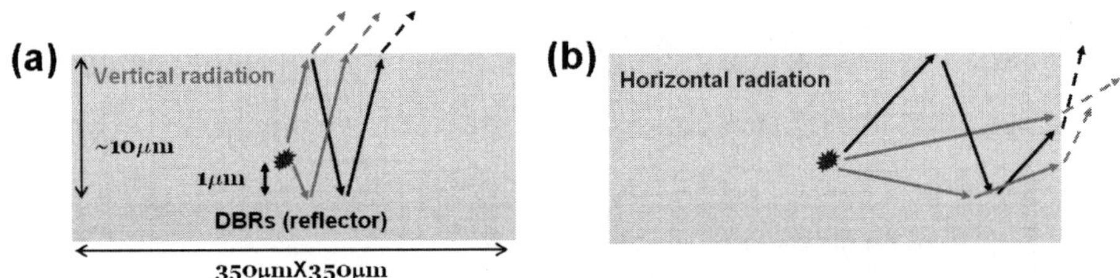

[그림 5.68] 수직방향(a)과 수평방향(b)의 방사 경로 비교

때, 수직방향과 수평방향의 방사를 더한 총 추출효율을 최종적으로 산출하면 약 7.3%가 된다. 이는 일반 적색 DBRs LED의 총 효율과 비슷한 값을 나타낸다. 하지만, 이론적으로 총 효율을 정확히 유도하기 위해서는 면 발광 효과와 양자우물의 흡수율 등을 고려해야 한다.

4 고효율 DBRs 거울 설계

이제, DBR 거울을 개선하여 추출효율을 개선할 수 있는 방법을 논의하기로 하자. 이 경우도 앞서와 마찬가지로 수직방향의 효율 향상과 수평방향의 효율 향상으로 나누어 각 방사 종류에 따른 개선안을 제시할 수 있다.

먼저, 수직방향의 효율을 향상시키기 위해서, DBR을 이루는 각 층의 두께를 늘린다. 두께를 늘린다는 것은 DBR이 최대 반사율을 나타내는 각도를 수직인 0°에서 임계각 내의 다른 각도로 이동한다는 것을 의미한다. LED에서 발생하는 빛은 양자우물로부터 자발방출(spontaneous emission) 과정을 거쳐 생성되므로, 모든 입체 각도(solid angle)에 대해 고른 출력 분포를 가진다고 생각할 수 있다. 따라서 수직방향에서 멀어질수록 해당 입사각도가 차지하는 면적이 $\sin\theta$에 비례하여 증가한다. 그러므로 수직방향보다는 이에 벗어난 입사각도에 대해 최대 반사율을 유지하는 것이 추출효율 향상에 도움이 된다.

[그림 5.69(a)]를 통해 적색 LED의 중심파장인 625 nm에 대해 기존의 DBR($t=\lambda/4n$)과 17.5°의 입사각($t'=t/\cos 17.5°$)에서 최대 반사율이 되도록 설계한 DBR의 반사율을 임계각 내의 입사각도에 대해 비교하였다.

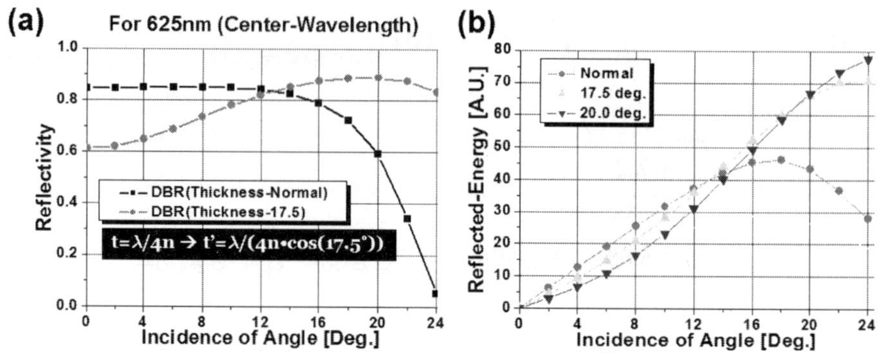

[그림 5.69] (a) 적색 LED의 중심파장인 625 nm에 대해 기존의 DBR($t=\lambda/4n$)과 두께를 늘린 DBR($t'=t/\cos 17.5°$)의 반사율을 비교한 그래프
(b) 두께를 조절하면서, 입사각에 따른 반사율을 나타낸 그래프. 반사율은 입사각도에 따른 면적 효과를 고려한 것이다.

기존의 DBR은 수직방향에 대해 반사율이 최대가 되며, 이를 기점으로 각도에 따라 반사율이 서서히 낮아지는 추세를 보인다. 이에 반해, 두께가 수정된 DBR은 설계대로 17.5°를 중심으로 양 방향에 대해 반사율이 점차 낮아진다. 즉, 수직방향에 대해서는 두께가 수정된 DBR의 반사율이 저하되지만, 입사각이 커질수록 반사율 차이가 점점 줄어들면서 ~14° 부근부터 반사율 크기가 역전되기 시작한다. 이때, 입사각도가 차지하는 면적을 고려하여 에너지 비율을 따진다면, 두께가 수정된 DBR이 평균 반사율에 있어 더 큰 값을 가질 것으로 예상할 수 있다. [그림 5.69(b)] 이제 남은 일은 각 층의 DBR 두께를 조금씩 늘려가면서 수직방향 방사에 대해 최대 추출효율을 가지는 조건을 찾는 일이다. 주어진 입사각도 θ에 해당하는 면적이 $\sin\theta$에 비례한다는 사실을 다시 떠올린다면, DBR 각 층의 두께를 임계각의 절반보다 조금 더 큰 각도에 대해 최대 반사율을 가지도록 설계했을 때, 최대 추출효율을 가질 것임을 일차적으로 유추할 수 있다. 이에 입각해, 두께를 바꾸면서 면적에 의한 효과를 고려한 반사율을 산출한 결과, 추측대로 두께를 17.5°에 대해 맞춘 경우 추출효과가 최대가 된다. 임계각 이내의 입사만을 고려했을 때, 개량된 DBR 구조는 기존 구조 대비 30% 이상의 반사율 증가를 나타낸다.

다음으로, 수평방향의 효율을 증대시킬 수 있는 방법에 대해 논의하기로 한다. 측면으로 방출하는 수평 방사의 효율이 낮은 이유는 입사각($\theta > 65°$)이 최대 반

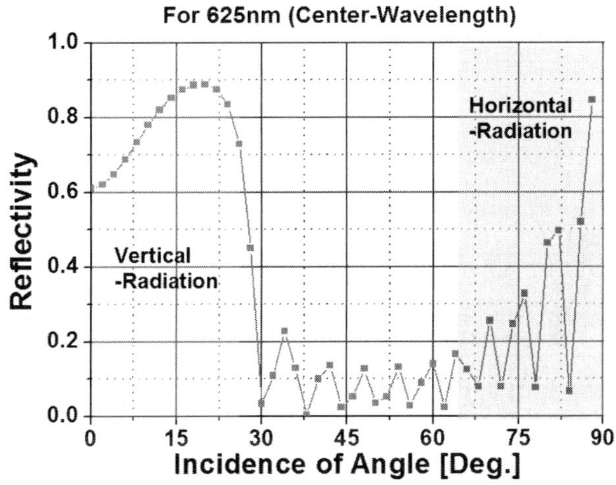

[그림 5.70] 17.5°에 대해 최대 반사율을 가지도록 설정한 DBR의 모든 입사각도에 대한 반사율 그래프. 중심각에서 멀어질수록, 반사율은 급격하게 떨어짐을 알 수 있다.

사율을 가지는 중심각으로부터 멀리 떨어져 있기 때문이다. 하지만, InAlP와 맞닿아 있는 DBR의 첫 번째 층인 AlAs의 굴절률(n=3.13)이 InAlP(n=3.29)의 굴절률보다 작다는 점을 감안하면, 두 층 사이에서 일어나는 전반사 효과를 기대할 수 있다. 하지만, 실제로 전반사가 일어나야 할 입사각도에 대해서도 DBR은 여전히 낮은 반사율을 보임을 알 수 있다([그림 5.70]).

이는 전반사가 일어날 때 발생하는 표면감쇠파(evanescent wave)가 AlAs 층 다음에 있는 $Al_{0.5}Ga_{0.5}As$ (n=3.55) 층과 결합하여 투과(tunneling)하기 때문이다. 이러한 현상을 FTIR(Frustrated Total Internal Reflection)이라 한다. 표면감쇠파의 크기는 경계면의 수직방향에 대해 지수적으로 감소하므로, AlAs의 두께를 빛의 파장에 대해 충분히 크게 설정하면, FTIR에 의한 빛의 투과 현상을 방지할 수 있다. 따라서 빛의 간섭 조건은 그대로 유지하면서 첫 번째 AlAs 층의 두께를 늘리기 위해, $t'=(2s+1) \cdot t$ (s는 자연수, t는 AlAs의 층을 늘리기 전의 두께)를 만족하도록 하였다([그림 5.71(a)]). 예상했던 것처럼 DBR을 이루는 첫 번째 AlAs 층의 두께가 증가할수록 반사율이 증가한다. 특히, $t'=7 \cdot t$ 이상일 때, 완전히 전반사 조건을 만족하는 것을 알 수 있다. 이때, 추가적으로 확인해야 할 사항은 첫 번째 층의 AlAs의 두께를 늘렸을 때, 수직방향 방사에 해당하는 반사율 변화 여부를 관찰하는 것이다. 하지만, 첫 번째 층 역시 간섭 조건을 만

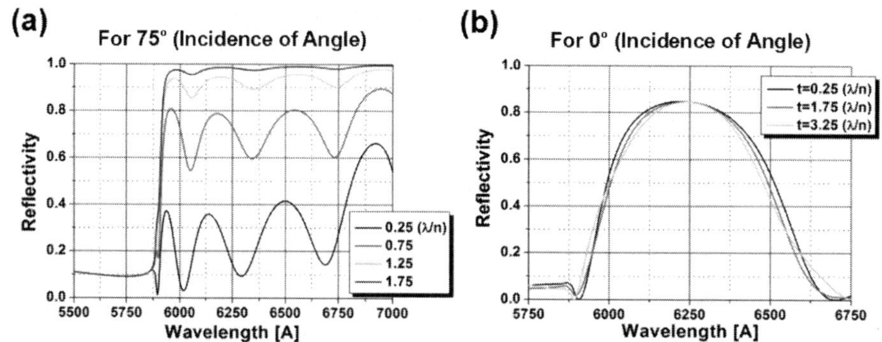

[그림 5.71] (a) DBR을 이루는 첫 번째 AlAs 층의 두께를 늘리면서 조사한 반사율 그래프. 여기서, 입사각도는(수직방향을 법선으로 하였을 때) 75°로 고정하였다.
(b) 첫 번째 AlAs 층의 두께를 늘리면서 수직방향의 입사각(0°)에 대해 반사율을 조사한 그래프

족하도록 두께를 설계한 것이므로 다른 각도의 반사율에는 거의 영향을 주지 않는다([그림 5.71(b)]).

마지막으로, DBR을 구성하는 첫 번째 AlAs 층의 두께를 충분히 두껍게 하여 (t′=7 · t) 전반사 효과를 활용할 수 있을 때, 실제 얻을 수 있는 수평효율을 산출하기로 하자. 이 경우, InAlP과 AlAs 사이에 의해 정의 되는 임계각($\theta > 72°$, 입사각을 정의하는 법선(normal vector)은 수직방향으로 설정) 이내의 빛을 DBR에 의한 손실 없이 측면으로 추출할 수 있을 것으로 예상할 수 있다. 다만, 논의의 편의성을 위해 측면 방향으로 추출하는 빛이 양자우물 층을 지날 때마다 손실되는 빛은 무시하였다. 산술적으로 최종 수평 추출효율은 약 7.8%가 되며, 이는 기존의 수평 추출효율 대비 약 6.5배의 향상을 이끈 결과이다.

결론적으로, 적색 LED의 DBR 최적화 작업은 다음과 같이 정리할 수 있다.

① 수직방향 효율을 향상을 위해 DBR의 최대 반사율이 17.5° 에서 최대가 되도록 각 층의 두께를 설정한다.

② 수평방향 효율 향상을 위해 AlAs의 첫 번째 층의 두께를 기존 구조보다 7배 이상 늘린다.

각 개선 작업을 DBR 구조에 적용했을 때, 총 효율을 비교하면 [그림 5.72]와 같다. 총 효율은 수직방향 방사와 수평방향 방사의 효율을 합해 계산하였으며, DBR 개선 작업에 의해 약 2배 정도의 추출효율 향상 효과를 얻을 수 있다.

	수직방향 효율(%)	수평방향 효율	총 효율
기존	5.4	1.2	6.6
개선	7.2	6.2	13.4

[그림 5.72] DBR 개량에 의해 얻을 수 있는 효과를 수직방향과 수평방향의 효율로 나누어 정리한 표. 수평방향의 효율의 경우 package에 포함된 금속 반사체의 반사율 80%를 고려한 수치이다. 이 계산에서 면 발광 효과와 양자우물의 흡수율은 무시하였다.

5 적색 개선 DBR 구조 추출효율 측정 실험

새롭게 설계한 DBR 구조가 적용된 적색 LED의 광 추출효율 향상 효과를 실험적으로 검증하기 위해, 기존의 DBR 구조와 새로운 DBR 구조가 적용된 적색 LED 시편을 준비하였다. 공정한 비교를 위해 각 시편은 동일한 실행 과정 중에 성장한 것들이다. 비교를 위해 최종 의뢰한 기존 DBR 구조와 새롭게 설계한 DBR 구조를 정리하면, [그림 5.73]과 같다.

해당 Epi를 활용하여 LED를 제작하여 출력을 측정한 결과가 [그림 5.74]에 요약되어 있다.

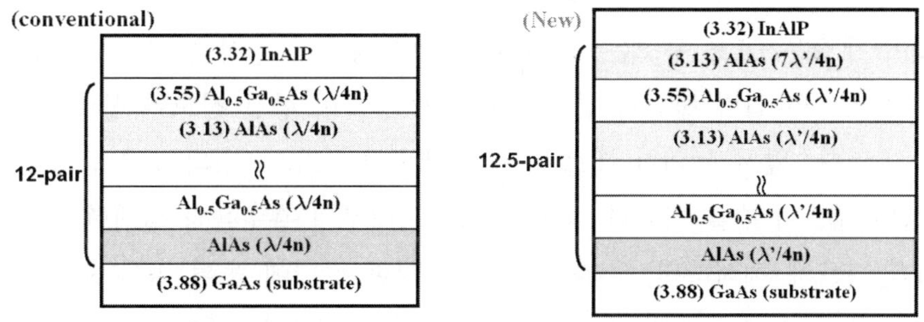

[그림 5.73] 기존 DBR 구조와 새롭게 설계한 DBR 개량 구조

Area	1.1 x 1.1 mm^2	
Sort	Conventional	NEW DBRs
*PKG (before mold)	14.4 mW	84% 26.5 mW
PKG (after mold)	26.9 mW	89% 50.8 mW
V_{f1}@ 350 mA	2.20 [V]	2.18 [V]

[그림 5.74] 각 DBR 구조에 대해 package 전/후 표준 전류 350 mA에서의 출력과 전압 비교

먼저, 표준 전류 350 mA에서 측정한 전압 값을 비교하면, DBR 개선 작업이 소자의 저항에 전혀 영향을 주지 않은 것으로 풀이된다. 이는 새롭게 설계한 DBR을 실제 소자에 적용할 수 있는 필요조건을 만족했음을 의미한다. 다음으로, Epoxy mold를 채우기 전/후로 나누어서 각 DBR 구조에 대해 광출력을 측정하였다. 결과에서 알 수 있듯이, mold 이후에도 기존 DBR 구조에 대해 ~90%에 이르는 추출효율 향상 효과를 관찰할 수 있다. 이는 앞서 이론에서 예측한 값과 유사한 향상 정도를 나타낸다. 결과에서 특이할 만한 사항은, mold package 후 광출력 향상 효과가 조금 더 상승했다는 것이다(84%→89%). 그 이유는 DBR 구조가 배경 물질을 Epoxy로 가정해서 설계했기 때문이다. 즉, 배경 물질의 굴절률에 따라 최대 효율을 나타내는 DBR 각 층의 두께가 달라진다. 이는, 새롭게 설계한 DBR 구조가 이론에서 예측한 대로 동작하고 있다는 것을 알려주는 간접적인 증거라고 할 수 있다.

기존 DBR 구조와 새롭게 개량한 DBR 구조에 대해 입력 전류에 따른 광출력 결과를 살펴보면 흥미로운 사실을 발견할 수 있다([그림 5.75(a)]). 입력 전류에 관계없이 새로운 DBR 구조는 ~1.8배 이상의 광출력 향상을 유지하는데, 이를 자세히 살펴보면 입력 전류가 감소함에 따라 광출력 향상 정도가 상승하고 있음을 알 수 있다. 앞서 논의한 대로 새롭게 개량한 DBR 구조의 광출력 향상은 수평 방사의 개선이 주를 이룬다. 따라서, 소자 내부의 흡수율과 밀접한 관련이 있다. 이를 다르게 해석하면, 소자가 보다 투명한 상태에 놓여 있는 조건인 낮은 전류에서 개량 DBR 구조의 출력 향상이 두드러지게 되는 것이다. 즉, 적색 LED 내 흡수 요인을 완전히 제거할 수 있다면, 개량 DBR 거울에 의한 광량 상승효과는 보다 향상될 것이다. 이와 같은 논의는 광결정을 적용한 LED 구조에서도 마찬가지로 펼칠 수 있다. 마지막으로 입력 전류에 따른 인가전압 측정 결과를 살

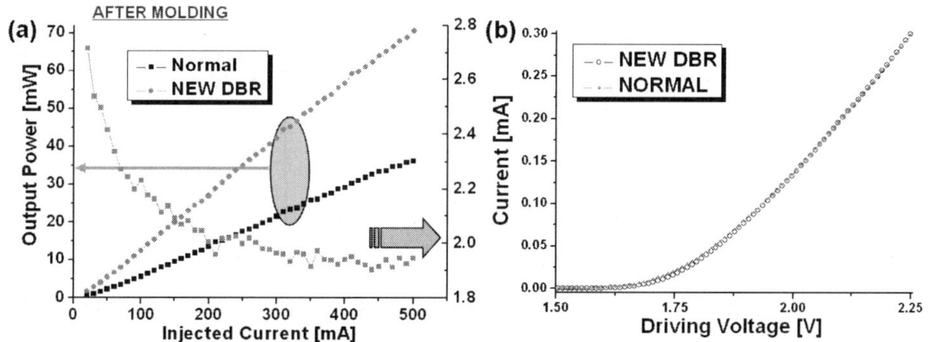

[그림 5.75] 기존 DBR 구조와 새롭게 개량한 DBR 구조의 전류–출력 특성 곡선 (a) 및 전류–전압 특성 곡선 (b)

펴보면[그림 5.75(b)], DBR 층 두께의 변화가 전기적인 성질에 전혀 영향을 주지 않음을 알 수 있다. 따라서 DBR 거울 개량에 의한 효과는 고출력 영역에서도 효과적으로 동작할 것임을 예상할 수 있다.

DBR 개선 작업과 관련하여, 수평방향의 방사를 더 향상시킬 수 있는 방안을 제시하고자 한다. 결국, 수평방향 방사 효율은 DBR의 경계면을 이루는 두 층의 굴절률 차이에 의해 결정된다. 즉, 경계면의 굴절률 차이가 커질수록 임계각이 작아지게 되어, 수평방향 방사를 통해 측면으로 빠져나올 수 있는 입사각도의 범위가 넓어지게 된다. DBR의 각 층을 이루는 매질(AlAs, AlGaAs)의 굴절률과 DBR과 인접한 매질(InAlP)의 굴절률은 이미 정해져 있지만, DBR의 첫 번째 층뿐만 아니라 두 번째 혹은 세 번째 층의 두께를 마찬가지로 늘리게 되면, 각 층 상호 간의 전반사 효과로 인해 전반사에 해당하는 입사각도 범위가 넓어지는 효과를 가져온다([그림 5.76]). 가령, 현재의 구조가 InAlP과 AlAs 사이의 굴절률 차이에 의한 전반사 효과만을 이용한다면, 한 번 더 개선한 DBR 구조의 경우 AlGaAs과 AlAs 사이의 전반사 효과까지 추가적으로 활용할 수 있다. 즉, AlGaAs과 AlAs 사이의 굴절률 차이가 InAlP과 AlAs 사이의 굴절률 차이보다 크므로, 더 큰 향상 효과를 기대할 수 있다.

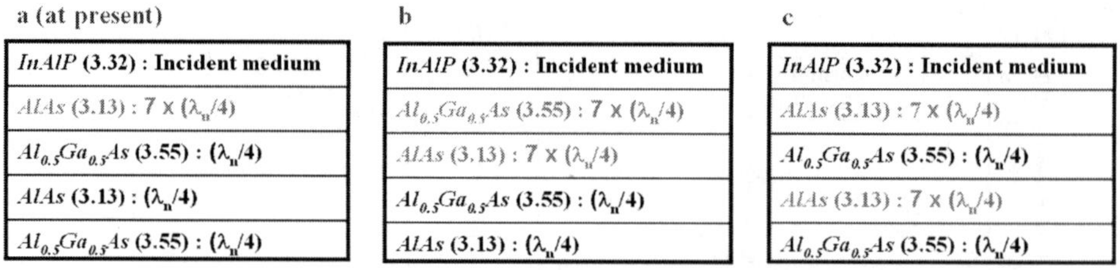

a (at present)	b	c
InAlP (3.32) : Incident medium	*InAlP* (3.32) : Incident medium	*InAlP* (3.32) : Incident medium
AlAs (3.13) : 7 x (λ_n/4)	$Al_{0.5}Ga_{0.5}As$ (3.55) : 7 x (λ_n/4)	*AlAs* (3.13) : 7 x (λ_n/4)
$Al_{0.5}Ga_{0.5}As$ (3.55) : (λ_n/4)	*AlAs* (3.13) : 7 x (λ_n/4)	$Al_{0.5}Ga_{0.5}As$ (3.55) : (λ_n/4)
AlAs (3.13) : (λ_n/4)	$Al_{0.5}Ga_{0.5}As$ (3.55) : (λ_n/4)	*AlAs* (3.13) : 7 x (λ_n/4)
$Al_{0.5}Ga_{0.5}As$ (3.55) : (λ_n/4)	*AlAs* (3.13) : (λ_n/4)	$Al_{0.5}Ga_{0.5}As$ (3.55) : (λ_n/4)

[그림 5.76] 현재의 DBR 개선 구조에서 두 번째 혹은 세 번째 층까지 추가적으로 두께를 증가시킨 DBR 구조의 도식도. 이 경우, AlAs와 AlGaAs 사이의 전반사 효과까지 활용할 수 있다.

다시 한 번 개선한 DBR 구조의 효과를 증명하기 위해 [그림 5.77]에서, 현재의 DBR 구조가 낮은 반사율을 나타내는 70°의 입사각도에 대해 반사율을 상호 비교하였다.

결과를 살펴보면, AlGaAs와 AlAs 사이의 추가적인 전반사 효과로 인해 본래 낮은 반사율을 나타냈던 영역까지 반사율이 향상되었음을 알 수 있다. 한 번 더 개선된 DBR 구조를 통해 현재까지 개선된 DBR 구조에 대해 10% 이상의 추가적인 광 추출효율 향상을 기대할 수 있다.

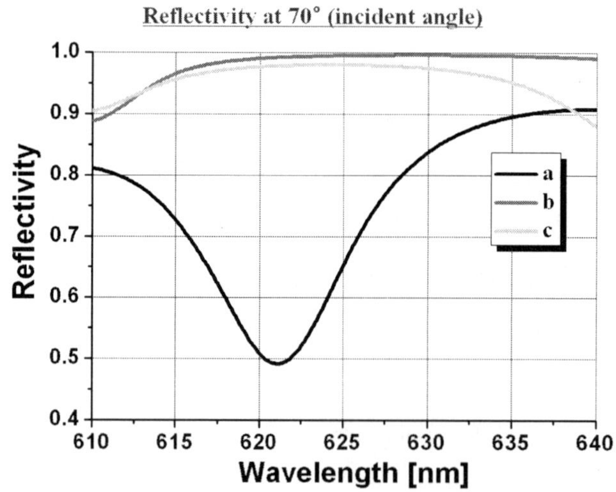

[그림 5.77] 입사각도 70°일 때, 추가적으로 개선한 DBR 구조와 현재의 DBR 구조의 반사율 그래프. a, b, c는 [그림 5.32, 38]의 각 구조에 대응된다.

6 적색 DBRs LED 광결정 설계

지금까지의 DBR 개선 작업을 통해 수직방향과 수평방향 방사의 효율 향상이 가능하다. 하지만, 여전히 소자 내에서 전반사에 의해 갇힌 채, 어느 방사 경로를 통해서라도 추출될 수 없는 빛이 상당량 존재한다. 광결정 구조는 이 빛들을 수직방향으로 추출하는 역할을 할 수 있다. 최대의 추출효율을 얻을 수 있는 광결정 구조를 결정하기 위해 앞선 청색 GaN-LED의 논의와 마찬가지로 FDTD 전산모사를 활용하기로 한다.

FDTD 공간 내에서 GaP의 두께는 메모리를 고려하여 4μm로 설정하였으며, DBR 구조는 도입되지 않는다. 즉, 추출효율은 한 번의 산란과정을 통해 Epoxy 영역으로 빠져나오는 양을 의미한다. 주기와 식각 깊이에 대한 추출효율의 변동을 산출하였다. [그림 5.78(a), (b)]

먼저, 추출효율이 최대가 되는 주기(a)를 살펴보면, 식각 깊이에 관계없이 ~500nm의 주기에서 최적의 효율을 나타낸다. 또한, 식각 깊이가 증가함에 따라 1000nm 이상의 주기를 가지는 광결정 구조의 추출효율은 꾸준히 상승하는 경향이 있다. 이는 식각 깊이가 증가할수록 위상정합(phase matching) 조건을 위해 상대적으로 긴 주기를 필요로 하는 고차 전파모드의 회절 효율이 증가하였기 때문이다. FDTD에서 예측한 추출효율은 한 번의 산란 과정을 통해 빠져나오는 수직방향의 방사만 고려했으므로, 절대적인 수치는 사실상 의미가 없다.

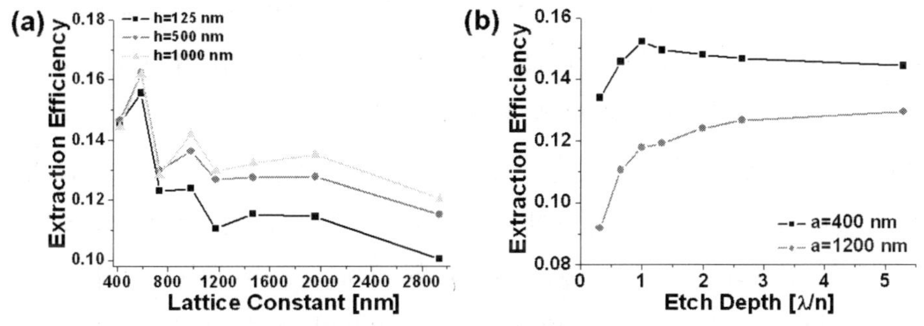

[그림 5.78] (a) 광결정의 식각 깊이, 주기에 따른 상대적인 증대비
(b) 식각 깊이와 추출효율의 상관관계

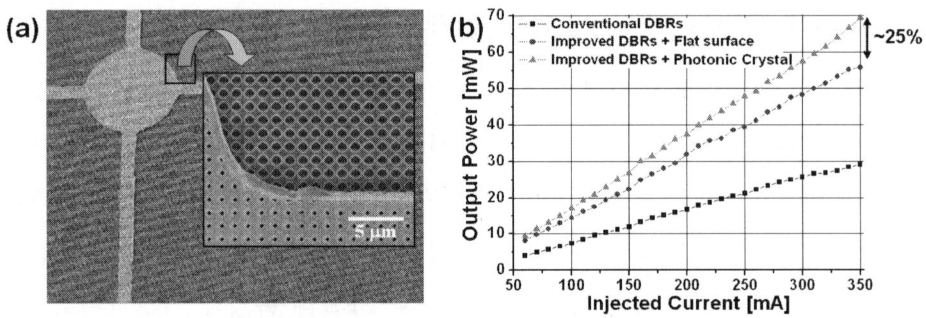

[그림 5.79] (a) 적색 DBRs LED p-GaP에 도입된 주기 1200nm의 광결정 형상
(b) 각 소자에 대해 입력 전류에 따른 광출력을 측정한 결과

상기 계산 결과를 바탕으로 광결정이 도입된 적색 DBR LED의 실제 측정 결과가 [그림 5.79(a), (b)]에 나타나 있다. p-GaP 층 내 광결정 도입은 일반적인 photolithography를 통해 이루어졌으며, 주기는 1200nm, 식각 깊이는 1μm에 해당한다. 실험에서 도입된 주기는 계산에서 예측한 최적 값과 차이가 있으나, 광결정에 의한 추출효율 향상 효과를 검증하기에는 문제가 없다. 또한, 해당 주기에서의 추출효율을 극대화하기 위해 식각 깊이를 의도적으로 증가시켰다. 광출력 결과를 살펴보면, 광결정 구조 도입 후 ~25% 출력 향상 효과를 확인할 수 있다.

7 금속거울 접합 적색 LED 광결정 설계

광결정 효과를 통해 추출효율 향상을 극명하게 이끌어 내기 위해서는 모든 입사각도에 대해 높은 반사율을 가지는 거울이 필요하다. DBR 거울의 경우 개선된 구조를 도입하더라도, 여전히 낮은 반사율을 가지는 영역($25° < \theta < 75°$) 이 존재한다. 이 입사각도에 해당하는 빛은 광결정 도입에 관계없이 DBR 거울에 의해 흡수된다. 따라서 광결정을 이용하여 추출효율을 향상하고자 할 때, 최적 거울의 형태는 모든 입사각도에 대해 높은 반사율을 가지는 금속이어야 한다. 대표적인 반사율의 거울의 예로 Ag을 들 수 있다. Ag 거울이 접합 된 적색 LED 구조 내에 n-doped InAlGaP 층에 광결정을 도입하여 출력을 측정한 결과를 [그림 5.80(a)]에서 찾을 수 있다. 이때, 광결정의 주기는 DBRs 구조와 마찬가지로 1200nm이다. 측정 결과에서 가장 먼저 눈에 띄는 사실은 패턴이 없는 기준 소자

대비 광결정 구조의 상대적 광 추출효과(~1.8 배)가 증가한다는 점이다. 이는, 반사율 거울에 의해 광결정 효과가 동반 상승한다는 사실을 입증하는 결과이다.

이를 이론적으로 확인하기 위해, FDTD 계산 공간 내의 완전 거울 도입 유무에 따른 광결정에 의한 추출효율을 산출하였다. [그림 5.80(b)] 예상했던 대로, 100%의 반사율을 가지는 완전 거울 도입 이후 광결정에 의한 광 추출효과가 증가하고 있다.

결론적으로, 광결정에 의한 추출효율 상승은 내부의 흡수율과 밀접한 관련이 있다. 내부의 흡수율은 물질 자체의 흡수 손실뿐만 아니라 반사거울의 반사율, 발광층의 자기흡수(self-absorption) 등이 이에 해당한다. 또한, 내부의 흡수율이 줄어들수록 광결정에 의한 광량 상승효과는 증가하는 경향을 나타낸다. 이는 추출효율을 극대화하는 광결정의 설계가 비단 광결정 자체의 구조적 인자뿐만 아니라 내부 물질의 개선과도 직접적으로 연관이 있음을 의미한다. 상기 의미에서 추출효율 향상은 결국 내부양자효율의 개선 작업과도 맞닿아 있다고 볼 수 있다.

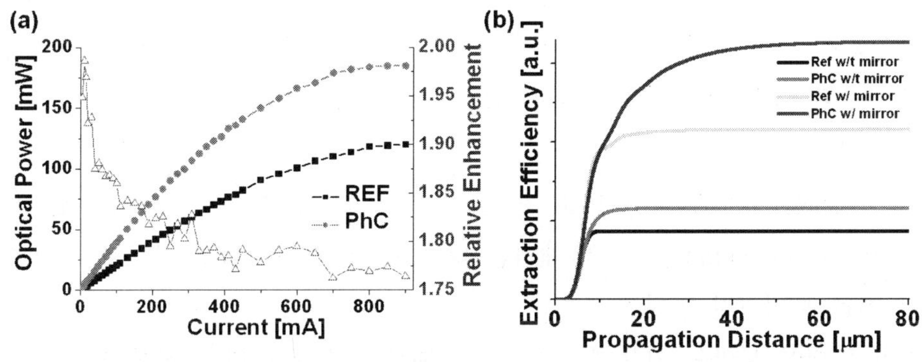

[그림 5.80] (a) 입력 전류와 광출력의 상관관계
(b) 완전 거울 유무에 따른 광결정/평면 구조의 추출효율

Chapter

06 기타 광자결정 응용 소자

황 인 각

1 서 론

광통신 및 광 신호처리 기술이 발전하면서, 요구되는 광신호의 처리속도는 급격히 높아져가고 있다. 광신호를 스위칭(switching), 분배(routing), 또는 저장하는 데에는 전기신호를 사용하는 것이 일반적이었으나, 초고속 시스템에서는 전기신호가 가진 bandwidth의 한계를 체감하기 시작했으며, 또한 광-전기 변환기를 거치지 않고 광신호를 또 다른 광신호로 직접 제어하는 기술에 대한 요구가 점점 커지고 있다.

본 장에서는 완전광 스위치(all-optical switch), 광 게이트(optical gate), 광 메모리(optical memory) 등의 개념을 다루고, 이를 광자결정 기술로 구현한 몇 가지 예를 보이고자 한다.

또한 완벽한 보안을 가능케 하는 양자 통신 기술에 대한 관심이 고조되는 지금, 양자 통신의 핵심 소자로 대두되는 단일광자 광원에 관해 논하고, 광자결정이 이를 구현하는 데에 어떻게 기여할 수 있는지 설명한다.

2 완전광 스위치

2.1 서론

광 스위치란 입력되는 광신호 중 일부를 선택적으로 제거하거나 투과시키는 소자로서, 이때 사용되는 제어 신호 역시 빛을 사용하게 되는 경우 완전광 스위치(all-optical switch)라고 불린다. 이에 대한 간단한 개념도를 [그림 6.1]에 나타내었다. 이 그림은 제어 신호(control pulse)가 존재할 때(1일 때)만 입력 신호가 그대로 통과하고, 제어 신호가 없을 때(0일 때)는 입력 신호가 사라지는 경우를 묘사하고 있다. 이는 전자를 다루는 transistor의 기능과 매우 흡사하다.

전자의 경우에는 서로 간의 상호작용력이 강해서 특정 전자를 다른 전자를 사용해 제어하는 것이 비교적 용이하지만, 광자의 경우엔 광자 간의 상호작용이 매우 약하므로 이런 기술을 구현하는 것은 쉽지 않다.

광자 간에 영향을 줄 수 있는 방법 중의 하나가 물질의 광학적 비선형성(optical nonlinearity)을 사용하는 것이다. 간단한 예로 어느 물질에 아주 강한 세기의 빛이 입사되면 그 물질의 굴절률이 미소하게 변화되는데, 이를 간섭계의 한쪽 광경로에 적용하면, 간섭 패턴의 변화를 가져올 수 있는 것이다.

실용적인 완전광 스위치를 구현하기 위해서 만족해야 하는 조건들은 다음과 같다.

① 고속 스위칭 시간
② 낮은 동작 파워(또는 에너지)

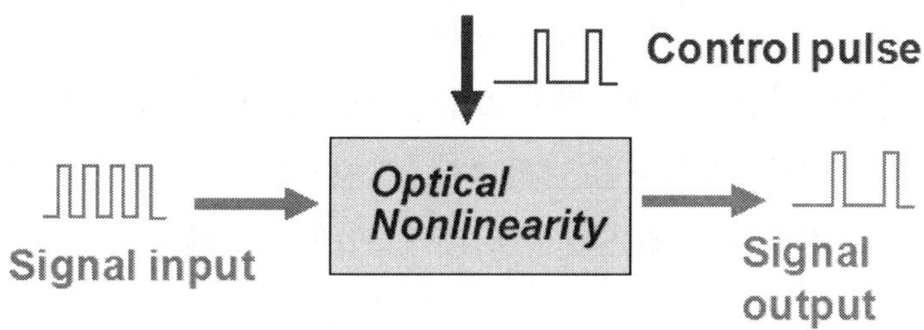

[그림 6.1] all-optical switch의 개념도. 입력된 광신호(signal input) 중 일부는 제어 펄스(control pulse)에 의해 차단되거나 선택된다.

③ 높은 on-off 대비(contrast)

④ 소형화

완전광 스위치를 구현하고자 하는 가장 큰 목적은 '초고속 광처리'에 있으므로 스위칭 시간이 짧아야 하는 것은 당연하다. 스위칭 시간은 사용하는 비선형의 메커니즘, 매질의 종류, 매질의 기하학적 구조 등과 연관되어 있다.

일반적으로 광학물질의 비선형성은 매우 작기 때문에, 충분한 양의 굴절률 변화를 가져오기 위해서는 입력광의 세기가 매우 커야 하며, 이는 완전광 스위치의 실용화에 있어서 최대의 걸림돌이 되어 왔다. 따라서 동작 파워 혹은 에너지를 낮추는 것은 가장 중요한 연구 목표 중의 하나이다.

on-off contrast라는 것은, 출력단 신호광에서 정상적으로 투과된 펄스와 차단된 펄스 간의 세기 비율을 말한다. 이 대비값은 최대 1(100%)에서 최소 0까지의 값을 갖는다.

비선형 효과를 증폭시키는 방법 중 하나는 제어광이 긴 길이의 광경로를 지나게 하는 것이다. 굴절률 변화량이 작더라도 여기에 거리가 곱해지면 큰 위상 변화를 얻을 수 있기 때문이다. 보통 광섬유 간섭계의 경우 이 방법을 많이 사용하는데, 이때는 필연적으로 소자의 크기가 커질 수밖에 없다. 수많은 광 스위치를 작은 부피에 집적해야 하는 측면에서 볼 때, 이는 효과적인 소자 구조가 아니다. 게다가, 긴 길이의 간섭계를 통해 광 스위치를 구현할 경우, 주변의 온도 변화 등에 의해 소자의 특성이 변화하기 쉽다.

2.2 광자결정 공진기의 비선형 효과

광자결정 공진기 및 결합 기술을 사용하면 이러한 요구조건들을 효과적으로 만족시킬 수 있다. [그림 6.2]의 예를 보도록 하자. 이는 광자결정 공진기를 마치 Fabry-Perot 간섭계처럼 구성한 경우로서, 이때 도파로를 지나가는 빛의 투과 스펙트럼은 (a)의 아래 그래프처럼 나타난다. 그래프의 peak는 공진기의 공진파장에 해당하며, 그 선폭은 공진기의 품위값에 의해 결정된다.

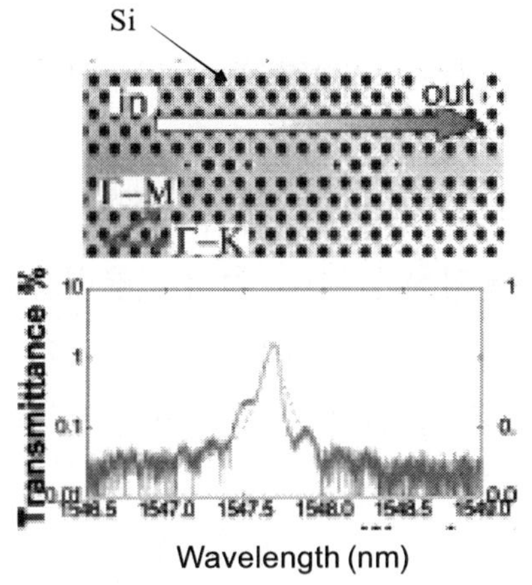

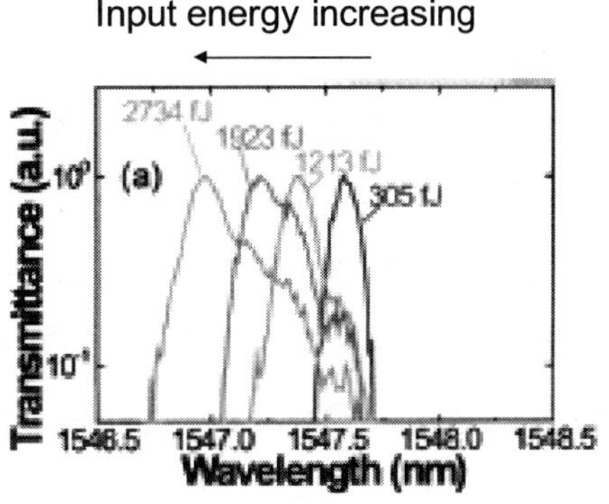

[그림 6.2] (a) 광자결정 slab에서 구현한 도파로–공진기–도파로 구조. 아래는 넓은 선폭의 광원을 입사했을 때의 투과 스펙트럼을 보여준다.
(b) 펄스 형태의 광원을 입력했을 때, 펄스 에너지에 따른 출력광의 스펙트럼. 높은 에너지의 펄스에 대해서는 공진기의 공진파장이 짧은 쪽으로 이동했음을 보여준다. (Tanabe et al, Appl. Phys. Lett. 87, 151112 (2005))

이 광자결정 공진기는 매우 높은 품위값과 아주 작은 모드부피를 갖고 있다. 도파로를 통해 특정한 세기의 광을 이 공진기에 주입시킬 때 입력광의 파장과 공진기의 공명 파장이 일치하게 되면, 공진기 내부에는 매우 큰 세기의 광이 존재하게 되며, 결국 큰 굴절률 변화를 야기한다. 즉, 굴절률 변화는 공진기의 품위값에 비례하며 공진기의 모드부피에 반비례한다. 또한 공진기를 이루고 있는 매질의 굴절률 변화는 공진파장의 변화를 야기하므로 다음과 같이 나타낼 수 있다.

$$\frac{\Delta\lambda}{\lambda} \propto \frac{\Delta n}{n} \propto \frac{Q}{V} \tag{6.1}$$

여기서 발생한 공진파장의 변화를 보기 위해서는 도파로를 따라 넓은 파장영역을 갖는 광원을 주입시켜 그 투과 스펙트럼을 보면 된다. 투과율(T)의 변화 감도는 투과 스펙트럼의 기울기에 의해 결정되는데, 이 또한 공진기의 품위값에 비례한다. 따라서 공진기를 사용한 광 스위치의 효율은 공진파장의 변화량과 이에 따른 투과율의 변화로 주어지며, 다음과 같이 쓸 수 있다.

$$switching \quad effiency = \Delta T = \frac{\partial T}{\partial \lambda}\Delta\lambda \propto \frac{Q^2}{V} \tag{6.2}$$

공진 조건을 이용한 광 스위칭에서는 공진기의 품위값이 높을수록, 공진모드의 부피가 작을수록 스위치의 효율은 증폭되는데, 광자결정 공진기는 일반 공진기에 비해 이 값이 수백 배 이상 크다.

[그림 6.2]의 도파로 한쪽에 짧은 펄스 광을 입사시키면, (b)와 같이 그 펄스의 여러 파장 성분 중 공진파장과 일치한 파장만 투과하게 된다. 여기서 흥미로운 점은 그 투과 스펙트럼이 펄스의 에너지에 따라 바뀐다는 점이다. 이는 펄스의 에너지가 공진기 매질(이 경우엔 Si)의 굴절률 변화를 유도하였음을 나타낸다. 여기서 사용된 1550 nm 근처 파장의 빛은 이광자 흡수(two-photon absorption)에 의해 Si의 굴절률을 바꾸는 것으로 알려져 있다. 이광자 흡수 메커니즘 자체의 효율이 매우 낮음에도 불구하고 수백 fJ 수준의 펄스 에너지에서 스펙트럼의 변화가 관찰되었다는 점은 광자결정 공진기의 큰 기여도를 증거한다.

[그림 6.2]의 경우엔 제어광이 따로 존재하지 않는다. 제어광과 입력 신호광을 따로 주입하기 위해서는 두 개 이상의 공명 파장을 사용해야 하는데, 여기서 구체적인 설명은 하지 않기로 한다. 자세한 내용은 논문 [Tanabe et al, *Appl. Phys. Lett.* 87, 151112 (2005)]을 참고하면 될 것이다.

2.3 광섬유 결합을 이용한 비선형 광 스위치

한편, 제4장 4.4절에서 언급한 광섬유-공진기 결합을 이용함으로써 이와 같은 광 스위치를 구현한 실험도 있다. [그림 6.3]에 그 개략도가 나타나 있다.

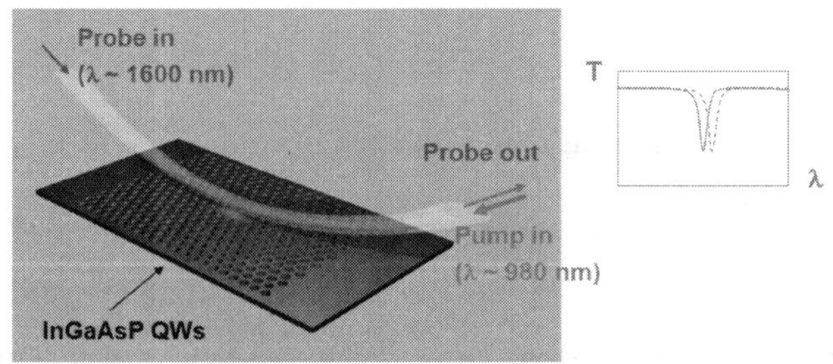

[그림 6.3] 광섬유-공진기 결합을 이용한 비선형 광 스위치. 광섬유를 통해서 제어광을 보내 공진 파장의 변화를 유도하고, 역시 광섬유를 통해 신호광을 보내어 투과율의 변화를 검출한다.

1micron 굵기의 광섬유 테이퍼를 광자결정 공진기에 접근시켜 감쇠파 결합을 유도한다. 광섬유 한쪽 끝을 통해 신호광을 보내면 공진기와의 결합 때문에 그 투과 스펙트럼이 그림의 실선처럼 나타난다. 이때, 같은 광섬유를 통해 제어 펄스를 입사시키면 그 빛의 일부가 광자결정 공진기에 흡수되어 굴절률 변화 및 공진파장 변화를 유도한다. 그러므로 투과 스펙트럼이 순간적으로 그림의 점선과 같은 형태로 이동하게 된다. 만일 신호광의 파장이 공진파장 근처에 있었다면, 이는 투과율의 변화로 나타나게 되므로 신호광을 on-off하는 스위칭 효과를 나타낸다.

이 실험에서 광자결정 공진기의 매질 내부엔 InGaAs/InP quantum well이 포함되어 있으며, 그 bandgap은 1500 nm 근처이다. 물론 이 bandgap은 광자결정의 bandgap과 별개이다. 여기에 980 nm의 펌프광(혹은 제어광)이 흡수되면, 내부에 carrier를 생성하게 되고, 이는 매질의 굴절률을 낮추는 효과를 가져온다.

매질의 굴절률 변화는 bandgap 근처에서 가장 크게 발생하지만, bandgap 근처는 빛의 흡수 또한 강하여 공진기의 품위값을 떨어뜨리는 단점이 있다. 따라서 흡수와 비선형성을 고려하여 적절한 신호광 파장을 선택해야 한다. 이 실험에서는 1620 nm를 신호광의 파장으로 선택하였고, 공진기의 공진파장이 이 근처에 위치하도록 광자결정 공진기를 설계하였다.

[그림 6.4]에 실험 구성도가 나타나 있다. 신호 광원은 파장가변 레이저이며, 펌프 광원은 980 nm 레이저 다이오드를 펄스 발생기로 구동한 것이다. 신호광과 펌프광을 한 가닥의 통신용 광섬유에 주입하기 위해 WDM coupler를 사용하였다.

[그림 6.5(a)]는 펌프광이 있을 때와 없을 때의 신호광 투과 스펙트럼을 나타낸 것이다. 펌프광이 있을 때의 투과 스펙트럼은 직접 측정하기가 어려우므로 스위칭 실험을 통해 간접적으로 유추하였다.

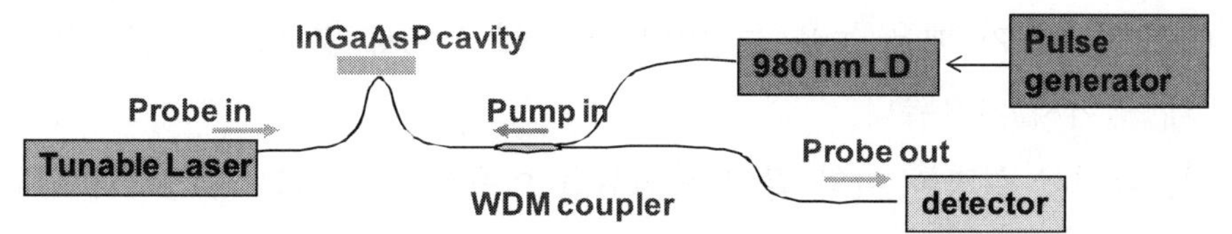

[그림 6.4] 광 스위칭 실험을 위한 실험 구성도. 펌프 파장 980 nm와 신호 파장 1620 nm를 분리하기 위해 WDM coupler를 사용하였다.

먼저, 신호광의 파장을 1623.5 nm로 고정해 두면, 그때의 신호 투과율은 최대값에 가깝다(이를 on-상태라고 본다). 펌프 펄스를 보내게 되면, 순간적으로 공진파장이 단파장 쪽으로 이동하며 따라서 신호 투과율은 최저값을 갖게 된다(이를 off 상태라고 본다). 이를 oscilloscope로 관찰한 결과가 [그림 6.5(b)]이다.

반면, 신호광의 파장이 1624.9 nm인 경우에는, 같은 펌프 펄스에 대해 신호 투과율이 최저→최대로 변화됨을 [그림 6.5(c)]에서 알 수 있다. 즉 off 상태에서 on 상태로 바뀌는 것이다. 펌프 펄스가 사라지고 나면 공진파장은 원래의 값으로 회복되어, 즉시 처음 상태로 되돌아간다. 사용한 펌프 펄스의 시간폭은 약 0.5 ns였으며, oscilloscope상에서 측정한 신호광의 반응 속도는 약 2 ns였다. 이 값은 사용한 검출기의 bandwidth의 제한에 의한 것으로, 실제 비선형 효과의 반응속도는 타 자료를 참고하였을 때, 100 ps 이하로 추정된다.

여기서 1.5 nm의 공진파장 변화를 유도하기 위해 필요한 펌프 펄스의 에너지는 약 300fJ로서, 지금까지 구현되어 왔던 비선형 스위치에 비해 상당히 낮은 수치이다. 게다가, 실제 공진기에 주입된 펌프 펄스의 에너지는 이 수치의 1/5 이하로 추측된다. (이 실험에서는 펌프 광 주입에 있어서 공진 결합 효과를 사용하지 않았다. 즉, 펌프 파장 980 nm는 공진기의 공진모드와는 무관한 값이다. 만일 그런 공진효과까지 사용되었다면, 비선형 효과의 효율은 훨씬 더 증폭되었을 것이다.)

마지막으로, 광섬유 결합을 이용한 광 스위치의 특징을 [그림 6.2]에서 보여주었던 도파로-공진기 결합을 이용한 광 스위치와 비교해 보자. 도파로를 이용한 소자에서는 펌프광의 파장을 선택하는 데 제약이 많다. 도파로를 통해 전송 가능한 파장이 광자결정의 밴드갭 내에 위치해야 할 뿐 아니라, 도파로를 통해 이동하는 동안 흡수가 일어나 펌프광의 에너지를 잃어버릴 것이기 때문이다. 이에 반해, 광섬유 결합을 사용한 소자에서는 도파로 역할을 하는 광섬유가 광 주파수 영역에서 투명도가 매우 높은 물질이기 때문에 신호광 및 펌프광의 파장을 선택하는 데 있어서 자유롭다.

또한, 앞에서 설명한 바와 같이 광섬유를 이용할 경우에는 공진기와 광입출력단이 분리되어 있어 여러 개의 다양한 광자결정 공진기를 제작하고, 광섬유 결합을 이용해 그 가운데 공진파장이 적합하고 품위값이 높은 공진기를 선택해서 광 스위치를 구현할 수 있다. 이는 매 공진기마다 도파로를 함께 제작해야 하고 도

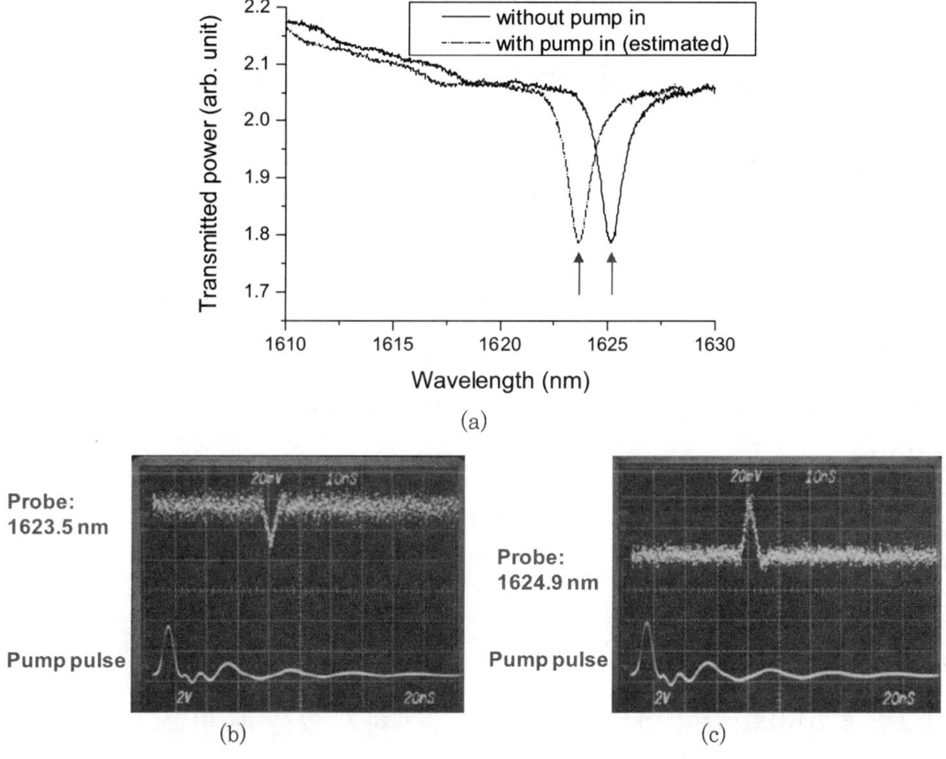

[그림 6.5] 광 스위칭 실험.

(a) 펌프광이 있을 때와 없을 때의 신호 투과 스펙트럼

(b) 신호광의 파장을 1623.5 nm로 고정시켜 놓은 경우, 펌프광의 입력에 따른 신호광의 출력세기 변화(on → off)

(c) 신호광의 파장을 1624.9 nm로 고정시켜 놓은 경우(off → on) (I.-K. Hwang et al., Photon. Technol. Lett. 19, 1535 (2007))

파로-외부 결합 장치를 일일이 적용해야 하는 [그림 6.2]의 경우에 비해 큰 장점을 갖는다.

2.4 광자결정 공진기를 이용한 광 논리 연산자

아무리 복잡한 컴퓨터 연산이라 하더라도 AND, OR, XOR 등의 몇 가지 기본 연산 기능의 조합으로 구현 가능하다. 컴퓨터의 연산장치가 이러한 수많은 기본 논리 연산자(logic gate) 등의 결합으로 이루어져 있듯이, 전기신호 대신 광신호에 의해 동작하는 효율적인 광 논리 연산자가 개발된다면, 이는 광 컴퓨팅의 기초가 될 수 있다.

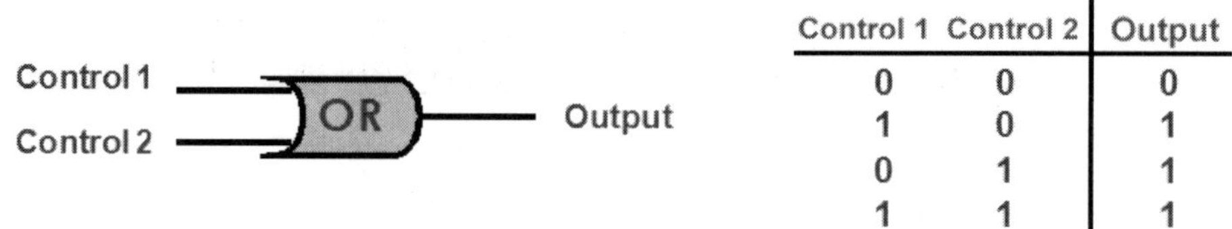

Control 1	Control 2	Output
0	0	0
1	0	1
0	1	1
1	1	1

[그림 6.6] 광 OR 논리 연산자. control 신호 및 output 모두 광신호이다.

흥미로운 점은, 위에서 제시된 간단한 스위칭 원리만 응용하면, 이런 광 논리 연산자 구현이 가능하다는 것이다. [그림 6.6]에서는 OR 논리 연산자의 기능을 말해준다. 광 연산자의 경우엔 control 신호와 output 신호가 모두 광신호로 이루어진다.

[그림 6.7]에 나타낸 바와 같이, [그림 6.4]의 실험 장치에서 WDM coupler만 하나 더 추가하면 된다. 두 광섬유를 통해 입력된 두 개의 제어광 펄스는 각각 공진기 내에 흡수되므로 결국 두 제어광 세기의 합이 공진파장의 이동량을 결정한다.

[그림 6.7(b)]와 같이 아무런 제어광이 존재하지 않을 때(입력 신호가 각각 0일 때) 주황색 투과 스펙트럼에 의해 출력광은 최소의 투과율(출력 0)을 갖는다. 둘 중 하나의 입력 신호가 1일 때, 투과 스펙트럼은 붉은색이 되며, 출력광은 1의 상태가 된다. 두 입력 신호가 모두 1일 때는, 푸른색 스펙트럼으로 바뀌며 역시 출력광은 1의 상태가 된다. 이러한 결과는 [그림 6.6]의 연산 내용과 동일함을 알 수 있다.

이 소자는 개별 OR 논리 연산자로서는 훌륭히 동작하지만, [그림 6.7]과 같은 연산자를 무수히 제작하고 이들을 서로 조합하고, 연결한다고 했을 때는 적합하지 않은 구조이다. 먼저, 공진기에 광섬유가 결합된 구조는 상당한 부피를 차지하고, 그 구성이 복잡하여 좁은 공간 안에 집적화하기가 어렵다. 또한 이상적인 논리 연산자는 하나의 연산자의 출력을 가지고 또 다른 연산자의 제어 신호로 사용해야 하는데, 이 경우엔 입력광과 출력광의 파장이 달라 연속 연산이 불가능하다.

최종적으로 요구되는 광 논리 연산자는 이러한 면을 염두에 두고 설계되어야 할 것이다.

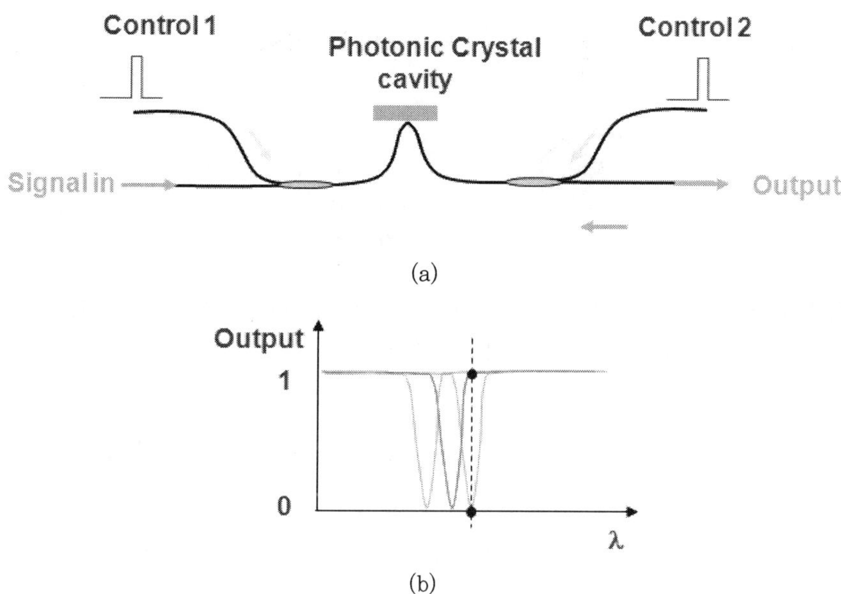

[그림 6.7] 광섬유-공진기 결합을 이용하여 광 OR 논리 연산자를 구현한 예. 두 제어광 세기의 합이 공진파장 이동에 기여함으로써, 두 제어광 중 어느 하나만 1이 되면, 출력광이 1이 된다.

3 광 메모리

3.1 서론

초고속 광신호처리에 있어서 스위치 또는 연산자와 함께 중요한 부품이 메모리이다. 광신호를 기억해 두거나 다시 사용하고자 할 때, 광신호와 전기신호 사이의 변환을 거치게 되면 시스템 자체가 비효율적일 뿐만 아니라 신호처리 속도도 떨어진다.

[그림 6.8]에 광 메모리의 개념도가 나타나 있다. 메모리 소자에 제어광 펄스를 한 번 보낼 때마다, 메모리에서 출력되는 광신호의 상태가 0과 1 사이에서 전환된다. 그러므로 출력광의 상태만 참조하면 이전에 저장해 놓은 정보를 언제든 읽어낼 수 있다. 이는 기계적인 toggle 스위치와 매우 유사하다.

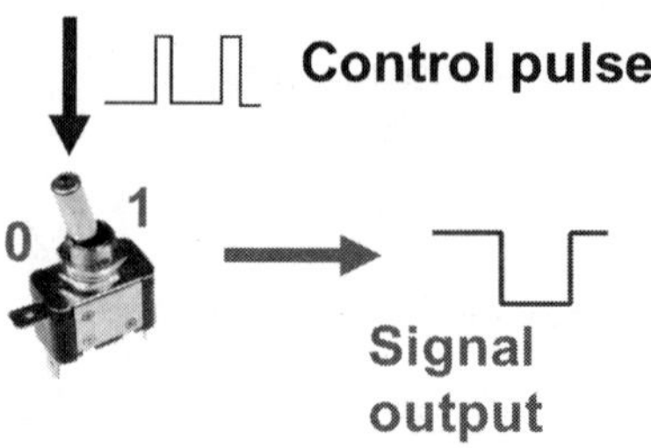

[그림 6.8] 광 메모리의 개념도. 기계적 toggle 스위치처럼 제어 펄스가 한 번 들어올 때마다, 광 출력 상태가 0과 1 사이에서 전환된다.

앞에서 광 스위치의 경우에는 외부 제어광 입력이 존재하는 동안에만 출력광의 상태가 변화되었지만, 메모리에서는 밖에서 아무런 입력이 없을 때에도 0 또는 1의 상태를 유지할 수 있어야 한다는 점이 특징이다. 즉, 메모리 시스템에서는 0과 1의 두 개의 안정한 상태가 가능해야 한다는 의미가 된다. 광학계 중에 이런 시스템은 흔하지 않으나, 비선형성이 존재하는 시스템 내에서는 쌍 안정성(bi-stability)이라는 독특한 경우가 발견된다.

광 메모리는 이 쌍 안정성을 기반으로 구현될 수 있다.

3.2 광학적 쌍 안정

광학적 쌍 안정상태는 비선형성을 갖는 공진기와 도파로 간의 결합에서 발견된다. [그림 6.9(a)]와 같이 공진기가 결합된 도파로를 고려하자. 여기서 공진기 매질의 비선형성 때문에, 공진기 내부의 광 에너지에 비례해서 공진파장이 단파장 쪽으로 이동한다고 가정한다.

(b)는 입력광의 세기를 0에서부터 점차 크게 했을 때, 그리고 다시 작아지게 했을 때 출력광의 세기를 계산한 결과이다. 이러한 계산은 간단한 coupled-mode equation으로부터 얻을 수 있다. 일반적인 선형 광학계에서는 입력광과 출력광의 비율이 항상 일정하다. 하지만 (b)의 그래프에서는 그 비율이 달라질 뿐 아니라, 입력광의 세기가 커지고 있는 경우와 작아지고 있는 경우의 양상이 확연히 다름을 알 수 있다.

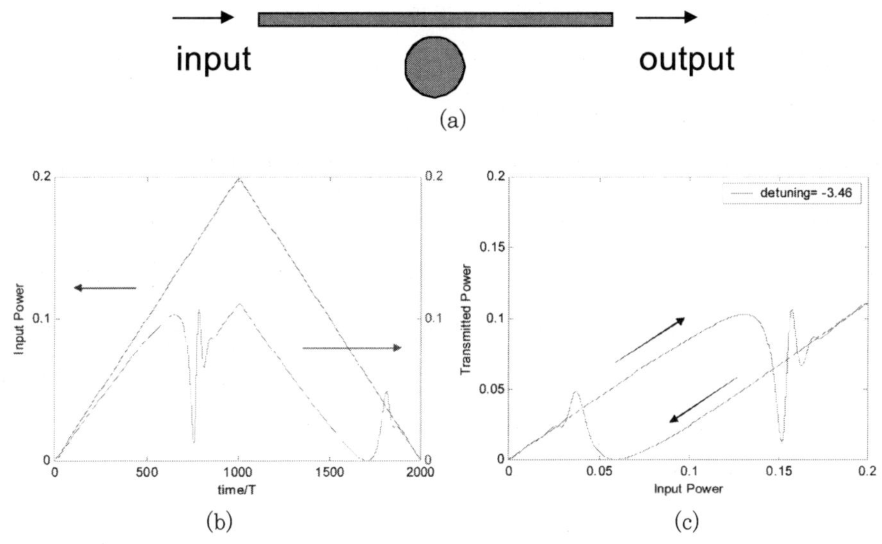

[그림 6.9] 공진기가 결합된 도파로에서의 쌍 안정 전산모사 결과.
(a) 여기서 공진기는 내부 광 에너지에 비례해서 그 공진파장이 이동한다.
(b) 입력광의 세기 변화에 따른 출력광의 변화.
(c) (b)의 데이터를 다르게 표현한 것이다. 입력광의 세기가 커질 때와 작아질 때의 출력 양상이 서로 다름을 알 수 있다.

그 원리는 다음과 같다. 출력광의 세기는 입력광의 파장과 공진모드의 파장이 얼마나 잘 일치하느냐에 의해 결정된다. 여기서의 입력광은 공진파장보다 조금 짧은 파장을 갖고 있으며 이는 detuning=−3.46이라는 수치로 표현된다(이는 두 파장의 차이를 공진기의 선폭으로 나눈 값이다). 초기에는 두 파장이 상당히 떨어져 있으므로 이때의 투과율은 거의 1에 가깝다.

하지만, 입력광의 세기가 점점 커지면 공진기 내부의 에너지도 그에 따라 점점 늘어나며 공진파장이 점점 짧은 쪽으로 이동한다. 이는 공진 결합에 점점 더 근접하는 결과를 가져오므로 입력광의 더 많은 비율이 공진기 내부로 주입된다. 이 과정이 연쇄적으로 발생하게 되면 공진기의 내부 에너지는 갑자기 증가하며 급기야는 완전한 공진 결합 조건을 만족하여 투과율이 최소값에 근접한다. [그림 6.9(b)] 그래프의 T=740 근처에서 그 현상이 관찰된다.

다시 입력광의 세기가 줄어들기 시작할 때는 상황이 달라진다. 이미 공진기 내부에 많은 에너지를 갖고 있으므로, 입력광의 세기가 줄어든다 하더라도 공진파장은 쉽게 바뀌지 않는다. 즉, 계속 낮은 투과율을 유지한다. 하지만 입력광의 세기가 어느 한계 이하로 낮아지면, 공진파장은 원래 값으로 되돌아가기 시작하며, 이때의 반응도 연쇄적이어서 갑자기 높은 투과율로 회복된다. 그래프의 T=1800 근처에서 이런 회복이 일어남을 알 수 있다.

[그림 6.9(b)]에서의 출력광의 세기를 입력광 세기의 함수로 다시 나타낸 것이 [그림 6.9(c)]이다. 입력광의 세기가 커질 때와 작아질 때 출력광의 세기가 다르게 주어짐을 알 수 있다. 이는 마치 자기 현상에서의 이력곡선(hysteresis curve)과 유사하다. 입력광의 세기가 0.06인 지점에서 보면 출력광의 세기가 0, 0.05인 두 지점이 존재하는데, 이를 쌍 안정상태(bi-stable state)라고 한다. 이 두 상태가 광 메모리의 0과 1인 상태가 되는 것이다.

이제, 메모리의 두 상태 간의 전환을 어떻게 구현하는가를 설명한다. 출력광이 처음 1 상태에 있을 때, 0 상태로 전환되려면, [그림 6.9(c)]에서 볼 수 있듯이 입력광의 세기가 커졌다가 다시 줄어들면 된다. 즉, 입력광에 추가적으로 펄스광을 넣어주면 되는 것이다. [그림 6.10]에 이에 대한 계산결과를 나타내었다.

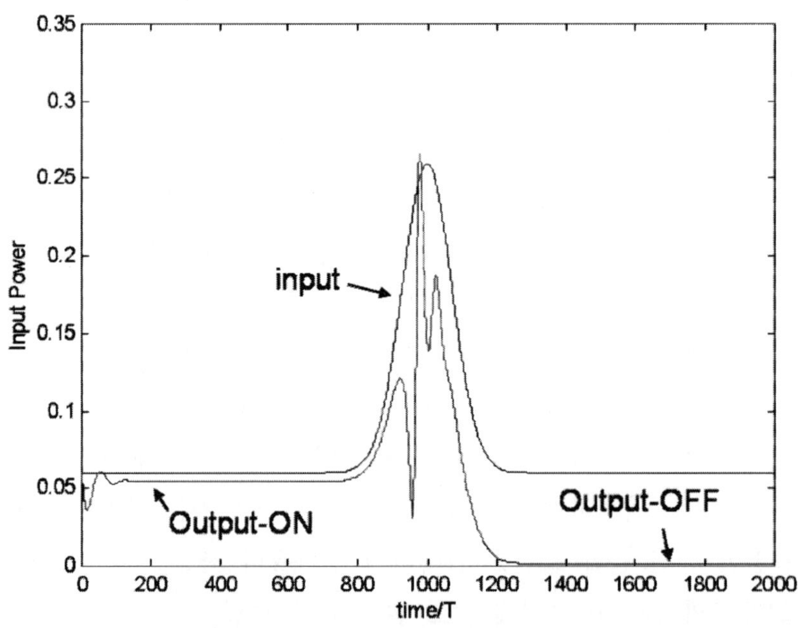

[그림 6.10] 입력광에 펄스를 주입했을 때의 출력광의 변화를 계산한 결과. 출력광이 On 상태에서 Off 상태로 변환됨을 볼 수 있다.

입력광에 0.06에 해당하는 균일한 세기를 주고, 추가로 펄스광을 넣어주면 출력광의 상태가 1에서 0으로 바뀌는 것을 확인할 수 있다. 만일 출력광을 0에서 1로 변환시켜 주고자 한다면, 입력광을 잠시 차단하여 세기를 0으로 만들어 줌으로써 가능하다.

3.3 광자결정 공진기로 구현한 광 메모리

광 메모리 동작에 필요한 입력광의 세기를 threshold power라고 부르는데, 역시 매질의 비선형성, 공진기의 품위값 등에 의해 그 값이 결정된다. threshold power가 낮은 메모리가 우수한 소자이다.

Si을 매질로 한 광자결정 slab에서 광 메모리를 구현한 결과가 [그림 6.11]에 나타나 있다. 입력광(점선으로 표현)의 세기를 일정한 수준으로 유지하다가 t=400 ps에서 펄스를 입력하였으며, t=800 ps에서 입력광을 순간적으로 차단하였다가 다시 복구하였다. 이에 대한 출력광((3)번 곡선)의 반응이 Off 상태에서 On 상태로, 그리고 다시 Off 상태로 바뀌는 것을 알 수 있다. 두 상태 간 전환 시간은 대략 100 ps이었으며, threshold power는 400 μW, 스위칭 펄스의 에너지는 74 fJ이었다.

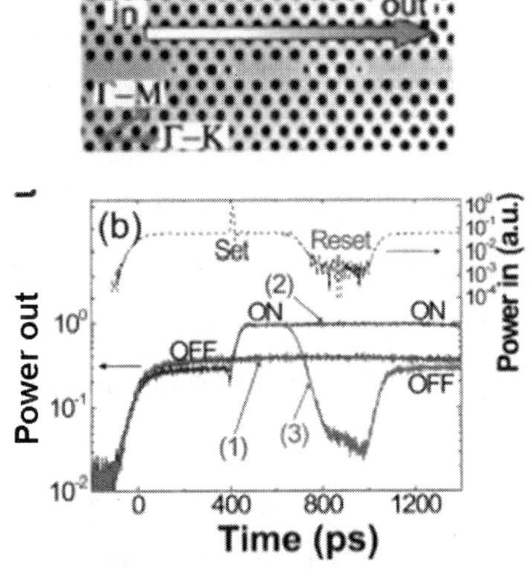

[그림 6.11] 광자결정 공진기와 도파로를 이용해서 구현한 광 메모리. 그래프에서 점선은 입력광의 세기를, (3)번 곡선은 출력광의 세기를 나타낸다. (Tanabe et al., Opt. Lett. (2005))

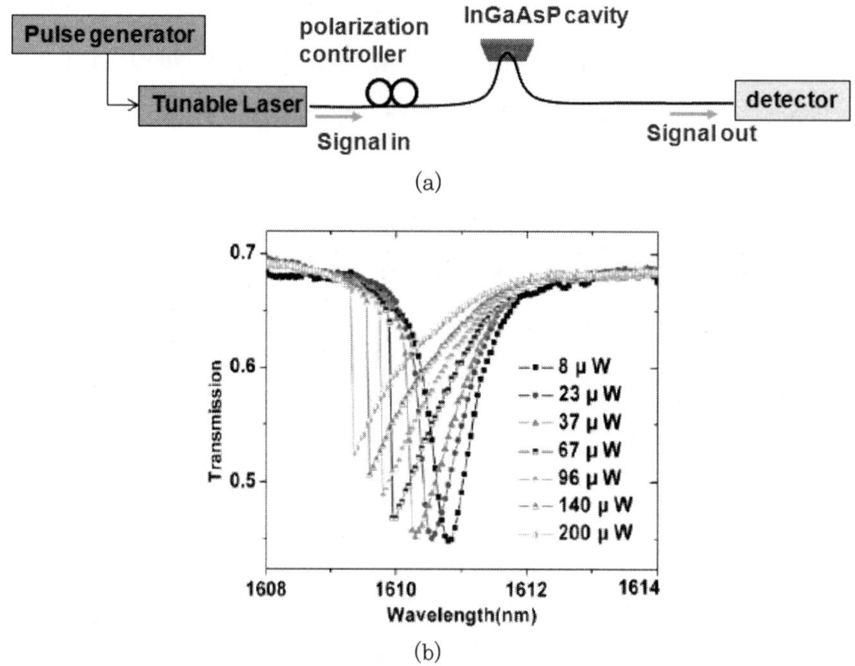

[그림 6.12] (a) 광섬유 결합을 이용해서 구현한 광 메모리의 구성
(b) tunable laser scan을 통해 입력광의 세기에 따른 투과 스펙트럼을 측정한 결과
(M. K. Kim et al., Appl. Phys. Lett. (2007))

Si의 이광자 흡수(two-photon absorption)의 비교적 작은 비선형성 대신 InGaAsP/InP quantum well에서의 단일광자 흡수(single-photon absorption)을 이용하기 위해, [그림 6.12(a)]와 같이 광섬유 결합을 이용한 광 메모리가 구현되었다.

먼저, tunable laser의 파장을 스캔하면서 투과 스펙트럼을 관찰하였고 그 결과를 [그림 6.12(b)]에 보였다. 입력광의 세기가 작을 때에는 공진파장을 중심으로 대칭인 형태의 스펙트럼이 관찰되었으나, 입력광의 세기가 점점 증가함에 따라 더 짧은 파장에서도 공진 결합이 일어났으며, 따라서 스펙트럼은 비대칭적인 특성을 보였다.

[그림 6.13(a)]는 특정한 파장에서 입력광의 세기를 변화시켜 가면서 측정한 투과율의 변화이다. 여기서 δ는 입력광의 파장과 원래 공진파장 사이의 normalized detuning 수치를 가리킨다. δ가 작을 때는, 아주 작은 threshold power를 갖는 반면, 스위칭 동작이 가능한 영역이 너무 협소하다는 단점이 있다. δ가 큰 경우엔,

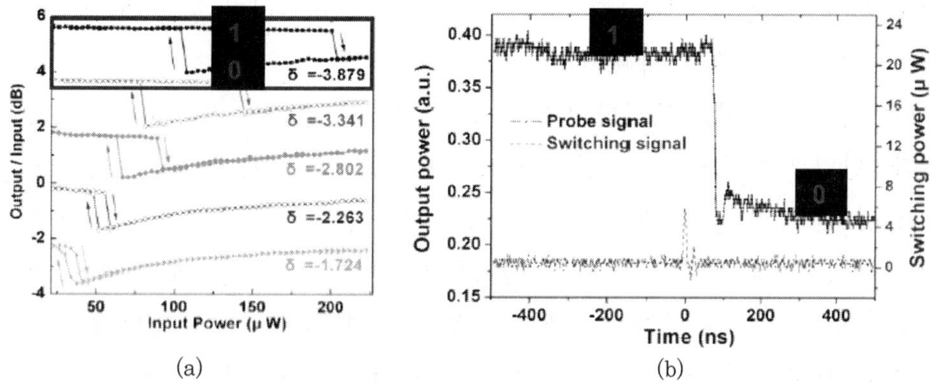

(a) (b)

[그림 6.13] (a) 입력광 세기 변화에 따른 투과율의 변화. δ는 normalized detuning을 나타낸다. (b) 펄스 입력에 의한 출력광의 상태 변화(1 → 0). (M. K. Kim et al., Appl. Phys. Lett. (2007))

비록 threshold power는 증가하지만, 넓은 영역에 걸쳐 안정한 두 상태를 형성할 수 있게 된다. 최소 threshold power는 35 μW로서 Si을 사용했던 실험에 비해 1/10 정도로 낮아졌다.

[그림 6.13(b)]는 펄스 입력에 따른 출력상태의 변환 실험을 보여준다. 1 상태였던 출력광이 펄스에 의해 0 상태로 바뀜을 볼 수 있다. 이 펄스의 에너지는 앞의 실험과 비슷한 75fJ이었다.

이러한 예들은 광자결정 기술을 사용하면 우수한 공진기 특성을 얻을 수 있으며, 이로 말미암아 효율적인 광소자 개발에 사용될 수 있음을 보여준다.

4 단일광자 광원

4.1 단일광자 광원이란

단일광자 광원이 큰 관심을 갖게 된 것은 양자암호 기술이 소개된 이후부터이다. 양자 원리를 이용하면, 통신선에서의 정보 유출을 원천적으로 감지할 수 있어 완벽한 보안을 가능케 한다는 논리이다. 이때 사용되는 가장 효과적인 정보 전달 매체는 빛이며, 그 광원은 단일광자 광원이어야 한다. 단일 정보가 광자 하나로 이루어져 있을 경우, 그 광자의 상태를 흐트러트리지 않고 그 정보를 습득하는 것이 불가능하기 때문이다.

단일광자 광원이란 특정한 시간에 단 하나의 광자만을 방출하는 광원을 가리킨다. 단일광자 광원과 유사한 것으로는 faint pulsed laser를 생각할 수 있다. laser를 펄스 형태로 구동시키면, 각 펄스마다 균일한 에너지를 갖는 빛을 방출한다. 균일한 에너지란 같은 수의 광자를 의미하지만, 엄밀하게 말해서, 각 펄스 내부의 광자의 수는 특정한 통계적 분포를 갖게 된다. [그림 6.14]를 참조하기 바란다. 이 레이저 광을 감쇠기(attenuator)에 통과시키면 각 광자는 특정한 확률을 가지고 감쇠기에 흡수된다. 최종 펄스에는 매우 작은 수의 광자만이 남게 되는데 최종 광자의 수 역시 어떤 확률 분포를 갖게 된다.

유사 단일광자 광원으로 사용할 수 있으려면 펄스 내 광자의 수가 1일 확률이 높고, 0이거나 2 이상일 확률이 매우 작아야 한다. 하지만, faint pulsed laser의 경우에는 이 광자수 분포를 원하는 대로 바꾸는 것이 불가능하다.

광자수 분포를 직접 측정하는 것은 거의 불가능하다. 하지만, 전체 pulse 중 단일광자가 배출되는 확률만을 알고자 한다면, [그림 6.15]의 실험 장치를 통해 간접적으로 측정할 수 있다. 여기서 광원은 특정한 시간 간격을 가지고 주기적으로 광자들을 배출한다고 가정한다. 측정하고자 하는 광원에서 나오는 빛을 50/50 광 분할기를 이용해 둘로 가른다. 나누어진 두 빛을 각각 광 검출기로 측정한다. 이때 검출기는 단일광자도 측정할 수 있을 만큼 감도가 높아야 하므로, 주로 APD(avalanche photodiode) 혹은 PM(photo multiplier) tube 등이 사용된다. 두 검출기에서 빛을 검출하는 사건의 시간 간격을 측정한다.

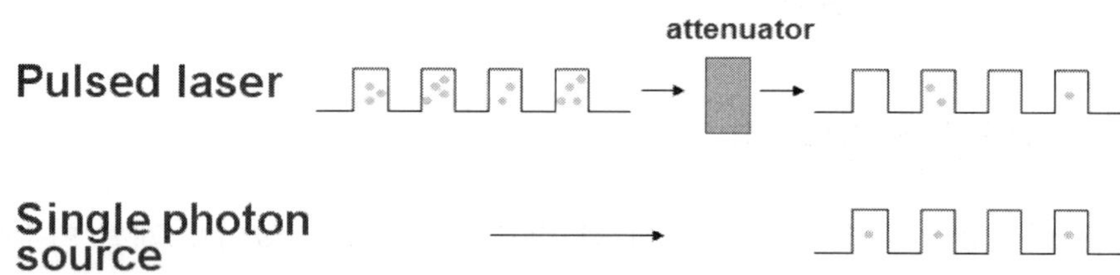

[그림 6.14] 단일광자 광원(아래)과 유사 단일광자 광원인 faint pulsed laser(위)

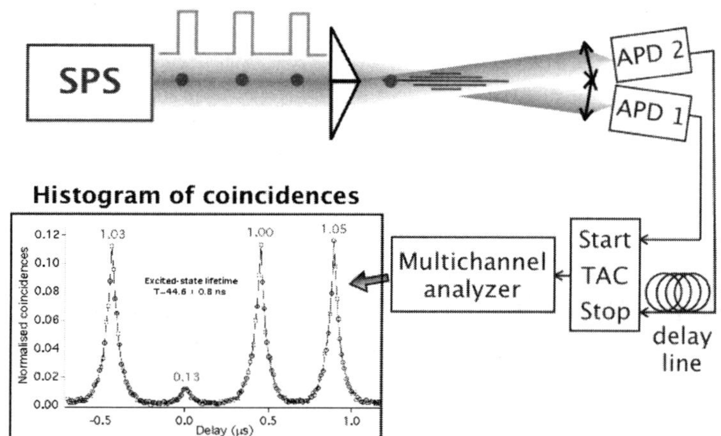

[그림 6.15] 광자 상관관계 측정을 위한 Hanbury Brown and Twiss setup. 측정하고자 하는 광을 50/50 광 분할기로 나눈 후 서로 다른 검출기로 측정하고, 두 검출기의 검출 시간 간격을 측정한다. 이 결과로부터 광원의 단일광자 방출 정도를 알 수 있다.

각 시간 간격의 기록 횟수를 표현하면 [그림 6.15]의 그래프와 같은 결과를 얻을 수 있다. 만일 광원이 같은 순간에 두 개 이상의 광자를 방출하였다면, 두 검출기는 동시에 광자를 검출할 확률이 높아지고, 따라서 $\tau=0$인 사건의 발생 확률이 증가한다. 반면 τ가 큰 사건이 많이 발생했다는 것은, 한 번의 광자 방출 이후, 한동안 아무런 광자도 방출되지 않았다는 결론이 된다.

가장 바람직한 경우는 $\tau=\tau_0$(광원의 펄스 간격)에서 높은 수치를 갖는 것이다. 이는 광원이 매번 쉬지 않고 하나의 광자를 방출한 경우와 관련되기 때문이다(물론 여기에도 복잡한 통계적 요소가 고려되어야 한다). 따라서, 단일광자 광원의 효율을 측정할 때는 [그림 6.15]의 장치가 자주 사용된다.

4.2 단일광자 광원의 원리

단일광자 광원을 구현하는 원리는 사실 간단하다. [그림 6.16]과 같이 독립된 하나의 광 방사체를 준비한다. 광 방사체는 여기 상태(excited state)에서 빛을 내는 원자, 분자, 또는 quantum dot 등이 가능하다. 여기에 충분한 세기의 펌프광을 가해 준다. 그러면 원자는 여기 상태에 있다가 특정한 시간 내에 자발방출(spontaneous emission)을 통해 빛을 내는데, 이는 하나의 광자이다. 어떤 경우에는 여기 상태의 전자가 빛을 내는 대신 진동이나 열 등으로 에너지를 배출해 버리기도 하는데, 이를 non-radiative decay라고 한다.

[그림 6.16] 단일광자 방출 원리. 하나의 광 방사체(원자, 분자, quantum dot 등)에 하나의 펌프 펄스를 가하면, 그로부터 단 하나의 광자를 얻을 수 있다.

그러므로 효과적인 단일광자 광원이 되려면 다음의 조건들을 만족해야 한다. ① 단일 방사체로 이루어져 있을 것, ② 자발방출 시간이 그 외 붕괴 시간보다 짧을 것($\tau_{sp} < \tau_{nr}$), ③ 방출된 광자를 수집하기 유리한 구조를 가질 것 등이다.

이 중, 두 번째 조건은 보통 원자나 분자가 가진 고유의 특성이지만, 적절한 공진기를 사용하면 그 특성을 변화시킬 수 있다는 사실이 알려져 있다.

[그림 6.17]을 보자. 물리적으로 자발방출은 유도방출과 같은 현상이라고 해석할 수 있다. 자발방출의 경우 방출을 유도하는 것은, 실체가 없는 vacuum field이다. 자유공간 내에는 균일한 vacuumm field가 존재하므로, 방출이 유도되는 방향은 완전히 무작위로 주어진다. 반면, 공진기 내에는 공진모드의 존재에 의해 vacuum field의 밀도가 주파수에 따라 달라진다. 즉, 공진주파수 근처에서는 밀도가 높고, 그 외 주파수에서는 밀도가 더 낮아진다. 그리고 각 공진모드의 배(anti-node)에서는 밀도가 높고 마디(node)에서는 밀도가 0이 된다.

즉, 방사체의 방출 파장이 공진주파수와 일치하고, 공간적으로 그 모드의 배에 방사체가 위치하고 있다면, 자발방출은 훨씬 더 빨리 일어난다. 반대로, 방출 파장이 공진주파수와 크게 다르거나, 모드의 마디에 위치해 있다면, 자발방출은 자유공간의 경우보다 더 늦게 일어난다. 게다가, 자발방출의 방향은 모드의 전자기파 방향에 의해 결정되므로, 공진기 내부의 모드 세기를 증폭시키는 방향으로 주어진다. 따라서 공진기 내부에서는 광자의 방출 방향의 예측이 더 쉬워지고 더 높은 효율로 광자를 수집할 수 있다.

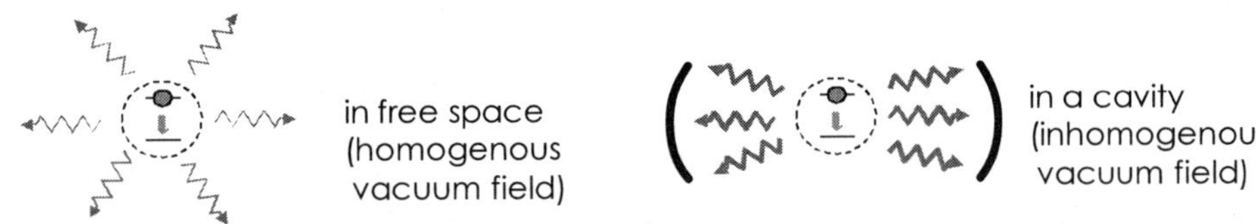

[그림 6.17] 공진기를 사용하여 자발방출 시간과 방향성을 조절할 수 있다. 공진모드와 광 방사체가 같은 공간과 주파수를 공유할 때, 자발방출은 향상되거나 억제될 수 있다.

이렇게 공진기에 의한 자발방출 시간의 변화를 나타내는 수치를 Purcell factor라고 하며, 식 (6.3)과 같이 정의된다. 예를 들어, $F_p=10$이라는 것은, 자발방출 시간이 1/10로 줄어든 것을 의미한다. 공진기의 품위값(Q)이 클수록, 모드부피(V_{eff})가 작을수록 이 수치는 커진다. 앞에서 설명한 바와 같이 광자결정 공진기는 작은 모드부피에서도 높은 품위값을 형성할 수 있으므로 Purcell 효과를 극대화하는 데 매우 유리하다.

$$F_p = \frac{Q}{4\pi V_{eff}}\left(\frac{c}{n_{eff}\nu}\right)^3 \tag{6.3}$$

4.3 1차원 광자결정을 이용한 단일광자 광원

[그림 6.18]에는 1차원 광자결정을 이용하여 단일광자 광원을 구현한 결과가 나타나 있다. VCSEL(수직공진표면광 레이저)과 같은 구조의 공진기 내부에 quantum dot이 하나씩 위치해 있다.

이런 구조를 직접 제작하는 것이 매우 힘들므로 다음과 같은 방법을 사용하였다. DBR 구조를 쌓고, 아주 작은 밀도의 quantum dot을 형성한다. 기판 위에 마이크론 크기의 사파이어 입자들을 무작위로 뿌리고, 이 사파이어 입자를 마스크로 삼아 건조 식각을 한다. 사파이어 입자 크기의 공진기가 형성되는데, 이렇게 작은 반지름의 공진기를 만드는 이유는 단일 횡모드를 만들기 위해서이다.

확률적으로 어떤 공진기들은 quantum dot을 하나씩 포함하고 있다. 물론, 어떤 공진기에는 quantum dot이 하나도 없거나 두 개 이상이 포함될 수도 있다. 적당한 공진기를 선택하여 여기에 펌프 펄스를 주입하고, 거기서부터 나오는 자발방출광을 측정하여 단일광자 특성을 조사한다.

[그림 6.18(b)]에는 펌프 펄스의 주입 후 광자 측정 시간까지의 시간 차와 그에 따른 사건의 수를 보여주고 있다. 이 그래프를 지수함수로 fitting을 하면 이로부터 자발방출 시간을 얻는다. 파장 필터를 사용하여 공진기의 공진파장과 그로부터 떨어진 파장의 두 경우에 대해 따로 측정한 결과, on-resonance의 경우와 off-resonance인 경우 자발방출 시간에 있어서 5배 이상의 차이를 보였다. 이는 공진기에 의한 Purcell 효과를 직접 측정한 의미 있는 결과이다. 이 결과로부터 추정된 실제 Purcell factor는 약 5였다.

[그림 6.15]의 실험 장치를 이용해서 광자 상관관계를 측정한 결과가 [그림 6.18(c)]에 나타나 있다. $\tau=0$일 때의 수치가 다른 수치들에 비해서 매우 작음은 여기서 방출된 빛이 단일광자에 매우 가깝다는 것을 보여준다. 이 그래프로부터 추정된 다중광자 방출 확률은 약 2%로서, 매우 낮았다. 방출된 광자 가운데 수집되는 비율은 약 50%로서 상당히 우수하였다. 이는 이 구조에서의 광방출 패턴이 가우시안 형태를 갖는다는 사실에서 기인한다.

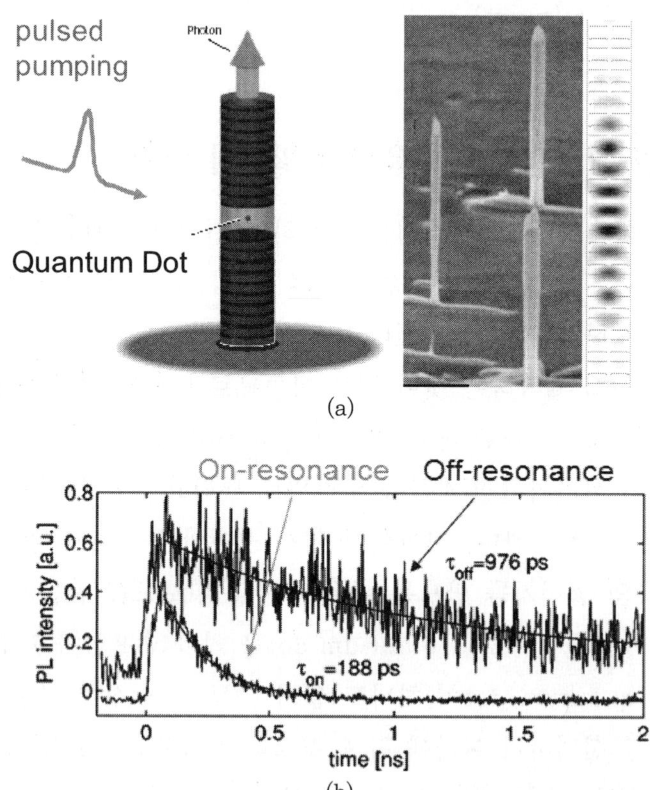

(a)

(b)

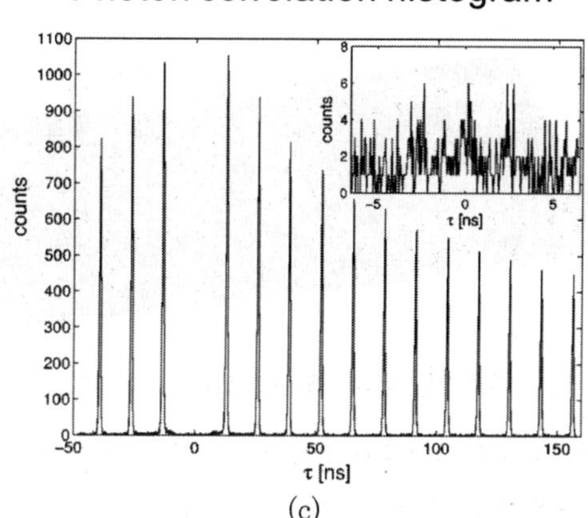

(c)

[그림 6.18] 1차원 광자결정을 이용한 단일광자 광원.

(a) 마치 VCSEL과 같은 공진기 내부에 quantum dot 하나가 놓여 있다.

(b) 공진주파수와 광자의 주파수가 동일한 경우(on-resonance)와 어긋난 경우(off-resonance)의 자발방출 시간 비교. 5배 이상의 차이가 남을 볼 수 있다.

(c) 광자 상관 그래프. $\tau=0$인 사건이 매우 희소함을 통해 단일광자 광원에 매우 근접했음을 알 수 있다. (J. Vuckovic et al. Phys. Rev. Lett. (2002))

4.4 2차원 광자결정을 이용한 단일광자 광원

앞의 1차원 광자결정을 이용한 단일광자 광원에서 Purcell effect에 가장 큰 영향을 준 것은 공진기의 Q/V 수치였다. 앞에서 보인 바와 같이 2차원 slab 광자결정 공진기에서는 이론적으로 Q/V 값을 1차원 공진기에 비해 수백~수천 배 정도 크게 할 수 있다.

하지만, 실질적인 여러 가지 요소들을 고려하였을 때, Purcell 효과를 얼마나 증폭시킬 수 있을지는 아직 미지수이다. 특히, 본 장 4.2절에서 언급하였던 조건 중, 공진기에서 방출되는 광자를 얼마나 효율적으로 수집할 수 있는가에 관한 이슈를 해결해야 한다.

[그림 6.19]에는 간단한 개념도를 나타내었다. 공진기 내부에 하나의 양자점이 있으며, 여기서 생성된 광자가 주위의 도파로를 통해 밖으로 방출된다는 것이다. 하지만, 앞에서 언급한 바와 같이 도파로와 외부 광학계(예를 들어 광섬유)와의 효율적인 결합이 여전히 문제로 남아 있다. 그러한 이유로, 2차원 광자결정에서의 단일광자 광원은 아직 큰 진전을 이루지 못하고 있다.

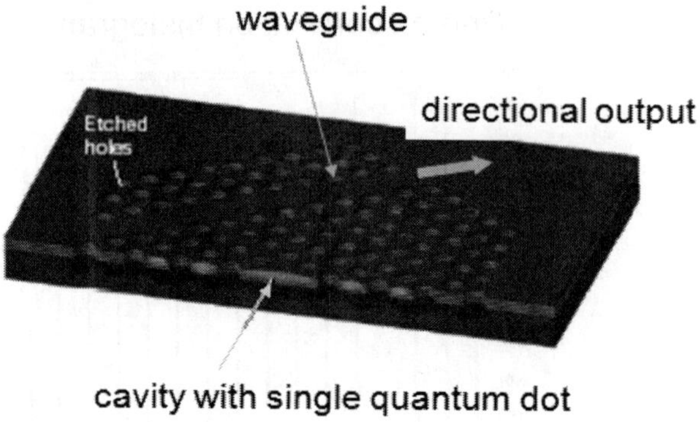

waveguide
directional output
Etched holes
cavity with single quantum dot

[그림 6.19] 단일광자 광원을 위한 2차원 slab 광자결정 공진기. 공진기 내부에서 생성된 단일광자는 도파로를 통해 바깥으로 방출된다.

한 가지 제안할 수 있는 방법은 앞에서 보인 광섬유 테이퍼와 공진기 간의 직접 결합을 이용하는 것이다. 이 방법을 사용하면 여러 개의 공진기 샘플 중 공진기 내부에 양자점을 하나만 갖고 있는 공진기를 선택해서 거기에 광섬유 결합을 적용할 수 있다. 제작된 수많은 공진기 중 양자점 하나만을 갖는 공진기가 극히 일부라는 점을 보았을 때, 이는 현실적으로 커다란 장점이 된다. 실제로 최근 한 그룹에서는 광섬유 결합을 이용한 단일광자 연구가 진행되고 있는 중이다.

Chapter

07 광자결정 광섬유

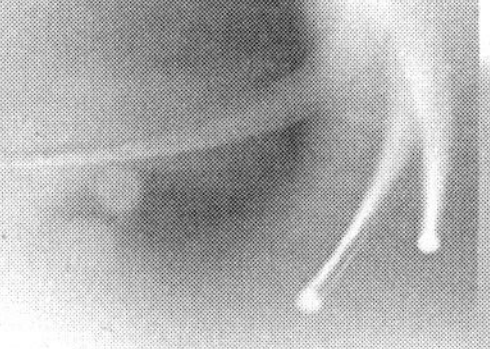

이 현 용

1 서 론

물질을 구성하고 있는 격자에 의한 주기 퍼텐셜(potential)에 전자가 입사하면, 그 주기 퍼텐셜이 Bragg 회절을 야기하여 전자가 반사, 투과하는 것을 알고 있다. 소위 전자전달을 금지하는 밴드갭이 존재한다. 전형적인 예로서, 반도체의 전도대와 가전자대의 사이에는 에너지를 가질 수 없는 정지대(stop band)가 존재한다. 이와 같이 결정의 주기 퍼텐셜과 전자의 관계는 결정 혹은 광학매질 중의 굴절률이 주기적으로 변화된 구조에서 광의 특성과 유사한 관계를 갖는다. 즉, 이러한 광학매질 내에서 광이 금지되는 PBG가 존재하며, 이것이 광자결정이다. 1995년 2차원 광자결정의 연구 중에 광섬유로의 광자결정의 응용이 제안되었다. (T.A.Birks *et al., Electron. Lett*. 31, 1941, 1995) 1996년 실제로 같은 연구 그룹에서 최초의 광자결정 화이버(photonic crystal fiber: PCF)에 관한 제작 결과가 발표되었다. (J.C.Knight *et al., Opt. Lett*. 21, 1547, 1996)

이와 같은 유전체의 주기적 배열로 정의되는 광자결정으로 실현될 수 있는 화이버는 크게 두 가지로 나뉜다.

첫째는 코어(core)에 유리를 사용하고 클래드(clad)에 주기적 공기층을 갖는 구조로 굴절률 도파형 광자결정 화이버(index-guiding PCF)라 하며, Bath 대학은 이것을 PFC라고 정의하였으나, Southampton 대학의 그룹은 막대모양의 공기층(공동)이 대부분을 이루기 때문에 이를 Holey fiber라고 하였다. (T.M.Monro *et al., Electron. Lett*. 35, 1188, 1999) 종래의 광섬유는 클래드에 대하여 코어의 굴절률을 크게 하기 위하여 GeO_2, P_2O_5, TiO_2를 첨가하거나 역으로 클래드에 F를 첨가함으로 굴절률을 작게 해서 굴절률이 큰 쪽에 광을 가두게 된다. PCF는 클래드의 등가 굴절률을 공기($n=1$)와 유리($n=1.45$)의 구성에 의해 변화시켜, 유리 코어보다 작은 굴절률을 갖게 해서 광을 가두는 형태로 그 원리는 종래의 광섬유와 같은 내부전반사(TIR)를 이용한다. 즉, index-guiding PCF는 SiO_2 코어와 그보다 작은 굴절률을 갖는 유효클래드로 구성되어 있다고 생각하면 이해가 쉽다. 다른 점은 종래의 구조가 코어의 굴절률과 클래드의 굴절률의 차이가 작은($\Delta \sim 0.2\%$) weakly guiding structure에 대응하는데 반해서 PCF는 Δ가 수십 %로 strongly guiding structure라는 데 있다.

이로 인해 구조의 분산이 매우 크게 되어 섬유의 zero-분산파장이 폭넓게 변화하는 특징이 있다. PCF에서는 클래드의 주기구조에 의해서 endless single-mode, 가시광 파장에서의 zero-분산(광대역 분산제어), spot-size 제어가 가능하다는 것이 특징이다. [그림 7.1]은 종래의 step-index 광섬유의 개략도 및 도파를 보이고 있다.

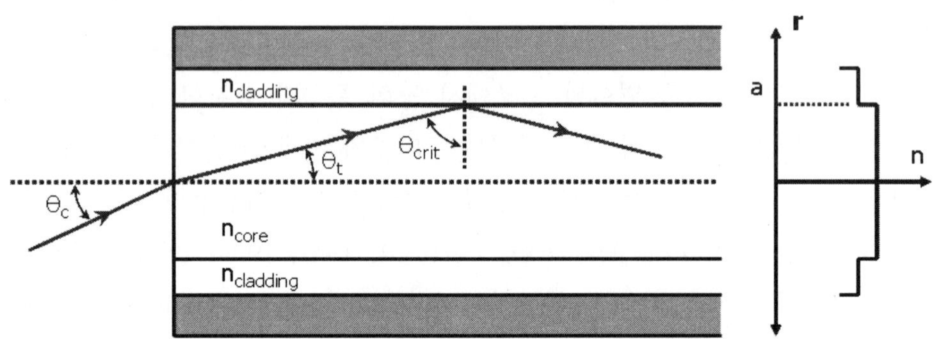

[그림 7.1] step-index 광섬유에 의한 도파. 도파는 TIR에 의한 index confinement에 의해 이루어짐. normal frequency V=$(2\pi\alpha/\lambda)\sqrt{n_{core}{}^{2}-n_{cladding}{}^{2}}$으로 정의되며, 단일모드는 V<2.405 조건에서 이루어질 수 있다. 즉, 정규화 주파수를 작게 하여 2.405 이하로 하려면 코어의 반경 a를 작게 하면 좋다는 것을 알 수 있다. 예를 들면, 대표적인 단일모드 광섬유의 경우 코어 반경을 3 μm, 개구수 N.A.=0.1이라 하면 단파장 0.85 μm의 파장에서 V=2.21 정도이고 1.3 μm에서 1.45 정도이다. 동일한 광섬유에서 광의 파장을 길게 해 가면 단일모드 형 광섬유가 되는데, 같은 광섬유에서도 사용하는 광의 파장에 따라 단일모드 형과, 다중모드 형이 되기도 한다. 다중모드 형에서 단일모드 형이 되는 경계 파장을 차단파장(cut-off wavelength)이라 한다.

둘째, PCF는 종래의 광섬유가 코어-클래드 경계에서 전반사를 이용하는 것과 달리 2차원 Bragg 반사를 이용하는 것이다. (R. F. Cregan *et al.*, *Science* 285, 1537, 1999) 이것을 PBG-PCF 또는 간단히 광자밴드갭 화이버(photonic bandgap fiber: PBF)라고 한다. PBF에는 2차원 (x-y) 방향의 주기구조에 의해 완전반사의 조건과 광의 전달방향(z-방향)에서의 모드 조건이 공존, 코어가 클래드의 굴절률보다 작은 경우에서도 도파가 가능하다. "공기코어의 실현으로 저손실, 저분산의 광전송 및 비선형 광학(non-linear optics) 효과의 억제효과"가 기대된다.

[그림 7.2]는 index-guiding 광자결정 화이버(PCF) 및 광자밴드갭 화이버(PBF)의 SEM 이미지와 그에 대응하는 일반 광섬유의 개략도이다.

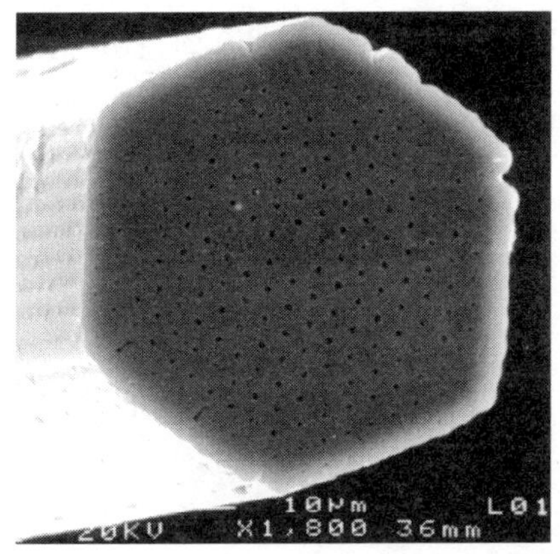

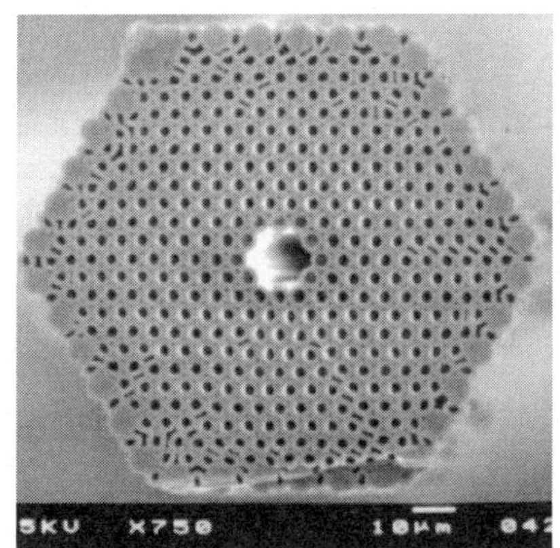

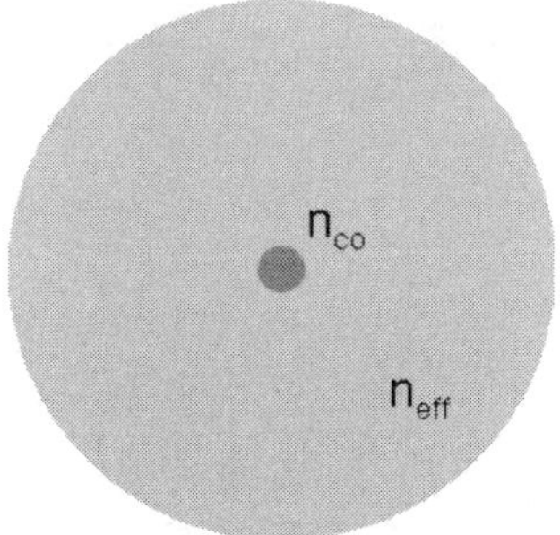

[그림 7.2] index-guiding 광자결정 화이버(PCF: photonic crystal fiber), 광자밴드갭 화이버(PBF: photonic bandgap fiber)의 SEM 이미지와 그에 대응하는 일반 step-index single-mode 광섬유의 개략도

2 PCF(photonic crystal fiber)

2.1 유효굴절률 모델

PCF는 공동을 갖는 클래드에 대해 SiO_2(실리카) 코어를 갖는 구조로 TIR에 의해 광을 도파시킨다. 종래의 광섬유와의 유사성을 기초로 하는 유효굴절률법(effective index method)을 통해 PCF의 특징을 이해할 수 있다. (J.C.Knight et al., *J Opt. Soc. Am.* 15, 748, 1998) 이 방법은 SiO_2의 굴절률 n_{co}를 갖는 코어에 대해 공동과 유리로 구성된 클래드의 등가(유효)굴절률을 구하여 PCF의 특징을 종래의 step-index 단일모드 광섬유로 기술하는 방식이다. 이와 같이 하여 등가적인 V값 (V_{eff})을 얻을 수 있다. 여기서 클래드의 유효굴절률 n_{eff}는 기하학적 평균 굴절률이 아니라 공동구조가 한 면에 있는 경우의 fundamental space-filling 모드(FSM) 전파상수를 β_{FSM}이라 할 때 다음과 같이 정의된다. FSM이란, 코어가 없는 경우의 무한 광자결정 클래드의 기본 모드를 의미한다.

$$n_{eff} = \frac{\beta_{FSM}}{k} \tag{7.1}$$

여기서 k는 공기 중에서의 전파상수 $2\pi/\lambda$이다. 따라서 이 PCF의 전파상수 β는 식 (7.2)를 만족해야 한다.

$$kn_{eff} < \beta < kn_{co} \tag{7.2}$$

이상으로부터 얻어진 n_{eff}를 n_{clad}로 이용하면, 이 PCF의 V_{eff}는 식 (7.3)으로 표현된다.

$$V_{eff} = \frac{2\pi\Lambda}{\lambda}\sqrt{n_{co}^2 - n_{eff}^2} \tag{7.3}$$

[그림 7.3]은 육방밀집구조(삼각격자)의 PCF의 개략도이다. 정 가운데 코어를 실리카로 채운 형태로 공동간 거리 Λ를 코어 반경으로 하고 있다(코어부의 직경은 정확히는 $2\Lambda - d$이다).

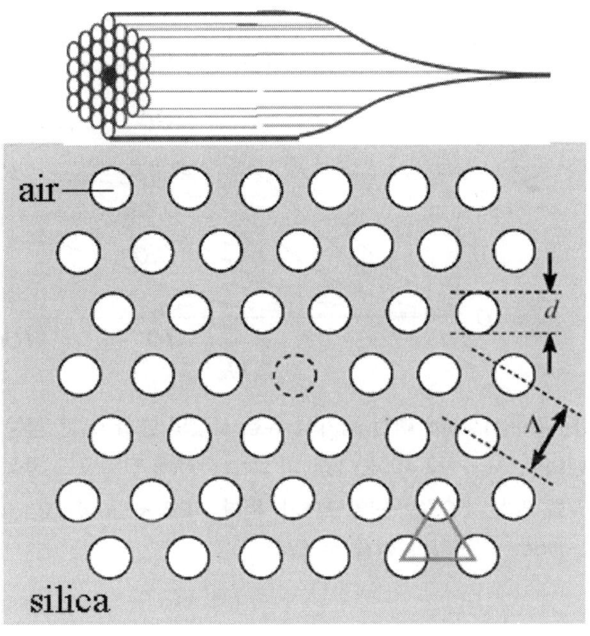

[그림 7.3] 삼각격자(triangle lattice) PCF의 단면도

이와 같이 얻어진 Λ/λ(규격화주파수)에 대한 V_{eff}의 변화를 [그림 7.4]에 보였다. 그림에서 d/Λ의 값이 커질수록 클래드의 굴절률(n_{eff})은 공기에 근접한다. [그림 7.4]에서 d/Λ는 0.01-0.45까지 변화되고 있다. $V_{eff}=2.405$는 종래의 step-index 단일모드 광섬유의 cut-off로 이 이하의 V를 갖는 PCF는 단일모드가 된다.

[그림 7.4]에서 보는 바와 같이 $d/\Lambda=0.15$의 경우에는 Λ를 고정하고 λ를 변화시켜도 $V<2.405$가 됨을 알 수 있다. 즉, 이 경우의 PCF는 매우 넓은 파장범위에서 항상 단일모드동작이 실현될 수 있다는 것을 의미한다. 이러한 PCF의 특징을 endlessly single-mode라고 한다.

예를 들면, $\Lambda=2\,\mu m$로 하고 λ를 1.5-0.5 μm로 변화시키면, Λ/λ는 1.33-4의 범위에서 변화하지만, V_{eff}는 0.2405를 넘지 못한다. 따라서 광통신에서 사용되는 1.5 μm대의 파장에서 가시광까지 매우 넓은 파장대에서 동작할 수 있는 단일모드 화이버의 실현이 가능하다.

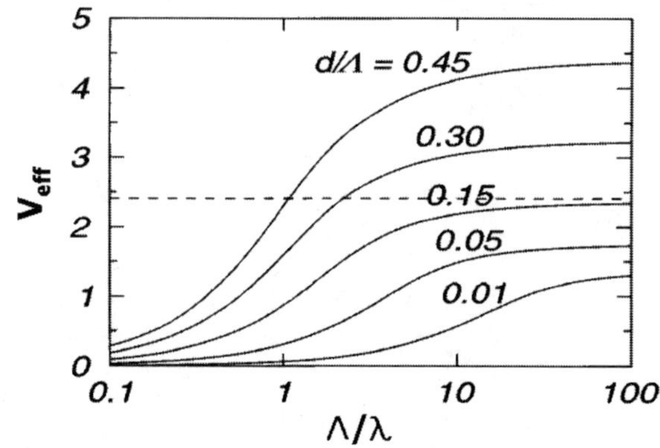

[그림 7.4] 규격화주파수(Λ/λ)에 대한 등가적 유효-V값의 변화. Λ는 공동 간의 거리, d는 공동의 직경이다. V_{eff} =2.405는 종래의 step-index 단일모드 광섬유의 cut-off로 이 이하의 V를 갖는 PCF는 단일모드가 된다. 따라서 $d/\Lambda<0.15$의 경우는 endlessly single-mode PCF가 실현될 수 있다.

물리적으로는 어떠한 현상이 발생할 것인가에 대하여 알아보자. 종래의 광섬유에서의 n_{cladding}은 파장 의존성이 매우 작기 때문에 V값은 $1/\lambda$에 비례하여 증가하지만, PCF에서는 유효클래드 굴절률 n_{eff}가 파장에 강하게 의존한다. 실제적인 광자결정에서 V_{eff}는 유한한 값을 갖는다. 이 V_{eff}는 공동의 상대적 크기에 의존성을 갖지만, 충분히 작은 값에 대해서는 모든 파장(규격화주파수)에 대해 단일모드가 이루어질 수 있다.

종래의 step-index 광섬유에 대해 V의 값은 파장이 극히 작아지면 V는 매우 증가하게 되므로 단일모드를 이루는 것이 불가능하다.

광자결정의 경우 파장이 길어질 때, 즉 식 (7.3)에서 λ가 증가할 경우에 횡-모드 spot-size가 커져 전계가 공동부분까지 크게 스며들어 클래드 유효굴절률 n_{eff}는 작아진다. 따라서 N.A.$=(n_{co}^2-n_{eff}^2)^{1/2}$는 커지게 되어 식 (7.3)의 V_{eff}의 변화는 상대적으로 작아진다. 반대로 파장이 짧은 경우, spot-size는 작아지기 때문에 횡-모드는 코어에 강하게 구속되며, n_{eff}는 크게 된다. 따라서 N.A.는 파장이 짧아진 것에 대응하여 작아지게 된다. 따라서 전체적으로 V_{eff}의 변화는 작아진다. 이것이 V_{eff}가 Λ/λ에 대해 선형특성을 갖지 않는 이유이다. 이러한 특성이 곡률 손실에도 관계한다.

2.2 PCF의 굴곡손실과 분산특성

종래의 광섬유는 수 cm 정도 직경의 곡률을 주게 되면 1.5 μm의 장파장에서부터 손실이 발생하기 때문에 광섬유 길이에 대해 공간을 줄이는 것이 어렵다. 이러한 곡률에 의한 손실(bending loss)은 섬유가 휨으로 인해 굴절률 분포에 변형이 발생, 횡-모드의 전계가 클래드에 크게 스며들어 클래드 로의 방사 모드가 발생하기 때문이다. 단적으로 말하면, 코어와 클래드의 굴절률 차이가 작게 되어 (N.A.가 작아서), 굴곡손실은 더욱 커진다.

PCF의 경우에는 장파장에서는 통상의 광섬유와 같은 정도의 굴곡손실을 가지지만, 중요한 것은 파장이 400 nm 정도의 단파장에 있어서도 같은 형태의 굴곡손실을 보인다는 것이다. 이것은 파장이 짧은 경우에 대해, 앞에서 이미 설명한 바와 같이 횡-모드가 코어(실리카)에 집중되어(가두어짐) 그 결과 코어와 유효클래드의 굴절률 차이가 작아지기 때문에 N.A.가 매우 작은 굴곡손실이 발생한다.

PCF에서 endlessly single-mode는 실현될 수 있지만, 실제로는 단파장 영역에서 굴곡손실이 이용할 수 있는 파장범위를 제한하게 된다. 그러나 1.5-1.6 μm의 장파장에서는 통상의 광섬유와 비교하여 N.A.가 크기 때문에 굴곡손실은 매우 작아진다.

정성적 분산특성은 n_{eff}을 이용한 등가적 step-index fiber에 의한 평가가 편리하다. 이 경우 통상의 광섬유와 같은 weakly guiding이 아니라 구속력이 강한 strongly guiding(큰 Δ%)이므로 구조 분산이 크게 되어 Λ/λ의 값과 함께 분산값이 매우 크게 변화한다. 그러나 V_{eff}, N.A.의 2계미분항을 포함한 전분산의 정확한 계산에는 이 방법이 부족하다. 정확히 분산특성을 기술하기 위해서는 도파모드의 전파상수를 계산하고 그의 미분항으로부터 군속도분산을 계산해야만 한다. 정밀한 계산방법으로는 잘 알려진 유한요소법(FEM 법), 시간영역차분법(FDTD 법)이 있고, 횡-모드의 전파상수로부터 정확한 분산을 구할 수 있다. 또한, 최근 주목받고 있는 방법으로는 벡터-평면파전개법이 있다. 또한, PCF와 같이 등가 클래드보다 굴절률이 큰 코어가 존재하는 것을 처음부터 알고 있고, 코어에 횡-모드가 국재(localization)되는 경우에 있어서는 매우 유용한 해석방법이 있다. 이것이 국재모드법(localized mode method)이다. 본 교재에서는 이러한 수치해석 부분은 제외한다.

2.3 PCF의 제작과 응용

가시광 영역에서 0, 작은 값, 이상(anomalous) 분산특성을 갖도록 PCF를 디자인하는 것이 가능하며 임의의 파장영역에서 flat-dispersion을 갖도록 할 수도 있다. 또한, 이러한 특성을 작은 모드 필드 영역과 결합하므로 우수한 비선형 특성을 갖도록 하는 것과 공동의 패턴이나 재료를 바꾸므로 다른 특성의 PCFs를 제작하는 것이 가능하다. 예를 들면, 단일모드 cut-off 파장, N.A. 및 비선형계수의 특성을 변화시키는 것이 가능하다. 이와 같이 디자인 유연성이 매우 크다.

단일모드 PCF를 만들기 위해 클래드를 원통형 동공의 삼각격자 배열을 갖도록 제작하는 것이 일반적이다. 공기-충진율을 증가시키므로 [그림 7.4]에서와 같이 V_{eff}가 증가하여 다중모드 특성을 이룬다. 또한, 타원형 코어를 갖도록 제작하므로 매우 유효한 (편광보존-PM) 복굴절 화이버(birefringent fiber)를 이룰 수 있다. [그림 7.5]는 응용분야에 따른 다양한 종류의 PCF 구조를 보인다.

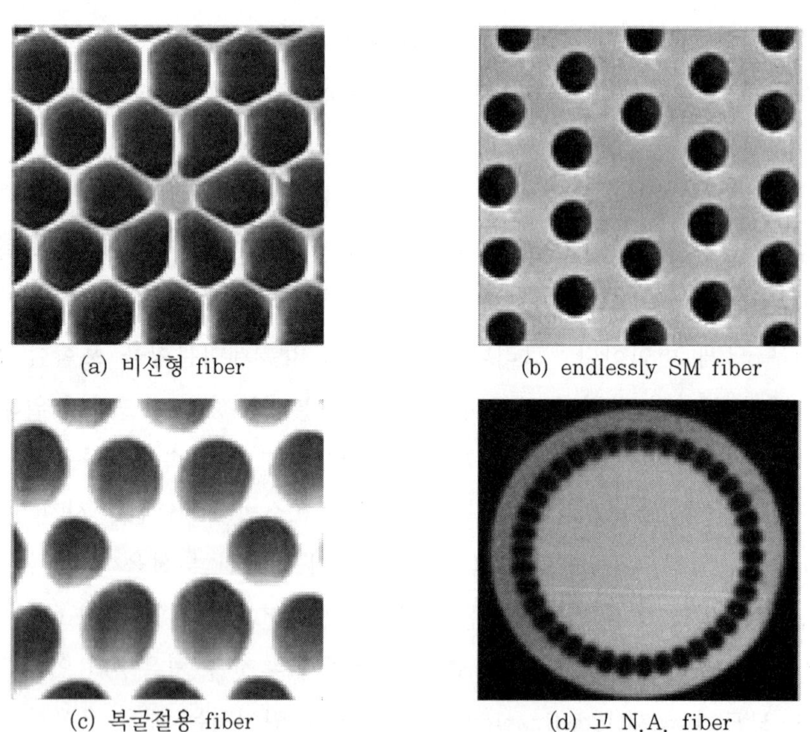

(a) 비선형 fiber (b) endlessly SM fiber

(c) 복굴절용 fiber (d) 고 N.A. fiber

[그림 7.5] 응용성에 따른 PCF의 분류

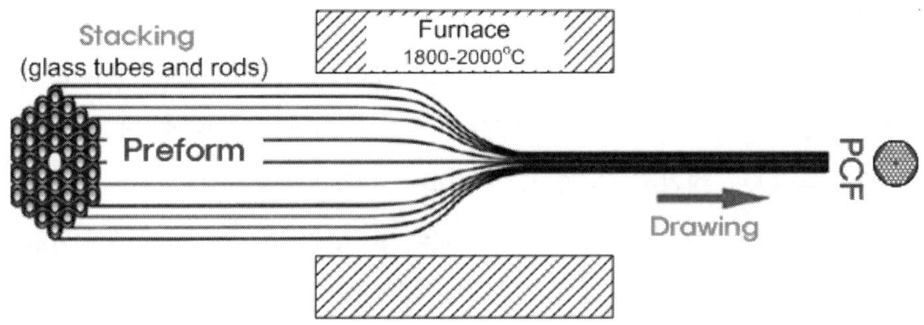

[그림 7.6] PCF 제작을 위한 capillary method 또는 Stack & Draw method의 개념도

실리카는 200−2500 nm 파장을 이용한 대부분의 응용분야에 매우 우수한 화이버 특성을 보이며 이러한 실리카는 많은 도펀트들과 결합할 수 있다. 도핑된 실리카는 현재 다양한 종류의 화이버 레이저와 증폭기에 사용되고 있다. 특히, PCF의 독특한 특성은 훨씬 더 유용한 소자로의 응용을 기대하게 한다.

현재까지 PCF의 제조는 연구실에서 수행되고 있는 정도이고 많은 시간이 소요되고 있다. 이 일반적인 방법이 모세관법(capillary method) 또는 stack-and-draw 방법이다. 이것의 시발점은 순수 실리카 봉 주위에 내부가 빈 형태의 실리카 모세관(hollow capillary silica tube)의 배열로 이 전체 assembly가 소위 "preform"을 이룬다. 전형적인 fiber draw tower에서 이 preform은 2000℃ 주위에서 열처리되고 직경 약 125 μm의 섬유로 뽑아 끌어올려진다. 이때의 마이크로 크기의 화이버는 preform의 구조를 유지하게 된다. 다루기 쉽게 하기 위해 폴리머 피복제를 입힌다. PCF 제조 기술은 과거 수년 동안 괄목할 정도로 성숙되었지만, 화이버 매개변수들을 제어하는 것은 전형적 광화이버의 생산에 비하여 아직 수월하지 못하다. 이론적으로 제조자는 PCF의 전파손실을 기준 단일모드 광섬유의 값(0.2 dB/km @1550 nm) 아래까지 줄일 수 있으나, 제조 공정 중에 생기는 수분에 의한 열화로 지금까지는 1 dB/km 이상의 값을 갖는다. 완벽한 제조공정의 개발이 이 분야에서 상당한 진전을 갖게 하겠지만, 실제 손실을 어느 정도까지 줄일 수 있을지는 어느 누구도 확신 못하고 있다. PCF 연구에서의 다른 하나의 이슈가 되는 것이 커플링문제이다. 이것은 PCF가 극단적인 변수들 예를 들면 매우 크거나 작은 모드 필드 영역을 포함할 수도 있고, 매우 높거나 그 반대인 N.A.를 가질 수 있기 때문이다. 따라서 커플링 방법(손실문제)이 일반 광섬유의 그것과는 사뭇 다르다. 사용자들은 이 PCF를 전형적인 광섬유 장치로 잘라 내거나 할 수 있다. 만약 PCF의 끝이 봉입되지 않은 상태로 있다면, 모세관 효과로 인해 다른 불순물(액체나 가스)들을 빨아들이게 될 것이다, 그러나 이 문제는 쉽게 해결될 수 있을 것이다.

Ranta 등(*Opt. Lett.* 25, 796, 2000)은 75 cm의 PCF에 파장 800 nm의 100 fs 펄스를 입사 시, 비선형 광학효과에 의해 매우 넓은 대역의 백색광을 발생시킬 수 있음을 보고 하였다. 여기서의 중요한 점은 PCF의 구조에 의해 0-분산을 760 nm로 변이(shift)시키는 것과 spot-size를 매우 작게 해서 비선형 광학효과를 발생시키기 쉽게 할 수 있다는 것이다. 자기위상변조효과 및 4-파장혼합(4-λ mixing)에 의해 파장 400-1500 nm의 백색광을 얻을 수 있고 이 경우의 여기 파워는 약 8 kW였다.

종래의 광섬유에서는 편광보존형(PM) 특성을 얻기 위해 코어부근의 굴절률 분포를 비대칭화해서 전파정수차 $\delta\beta(=\beta_x-\beta_y)$를 발생시키는 방법과 코어에 축대칭이 아닌 압력을 인가하여 압력의 변형에 의해 굴절률을 변화로 $\delta\beta$를 발생시키는 방법을 이용한다.

PCF의 경우는 굴절률 분포를 비대칭시키는 것으로 쉽게 PM 화이버를 만들 수 있다. Ortigosa-Blanch 등(*Opt. Lett.* 25, 1325, 2000)은 동공의 모양이 원의 형태가 아니며 축을 중심으로 x, y 방향에 대해 동공분포가 비대칭적인 PM-PCF를 제작하여 그이 PM-특성을 보고하였다. 파장 1540 nm에 대해 식(7.4)로 표시되는 비트(beat) 길이 L_B=0.4mm, 복굴절 값 $B=3.7\times10^{-3}$의 매우 큰 값을 얻을 수 있었다.

$$L_B=\frac{2\pi}{|\beta_x-\beta_y|}=\frac{\lambda}{|n_x-n_y|}=\frac{\lambda}{B} \tag{7.4}$$

최근 Suzuki 등은 [그림 7.7]과 같은 PM-PCF를 제작하여 $B=1.4\times10^{-3}$의 복굴절 값을 얻었으며, 편광보존성이 우수한 것을 이용하여 길이 1.5 km의 PCF을 이용하여 1500 nm 파장대 10 Gb/s의 양방향전송에 성공하였다.

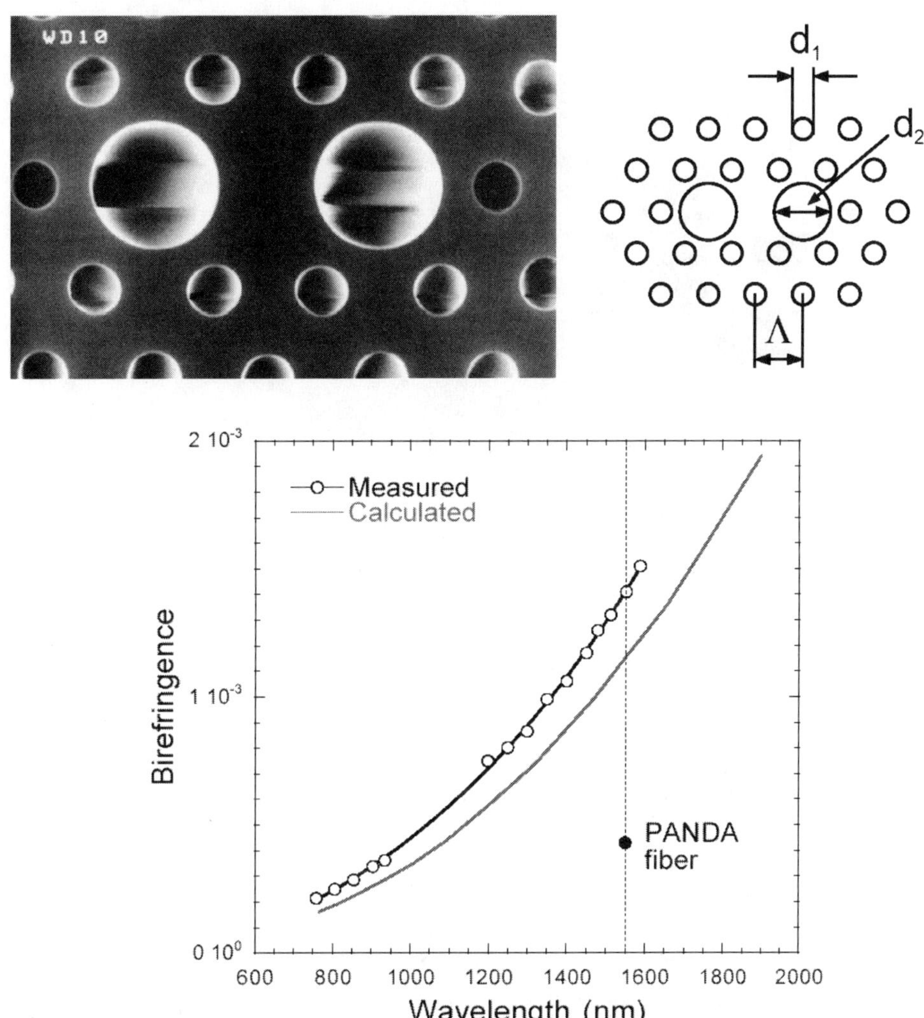

[그림 7.7] 편광보존(PM-) 복굴절 PCF(PM-PCF: Suzuki et al., Electron. Lett. 37, 1399, 2001)의 SEM과 그의 개략도 및 파장에 따른 복굴절 값 변화. 이 경우, $d_2 = 2.5d_1$, 길이는 1.5 km. Birefringence는 x, y 편광모드에 대한 굴절률 차에 의해 발생하며 d_2/d_1의 증가에 따라 복굴절이 증가함. 그림에서 보는 바와 같이 파장에 비례하여 복굴절이 증가함.

[그림 7.8]은 매우 작은 코어부를 갖는 ultra-high 비선형 PCF의 SEM 이미지이다. Knight 등은 코어부의 크기를 직경 800 nm로 할 경우, 560 nm 파장에 대해 0-색수차분산(0-chromatic dispersion) 특성을 얻을 수 있다고 보고하였다.

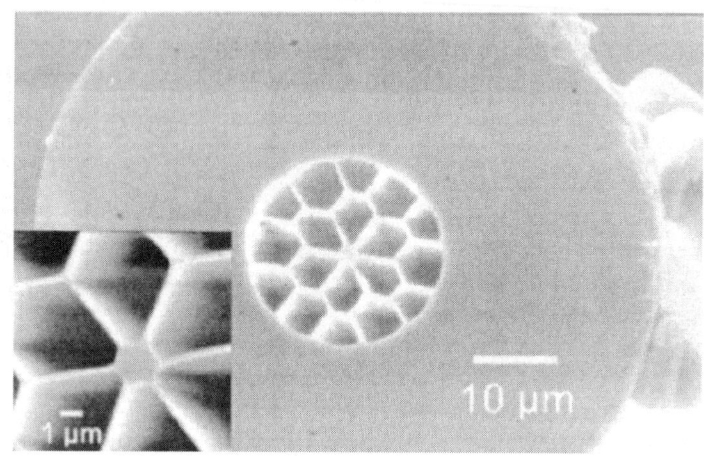

[그림 7.8] 매우 작은 코어부를 갖는 ultra-high non-linearity PCF의 SEM. (Wadsworth et al., JOSA B 19, 2148, 2002) 코어부의 크기를 직경 800 nm로 할 경우, 560 nm 파장에 대해 0-색수차분산(0-chromatic dispersion) 특성을 얻을 수 있다. (J. C. Knight, IEEE Phot. Tech. Lett. 12, 807, 2002)

3 PBF(photonic bandgap fiber)

광자밴드갭 화이버(PBF)는 TIR에 의해 광을 가두어 전파시키는 PCF와 달리 횡방향 2차원 광자결정(또는 1차원 광자결정) 주기구조에 의한 in-plane 빛의 가둠 현상을 이용하면서 그의 수직방향(out-of plane)으로 빛을 전파시키는 것으로 코어의 굴절률이 유효클래드의 값보다 작은 경우에도 가능하다. 여기서는 간단히 PBF의 전파원리 및 제작, 특성을 설명한다.

3.1 PBF에서의 전파

PBF의 일반적 구조는 [그림 7.9]와 같이 코어는 공기층(hollow)으로 하고 동공의 2차원 주기구조를 포함하는 실리카 클래드 또는 1차원 적층구조를 갖는다. 2차원 구조의 경우 동공이 반사 격자 역할을 하며 전형적 광섬유와는 완전 다른 형태의 전파 특성을 갖는다.

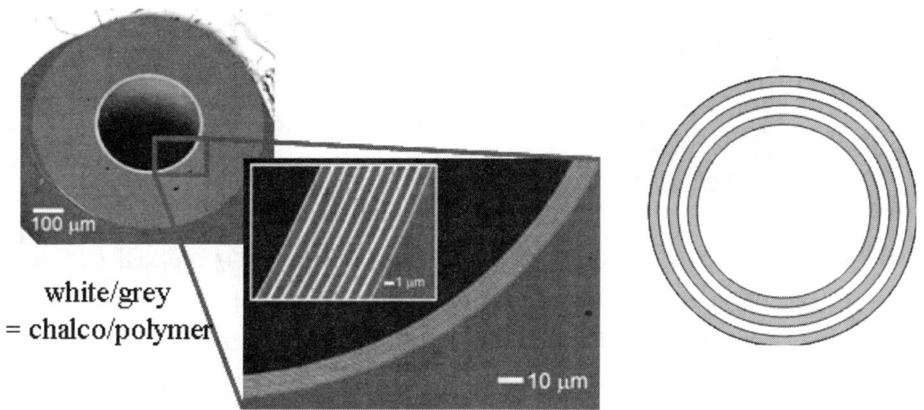

(a) 1차원 광자결정을 갖는 PBF(Yeh et al., 1978; Fink et al., 2002)

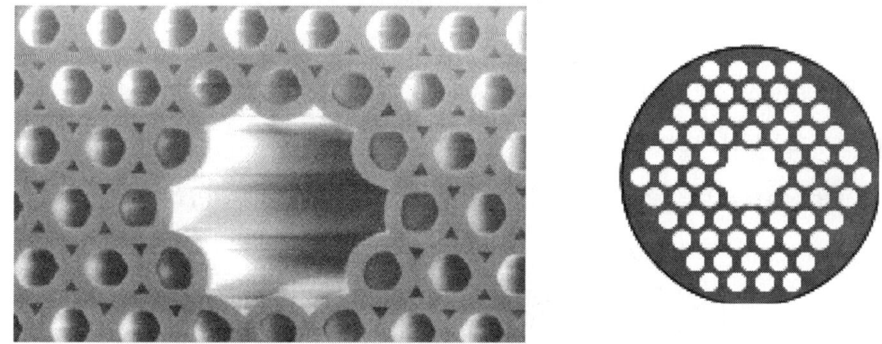

(b) 2차원 광자결정을 갖는 PBF(R.F. Cregan et al., Science 285, 1537, 1999)

[그림 7.9] 1차원 및 2차원 광자밴드갭(PBG)을 갖는 화이버(PBF).
(a)의 경우 1차원 광자결정의 옴니-PBG를 이용한 경우로 Fink 등에 의해 비정질 칼코게나이드박막/폴리머 구조가 실현되었다. (b)의 SEM 이미지는 Cregan 등이 제작한 것으로 실리카를 사용하였다. 두 경우 모두 코어는 공동이다.

[그림 7.9(a)]의 경우 Temelkuran 등(Nature 420, 650, 2002)은 10.6 μm의 THz 광 전송실험에서 1 dB/m의 매우 큰 전송손실을 얻었으며, Smith 등(Nature 424, 657, 2003/Corning)은 [그림 7.9(b)]의 구조로부터 13 dB/km (@1550 μm)의 전송손실을 얻었다. 이와 같이, 이론적 전파는 가능하지만 실제 여러 가지 문제로 인해 아직 현실적인 결과를 보이지는 못하고 있다. 최근(2004년 OFC/Blaze-Photonics)에는 약 1.7 dB/km의 결과가 발표되기도 하였다([그림 7.10]).

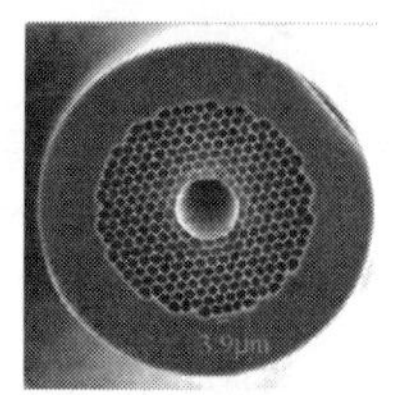

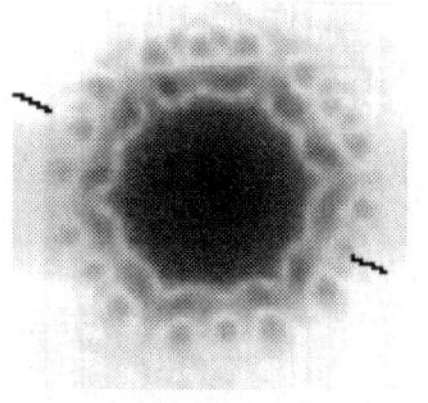

[그림 7.10] Mangan 등(OFC 2004 PDP24)에 의해 보고된 PBF의 SEM 이미지와 도파-필드 분포. 1.57 μm 파장에 대해 길이 800 m의 전송실험 결과 약 1.7 dB/km의 전송손실 얻음. Smith의 PBF와 비교할 때 코어 크기가 더 크며, 이는 오른쪽 그림에서 보는 바와 같이 클래드 쪽으로의 필드의 침투가 상대적으로 작음을 알 수 있다. 또는 코어의 직경이 크므로 코어/클래드 면에서의 굴곡이 매우 작고 상대적 공정이 쉽기 때문에 전송손실이 비교적 작은 것으로 판단됨.

이상의 PBF의 전파원리는 [그림 7.11]과 같이 일반 광섬유, PCF에서 TIR을 이용하는 것과는 완전히 다른 원리에 의한다. 코어 부근에서 보강간섭(constructive interference)과 바깥쪽 누설 광이 감쇠되는 것을 볼 수 있다.

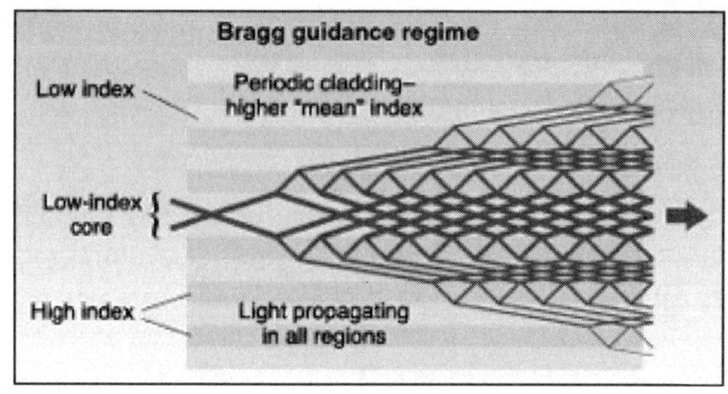

[그림 7.11] PBF의 전파 원리

PBF에 대한 최초의 제안은 1995년 Birks 등에 의해 이루어졌다. 일반적 완전한 2차원 구조에서 빛을 가두는 것은 어느 정도의 굴절률 비가 필요함을 알고 있다. 예를 들어, 주기적 육방구조에서 2.66 이상의 굴절률 차가 아니면 PBG가 생기지 않는다. 굴절률 1.45의 실리카와 동공과의 조합은 약 1.45 이하이기 때문에 완전한 in-plane에 의한 2차원 빛의 가둠은 어렵다. 그러나 경사입사의 전자계에 대해 그의 파수 k가 $(0,0,\beta)$의 형태에서 x, y면(in-plane)에 광을 가둠과 동시에

z-방향(out-of-plane)으로 전파하는 모드가 존재하는 것이 Maradudin 등에 의해 해석되었고 Birks 등은 실리카/공기의 형태에서 실현가능한지 아닌지를 평가하였다. 그 결과 $\beta \neq 0$인 어떤 주파수 조건에서 PBG가 형성됨을 알았다. 즉, 실리카에서의 PBG의 존재 가능성을 확인하였다. 다시 말해서 $\beta \neq 0$(z-방향 전파조건) 조건을 만족하지 않으면 횡방향 광구속이 불가능하다(input plane이 x-y면이고 횡(longditudinal) z-축 방향(섬유 drawing 방향)이 out-of plane임).

Bath 대학의 Cregan 등은 1999년에 최초로 Birks 등이 제안한 육방구조(삼각격자)의 PBG(공동비 39%, $\Lambda = 4.9\ \mu\text{m}$, 코어의 기하학적 직경 14.8 μm)를 제작하는 데 성공하였다. 실제 가시광 영역에 있어서의 몇 개의 투과영역(횡방향의 stop-band에 의한 광의 구속)을 관찰하였다. 이 PBF에 대한 투과파장영역을 [그림 7.12]에 보였다.

이 삼각격자의 특성은 그 후 Broeng 등에 의해 자세히 분석되었다. 이 삼각격자 PBF에 대한 분산특성을 [그림 7.13]에 나타내었다. 공동률 70%에 대한 결과이다. $k\Lambda/\beta\Lambda = 1/n = 1$을 만족하는 직선이 air-line으로 공기 중에서의 광 전파를 나타낸다. 일반적으로 $n > 1$의 경우가 도파모드이고 $n < 1$에서는 광을 가두는 것이 불가능하다.

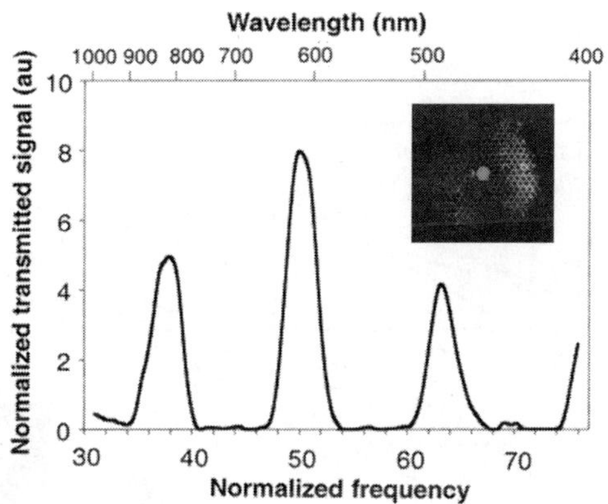

[그림 7.12] Cregan 등(Bath 대학)에 의해 세계 최초로 만들어진 PBF의 투과 영역. 안의 그림은 빔 투과 세기(after 3 cm). 육방구조에서 면적의 공동비는 39%, Λ는 4.9 μm 이고 코어는 가운데의 7개의 공공을 제거, 횡 모드가 존재 가능하도록 크기를 조절하였다. 코어의 기하학적 직경 14.8 μm. 이때 PBG에 의한 투과 파장을 관찰하였다.

[그림 7.13]으로부터 알 수 있는 바와 같이 $\beta\Lambda=8$로부터 2차원적 광구속이 가능하면서 z-방향 전파가능한 밴드갭이 발생하며, 높은 차수를 갖는 복수의 PBG가 존재하는 것을 알 수 있다. $\beta=0$(즉, 완전한 2차원 구조)에서는 광을 구속하는 것이 어렵지만, 어떤 β 값의 범위에서는 PBG가 생김을 알 수 있다. 따라서 이 PBG 내에 결함을 만들어 PBG와는 본래 관계가 없는 횡-모드의 국재화가 가능하다면 횡방향에서는 PBG 효과에 의해 언제나 광이 Bragg 반사되어 코어부에 구속시킬 수 있어서 z-방향으로 감쇠하지 않고 전파가 가능하게 된다. 그러나 결함을 포함한 2차원 구조가 그 굴절률 분포로부터 국재화된 횡-모드를 갖는 것을 알 수 있지만 그 전파상수(분산관계)가 2차원의 PBG 내에 만들어지지 않는다면 전파와 동시에 횡방향으로 빛이 약해져 PBF 특성을 얻을 수 없게 된다.

[그림 7.13]에서 보는 바와 같이 $k\beta=9$ 부근에서 in-plane 벡터가 존재하지 못하고 PBG가 존재함을 알 수 있다. air-line보다 위에 밴드갭이 존재함을 알 수 있으며, 이때 PBG 내에 보이는 사선들이 전파가능 모드로서 존재하고 있지만, 이것은 공기코어(defect)의 크기를 정의한 경우에 얻을 수 있는 횡모드 중에서 공기코어 중심의 에너지가 국재화된 모드($k\Lambda$, $\beta\Lambda$)의 분산관계를 나타낸다. 여기서 주의할 점은 PBG의 폭은 파장 1.55 μm에서 50 nm 정도의 대역은 비교적 좁다는 것이다.

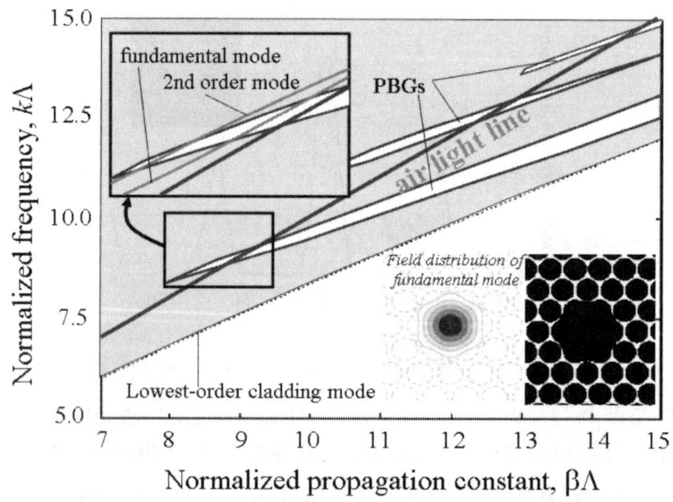

[그림 7.13] 삼각격자 PBF의 분산관계와 횡모드분포. 여기서, 삼각격자의 면적비의 공동률은 70%. 전송이 가능한 것은 규격화 전파상수 $k\beta$가 9, 12, 14의 주변임을 알 수 있다.

[그림 7.13]의 아래쪽에 보이는 field-분포는 $k\Lambda \approx 9$(즉, $\Lambda/\lambda \approx 1.43$)에 놓인 PBG의 기본모드에 대한 것으로 $k\Lambda = 9$에서 PBG의 파장이 1.55 ㎛에서 동작하기 위해서는 $\Lambda \approx 1.43 \times 1.55$ ㎛ ≈ 2.216 ㎛이어야 하며, 0.60 ㎛에 대해서는 $\Lambda \approx 0.86$ ㎛이어야 한다.

3.2 PBF의 제작 및 특성

PBF 구조를 제작하기 위해서 코어부(결함)를 공동으로 하는 것이 제일 중요하며 그것의 크기와 격자구조에 의해 PBG 특성이 변한다. PBF의 기본 제조방법은 앞의 PCF에서 살펴본 바와 같은 모세관법(stack & draw 방법)과 초음파 드릴법이 있다.

PCF의 모세관법에서의 코어 봉을 삽입하는 대신에 직경이 다른 크기의 모세관을 사용하든지 완전히 동일 모세관으로 채운 후 가운데 1개와 그 주변의 6개(총 7개)를 제거하여 공기코어로 사용하는 방법이 있다.

Cregan 등(*Science* 285, 1537, 1999)은 간단히 PBG의 양끝 정파상수 β_H, β_L 및 공기코어의 직경변화에 따른 광자밴드구조 계산으로부터 모세관을 7개 제거한 공기코어에 의해 PBG 내에 1개의 모드가 존재할 수 있음을 예측하였다. 단, PBG의 폭은 50 nm 정도로 광대역은 아니었다. 주의 점은 중심코어 부는 공동이기 때문에 외부 압력에 의해 크기가 변하고 코어를 중심으로 하는 제1클래드

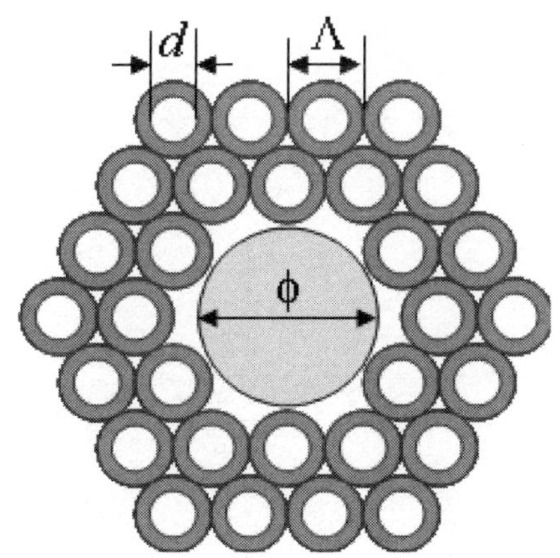

[그림 7.14] PBF의 구조매개변수

역시 변화되기 쉽다는 것을 고려해야 한다. 특히, 코어가 더 많은 모세관으로 구성될 경우 코어와 클래드 사이의 roughness가 개선될 뿐만 아니라 클래드 부로의 필드-침투가 줄어들기 때문에 전파손실이 상대적으로 감소한다. [그림 7.14]는 PBF의 구조매개변수를 보인다.

Cregan 등이 제작한 PBF는 공기코어 직경 ϕ는 5.2 μm, $\Lambda = 2.2\ \mu$m, $d = 1.7\ \mu$m로 공동률 $d/\Lambda = 0.77$이다. 이것은 면적비로 환산할 경우 육각형의 중심에 원이 있기 때문에 충진율 $\eta = 0.9(d/\Lambda)^2 = 0.534$이다. [그림 7.12]에서 예견한 바와 같이 이 PBF에서 광 전송이 가능한 것은 $k\Lambda = 9$, 12, 14 주변 값이다. $2\pi\Lambda = 13.82\ \mu$m이므로 파장으로 환산하면 각각 $\lambda \simeq 1.53\ \mu$m, 1.15 μm, 0.98 μm임을 알 수 있다. 〈표 7-1〉은 각종 PBF의 구조매개변수를 비교한 것이다.

〈표 7-1〉 각종 PBF의 구조매개변수

매개변수	PBF1	PBF2	PBF3	PBF4
코어직경 $\phi(\mu m)$	14.8	5.2	15.1	6.7
주기 $\Lambda(\mu m)$	4.9	2.2	5.8	2.3
모세관직경 $d(\mu m)$	3.5	1.7	4.9	2.1
공동율 d/Λ	0.71	0.77	0.84	0.91
충진율 η	0.454	0.534	0.635	0.745

찾아보기

T

V

W

Y

Z

기타

광자결정의 기초

2009년 1월 20일 제1판 1쇄 발행
2010년 10월 05일 제1판 2쇄 발행

저 자 ◎ **이 현 용 · 황 인 각 · 김 선 경**
감 수 자 ◎ **류 상 완**
발 행 자 ◎ **조 승 식**

발 행 처 ◎ (주) 도서출판 **북스힐**
서울시 강북구 라일락길 36

등 록 ◎ 제 22-457호

(02) 994-0071(代)

(02) 994-0073

bookswin@unitel.co.kr
www.bookshill.com

값 18,000원

ISBN 978-89-5526-534-7